U0795420

冲锋衣研发技术

林国雄　金禄凯　著

東華大學出版社
·上海·

图书在版编目（CIP）数据

冲锋衣研发技术 / 林国雄，金禄凯著. -- 上海：东华大学出版社，2025. 7. -- ISBN 978-7-5669-2575-6

I. TS941.734

中国国家版本馆 CIP 数据核字第 2025EC0959 号

冲锋衣研发技术

CHONGFENGYI YANFA JISHU

责任编辑：边　畅
版式设计：南京文脉图文设计制作有限公司
封面设计：花卷儿，柚柚子

出　　版：东华大学出版社（上海市延安西路 1882 号，200051）
本 社 网 址：http://dhupress.dhu.edu.cn
天猫旗舰店：http://dhdx.tmall.com
营 销 中 心：021-62193056　62373056　62379558
印　　刷：上海盛通时代印刷有限公司
开　　本：889 mm × 1194 mm　1/16
印　　张：16.75
字　　数：385 千字
版　　次：2025 年 7 月第 1 版
印　　次：2025 年 7 月第 1 次印刷
书　　号：ISBN 978-7-5669-2575-6
定　　价：99.00 元

序

冲锋衣，一个国人对户外运动防护服装的智慧称谓。在现今的中国，大家对冲锋衣已经不再陌生了。随着户外运动在我国的蓬勃发展，喜爱户外运动的人们几乎都会人手一件甚至数件冲锋衣。但把时间拨回到二十年前，大多数的人可能会误以为冲锋衣是部队的作战服。

冲锋衣其实是指采用具有防水透湿（透气）功能的纺织面料加工而成的用于户外运动中，具有防水、防风、透气、耐磨、抗撕裂等功能的服装。在国外的户外服装产品中，通常是找不到冠名为“冲锋衣”这样一个服装品类的产品的。甚至在国外的户外类书籍及杂志中，也没有出现直译成“冲锋衣”的词汇。

在国外，特别是欧美地区，这种具有防雨、防风、防寒、保暖等功能的服装早已是人们必备的常用服装，这是因为欧美的户外运动开展得比较早，人们都普遍喜爱户外运动（活动）。

在我国，冲锋衣的加工生产历史早于国人在户外运动中使用它们的历史。20 世纪 80 年代末、90 年代初，防水透湿功能服装通过中国港台地区的贸易加工进入内地、大陆。当时在中国香港及广东省一带，这类服装被称为“压胶服”，至今还有不少人沿用这一称呼。20 世纪 90 年代末期，随着户外运动在我国的萌发，包括冲锋衣在内的各类户外功能性服装及其他户外运动装备开始在我国的户外运动（活动）中。21 世纪初，户外运动及装备市场出现爆发式增长。早期，笔者在一家大型的港资“压胶服”代工企业工作，接触过国际上众多知名户外品牌的开发项目及代工生产，双方的产品目录中，“压胶服”的款式名称均是以“Jacket”“Parka”“Pant”来称呼的，如 Women’s Outwear Performance Jacket（女装夹克）、Women’s Outdoor Snow Jacket（女装滑雪夹克）等。

确实，从冲锋衣的外型来看，它其实就是一款夹克。但相对于日常生活中的传统夹克，它在满足人们穿衣需要的同时又具备许多在户外特殊条件下使用的特定功能。无论是防风夹克，还是防水夹克，或是滑雪夹克，这一类“压胶服”都有防水、透湿（透气）两大主要功能。时至 2016 年，由北京探路者户外用品股份有限公司等单位联合制定的冲锋衣国家标准中，对这一新型类别的运动服装，官方确认的中文名称是冲锋衣，对应的英文名称为 water resistant garment（防水服装）。它的标准定义是：采用防水透湿功能的纺织面料，加工制成的用于户外运动的，具有防水透湿功能的服装。

虽然我国将大多数带有户外属性，具备防水功能的户外外套称之为冲锋衣，但一直都有人追问笔者，这个称谓到底是怎么来的呢？其实就如大多数人猜想的那样，确实与军队的作战服有关联。不管是户外玩家说的冲锋一词来源于登山时的“冲顶”，还是如江湖传闻的来源于部队的作战服概念，毫无疑问的是，无论国外或是国内，防水透湿服装在进入户外运动领域之前，就已在军队领域得到先行运用了。军队为了符合野外地形作战的需求，发展了这些技术。并且，各国的军队对防水透湿服装的技术标准都有着自己的军用规范。20 世纪 80 年代初期，美国就已经将 Gore-Tex 制品列为山地步兵、极地特种部队单兵作战的必需装备。在我国也是这样，虽然 21 世纪初防水透湿服装才随着户外运动的发展在我国逐渐兴起，但中国早在 20 世纪 80 年代后期就开始对聚四氟乙烯微孔薄膜层压织物进行研究与开发，20 世纪 90 年代中期就设计制造了国内第一条年产 300 万米层压织物的复合生产线。

由于户外运动的野外环境与军队作战的野外环境基本一致，这类防水透湿（透气）服装作为运动装备很自然地在户外运动领域也得到应用。为了与传统的生活类夹克以及传统的体育运动服装有所区分，国内早期的业内人士从户外运动使用的环境特点以及户外运动所具备的拼搏精神等因素考虑，给这种具有防水透湿（透气）的功能性服装起了个十分战术化的称谓：冲锋衣。这个产品名称得到业内的广泛认同并得以推广。

户外运动已成为人们的一种健康生活方式，包括冲锋衣在内的户外运动服饰又从专业的运动领域进入平常的百姓人家。不仅如此，户外运动还发展成一种时尚，其着装或鲜艳或流行的色彩，以及最具前沿的科技、工艺，都彰显了着装者内心对自然的向往、征服。勇于冒险，挑战自然的精神以及外观极酷的户外装备更被个性人士追逐。很多著名的户外品牌，如 Burton、Arc’teryx、The North Face 等，都成为潮元素、潮流行的生发地。Gore-Tex 面料标志也成为另类、前沿的流行符号。

诚然，户外运动服装具有的功能性的材料及生产技术快速扩展到了企业的劳防服装领域，而且进入前沿的时尚产业中，但是户外运动及其装备的制造专业性极强，就产品的设计及制造技术而言，户外运动服装与生活类服装是截然不同的，甚至与传统的体育运动服饰也有着很大的区别。当前，在户外服装制造行业中存在不少问题，较为突出的是，许多涉及冲锋衣生产的小型企业缺乏相关的技术，甚至一些大型的专注户外服装或劳防服装生产的企业也对这个品类的标准及工艺技术知之甚少，生产的产品连基本的功能诉求都达不到，甚至有些产品的品质低下，仅是外形上的相似，完全缺失相关功能。这给户外运动爱好者带来的不仅仅是经济上的损失，严重的还会给运动者特别是户外劳作者造成人身伤害。户外服饰产品的技术普及滞后、技术提升未能跟上蓬勃发展的户外运动及其产品市场的需求。

其实，冲锋衣的研发、生产技术并不神秘。笔者有着三十多年的户外服饰产品从业经验，是国内第一批户外产品技术研发人员，曾任职中国香港及内地知名户外服装生产企业研发、技术、生产等核心管理职位，并且常年参与户外运动。本书的第二位作者金禄凯先生自学生时代就热衷攀岩、徒步攀登、滑雪等户外运动，并自 2000 年起历任多家国内外顶尖户外材料及设备的品牌高管，经历过我国户外运动、户外用品行业的萌芽与发展过程。为增加冲锋衣研发技术领域的交流途径，笔者将自身对包括冲锋衣在内的户外服饰产品研发方面的点滴认知进行梳理。希望本书对有需要的户外人，包括户外服饰产品的研发生产者以及户外运动爱好者能有所帮助。同时希望有更多的从业者加入对户外服饰产品技术的提升及资料的整理工作，弥补我国户外服装技术图书的稀缺现状。

本书由人体舒适性、产品材料、工艺设计、结构设计等板块组成。关于舒适性、服装材料等方面的内容，本书参考及引用了相关作者的书籍、研究成果，以便能对冲锋衣研发技术作系统的介绍。在此诚挚感谢被引用资料的作者。本书尽笔者所知标注了出处，如有错漏，请作者联系笔者，以备二版时修正或补充。

目 录

第一章 户外服饰的概念和冲锋衣分类

第二章 户外服装功能与舒适性要求

第一章

户外服饰的概念和冲锋衣分类

第一节

户外服饰的概念

户外运动的英文是“outdoor sport”。2002 年，国家登山协会修改章程时对户外运动的定义是：“户外运动是一组以自然环境为场地的带有探险性质或体验探险的体育运动项目群的总称。”

如今的户外运动已经由早期的专业户外探险活动演变成一种人人都能参与的体育活动。人们对户外运动的认知已不再狭义，人们将在自然环境中开展的、涉及身体运动的相关活动都纳入户外运动的范畴。将过去的“探险竞技，挑战自然”扩展到“拥抱自然，放松身心”。这其实也是户外运动本质的、终极的目的所在。

户外运动开展的场地是自然环境，包括郊外、野外以及常人难以到达的险峻区域。不同的户外运动项目及运动环境的风险级别是不一样的。专业性较强的有攀岩、探险、穿越、漂流等具有刺激性、挑战性的项目，也有侧重竞技比赛的各种越野跑、滑雪、自行车、海上运动等项目，还有以科研及教育为主的野外科考及研学、企业拓展等新型项目，以及大体量的休闲、旅游类户外活动，如徒步、露营、自然观光等一类属于轻量级别的运动或活动。所谓专业类的户外运动通常指极限级别及亚极限级别的项目，而轻量类或休闲类的户外运动则属于低风险级别或零风险级别。

无论什么级别的户外运动，都需要根据该运动项目所处的环境与人体移动的需求来配置各种对运动有帮助的辅助工具及装备，包括对身体起保护作用的服装。对在户外环境下的运动主体起保护作用和助力移动的服装我们称为户外运动服装，简称户外服装。当然，广义的户外服装不仅仅指运动的服装，它还包括在户外条件下进行的所有活动的着装，如户外劳作服装、户外生活装等。

各种不同类别的运动项目所使用的装备是大相径庭的。特别是专业级别的户外运动，其使用的装备种类极其繁多，装备的功能级别也是最高的。虽然各种户外运动的装备多且复杂，但我们把它们分为器具类装备和人身类装备，就容易理解得多了。器具类装备主要是帮助运动者移动的，如辅助攀冰运动的有冰镐、冰爪、冰锥、防水主绳、安全带、绳套等。人身类装备的作用主要是保护运动者的身体，以适应野外各种天气的变化，如高山靴、防水服（冲锋衣）、防雪套、防水手套、头盔等。

业界习惯把户外服装、服饰也称为装备，归属于人身装备大类下，包括服装、鞋、袜、帽子、手套、护脸、腿套、睡袋等。

冲锋衣，则是户外运动人身类装备的一个最重要的产品类别。

第二节
户外运动的分层着装法

一、分层着装法的概念

在谈冲锋衣分类之前我们先介绍户外运动的分层着装法。在户外运动中，运动者在运动状态和非运动状态时的体温是有着极大差别的，这是其一；其二是运动的气候环境常常随着运动者位移的地理区域及海拔的变化而出现气温落差很大的现象；其三，人体的生理性体温调节有一定的局限性，根据相关理论，一个裸体的人要保持正常体温，只能在气温 27℃～37℃时才能完成自身调节。因此，运动者的体温调节就需要通过穿在身上的服装来协助完成。有经验的运动者会根据不同运动时段的体温需求来选择不同的着装搭配，以保持身体热量不散失或将运动时所产生的汗水快速排出。久而久之，这种着装经验就形成了户外运动的一种着装法则：分层着装法，也叫逐层着装系统。

分层系统是基于速干、保暖和防护三大功能而设计的。对应为基础层、保暖层和防护层三个层次的服装，并非指穿着三层（件）衣服。实际运动中，运动者需根据自身所处的运动状态及运动环境来选择着装的层数（件），可能是三层（件），也可能是两层（件），又或者是大于三层（件）。即着装者可以根据需要添加或移除层次，以应对环境的温度变化及不同的活动水平，从而保持最佳的体温调节和舒适度。

表 1-1 所示的 L1—L7 服装基本涵盖了户外运动应用的基础、保暖和防护这三大功能。图 1-1 则是由里向外的穿着顺序示意。

表 1-1　分层着装法

<table>
<tr><th rowspan="2">户外服装分层</th><th colspan="7">承担不同防护功能的户外服装品类</th></tr>
<tr><th>L1</th><th>L2</th><th>L3</th><th>L4</th><th>L5</th><th>L6</th><th>L7</th></tr>
<tr><td>基础层 / 内层（排汗、体温调节、保温）</td><td>排汗 / 速干内衣</td><td>调节 / 保温内衣</td><td>—</td><td>—</td><td>—</td><td>—</td><td>—</td></tr>
<tr><td>保暖层 / 中间层（热量锁定、冷气隔离）</td><td>—</td><td>—</td><td>抓绒衣 / 轻薄保温棉或羽绒内胆</td><td>弹性防风衣</td><td rowspan="2">保暖防风防泼水软壳 / 中厚保温棉或羽绒夹克</td><td>—</td><td>—</td></tr>
<tr><td>防护层 / 外层（风雨防护、摩擦对抗、极端严寒保暖）</td><td>—</td><td>—</td><td>—</td><td>—</td><td>防风雨硬壳或 2L 有里单冲</td><td>防极寒加厚棉或羽绒外套</td></tr>
</table>

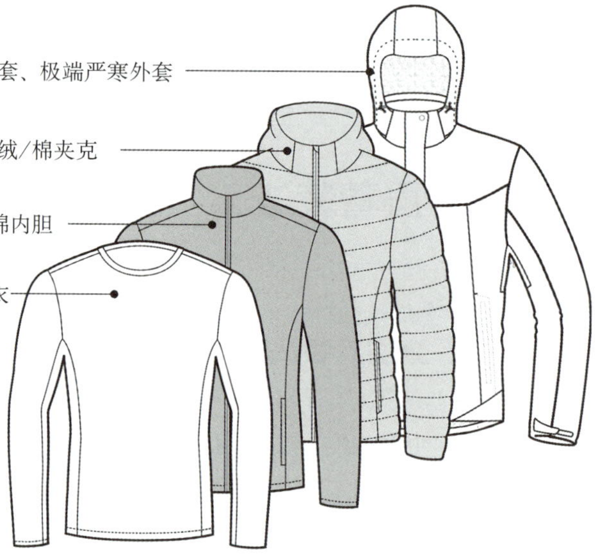

图 1-1　着装分层图

二、基础层

（一）基础层概念

基础层也叫排汗层、贴身层，是指户外运动者贴身穿着的衣物。在冬季的分层着装法中，它被称为户外内衣或底层衣，其兼有排湿功能和保暖功能。夏季的户外 T 恤也叫排汗层，功能为吸湿排汗。多层着装法的排汗层多指冬季的排汗层。无论是冬季内衣还是夏季 T 恤，排汗层的主要功能是帮助运动者将身体汗水从皮肤表面快速地排到身体的外部空间，冬季防止身体失温，夏季保持身体凉爽。

（二）基础层排汗原理及材料

基础层是直接与皮肤接触的，它的主要用途就是要保持人体皮肤的干爽。要保持人体皮肤干爽，贴身内衣就必须集吸湿、排汗、保温三个功能于一身。排汗层的面料主要选用的是改性化学纤维织物，因为天然纤维如棉纤维的吸湿能力强，但散湿却较缓慢。排汗层的排汗原理主要是通过对化纤的物理和化学的改性，使皮肤表面蒸发的湿气及汗水被改性后的特殊异形纤维吸收，然后再经由纤维内部的沟槽以及纤维之间的空隙所产生的毛细效应扩散和蒸发。这种“吸湿—传导—蒸发”的过程也叫导湿过程。单向导湿则是通过双层面料内外层的疏水性和亲水性差异，快速地实现由内而外的导湿排汗的同时防止外层的水分反渗。

纤维的吸湿排汗性能取决于其化学组成和物理结构形态。如美国杜邦（DuPont）公司生产的 CoolMax 涤纶纤维。其截面为独特的十字形，纤维表面形成四道沟槽。同时，纤维表面积也加大，利用沟槽的虹吸，汗水通过这四个管道被迅速导离皮肤表面。

需要说明的是，在寒冷气候下的户外运动，排汗层除了吸湿排汗的功能外，还应有一项不可或缺的功能，就是保温。天然纤维如棉、羊毛，特别是羊毛及羊毛与其他纤维混纺而制成的针织内衣，拥有上佳的保温效果，这是化学纤维不可比拟的。所以排汗层并非唯化学纤维才是好的，这是目前很多初级户外者的一个误区。

实际上，户外运动是一个动态的过程，人的身体并非时刻在剧烈地运动着。当身体处在非运动状态中，保温就成为排汗层的主功能诉求。羊毛拥有优异的控温性，而羊毛和聚酯纤维混纺则兼备两者的优点，既有羊毛的控温抑菌，又有聚酯纤维的快干特性。所以低温环境下的非全程剧烈（冲刺）的运动，或是低运动量的户外活动，如轻量路跑、营地餐会、徒步旅行等，选用天然纤维或其混纺织物制成的内衣是适合的。如众多知名户外品牌都采用了美利奴（Merio wool）羊毛来制作基础层羊毛内衣。

关于排汗层的吸湿排汗性能考核，国标 GB/T 21655《纺织品吸湿速干性的评定》中，对纺织品的吸湿性、速干性、排汗性都做了分级考核，共分 5 级，只有达标了才能标示为吸湿排汗产品。

三、保暖层

（一）保暖层概念

保暖层在户外分层着装法里叫中间层。顾名思义，保暖层的主要功能就是隔断体外寒冷空气的侵入，锁住体温。

（二）织物保暖原理

空气的导热系数极低，约 0.01～0.04 W/（m·K），非对流的空气是良好的保温媒介。我们最为熟悉的保暖衣物不过的就是棉衣和羽绒服了，它们就是利用储存在棉花或羽绒内的静止空气形成隔断层，从而达到隔绝外界冷空气与保持体温的效果。聚集的空气层越厚，保暖的效果越好。

（二）户外运动服饰所采用的保温材料

户外运动服饰的保暖层材料和排汗层一样，有天然纤维和化学纤维两大类。

第一类天然纤维，人们最为熟悉的天然保暖材料就是羽绒，蓬松度高的羽绒能聚集更多的空气，同等保暖度下的高蓬松度羽绒更轻，更符合户外服装轻量化的要求。但羽绒一旦吸湿，保暖功能就会快速降低，浸润后羽绒其保暖功能基本丧失。所以羽绒材料制成的保暖层更适合在低运动量的户外运动或者在活动过程中的非运动状态时段使用。防水羽绒早期是经由特氟龙（Teflon®）等羽绒防水科技处理的羽绒，每根羽绒纤维周围都会形成一道屏障，让羽绒不易受潮。近年来无氟防水羽绒也开始兴起。

第二类是化纤保暖材料，也是现时户外中层服装及外层冲锋衣的保暖内里最普及、最流行的选材。品类主要有两种。一是抓绒面料，一般由涤纶纤维织造。涤纶纤维有强度高、不吸水、质量轻、不怕霉蛀等优点。通过对坯布进行拉毛、梳毛、剪毛等整理形成空气层，达到保温效果。知名的有美国马尔登米尔斯（Malden Mills）公司的 Polartec 系列面料以及戈尔（W.L.Gore）公司的 Windstopper 防风抓绒面料。二是填充类的保温棉，主要成分也是涤纶纤维。化纤保温棉的最大特点是质量轻、保暖性强。目前除生活类的保暖棉服普遍使用化纤保暖棉外，各种被赋予更多功能的保温棉也广泛运用在户外运动服饰上。知名的填充材料有美国奥巴尼（Al-bany International）公司发明的 Primaloft 保暖棉，美国 3M 公司的 Thinsulate 保暖棉，还有意大利 Thermore Spa 公司生产的各种 Thermore 保暖棉等。

四、防护层

（一）防护层概念

防护层，在户外分层着装法中，指的是最外一层的服装，它的主要功能是防风、防水、透湿、抗磨等，所以防护层也叫防风防雨层。防护层是户外运动者的盔甲，能抵御外界风、雨、雪对运动者的侵袭。同时它具有的透气透湿功能，接续排汗层与保暖层的湿气传导，让人体保持干爽、温暖。为此，防护层也被称为技术外壳。

（二）防护层的防风、防水、透湿原理及材料

1. 微孔原理

采用微孔通道进行防水透气透湿的主要织物有高密机织物、微孔薄膜层压或涂层织物。这些织物微孔的直径一般在 0.2～5 μm，小于水滴的最小直径（20～100 μm），而远大于水蒸气分子的直径（0.000 3～0.000 4 μm），使水蒸气能通过这些永久的物理微孔通道扩散，同时水滴不能通过。防风则是因为微孔通道是曲折的。最知名的是美国 W.L.Gore 公司的 Gore-Tex 防水透湿复合面料，其由聚四乙烯薄膜与织物层压复合制成。毕威（BHA）公司创造的 eVent 面料也是知名的防水透气产品，以其直接透气技术而闻名。日本东丽（Toray）公司的 Entrant 面料为微孔 PU 层压复合面料。

2. 亲水原理

采用无孔及亲水性基团进行防水透湿的主要为非微孔的亲水性薄膜层压或涂层织物。亲水涂层或薄膜一般为致密实心层，与织物层压或涂层后覆盖了织物的所有空隙，因而能达成 100% 的防水、防风。透气方面，因亲水物质的内部呈分子链结构，且分子链上带有正负电荷，可以将大量的水蒸气分子吸入薄膜里，然后借助温湿差产生的压力从高的一侧传递到低的一侧进行解吸，即透湿。如德国普路启（Ploucquet）公司的 Sympatex 就是由一种无孔、亲水性的共聚多醚酯膜与织物层压制成的防水透湿面料，以其环保、高强度和弹性而著称。

五、分层着装法的实际运用

分层着装法中的每一层的设计都具有针对性，但共同的目的是一致的，就是让运动者在运动时避免过热，在停止运动时保持温暖。

上面所说的基础层、保暖层、防护层并非指三件衣物，而是指不同功能的三类衣物。

所以分层着装可以是三件衣物，也可以是四件，甚至五件。但一般来说，衣物件数的变化主要是中间层的变化，也就是中间层可以不止一件，以保持运动者的体温或增加运动者对其他运动功能的需求。

相对于户外运动的着装，军队中服装的分层着装系统更成熟并成体系。知名的有ECWCS、PCU、CWLS 等，总体来说就是在三层着装系统上做更精细地划分和有针对性的拓展。例如特种部队在极寒天气下的 PCU 7 层系统，L1 贴身层、L2 保暖层、L3 中间层、L4 防风层、L5 软壳层、L6 硬壳层、L7 厚保暖层。这个系统的设计理念也是通过叠加不同功能的服装层来适应不同的作战环境，而不是依赖单一的重型外套。

总之，着装系统在实际的运用中是非常灵活的，有经验的户外运动者都会视实际的运动环境而做调整，或多层组合或单独使用。如果你觉得冷，可以多穿一件，如果你觉得热，可以脱去一件。随时在运动中对衣物进行增减调配才是着装的王道。最重要的一条是，增减的衣服必须是放在运动者的随身背包里的。

第三节 户外冲锋衣的定义与分类

一、冲锋衣的定义

狭义的冲锋衣指的是具有防风、防水、透气透湿功能的登山徒步用服装。有人将范围缩小到专指有三层面料的硬壳登山服，认为在攀登时穿的，且功能性指标达到一定级别的才是真正的“冲锋衣”。有国外同业者对国内的“冲锋衣”的叫法颇感兴趣，笔者曾解释过：冲锋衣之前是指户外极限运动（登山）的外层防护服装，现在它已成为户外运动服装的一个类别称谓了，它可以指所有在户外运动中使用的，具有防风、防水、透气透湿功能的压胶类夹克。如用防水透湿面料制成的登山服与滑雪服，它们都可归属冲锋衣门类。

确实，随着户外运动及户外服饰市场的发展，随着更多的人参与各种各样的、不同级别的户外运动中，大家对冲锋衣定义的理解也已发生了变化，普遍认同“冲锋衣”是一种对户外运动防护层服装的类别统称。这也符合 2016 年由北京探路者户外用品股份有限公司等单位联合制定的冲锋衣国家标准中对这一新型运动服装的官方定义。

GB/T 32614—2016《户外运动服装 冲锋衣》中对冲锋衣的定义：采用防水透湿功能的纺织面料加工制成的，用于户外运动的，具有防水透湿功能的服装。对应英文名称为water resistant garment。

二、冲锋衣的分类

由第二节的分层着装法可知，具有防风、防水、透气透湿功能的服装称为防护层。

换言之，这个防护层就是冲锋衣。不仅如此，如果在中间保暖层的面料中也加入防水透湿薄膜的设计，使之兼具防护层的功能而可以直面外部的风雨环境，这样的产品也符合冲锋衣的定义范畴，称之为软壳冲锋衣。

关于冲锋衣的分类，可以按面料结构、面料手感、产品性能以及按运动项目来进行分类。

（一）按面料结构分类

按面料结构分类，有两层（2L）冲锋衣、两层半（2.5L）冲锋衣、三层（3L）冲锋衣、三合一冲锋衣。

1. 两层（2L）冲锋衣

指产品的面料为两层复合结构的冲锋衣，即织物底下复合了一层防水透气层。由于薄膜或涂层裸露在面料底层，为防损伤，在制作服装时需加一层里布，我们打开成品时是看不到薄膜的。

2. 两层半（2.5L）冲锋衣

指产品的面料为两层半复合结构的冲锋衣，即织物底下复合一层防水透气层后，再在底膜上增加有保护作用的一些物质或者印花。而增加的物质或工艺只作半层计，故称两层半。两层半冲锋衣既可以挂里也可以不挂里，但作为轻量冲锋衣的材料设计来看，通常是不为它配置里布的。在一些国际知名品牌的产品面料分类中，并没有 2.5L 面料，它们将此类面料归于 2L 面料项下。

3. 三层（3L）冲锋衣

指产品的面料为三层复合结构的冲锋衣，即将表面织物、薄膜、内衬复合在一起。内衬多为轻薄的针织物或梭织物，主要起到对薄膜的保护作用，故制作衣服时无需再加里布。如果内衬选择的是抓绒布，则兼具保暖功能。

4. 三合一冲锋衣

是在两层冲锋衣的基础上（也有在三层冲锋衣上）增加一件可脱卸的保暖层，并与之连接而组成套装，既可防护又可保暖。较常见的有套抓绒和套羽绒这两种。之所以叫作三合一冲锋衣，是因为它有三种不同的组合穿法，以适应不同的运动环境需要，并非指三件衣物的组合。“驴友”间常说的“单冲”主要是相对于三合一冲锋衣（或里布为保暖材料的 2L 挂里冲锋衣）而言的。单冲即单层冲锋衣，不带保暖层的冲锋衣。

（二）按面料手感分类

按面料手感分类，有硬壳冲锋衣、软壳冲锋衣、弹力冲锋衣。

1. 硬壳冲锋衣

硬壳冲锋衣也是早期冲锋衣的俗称，主要是因为其面料坚实耐磨且具有高度防护能力。硬壳冲锋衣多指采用中厚度以上，手感偏硬实的三层面料的冲锋衣，拥有高度的防雨防风功能的同时兼顾耐磨、抗撕裂等功能。

2. 软壳冲锋衣

是相对硬壳而言的，手感较为柔软舒适（大多数带有保暖功能）的一类冲锋衣。其面料为层压防水透湿薄膜的三层结构织物，底层为抓绒等针织物，集保暖、防风、防水、透气功能于一体，可适应不同的场合。保暖、防风是它的主要功能，其防水性能偏弱，但手感柔软，拉伸性较硬壳冲锋衣好，穿着舒适，活动自由。

3. 高弹冲锋衣

高弹冲锋衣由具有防水透湿功能的弹性面料制成，多为紧身款型，其手感更为柔软，且有更高弹性。面料的外层为高弹织物（机织或针织都可），两层、两层半或三层都有。三层的衬底多为针织物。它具有良好的弹性、防风、防水、透湿功能，能很好地满足人体对服装变形的舒适性及防护性要求。如自行车运动，一般疾速时的速度在 35 km/h 以上，更高的有达到 60～70 km/h，高弹冲锋衣的高延展性、高防风性很好地适应了这一运动项目的功能诉求。

（三）按产品性能分

冲锋衣产品主要以抗湿性、静水压、透湿率三项功能指标的数值来评定产品的功能性等级。国家标准 GB/T 32614—2023《户外运动服装 冲锋衣》中，将冲锋衣产品（面料）的功能性级别分为 I 级与 II 级两个专业级别，见表 1-2。

表 1-2 冲锋衣级别分类

性能级别		I 级	II 级
表面抗湿性 /（级） GB/T 4745	洗前	≥ 4	≥ 4
	洗后	≥ 3	不考核
静水压 /kPa GB/T 4744	洗前	面料≥ 50，面料接缝处≥ 40	面料≥ 30，面料接缝处≥ 25
	洗后	面料≥ 40，面料接缝处≥ 30	面料≥ 20，面料接缝处≥ 15
透湿率 /［g/（m^2 · 24 h）］ GB/T 12704.2	洗前、洗后	≥ 6 000	≥ 4 000
适合于		专业级别的户外运动	日常户外活动

国家标准规定，对于产品的功能性指标属于 I 级或 II 级，应在吊牌上标注。如不标注，视为 I 级产品。但因《户外运动服装 冲锋衣》国家标准是近年才制定的，之前大多数品牌对产品性能的标注只列出静水压、透湿率的数值，却没有标明测试的标准与方法，更没有等级一说。因为采用不同的测试标准与方法，得到的数值是大不相同的。同时，行业中对静水压的单位习惯上是按 mmH_2O 标示的，消费者可以与国标的级别做换算：1 kPa = 101.972 mmH_2O。

另外，业界标杆企业 W.L.Gore 公司的 Gore-Tex 面料或成衣产品也有自己的产品性能标准，其分类方法是结合产品的性能与运动类型来归类，被业界普遍认可。这里不多论述。

（四）按运动项目分类

冲锋衣就是为户外运动而生的，按不同的户外运动项目及适应的环境来分类更有现实意义。

户外环境十分复杂，从平原到高山，由于海拔及纬度不同，其温度、相对湿度、风力和风向等都不一样。同时由于户外运动的种类繁多，如山地类的有登山、丛林、越野、探洞、攀冰、攀岩、荒漠、自行车、滑雪等，自然水域类的有漂流、溯溪、渡水、垂钓、划艇、潜水、冲浪等，空中运动类的有跳伞、滑翔等，还有更多综合类的，如户外环境下的各种运动竞技及锻炼、城市定向、团建野外拓展等。而不同的运动项目对冲锋衣的功能诉求是不尽相同的。

当然，按运动项目来分类冲锋衣，并非要求每一种运动项目必须对应一种冲锋衣。在实际的产品设计及产品的运用中，通常运动环境以及肢体动态变化相近的运动项目可以使用同一类的产品。基本的有登山冲锋衣、滑雪服、骑行冲锋衣、跑山冲锋衣、垂钓冲锋衣、狩猎冲锋衣、战术冲锋衣等。近年还扩展出现了城市户外冲锋衣。城市户外运动包括市区内的定向徒步活动，室外如公园晨练、绿道骑跑，甚至通勤。

1. 登山冲锋衣

顾名思义，是运动者在寒冷的山地环境下进行登山运动的外层着装（防护层），通俗的叫法就是登山服或登山夹克。

广义来说，竞技探险类的登山，群众活动类的登山，甚至旅游观光类的登山都同属登山的范畴。根据登山运动的环境（海拔、气候）、活动强度以及运动时间，登山冲锋衣一般分为极限级、中级、轻量级三个级别，也有人用重型、中型、轻型来表示这三个级别的冲锋衣。自然它们对应的是三类不同强度的登山运动。有一点要注意，重型或轻型并非指服装的轻重，一件轻量化设计的极限冲锋衣更符合高强度运动的减负需求，但在产品的重量上可能会比中型的还要轻。

知名登山服品牌有始祖鸟（Arc’teryx）、火柴棍（Haglofs）、猛犸象（Mammut）、巴塔哥尼亚（Patagonia）、乐斯菲斯 / 北面（The North Face）、凯乐石（Kailas）等。

1）极限型登山冲锋衣，无论是阿尔卑斯式攀登还是喜马拉雅式攀登都必选的装备。其往往由三层压胶面料制成，简洁轻便、坚固耐磨，是硬壳冲锋衣的典型代表，如图1-2所示。极限型登山冲锋衣的防水为暴雨级别，透湿率不低于 6 000 g/（m^2・24 h）。大品牌多选用 Gore-Tex Pro 面料，数据显示其静水压可以达到 28 000 mmH_2O（274.59 kPa）以上，透湿率 10 000 g/（m^2・24 h）以上，结合分层着装法，可以应对长时间、复杂气候、环境的极限挑战。

图 1-2　极限型登山冲锋衣（硬壳冲锋衣）

极限型冲锋衣专为极限条件下进行攀登运动的运动者所设计，除经得起严苛环境的挑战外，其在结构设计上考虑了攀登的肢体动作幅度，运动时即使手臂上举过头也不会受到牵阻力，在攀越（登）陡峭的坡面、岩石、冰壁时都有很好的表现，如图 1-3（a）所示。风帽在设计上兼容了头盔的佩戴，前口袋很大且位置设计较高，在束绑安全带，背上背包及戴有手套的情况下也能很方便地拿取口袋里的物件，如图 1-3（b）所示。为了轻量化，一般前襟不会设计挡水门筒，口袋及腋下也不会有防水盖，而是采用防水拉链来达到防水目的。极限型运动所使用的冲锋衣在设计上要求耐用、简洁、实用、轻便。

(a) 冲锋衣攀举

(b) 冲锋衣安全带

图 1-3　极限冲锋衣功能举例

2）中型登山冲锋衣，较为通用或多用性的冲锋衣，在品牌的宣传中一般被称为全天候冲锋衣。适合运动量及运动强度适中的各种常规性的登山、攀爬运动，包括攀登、徒步穿越、野外露营等。面料采用 2L～3L 都可以，也可以做成三合一款式；防水同样要求达到暴雨级别，透湿不低于 6 000 g/（m^2·24 h）。这个级别的登山冲锋衣的面料选择性较大，如 Gore-Tex、eVent、Sympatex、Tory Entrant 等。有些大品牌还有自家研发的专利面料，功能性也是不错的。在结构的设计上集多功能性，比如有着各种用途的口袋设计，可以放置更多的登山物件。又比如有下插手袋设计，抓毛的袋里布还有暖手功能等。风帽在设计上有兼容或不兼容头盔的佩戴，以适合多类型的登山运动；同时，这类冲锋衣一般都会有门筒、袋盖、腋下盖等防水部件的设计（但如追求轻量化的设计，也可以如极限型冲锋衣一样舍去这一些繁杂的小部件而采用防水拉链来防水）。

3）轻型登山冲锋衣，适合低海拔的徒步、露营、短途越野、爬山登高、户外休闲等风险性及运动强度都较低的登山运动。一般多为单日或不超过两日的运动。由于运动场地的海拔不高，气候的变化易于掌控，此类型冲锋衣的防水为大雨级别，透湿率不低于 3 000 g/（m^2·24 h）即可。面料主要采用 2L 或 2.5L 制成，如果是不挂里布的设计，就其产品的重量来说属于轻量的。在结构上，一般不做穿戴安全护具下的考虑；风帽也不会兼具头盔的穿戴；手臂的抬手量较专业的极限型或中型的小很多；口袋的设计简单而且数量不多，一些易压缩的轻量级产品还可打包卷入口袋中。轻型登山冲锋衣兼具基本的登山运动与城市户外的双重功能。

2. 滑雪服

滑雪运动包括双板滑雪与单板滑雪。传统项目为双板滑雪，其基本含义是指运动者成站立姿态，手持滑雪杖，足踏滑雪板在雪面上滑行的运动。从专业角度分为竞技类滑雪和旅游类滑雪（也叫大众滑雪）。竞技类的指高山滑雪、越野滑雪、登山滑雪等极限级别的滑雪。旅游类滑雪是指在滑雪场内、风险性较低的娱乐与健身类的滑雪，也包括低山丘陵地带的越野滑雪。

根据滑雪运动的环境及运动时的肢体特点而设计的滑雪功能性外套，我们可以称之为滑雪冲锋衣。但习惯上我们还是将其称之为滑雪服或雪服，如图 1-4 所示。

瑞士高山滑雪队队服　　荷兰高山滑雪队队服

图 1-4　滑雪服

滑雪运动是一项在寒冷环境下进行的疾速运动，高山滑雪的速度能达到 60～90 km/h，大众滑雪的速度在 15～50 km/h。因此，滑雪服的防风保暖是第一位的。

面料方面，竞技类滑雪服的防风、防水、透湿的指数要求较高，如攀登冲锋衣一样，大品牌都会选用 Gore-Tex 或其他顶级面料的适用版本。大众类滑雪服的防风、防水、透湿的指数相对会低一些。无论是竞技类滑雪或是旅游类滑雪，滑雪服采用带弹性的面料更能适合滑雪的大幅度肢体动作。

关于保暖，滑雪服有不带保暖层和带保暖层两种。不带保暖层的指无里布的 3L 面料（包括内衬法兰绒底的 3L 面料）滑雪服，运动时采用分层着装法来选择合适的内层及保暖层。这种灵活的搭配方式跟登山运动的着装原理是一样的，很受专业运动者的喜欢；另一类是滑雪服本身自带保暖层的设计，即将保暖材料（保温棉、羽绒、毛绒等）作为里布结构的一部分与表层的防水透湿面料固定为一个整体。如绗棉滑雪服、羽绒滑雪服等，适合在气候环境较为稳定的滑雪场进行滑雪运动。

关于防风，滑雪服在防风功能的诉求上除了对面料有高的要求外，在服装结构的设计上会有更多的细节处理，如有防风护脸、防风帽口、防风袖口、防风（雪）裙、防风

（雪）裤口等，形成一个有效的防风防雪系统。

滑雪服在结构上采用了与实际运动肢体状态相符合的立体设计，如膝位、手肘的曲度会比登山冲锋衣的大，而手臂上抬量与肩抬量则小于登山冲锋衣，等等。除结构设计外，采用四面弹防水透湿面料更能适应滑雪运动时的肢体伸展。

知名的滑雪服品牌有伯顿（Burton）、伯格纳（Bogner）、迪桑特（Descente）、蜘蛛（Spyder）、哈迪（Halti）等。

3. 骑行冲锋衣

这里所说的骑行运动是指使用人力驱动的自行车运动，包括山地自行车运动及公路自行车运动，非摩托车的骑行（摩托车的骑行着装我们称之为摩托车服或机车服）。骑行冲锋衣是指在寒冷环境下使用的，具有防风、防水、透气透湿功能的骑行外套（夹克）。用骑行冲锋衣的称谓更能将此类防水型骑行服区别于人们一般认知的非防水防风型的冬季抓绒针织类的骑行夹克。

随着新材料的开发运用，防风、防水、透气透湿型的骑行服更能适应野外的、恶劣的骑行环境，如山地越野骑行、长途骑行旅游，以及雨季的公路车运动或上下班的通勤骑行。如图 1-5 所示。

适宜运动及通勤的骑行冲锋衣

八天川藏极限挑战赛中的3L骑行冲锋衣

图 1-5 骑行冲锋衣

骑行是一项极速运动。运动中的汗液排放量非常大，特别是在寒冷环境下的长途骑车运动，不断地放坡骑行、爬坡蹬行，致使人体不断经历冷热交替。故骑行冲锋衣对防护功能的诉求很高，侧重于防风、防水、透气、延伸、保暖功能，以保证骑行的舒适感受。而在非寒冷环境下使用的骑行冲锋衣则不加入保暖功能的设计，但这样也并非等同于过去的骑行雨衣（非透湿的骑行雨衣无法带来良好的骑行体验）。

骑行冲锋衣的版型为符合运动者前倾的骑行姿势，前后片的长度差别较大；袖长需达到手臂前伸的最长度；修身剪裁加上细旦纤维面料，以减少风阻；前下身无袋，而后下身有袋的设计可以存放小工具及途中补给，但要符合骑行中对物件取放的动作要求。骑行冲锋衣会有带风帽或不带风帽的设计，如果是有带风帽的设计则必须兼容头盔的佩戴。在面料的选择上，Gore-Tex Active 适合对防水、防风、透湿、轻量等有要求的骑行服用料；Windstopper 所具有的高防风性与良好的保暖性，则可以作为冬季寒冷条件下的骑行服用料。另外，反光标识是骑行冲锋衣不可或缺的设计。知名的骑行服品牌有 Rapha、禧玛诺（Shimano）。

4. 越野跑冲锋衣

越野跑在我国已成燎原之势。跑界也流传着一句话：马拉松是跑步的开始，越野跑才是跑者的归宿。所谓越野跑，一种在铺装路面之外的地形上的跑步，它和公路跑与场地跑的最大区别在于运动的场地为野外自然环境的小径，其多为不平坦的多变地形，如土路、石滩、草地、林地、树丛、石堆、沙地等。越野跑按照不同距离可以分为初级越野跑（少于 42 km）、中级越野跑（42～69 km）、长距离越野跑（70～99 km）、极限越野跑（100 km 以上）。中文的“越野跑”通常指 Trail Running。

中长距离越野跑的地形起伏较大，气候特征多样化。特别是在海拔 2 000～3 000 m 进行的高山跑，天气变化极复杂，还充斥着大量地形复杂的技术路段。

跑山冲锋衣是根据山径越野跑的环境及运动特点而设计的。除防护层的透湿、防风、防水三大功能要适合运动需求外，长距离的奔跑还需要着装的轻量、高表现性来节省能量；需要易压缩来方便运动中的快速穿脱及携带；需要修身的剪裁来减少野枝、山石的剐蹭等。

知名越野跑服品牌有萨洛蒙（Salomom）、凯乐石（Kailas）。

5. 徒步冲锋衣

徒步，包括徒步健身与徒步旅行，多日徒步被称为远足。它并非我们通常意义上的散步，也不是体育竞赛中的竞走项目，而是指有目的地在城市的郊区、乡村或者山野间进行中长距离的走路锻炼及旅行。徒步与登山的区别在于登山多以探险、挑战自我为目的，而徒步多以锻炼或旅行为目的，欣赏沿途自然风光和人文景观。

徒步是户外运动中最为典型和最为普遍的一种。根据穿越区域的不同，徒步有城郊、乡村、山地、丛林、古道、环湖等众多类型。如果是穿越山地、丛林等有一定风险性以及升降较大的徒步活动通常被归入登山运动。但无论是登山还是徒步，但凡喜爱这种步行运动的人通常都被统称为“驴友”。“驴友”包含的人群比“山友”更广泛一些。

根据徒步距离的不同，通常 15 km 内的称为短距离徒步，15～30 km 的称为中距离徒步，30 km 以上的则为长距离徒步。如果是徒步旅行的话，总距离则因个人的旅程而定，一般会采取分段与累加的方式来记录远足距离。

徒步冲锋衣是运动者在寒冷环境下进行徒步运动的外层着装。徒步防护层根据不同的徒步类型而有所区别，如果是跨越山岭且有较大升降的徒步穿越，一般归入登山项目，运动者可以直接使用中型或轻型登山冲锋衣。这里所说的徒步冲锋衣指适用于郊区或者山野间等非严峻地形下的徒步运动着装。包括郊野的中长距离徒步运动，城市里的定向徒步运动，还有单日或多日徒步旅行等。

徒步冲锋衣的特点是防水、防风、透气透湿、保暖、轻便、时尚、多口袋、多功能。单日徒步多选择轻量且全天候表现设计的产品。多日远足（徒步旅行）用的冲锋衣可以有更多的生活元素。如图 1-6 所示。

超轻量徒步冲锋衣

远足冲锋衣

图 1-6　徒步服

6. 垂钓冲锋衣

图 1-7　矶钓所穿着的服装

钓鱼运动早在 1983 年就被列为中国正式开展的体育项目。钓鱼，是捕捉鱼类的一种方法，起源于古代先民的生产活动，随着生活环境的安定和生活水平的提高，逐渐从生产活动中分离出来，成为一种充满智慧、充满活力且有益身心的健康运动。健康、环保、时尚是现代垂钓运动所倡导的主题，即除非特殊需要，钓获后应该尽快放生本土物种，以维护水体生态环境。现代垂钓分淡水钓和海钓两大类。如图 1-7 所示的为海钓中的矶钓。

垂钓冲锋衣是指根据垂钓运动的环境特点而设计的，供垂钓运动者外穿的一种防护层服装，其具有防水、防风、透气透湿、保温、抗磨等功能。垂钓冲锋衣版型一般比较宽松，造型较为粗犷，口袋较大且多采用外置的立体贴袋做法，以方便存取垂钓小用品。垂钓裤则有两种，区别是是否连带涉水鞋。无涉水鞋的类似登山与滑雪的冲锋裤，脚口由魔术贴调节大小，侧边或以长条防水链开合，适合岸钓及船钓。有涉水鞋的叫涉水裤或下水裤，可下到水中垂钓或作为渔场工作服使用。

知名垂钓服品牌有达亿瓦（Daiwa）、恩迈斯（Simms）、禧玛诺（Shimano）。

第二章

户外服装功能与舒适性要求

第一节
户外服装功能

户外服装，指的是“户外运动功能性服装”，是针对各种户外环境下的运动（活动）而设计制造的。匹配户外环境与对应的运动功能属性是户外服装与生活服装的最大区别，所以从一开始它就被赋予更多的“特殊功能”。与传统的体育运动服装比较，户外服装也有很大的区别。户外服装可在高空、高山、沙漠、水域，严寒、酷热，风、雨、雪、辐射等复杂多变的地理和气候环境下起到保护人体的作用。不同的应用条件下它有不同的特殊材质、形态构造和穿着方式，是一种具有高科技含量的服装产品，这也是人们将其归为装备的原因之一。

从户外运动的角度看，户外服装的功能可分为三个方面：一是对自然气候及地理环境的防护；二是对运动所使用的人造设施的潜在风险的防护；三是延展增强人体活动能力的功能。

一、户外服装对气候及地理环境的防护

1. 防水、防风、透气透湿功能：是指户外服装面料所具有的阻挡风雨侵入身体而又能让体内的湿热排出体外的能力。其根本目的是避免服装防护层因雨水或汗水浸湿而导致人体失温。目前所采用的面料主要运用了两种原理，一是微孔通道原理，是利用织物（包括高密织物或微孔薄膜）微孔的直径小于雨滴的最小直径，而大于水蒸气分子的直径的原理，让水蒸气能通过而水滴不能通过，从而达到防水透湿的目的。防风则是因为薄膜的微孔通道是曲折的。二是无孔及亲水性原理，用无孔亲水涂层或薄膜与织物复合，覆盖织物空隙，达到防水、防风的目的，而透气则是亲水物质的分子链结构将水蒸气分子吸入薄膜后再借助温湿差产生的压力来进行解吸。

2. 防沾湿（泼水）功能：是指面料经过防泼水剂处理，使表面的张力小于水的内聚力，令落下的水滴形成圆珠状滚开，从而达到像荷叶般的防沾湿功能，也称荷叶效应。如果采用 Teflon® 整理剂进行防泼水（三防）处理，该材料还具备防污、防油的能力，称为“三防功能”。但近些年无氟防泼水处理逐步发展起来以应对氟材料对环境的影响。

3. 吸湿排汗功能：是指利用纤维表面微细的沟槽所产生的毛细现象使汗水经芯吸、扩散、传输等作用，迅速移至织物的表面并发散，从而达到导湿速干的目的。

4. 保暖功能：一是传统的物理保温方法，即利用储存于保暖材料（毛绒、棉花、羽绒、化纤填充棉等）内的静止空气形成隔断层，达到隔绝外界冷空气从而保持体温的目的。二是远红外纤维吸热积蓄方法，即在纺纱过程中加入远红外吸收剂（纳米级或微纳

米级陶瓷粉），吸收太阳辐射的能量，并可将人自身散发的热量积蓄起来，再以红外线形式放出，从而达到保暖效果。

5. 防紫外线功能：即防晒，是指采用紫外线屏蔽的物理或化学方法对纤维、纱线或织物进行处理，从而使产品达到防紫外线的目的。

6. 防静电功能：是采用抗静电剂对织物进行整理或采用在织物中混入导电纤维等办法，从而使产品达到防静电的目的。

7. 耐磨抗撕裂功能：通过采用高强度的锦纶、芳纶等材料，以高旦尼尔高密度的织造及后处理方法达到耐磨和抗撕裂。

8. 供血供氧改善功能：压缩内衣通过对表层皮肤及不同部位的梯度压缩使红细胞更快更多地参与血液循环，进而达到增加肌体局部含氧量，提高运动强度和耐力的目的。

二、户外服装对运动中所使用的人造设施的潜在风险的防护

与自然的气候环境的防护不同，一些特殊的运动项目的风险、伤害是由运动本身所使用的器械、工具、车辆、场地等人造设施带来的。这类户外服装的功能需根据其运动特点而设计，但防撞击、防火是这类服装的最主要的功能。

1. 防撞击功能：户外运动服装的防撞击功能的设计主要指的是在高速的机车运动（摩托车、赛车）中发生摔车、碰撞事故时能对运动员起保护作用的构件及材料的设计。比如机车服采用耐磨材料，并在肩、肘、背、膝等部位内置防护垫，与头盔、骑行手套、骑行靴、护颈等护具组成全面的防护系统。

2. 防火阻燃功能：户外运动服装的防火功能的设计主要指的是在赛车运动发生碰撞、爆燃事故时对赛车手起保护作用的材料及多层结构的设计。比如赛车服多采取 Nomex® 防火、防摩擦材料，可覆盖全身，与赛车头盔、赛车手套、赛车鞋、护颈等护具组成全面的防护系统。另外，军警消防、石油生产等特定领域也有阻燃的要求。

三、户外服装对延伸人体活动能力的辅助功能

1. 延展功能：是指利用弹性面料的特性或采用结构设计的手段使户外服装具有适应运动肢体变化的一种随形功能。其有减小对人体的束缚，提高运动者运动效率的作用。如高弹力骑行服。

2. 减阻功能：是指采用高科技材料及结合结构设计等手段使速动类服装具有减小风阻或水阻的特性，具有提高运动者移动能力的作用。如鲨鱼皮游泳衣、翼装飞行服等。图 2-1 为鲨鱼皮泳衣。

3. 提效功能：是指利用织物不同的组织所产生的压力对运动肌肉进行管理，起到对肌肉支撑稳定，消除肌肉疲劳，提升运动耐力的作用，如越野跑中的压缩服，如图 2-2 所示。

户外服装还有很多其他方面的功能，如抗菌防臭功能、防蚊虫功能、散热降温功能等，这些都是由面料赋予冲锋衣的功能。

图 2-1 鲨鱼皮泳衣

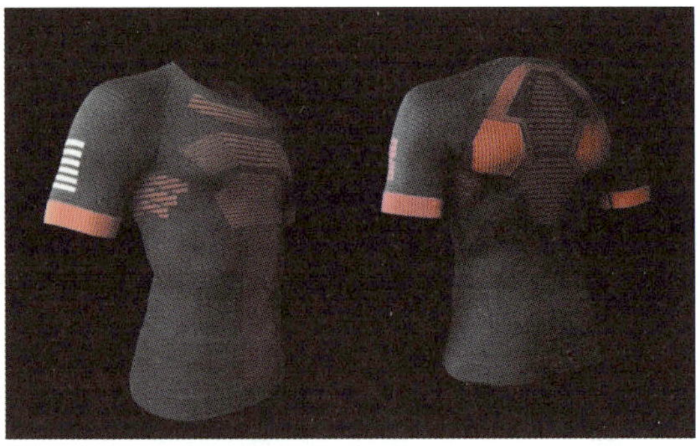

图 2-2 压缩服

除上述运用物理或化学的方法对材料进行处理的功能外，户外服装功能还可以通过产品结构设计及加工工艺来实现。这部分在后续的结构设计中会有介绍。

第二节 户外服装舒适性概念

一、服装舒适性定义

服装舒适性，从广义上来说，是指着装者通过感觉和知觉等对所穿着的服装的综合体验，包括生理上的舒服感，心理上的愉悦感和社会文化方面的自我实现、自我满足感。狭义上的服装舒适性，指的是生理舒适性。就户外服装的实用功能而言，本书所述的服装舒适性指的是狭义上的服装舒适性。

人体—服装—环境是一个不可分割的系统，在人体—服装—环境系统中，人是主体，户外服装舒适性的研究是从人体的需要出发，研究服装人体工效学以及服装材料的服用性能，做到科学制衣，科学穿衣，其最终目的是使人在户外中的活动得以更加有效，更加安全，更加舒适。

户外服装舒适性主要有热湿舒适性、变形舒适性两个方面。

在物理学上，人体是一个热源，其内部会产生热量，但又必须以同样的速率散热，以保持热湿平衡。当人体的产热与散热不平衡时就会感觉不舒适，影响人体热湿平衡的因素有人体自身的内部因素和气候环境的外部因素，而户外服装在人体与环境的热湿交换中起调节的作用。另一方面，着装下的户外活动，人体会发生形变，而作为调节热湿平衡的服装这时需要随形而变，否则被束缚的身体也会感觉不舒适。因此，在人体—服装—环境系统中，三者的关系是相互依存、相互制约、相互补偿的。

在人们的日常生活中，服装穿着的舒适感觉更多地来自人体生理及心理上的主观感觉。但在户外运动中，人体往往经历着不断的动、静态的交替，其活动量及变化幅度都较日常活动大得多。特别是户外运动环境，运动者会随着运动区域及海拔的变化而发生变化（比如长距离的越野跑、越野骑行，区域可跨数百公里甚至上千千里），加之运动者个人的身体条件及心理感觉的不同，对同一件户外服装的舒适性给出的评价会有较大差异。行业中，户外服装的测评更多的是结合了穿着舒适度与防护功能的综合体验，通常以可量化的功能性指标（实验室数据）再加上着装者生理上的主观感受来综合评判户外服装的舒适性和功能性。

有观点认为，真正的舒适只存在于没有任何不舒适因素的时候。在户外环境下的运动着装，其舒适性会随着运动的动、静态切换而变化，从人体生理角度看户外服装的舒适性，满意的热湿平衡及服装形变是其主要的舒适性标准。

二、人体生理学基础

（一）能量代谢

1. 能量代谢概念

人体通过摄取食物而获得碳水化合物、蛋白质、脂肪等营养物质。各种能源物质在体内发生氧化反应释放能量，其中 50% 以上迅速转化为热能以维持人体体温，并不断向体外散发，其余部分则转化成以三磷酸腺苷等物质为载体的可以做功的自由能，保证机体的生命活动。这种能量的产生与利用过程叫新陈代谢。在新陈代谢过程中所伴随的能量释放、转移和利用等，通常称为能量代谢。

2. 能量代谢测量

对能量代谢的测量，通常有两种方法：直接测热法和间接测热法。直接测热法是利用测热装置直接测定机体在一定时间内所散发的总热量的方法。这种测热法不能用来测试人劳动或活动时的能量代谢。间接测热法是基于研究人体呼吸气体交换理论，通过测量受试者一定时间内的耗氧量和二氧化碳产生量，并根据化学反应中的定比关系，计算出机体的能量代谢率。

研究表明，人体的能量代谢与体表面积有一定的内在关系，它们基本成正比。如一个身材高大者与一个身材瘦小者相比较，身材瘦小者单位体重的代谢量显著高于身材高大者，但单位体表面积的代谢量两者就比较接近。这样，可以用单位体表面积作为能量代谢的相对衡量标准，即代谢产热率，其单位为 kW/m^2。

影响能量代谢的因素包括人体的肌肉活动水平、环境温度等方面，其中肌肉活动对能量代谢影响最为显著。剧烈运动时，能量代谢是安静状态的数倍，短时间爆发性运动，其能量代谢可达安静状态时的 10～20 倍。肌肉活动的程度叫作肌肉活动强度，也被称为活动水平。活动水平通常用单位时间内机体的产热量来表示。不同活动水平时人均能量代谢值见表 2-1。

表 2-1　不同活动水平的人均能量代谢值　　$kJ/(m^2 \cdot h)$

活动水平	轻	中	重	极重	超重
能量代谢值	93	93～140	140～198	198～256	256 以上

（二）人体皮肤

从生理学的角度来看，许多参数，如新陈代谢率、肺活量、心排血量、主动脉和气管横截面积等，均与人体的体表面积成一定的比例关系。人体的体表面积比较难以测量，通常用一些经验公式估算。较为常用的是 Dubois 公式和 Stevenson 公式等。

Dubois 公式为：

$$A = k \cdot w^{0.425} \cdot h^{0.725}$$

式中：A——人体体表面积，m^2；

h——人体身高，cm；

w——人体体重，kg；

k——不同人种常数。（欧美人群为 0.007 184）

Dubois 公式更适用于欧美人群的体表面积计算。

Stevenson 公式：

$$A = 0.006\,1h + 0.012\,8w - 0.152\,9$$

式中：A——人体体表面积，m^2；

h——人体身高，cm；

w——人体体重，kg。

Stevenson 公式适用于亚洲人群（6 岁以上）的体表面积推算。

我国成人体表面积大约为 1.5～2.0 m^2，其中颈部以上占 10.3%、上肢占 19.3%、躯干占 24.1%、下肢占 46.3%。

（三）体温调节

当外界条件变化或人们进行不同水平的活动时，人体会通过自身的体温调节机制维持体热平衡，这是进行新陈代谢和维持正常生命活动的必要条件。

1. 人体温度

这里所说的体温指的是人体体内温度，或称中心温度。一般人的标准体温是 36.8℃，人能维持生存的极限体温不超过 43℃，不低于 25℃。体内温度是相对稳定的，但又略有不同，人在安静状态下，肝脏的代谢活动最强，产热量最大，温度最高，约 38℃；脑产热量也较大，温度接近 38℃；肾脏、胰和十二指肠等的温度略低；直肠内的温度则更低。体温的变动界限为 26～42℃，体温升至 38℃是低热，达到 39℃以上是高热。

正常人的体温有昼夜周期性的变化，一天之中，凌晨 2 点～5 点体温最低，下午 2 点～6 点最高，但一天之内温差变化小于 0.8℃。另外，女子体温一般较男子高 0.35℃左右。夏季体温比冬季体温低 0.3℃；剧烈活动可使体温升高 1～2℃。

2. 皮肤温度

皮肤温度则指的是人体体表温度。一般情况下，皮肤温度总是低于体内温度的。如在气温 20℃的无风环境下，穿衣后的平均皮肤温度在 32.5℃。但皮肤温度会随着环境气候和衣着情况的不同而发生变化，这种变化是为了维持体内温度的相对稳定，这就是重要的体温调节功能。

由于人体各部位的热传递不均匀，致使人体表面的皮肤温度也是不相同的，如皮下脂肪多的部位热传递较慢，隐蔽的部位散热也不容易。一般来说，胸部、背部、腹部等被衣服覆盖的皮肤温度会高于平均温度，在34.5℃左右，而裸露部位则会低于平均温度，手的皮肤温度为最低，为29～31℃，前额部的皮肤温度与平均温度持平，为32.5℃左右。外界气温高时，身体各部位的皮肤温度接近；气温低时，与衣物覆盖的部位相比，四肢末梢的皮肤温度就低得多了。如果皮肤温度低于13℃或高于45℃，则冷热感觉就会转变成疼痛感觉。

3. 人体出汗

出汗，按诱导源分为精神性出汗、温热性出汗。人体汗腺分为大汗腺和小汗腺两种，小汗腺分布于全身，以前额部、颈部、胸骨、手背、脚腕和背部为多，这种汗腺分泌的汗就叫温热性出汗。当环境温度超出临界温度31℃±1℃时，除了手心、脚掌外，全身皮肤都开始出汗。大汗腺分布于腋窝、乳头周围、手掌、足底等处，这种汗腺分泌的汗和人的体温无关，是精神性出汗（兴奋、恐惧、味觉刺激），一般称为冷汗。

温热性出汗是人体最重要的出汗方式，是人体减少体内温度的重要体温调节反应之一。在环境温度比皮肤温度高时的逆温差条件下，出汗是散热的唯一途径。温热性出汗可分为无感出汗和有感出汗两种。

无感出汗：人的皮肤总有汗腺释放汗液活动。在代谢水平低下时，汗液在汗腺孔内或在汗腺孔附近蒸发成水汽，皮肤不呈现湿润状态，称为无感发汗。以脸部、头部、手等露出的部分为多，一般被衣服遮盖的部分少。

有感出汗：在代谢水平高亢时，汗液以液态水形态遍及皮肤表面甚至流淌，称为有感出汗或显著出汗。

能够蒸发的汗量我们会称它为有效汗量，其有助于体热的散失。附在体表的液态汗量叫作附着汗量，它会造成人体黏湿感，特别是当人体活动静止时又会吸收人体的热量从而使人感到寒冷。户外服装研发中通常说的透湿的“湿”指的就是气—液二相的汗液。

人体不同部位的出汗情况是不同的，出汗量较大的部位有前额、胸背中央、腰、手背等，其次是颈部、脸颊、侧胸部、腹部、臀部和四肢外侧。大腿内侧和小腿出汗较少。温热性出汗最少的是手掌和脚掌。见表2-2。

表2-2　人体各部位出汗量相对值比较　　单位：%

部位	出汗量相对值	部位	出汗量相对值
头部	12.8～12.9	前臂	4.0～4.3
胸部	14.6～15.0	手	4.5～5.0
背部	9.9～10.2	大腿	14.2～15.6
腹部	13.6～13.9	小腿	4.5～4.9
腰部	12.2～12.6	脚	3.6～3.9
上臂	4.1～4.5	—	—

从表中可以看到，大腿、胸部、腹部等部位的出汗量都较大。而我们在越野跑、骑行等户外运动中会见到一种有趣的着装现象，有些运动者会上衣选择长袖，下身选择短裤的着装方式。这是因为在寒冷环境下的户外运动，运动者可以通过短裤或掀开帽子以暴露大腿及头部的方式来散失因剧烈运动而产生的过多热能。同时也因为头部可在寒冷环境中耐受的时间较长，但躯干却因腔内有内脏器官，虽然出汗量较大，却并不适宜以掀衣这种急速降温的方式来散热。

4. 人体出汗量

人体出汗的定量分析方法主要有两种：全身总出汗量的测定主要是采用称重法；局部出汗量可以采用过滤纸浸湿法。在裸体情况下，环境温度和湿度适宜时，汗液可以全部蒸发，出汗量等于蒸发量。在着装条件下，出汗量与蒸发量是不相等的，要依据具体情况决定。当出汗不多，环境温度和风速适宜，服装的透湿性能良好时，蒸发率可以接近 100%，可认为出汗量等于蒸发量；如果出汗较多，受环境或服装某种因素的影响，蒸发速度慢，服装上有汗水浸湿的情况，则出汗量不等于蒸发量。在这种情况下，不仅要称裸体重量的变化，还需要称服装重量的变化。其计算过程中可用如下公式：

出汗量 = 开始裸体重量 − 最后裸体重量

汗蒸发量 =（开始裸体重量 − 最后裸体重量）−（最后服装重量 − 开始服装重量）

汗蒸发率 = 汗蒸发量 / 出汗量

5. 体温调节

1）体温的生理性调节

为适应气候的变化，人体会自动产生一种生理性的调节机能来调节体温和皮肤温度。一个裸体的人要保持正常体温，只能在气温 27～37℃时才能完成调节。可见人的生理性体温调节机能是有一定局限性的，调节的范围很窄。

环境气温与体温调节范围之间的关系，我们可以从图 2-3 中看到：

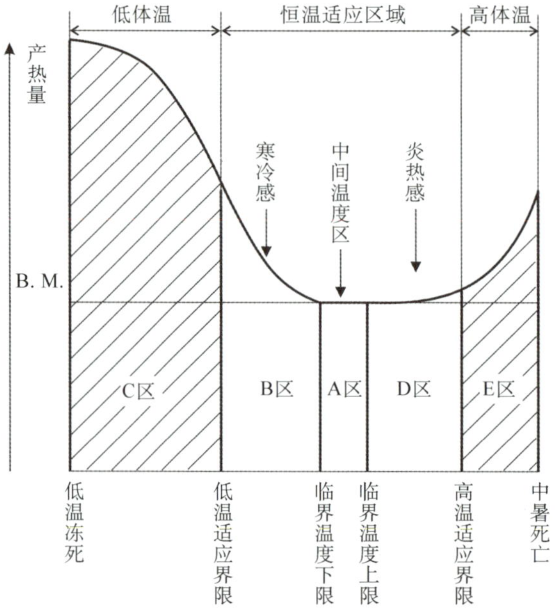

图 2-3　环境气温与体温调节范围的关系

A 区是指靠血管的收缩、扩张来维持恒定体温的范围。B 区是依靠代谢的亢进来防止体温下降的范围。C 区，虽然代谢亢进，但因散热过度，体温开始下降，最终因过冷而死亡，即冻死。D 区是通过出汗，防止体温上升的范围，叫蒸发调节区。但此区出汗量越多，因炎热而感到的不适感也越严重。E 区，超过有效调节的限度，随着体内储藏热量的增多而致体温上升，最后会中暑死亡。

2）体温的行为性调节

体温的生理性调节能力是有限的，而在生命的进化过程中，人类为适应大自然多变的气候环境，身体逐渐建立起行为性体温调节来弥补人体自身生理性调节的不足。最原始最简单的行为性体温调节是姿态改变和场所迁移，现代人的行为性体温调节手段被赋予了更多的科技性，如人工气候环境的创建（可采用空调装置），穿着高科技的功能服装，等等。

服装是人类行为性体温调节最重要的也是历史最悠久的调节工具。研究表明，在比人的体温低 90℃的环境温度下，服装仍能保障人的体温在可调节的范围内。这也是户外活动中，特别是寒冷环境下的户外活动中，功能性户外服装存在的最大意义。

三、气候环境对舒适性的影响

户外运动中人体所处的是野外环境，它不同于人工创建的运动场所，可以有挡风的墙体，也可利用空调装置等设施来改变场所的气温。野外的气候环境极其复杂且严酷多变，人体所面对的气候要素主要有气温、湿度、热辐射、风、雨雪等。

（一）气候对人体的影响

1. 气温

环境气温对人体表面向外放热有着密切的关系，当外界气温低于人体表层温度时，人体通过辐射、传导和对流方式散热，当外界温度接近或高于皮肤温度时，人体依靠蒸发方式散热。散热的多少取决于人体皮肤表面与环境的温度差，环境温度越高，温度差越大，出汗量就越多。如在炎热的夏季，人体每小时出汗量可达到 400～500 g。

2. 湿度

环境湿度对于皮肤的出汗起着促进或抑制作用，环境湿度越小，蒸发就越大，人就会有凉爽感；环境湿度越大，蒸发就越小，人就会感到闷热。例如梅雨季节，虽然气温不算很高，但给人的感觉是闷热。需要注意的是，湿度有绝对湿度和相对湿度之分。绝对湿度是一个参数，相对湿度只有在环境温度已知的情况下才有实际意义。即使相对湿度达到 100%，只要皮肤温度高于环境温度，汗液仍然是可以蒸发的。

3. 风速

风是指大气压产生的空气流动。人体周围的气流是影响体温调节的重要因素。风能促使人体皮肤上的水分蒸发和对流的形成，从而加速人体的热交换。而在寒冷季节，风会带走皮肤表面的暖空气，使人感到寒冷。在酷暑时，风可促进汗液蒸发，使人感到凉爽舒适。在有风环境下人的平均冷感温度见表 2-3。

表 2-3 在有风环境下人的平均冷感温度

风速 / (km·h⁻¹)	实际温度 /℃							
	10	5	0	-5	-10	-15	-20	-25
	平均冷感温度 /℃							
10	8	2	-3	-9	-14	-20	-26	-31
20	3	-3	-10	-16	-23	-29	-35	-42
30	1	-6	-13	-20	-27	-34	-42	-48
40	-2	-9	-16	-23	-31	-38	-46	-53
50	-2	-10	-18	-25	-33	-42	-48	-56
60	-3	-11	-19	-27	-33	-42	-50	-58
70	-4	-12	-20	-28	-36	-42	-51	-59
危险性	危险性小，对寒冷估计不足会造成危险				较为危险，暴露在外的人体会冻伤			

4. 气压

低气压环境如高海拔山区、高原地区等是户外极限级别活动中常见的场地。在此低气压环境下，人体汗液的蒸发速度会比海平面地区快。因为气压越低，空气密度越小，蒸发散热系数加大，导致蒸发速度加快。

5. 热辐射

热辐射是人体和外部环境之间的一种非接触传热方式，人体和外部环境之间不断地通过热辐射进行热交换。当人体处于冬季的户外环境时，会向比自己身体表面温度低的周围物体如岩石、树木、空气等辐射放热；当人体处在夏季阳光下或高温的物体旁时，人的皮肤则会辐射吸热。

（二）气候环境对服装微气候的影响

1. 服装微气候区

服装微气候区，广义上指人体皮肤与最外层服装之间所形成的空气层气候。狭义上指人体皮肤与衣服内层之间的空气层气候，包括温度、湿度、气流等的分布情况。人们着装时的舒适感主要取决于服装织物内空气层形成的微气候区。微气候区的空气状态又取决于环境气候条件（温度、湿度，空气运动分布状态）、服装面料性能（传热、传湿及透气）及人体的生理状态（皮肤表面温度、出汗状态）。

标准服装气候，指的是靠近皮肤的服装微气候区域的气候。标准数值为：温度（32±1）℃、相对湿度（50±10）%、气流速度（25±15）cm/s，这是人体处于热舒适的最佳状态，一旦偏离这个范围，人就感到不适。服装微气候的温度低了，人会感觉冷；湿度高了，人会感觉湿闷；温度、湿度都高人，就会感觉又热又闷。

日本的原田隆司博士将服装内的温湿度与舒适度之间的关系进行了归纳。如图 2-4 所示。

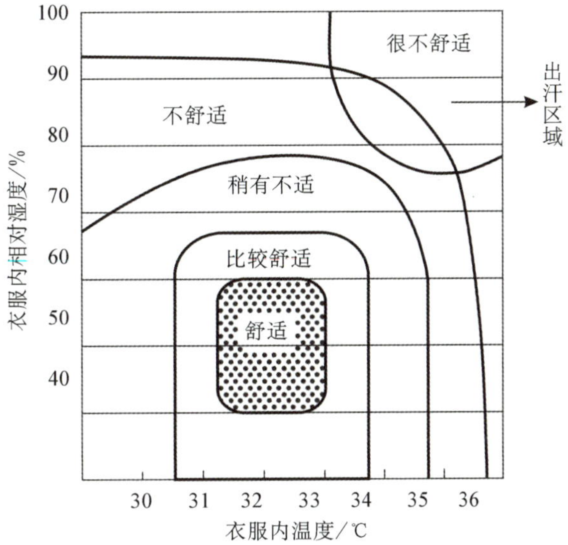

图 2-4　温湿度与舒适度之间的关系

2. 外部大气候对服装微气候的影响

当环境气候条件变化时，服装微气候区的空气层的热湿情况也会变化，一是相对湿度的变化，外界相对湿度变化为 ±20% 时，最内层的相对湿度变化大约为 ±5%，越接近服装外层变化越大，最外一层的空气层的相对湿度变化可达到 ±10%。二是气温的变化，外界气温低于 25℃时，服装各层间的温度几乎没有变化，而且各层的温度都比环境的气温高，相对湿度都比环境的相对湿度低。但人体在运动时的情况则有所不同，因为运动时人体的产热量大，即使外界气温还是低于 25℃，但服装内的气温、相对湿度都会增加。当环境气温接近或超过 30℃时，服装内空气层的温度会超过 33℃，人体出汗导致服装内的相对湿度急剧上升，甚至服装内层的相对湿度比外层高，人就会感到不适。

从图 2-5 所示的冬季服装微气候区的热湿示意图，我们可以看到，最里层的空气层温度为（32±1）℃，相对湿度为（50±10）%，是人体最舒适的标准气候。越是外层的服装，服装内的空气层的气温越低，相对湿度越大。

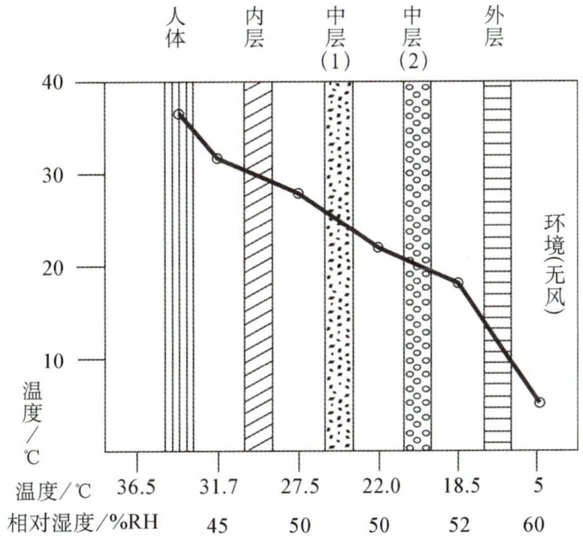

图 2-5　微气候的影响

第三节 户外服装的热湿舒适性

人类是恒温生物，体温必须保持恒定。在人体—服装—环境系统中，当其中的环境条件改变时，人体会通过改变血液循环、汗腺活动及呼吸状态来调节人体的产热量和散热量，保持人体与环境的热平衡。但由于人体的生理调节范围是有限的，特别是户外运动的环境变化又极其复杂，往往超出了人的生理调节范围，这时，着装就成了必需的人为调节手段，而户外服装的功能就在于在各种气候及生理条件下，保证人体表面与衣服里层之间的热湿状态处于人体生理调节的范围之内。

户外活动中，理想舒适的热湿状态与服装的热湿传递性能有着密切的关系，故在户外服装产品的研发中，热、湿传递性能成为首要考虑的内容之一。人体与环境之间进行热、湿交换，可用公式表示：

$$S = M + R + C - E$$

其中，S 为热湿平衡差，M 为人体代谢产热量，R 为辐射传热量，C 为对流传热量，E 为蒸发散热量。当 S 等于或趋近于零时，表示人体维持热湿平衡，即处于舒适状态。

一、户外服装的热传递

（一）热传递平衡与途径

人体在与环境不断的能量交换中，其总的散热量有接近 90% 是由皮肤散发的。根据伯顿的“人体舒适性取决于自身产生的热量和向环境散失热量之间的能量平衡”的理论，人体新陈代谢的产热（包括从环境获得的热量）必须等于散失的热量才会是舒适的。如果散失的热量大于人体的产热，就会有寒冷的感觉，反之，积蓄的热量过多，体表温度升高导致分泌出汗，就会有闷热的感觉。

人体散热有四种热传递方式：辐射散热、传导散热、对流散热、蒸发散热。热量以两种方向流动：从人体到环境，从环境到人体。然而，在户外运动状态中，由于运动的新陈代谢大量产热，大多情况下热量流向是从人体到环境的。

户外活动中，着装后的人体散热方式有两种情况。第一种情况，在无感发汗（非活动时）且无风或风阻较大的状态下，传导散热是主要散热方式，人体通过接触的衣物将热量传导出去的同时也加热了服装；其次是辐射散热。着装后的人体辐射不是直接向周围大气散发的，而是对着服装织物散发，从而使服装和身体之间的空气层变暖，原来向空间辐射损失的热量在一定时间内被保持。第二种情况，人体在剧烈运动或人体处于逆温差环境（热环境、强辐射等）下，有感出汗的蒸发散热和对流散热成为主要的散热方式。

1. 辐射散热

辐射散热是指人体以电磁波的形式将体热传给外界较冷物质的一种非接触的散热方式。自然界里所有物体，当其温度高于绝对零度（−273.15℃）时，都会辐射红外线，物体吸收红外线便产生热。辐射散热量的多少主要取决于皮肤与周围环境之间的温度差，当皮肤温度高于环境温度时，温度差越大，散热量就越多。反之，若环境温度高于皮肤温度，则人体或服装也会吸收周围温度更高的物体的辐射热量。

2. 传导散热

传导散热是指人体的热量直接传给与之接触的温度较低物体的一种散热方式。经这种方式发散的热量取决于皮肤温度与接触物体之间的温度差、接触面积，以及与皮肤接触的物体的导热性能等。静止的空气的导热性最小，是理想的热绝缘体。在空气中通过直接传导的散热量极小。服装织物也是热的不良导体，所以人体因传导而散失的热量并不多。水的导热系数最大，约为纤维的 10 倍。在冬季的户外活动中，运动者都有过运动出汗后反而感到冰冷的经历，这就是当贴身衣服被汗液湿润后，纤维的导热系数增大，保暖性下降了的缘故。

户外服装中，由人体、基础层、保暖层（第二或 *N* 层服装）、防护层（最外层服装）共 *N* 个等温面组成，如图 2-6 中的 *t1*、*t2*、*t3*、*t4* 集合为一个温度场。表征从人体至外层服装之间的一个温度分布状况。各等温面之间若有温差，就会发生传导散热。在冬季户外运动中，各等温层的温度一般为 *t1* > *t2* > *t3* > *t4*。由外层向内层方向，各等温面之间的温度差的排列称为温度梯度。

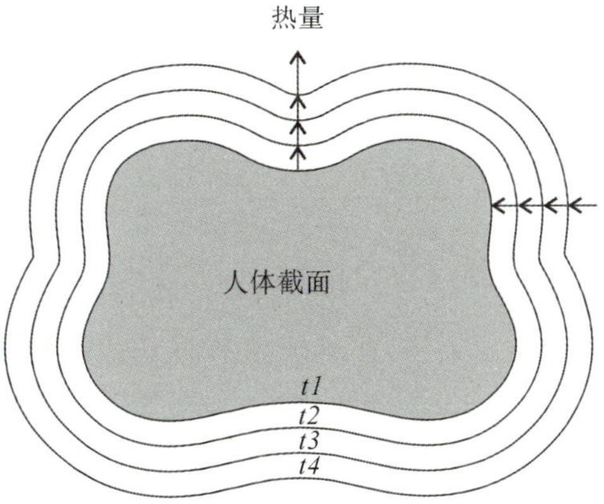

图 2-6 户外服装等温场

3. 对流散热

对流散热是指通过气体或液体流动进行热量交换的一种接触散热方式。通过对流散失热量的多少，除取决于皮肤与周围环境之间的温度差和人体的有效散热面积外，受风速的影响较大。风速越大，散热量就越多；相反，风速越小，散热量也越少。衣服覆盖皮肤表面，加之织物纤维间的空气不易流动，这些因素都可使对流难以实现而有利于保温。户外运动中，还有一个现象，即使环境是无风状态，但运动时身体的位移会产生相对风速，被称为强制对流，如自行车运动、滑雪运动等，非特殊情况下，疾速运动产生的对流风速是远远大于原本的自然风速的。如图 2-7 所示。

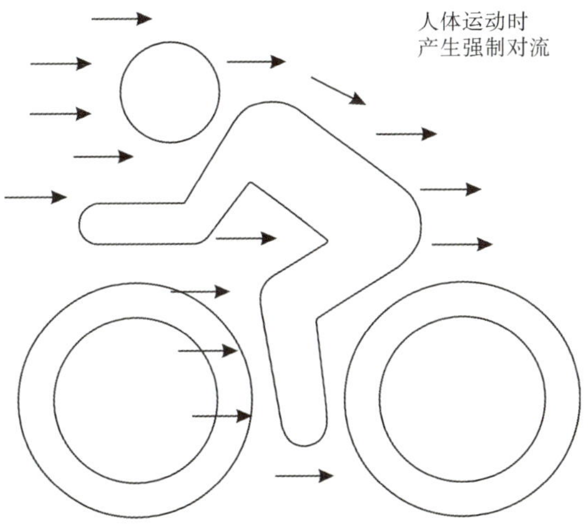

图 2-7 对流

实际上，在对流散热过程中，导热和对流两种形式同时存在。流体接受导热后再移动形成热传递，单纯的对流散热并不存在。就散热而言，以对流方式为主。

4. 蒸发散热

蒸发散热是水分从体表汽化（即蒸发）时带走热量的一种散发方式。蒸发现象在任何温度下都能发生。水分在人体表面或服装内汽化时吸收的这部分热称为潜热。人体表面的水分的蒸发，分为无感蒸发和有感蒸发两种。

1）无感蒸发。无感蒸发量与人体代谢水平和环境温湿度的变化有关。环境温度在29℃以下时，人体的蒸发散热以无感蒸发的形式存在。一般而言，在安静状态时，成年人每天的无感蒸发量为700～1 200 g，可散热1 600～2 100 kJ，约占人体总热量的25%。大部分的无感蒸发发生在人体没有被服装遮掩的部位。

2）有感蒸发。当环境温度超过29℃时，人体由辐射、对流、传导引起的散热量急剧减少，而由蒸发引起的散热量开始增加，当环境温度接近或高于皮肤温度的逆温差条件时（环境温度超过36℃），所有的散热量都是由蒸发完成的，即出汗是人体唯一的散热途径。蒸发是由水变成水汽的物理过程。当水分在人体表面或服装内蒸发时，人体热量会被吸收并被带出微气候区，从而起到散热的作用。如果服装是吸湿的，皮肤分泌的汗液就可能由于织物纤维的毛细作用和吸湿作用而被传输到服装表面，这样汗液不是直接在皮肤表面蒸发，而是在服装织物层内部或服装外表面蒸发。

（二）热传递的影响因素

1. 相关术语

传热系数：织物表面温度差为1℃时通过单位面积的热流量，单位为W/（m^2·℃）。

克罗值：指服装或织物的隔热保暖性能，即“热阻”的工程单位，目前国际上通用的指标是克罗值（clo）。在室温20℃或21℃时，相对湿度不超过50%，空气流速不超过10 cm/s的环境中，试穿者静坐或从事轻度脑力劳动时，其基础代谢为58.15 W/m^2（50 kcal/m^2·h），感觉舒适并维持体表温度为33℃，此时所穿服装的隔热保温值为1 clo。克罗值的大小表示了织物保暖隔热程度的高低。服装的克罗值越大，隔热保暖性能就越好。

在风速不大于0.5 m/s的一般室外环境中，人在不同气温、不同活动状态下，维持热平衡的着装标准如表2-4所示。

表2-4　不同温度环境中维持人体热平衡的着装标准克罗值（clo）

气温/℃	静坐	慢走	一般速度行走	快走
21	1.5	0.7	0.4	0.3
10	3.1	1.5	0.9	0.7
0	4.6	2.3	1.5	1.1
−17	7.2	3.5	2.3	1.7

服装热阻：服装材料因温度梯度而产生的热流阻力称为服装热阻。服装热阻的物理意义是指服装两面的温差与垂直通过服装单位面积的热流量之比。热阻反映了服装及材料具有的隔热保暖能力，也称隔热值或保暖量。

热阻对服装的保暖性有着重大的影响。在户外环境中，服装的保暖性关系着人体的热舒适性。研究人体热传递以及服装热阻对户外服装保暖功能的设计有着极其重要的作用。

2. 影响热阻的因素

服装覆盖面积：指着装人体被服装所覆盖的体表面积，通常用占总体面积的百分比表示。被服装覆盖的身体部位的内空气层的空气静止后，其热阻值增大。当然，在阻碍热量散失的同时也会阻碍水分的散发。

衣下空气层：衣下保持的静止空气层越厚，对服装表面热流的阻碍作用越明显，保暖性也越好。衣下空气层也包括服装材料内部的空气层（棉絮、毛绒、羽绒、化纤填充物等）。另外，多层重叠着装会形成层次更多的空气层（层与层之间的空气层），从而影响热、湿、空气的移动，对保暖效果有显著的影响。层数越多，热阻越大，保暖性越好，但各织物层的透湿性、透气性也会相应下降。户外运动界流行的分层着装法，也属于多层重叠着装，使用时一般要根据不同的运动项目配置最佳的保暖与透气透湿的平衡。

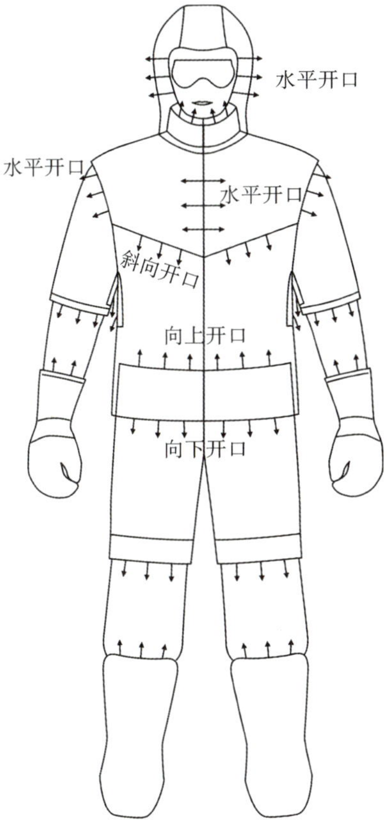

图 2-8 服装开口

服装开口的开合方式：服装开口属于服装结构设计范畴。它是服装上供人体表面热（湿）气通过的开口。有上开口、水平开口、下开口等形式，分别被称为烟囱效应、台灯效应、风箱效应。服装开口锁紧是户外服装常用的一种热阻手段，这对冲锋衣来说非常有意义，如防风袖口、帽开口抽绳隧道、防风腰、防风脚口等装置，都是用来增加服装热阻的。此外，通过开口也可以将过多的热（湿）散发，也可将风引入衣下空气层实施对流散发。腋下拉链、通风口袋等各种通风构造，则是用来引入强制对流，达到调节体热的目的。如图 2-8 所示。

二、户外服装的湿传递

户外运动往往由于人体的大量运动，从而使代谢产热量也大量增大，根据 $S=M+R+C-E$ 公式，即 M 值迅速增大，而人体的辐射和对流等散热量往往变化不大，因此，要使 S 值等于或接近于 0，只有迅速增大另一途径——蒸发散热。在这种情况下，人体通常是通过自身的生理反应——出汗来增大蒸发散热效能。因此，服装的湿传递性能在户外服装中尤为重要。

（一）湿传递的概念

1. 湿的概念

户外服装中所说的湿，是指户外运动时，在皮肤表面到服装表面的空间里存在的水和水蒸气，大多数情况下就是汗液和汗气。

户外服装中所说的透湿是指汗气或汗液透过织物传递到服装外部，以透湿率 g/（m^2·d）表示；而吸湿性是指纤维吸附的液态水（汗液）导出织外部蒸发的能力，以吸湿速率等多项指标表示。

潮湿是影响人体舒适感的一个重要因素。在任何气温条件下，裹在人体周围的湿空气、汗气、雨水、汗液对人体都是不舒适甚至是危险的。在夏季，湿度增大，水汽趋于饱和，会抑制人体散热功能的发挥，让人感到十分闷热。而在寒冷环境中，湿度增大，则会使热传导加快至多 20 倍，使人觉得更加寒冷甚至导致失温。

2. 湿传导途径

通过织物传递的水分（液汽）按其传递原理可以分成四种：一是水汽通过织物中纤维及纱线间微孔的扩散；二是纤维自身吸湿（有部分是微孔吸附作用）并在水汽压较低的一侧蒸发；三是织物内各种毛细管吸收水分向水汽压低的一侧传递和蒸发；四是在应用无孔防水透湿薄膜或涂层的情况下，水分通过亲水基团的吸附传递在水汽压力差下穿透薄膜或涂层。

（二）湿传递相关术语

相对湿度：是指一定温度下，空气中实际水汽压与该温度下的饱和水汽压的比值，单位为 %，日常生活中我们说的湿度指的是相对湿度，如天气预报。

透湿率（WVT）：在试样两面保持规定的温湿度条件下，规定时间内垂直通过单位面积试样的水蒸气质量，以 g/（m^2·h）或 g/（m^2·24 h）为单位。

透湿度（WVP）：在试样两面保持规定的温湿度条件下，单位水蒸气压差下，规定时间内垂直通过单位面积试样的水蒸气质量，以 g/（m^2·Pa·h）为单位。

透湿系数（PV）：在试样两面保持规定的温湿度条件下，单位水蒸气压差下，单位时间内垂直透过单位厚度、单位面积试样的水蒸气质量，以 g·cm/（cm^2·s·Pa）为单位。

服装湿阻（RET）：皮肤上的汗液在皮肤表面蒸发，并通过服装传递到外环境扩散，织物对水蒸气的阻抗叫作服装湿阻，或者说，水蒸气阻抗是指织物两侧的蒸汽压力差值除以压力梯度方向单位面积总的蒸发热流量。蒸发阻抗越高，织物的呼吸性越差；蒸发阻抗越低，则透水汽性能越好。单位 m^2·Pa/W［蒸发阻力测试值（RET 值）范围一般为 3.9～148.7 m^2·Pa/W］。

关于织物透湿性能的表征，不同的品牌或不同国家的标准会有所不同，如国内品牌多是根据国家标准采用透湿率（WVT）来表征织物的透湿量大小，单位为 g/（m^2·24 h），其值越大，表示透湿性越好；而欧美国家则常采用湿阻（RET）来表征织物透湿时受到的阻力大小，单位 m^2·Pa/W，其值越小，表示透湿性越好。

（三）湿传递的基本过程

蒸发是一个由水变成水汽的物理过程，在服装内部湿气的散发途径主要是蒸发。蒸发途径是湿气与热一并散发的，而且是湿气在体表汽化或传输时带走热量的。

1. 蒸发原理

人体出汗，实际上是一个从无感蒸发到全身大量出汗的渐进过程。当环境温度超出临界温度（30℃±1℃）时，或者人体处于环境温度低于皮肤温度的顺温差场地但做着剧烈运动时（代谢高亢），人的皮肤汗腺就会释放汗液。在着装情况下，皮肤表面的汗水会蒸发成水汽扩散，并聚集在服装与人体之间的衣下微气候中，这时衣下的微气候的水汽浓度升高。由于浓度差的驱动力作用，水汽继续扩散至服装内表面，其中一部分直接扩散到服装内的空气中，而另一部分则凝结在服装面料中的纱线表面，并被服装吸收渗透及毛细运输到服装外表面，然后通过再次蒸发，扩散到外界环境中。

2. 湿传递通道

着装下的无感出汗的湿传递通道见图 2-9 所示：汗液在汗腺孔附近甚至在汗腺孔内就蒸发成水汽，在皮肤表面是看不到汗液的。这种湿传递的初始状态为水汽。着装下的有感出汗的湿传递通道见图 2-10 所示：汗液先以液态形式分布在皮肤的表面上，这种湿传递的初始状态是液态水。

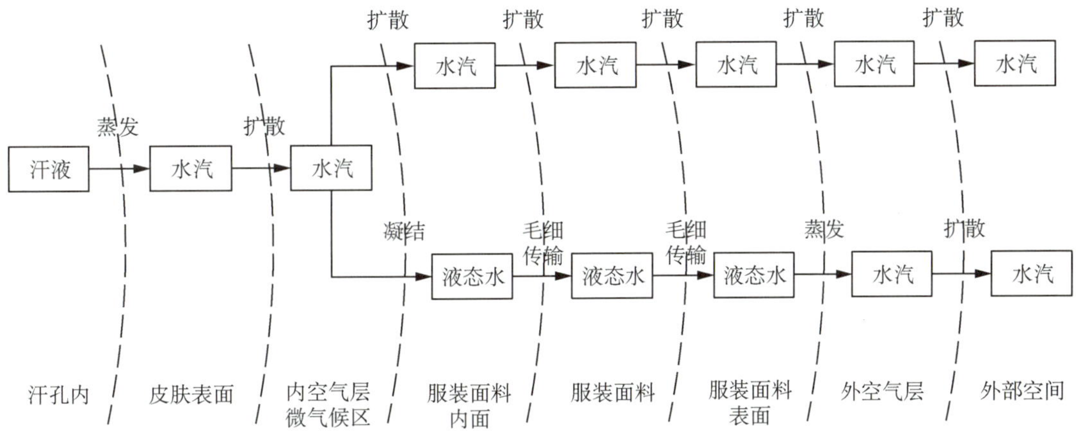

图 2-9　无感出汗湿传递

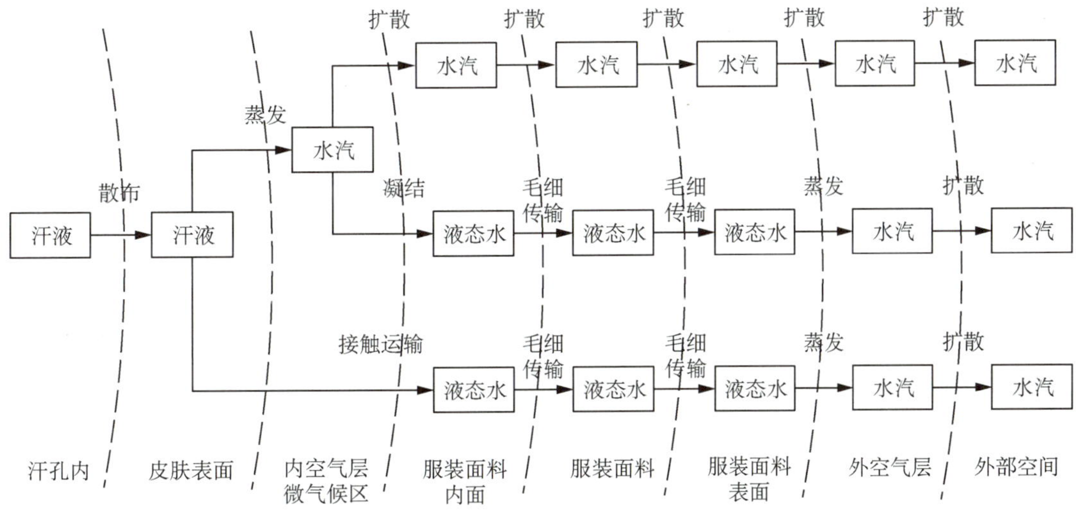

图 2-10　有感出汗湿传递

从上面两图可以看出，人体皮肤出汗经服装织物传递至环境空间的通道主要有三种类型：

1）汗液在微气候区中蒸发成水汽，气态水经织物中纱线间、纤维间和纤维内的缝隙孔洞扩散到外部空间。

2）汗液在微气候区中蒸发成水汽，气态水在织物内表面纤维孔洞和纤维表面凝结成液态水，经纤维内或纤维间缝隙、孔洞毛细输运到织物外表面，再重新蒸发为水汽扩散至外部空间。

3）汗液通过直接接触织物，以液态水方式进入织物内表面，通过织物中的缝隙、孔洞毛细输运到织物外表面，蒸发成水汽扩散至外部空间。

另外，当纺织品带有无孔亲水薄膜时，扩散、蒸发和毛细输运被阻断，由膜的亲水基团依靠分子间相互作用达成汗液的传导。

（四）湿传递的影响因素

人体在剧烈运动下，一旦自身的散热量不能与产热量相平衡时，人体一定以汗水的方式散发热量，影响湿传递的因素也是影响透湿率的因素。影响的因素有以下几点。

服装热阻：服装热阻既影响着热气流的通过，也影响着水汽的通过。服装热阻增大（保暖性好），但蒸发的阻力也增大。所以前述的服装热阻的影响因素同时是服装湿阻的影响因素，包括织物的服装覆盖面积、衣下空气层、多层重叠着装、服装开口等，这里不再重复。

环境风速：织物对水蒸气扩散的阻抗会随风速而改变，这是由于织物表面静止空气厚度改变的缘故。因为水蒸气必须通过织物表面的静止空气层进行扩散，如果空气在织物表面流过，就破坏了织物表面的静止空气层，使织物对水蒸气扩散的阻抗下降。低速至静止的空气具有最大的隔热值。

环境湿度：环境湿度增大，即环境中的水蒸气压力增大，蒸发散热湿阻力相应增大，即湿传递阻力增大。

织物透气性：织物的组织结构如纱线空隙孔洞对湿传递有较大影响，直接气孔透气性好，有利于水汽弥散。而经纬交错排列的不定形气孔，透气性差，蒸发阻力大。密度大的织物透气性较差，面料密度增加一倍时，它的透气性大约降低 65%。

三、面料对热湿传递的影响

户外防护层服装（冲锋衣）的标配功能是防水、透湿、防风功能，即大幅降低热湿传递。当雨水浸湿衣服后，水会充满衣料的孔隙，取代其中含有的空气，由于水的传导性能良好，水的热阻低，导致服装散热加快。研究表明，被雨水浸湿的衣服，在风力三级（风速为 4 m/s）的条件下，其隔热值下降为 0。

目前，几乎所有的冲锋衣产品都是通过防水透湿薄膜（涂层）面料来实现这几大功能的。但也有品牌从环保的角度考虑，采用的是非薄膜（涂层）的处理手段。另外织物的拒水处理也会对热湿传递产生影响。

1. 薄膜（涂层）的防水功能对热湿传递的影响

面料在经过覆膜或涂层防水处理后就具有了相对应的防水能力。在隔绝外部雨水使保暖层和基础层衣物不被浸湿的同时也避免了由外向内的热湿传递。此外，身体散发的汗气和汗液通过透湿排到面料表面，也避免了因为内部潮湿而导致的热湿传递。

2. 拒水处理对湿热传递的影响

经防沾湿处理的织物具有荷叶效应，也叫作拒水织物。织物表面的拒水性是防水性能的重要指标。织物具备拒水功能后，可以使雨、雪不致润湿织物纱线，从而避免织物的增重，而且有利于织物透湿。同时织物也增大了热阻，提高了服装的隔热保暖性能。拒水性能有多个等级，产品可根据功能诉求选择相应的等级而设计。目前最新的面料科技已做到了将原来的防水薄膜外置于面料表面，同时兼具拒水与防水（耐静水压）功能。

3. 织物的透气透湿性对热湿传递的影响

透气透湿性高的织物是有利于热湿传递的。但冲锋衣的防水与透气透湿功能是同时集合在薄膜或涂层面料上的，一般防水性与透气透湿性是相互制约的关系。如果要求防水性高的话就会牺牲一定的透气透湿性，特别是透气的微孔薄膜产品。

在户外服装防水面料中有防水透湿薄膜和防水透气薄膜两种主要的技术类型。透气型薄膜多是利用微多孔结构实现透气、透湿和防水兼顾，但不可避免地，防水性能会受到制约。透湿型薄膜一般是无孔的、不透气，相对的防水性能要好一些，透湿较慢。

四、户外运动的动态透湿

1. 动态透湿概念

一直以来，户外运动中的身体透湿问题是困扰着运动者最大的也是最难获得满意舒适度的一个问题。其根本原因在于户外运动是一个动态的过程，人体的活动量及活动强度是随着运动进程在不断地变化着的，并且很多时候这种变化是瞬时的爆发或骤停，即从剧烈运动的高峰突然到运动的戛然而止。相比日常生活中趋于平稳的、起伏不大的透湿，我们将户外活动中这种快速变化的、落差较大的透湿称为动态透湿。

当人体大汗淋漓时，希望的是及时散去过多的湿热，但在实际着装下的运动中，由于户外服装本身具有的良好保暖性或其他方面的原因，服装的动态透湿能力通常跟不上身体的产热速率，此时人体会感到黏湿，极不舒服。当人体停止活动时，人体新陈代谢的产热量又会马上降下来，此时不需要散热，但又因聚集在服装中的汗湿继续蒸发带走了热量，反而导致了身体在运动后的“蒸发冷感”。应对运动中的这种大起伏的、瞬时变化的热湿散发现象一直是户外服装设计和使用中在着力解决的难点。

2. 动态透湿的应对方案

一般来说，织物的保温、防风、防水性能与散热、透气、透湿性能的关系大多数是成反比关系的。针对动态透湿的特征，目前户外服装产品开发的主要应对办法，一是根据不同的运动项目的透湿诉求来平衡织物的透湿性与防风、防水等功能的指标配置关系。如登山冲锋衣，会选用适合的透湿指标，可以是 3 000 g/（m^2·24 h），也可以是 6 000 g/（m^2·24 h）。二是通过服装结构的设计来解决或辅助运动者对透湿性的管理。如户外服装中各种热湿通道的开口与闭合设计。三是通过科学的着装法则来配搭衣物，应对运动项目对湿热散发的诉求。

从表 2-5 给出的专家对人体活动出汗量测试结果可以看出，如果户外服装的透湿率在 3 000 g/（m^2·24 h）以上，就能保持穿着的舒适性。但要注意的是，这里所说的舒适透湿率指的是服装的最终透湿量。如果仅考量了面料织物的透湿率而忽略了服装里布的透湿率是不合理的。

表 2-5　人体不同温度下的出汗量

活动量 kJ/（m^2·24 h）	不同温度条件下的出汗量 g/（m^2·24 h）		
	0℃	10℃	20℃
坐（209）	290	320	430
站（406）	430	520	720
坐站步行（586）	580	660	1 010
中等劳动（920）	1 010	1 330	1 730
重劳动（1 255）	1 930	1 990	2 880

第四节
户外服装的变形舒适性

从人体活动的生理和物理功能角度考虑，户外服装必须具有适合人体运动时肢体变化的功能，给予人体必要的活动空间。不同的运动项目，其服装在设计时就必须考虑人体活动的变形需要，力求减少服装对人体的束缚，提高人的活动效率，从而使人体达到最大的舒适度。

服装的变形舒适性是指人体在运动变形状态下服装给着装者的舒适感觉。服装变形舒适性与服装压力、服装重量、服装宽松量、服装摩擦阻力、织物弹性等有直接的关系。特别是服装压力，是决定服装变形舒适性最重要的因素。故服装的变形舒适性也称为服装压力舒适性。

人体运动变形所产生的服装压是指服装作用于人体的压力，主要包括由服装自身的重量作用于人体产生的压力和服装面料因要适应人体变形而伸长变形所产生的张力对人体表面产生的压力。

一、人体运动时肢体的变化特点

人体的各种运动姿态是人体骨骼关节系统和肌肉系统相对位置的变化以及人体皮肤

延伸共同作用的效果。人体总是在做一定程度的运动，即使是静态的“坐”时，膝盖部分也经常变换其弯曲的角度，在 80°～120° 之间变动。

人体运动引起的皮肤变化是服装变化的直接原因。人体动作引起的皮肤伸长，除了皮肤本身的伸长外，还包括因关节的屈伸而引起肌肉的伸缩和移动。人体的屈曲，皮肤不仅朝垂直方向伸长，而且朝水平方向（周围方向）伸长。垂直方向伸长率可达 40%～50%，水平方向伸长率可达 30%～40%。

日本荒谷等的研究表明，身体各部位的皮肤最大伸长率和身体伴随运动受到来自服装的压力的容许限度见表 2-6。

表 2-6　人体动作时皮肤伸长率与压力的容许限度

身体部位	皮肤最大伸长率 %		压力的容许限度 N/5 cm（kgf/5 cm）			
			方向	平均	男	女
肩	水平 15	垂直 0	垂直	16.7（1.7）	14.7（1.5）	15.7（1.6）
肋	水平 20	垂直 10	—	—	—	—
肘	水平 20	垂直 35	垂直	11.7（1.2）	11.7（1.2）	11.7（1.2）
腰	—	—	水平，垂直	20.6，24.5（2.1，2.5）	23.5，20.6（2.4，2.1）	25.5，22.5（2.6，2.3）
臀部	水平 40	垂直 40	—	—	—	—
膝	水平 15	垂直 40	垂直	15.7（1.6）	15.7（1.6）	15.7（1.6）

二、服装压力

服装压力是指人体着装后，服装形状、重量、尺寸等因素对人体制约时所产生的压力。或者说人穿服装后，因动作产生的皮肤伸长，在服装的宽松量对皮肤滑动量吸收不了时，就要由衣料的弹性伸长来抵偿，从而产生伸长力。这个伸长力在法线方向产生分力约束人体，加上服装重量形成垂直负荷，两者的总和使人体产生压迫感或束缚感，这种压迫感或束缚感被称作服装压力。

人体对服装压的承受能力是有限的，当人体运动时，由于服装不能适合人体某些部位皮肤的伸展而使人体感到压迫及不舒适，对运动者的运动产生较大的影响。如果在运动的关键时刻中服装发生严重的压力牵扯还会对运动者造成人体伤害。研究表明，人体可接受的舒适静态服装压范围为 1.96～3.92 kPa，当服装压超过一定值（2.94～3.92 kPa）时，穿着者就会因活动受到阻碍而无效功增加，导致人体疲劳或发生血液循环障碍。

需要注意的是，医用疗效的服装压力是另当别论的，即户外服装中的针织压缩服，其产生的压力可以用于静脉曲张的辅助治疗，在户外运动中穿着适度压力的服装对人体具有保护作用，并能提高运动功效。如，跑步时，穿着紧绷的护腿和胸衣能减少相关部位肌肉的振动，减少因颤动带来的能量消耗及酸痛感，减轻疲劳感，提高运动舒适性，增加血液的输氧量，增加运动耐力。服装压力参考值见表 2-7 所示。

表 2-7 服装压力参考值

运动状态	舒适压力范围	最大承受压力极限
一般状态	前臂 1 370 Pa 以下	前臂 5 600 Pa
	小腿 2 650 Pa 以下	小腿 13 300 Pa
一般状态	腰部 2 350 Pa 以下	—
	系腰带时腰部 4 400～5 900 Pa	
剧烈运动状态	各部位有所提高，一般比平时大 1 960 Pa 左右	最大极限压要比一般状态时高出 1 969 Pa 左右

1. 织物张力压

织物的拉伸变形而产生的织物拉伸张力在垂直于人体表面的法线方向上形成了压力从而约束人体，张力与压力的夹角为 α，两者的关系为：

$$F = 2T\cos\alpha = 2fl\cos\alpha$$

公式中：T 为织物拉伸张力；F 为垂直于人体表面的法向张力；f 为织物弹性模量；l 为织物变形量；α 为张力与压力的夹角。

这里，夹角的大小不仅与人体的着装部位有关，而且与人体的着装状态如四肢运动躯干的扭动等有关。如图 2-11 所示。

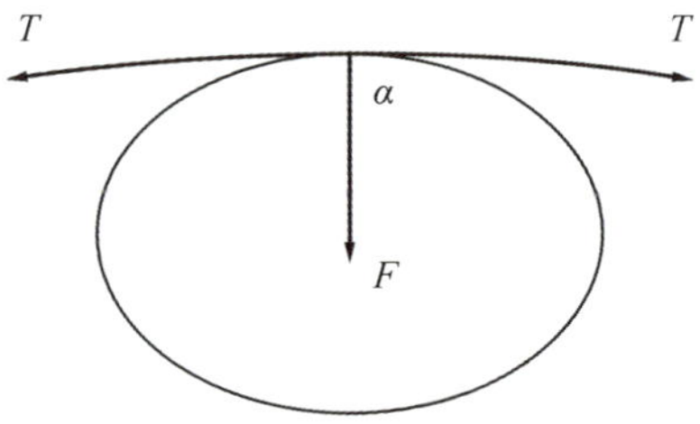

图 2-11 服装张力压

2. 服装重量压

服装重量指服装本身的重量。服装重量一般由人体的两肩和腰部承受。着装过厚过重，会给人疲惫感和厌倦感，导致运动效率下降。过重的着装会限制服装的气流活动，形成高湿状态。一般认为，日常服装的重量为 1～4 kg，特殊作业服的重量可达到 7～10 kg。

由服装自身的重量所导致的服装压可以通过减轻服装的重量来降低。在户外运动领域，服装的轻量化对于冬季运动服有极其重要的意义。如果一个登山者的着装重量超标，就可能使登山者正常的战术动作迟滞，降低登山者的攀登效率。人体的总负荷量不宜超过体重的 1/3，当超过此标准时，人体就会通过加速新陈代谢来满足负荷量的增加。

目前户外防护服冲锋衣的单件重量在 160 g 到 1 500 g，一般 500 g 以下属于轻量的产品，300 g 以下属于超轻量产品。随着服装科技的不断进步，知名品牌在轻量化方面取得了突破，如 Arc’teryx Alpha Sv 经典三层硬壳冲锋衣从早期（1998 年）的 705 g 下降到目前的 475 g，还有适合越野长跑运动使用的，采用 Shakedry^{TM} 产品技术的 Gore-Tex Active 轻量化冲锋衣，已做到男装 M 码仅有 125 g，女装 M 码仅有 110 g 的超轻量的水平。超轻量服装上身后，人体对服装的重量压力几乎没有感觉。

三、服装宽松量

服装宽松量是服装廓型与人体体表间的周长差，是维持人体生理活动和生活、工作需求的必要物理量。适量的宽松量与服装的保暖、散热有关。户外服装的宽松量更多的是考虑了运动时的肢体变形、皮肤伸长等所需求的物理量，这里不考虑从美观角度出发的造型调节量，主要以不影响运动所需的宽松量来讨论。比如，人体在站立、行走、蹲、坐、举手等不同姿态下不同部位表面皮肤的伸长量是不同的，对应部位的服装放松量也应该是不同的，才能有效地降低该部位的服装压力。如果服装的局部宽松量不能满足相关部位的皮肤伸长需要，就会对人体的这些部位产生压力。

服装使人体活动受到紧束是在服装与人体接触时产生的，若宽松量不足，一旦人体与服装接触，仍会产生由服装的弹性变形和人体与服装间的摩擦滑动而带来的束缚。

服装的宽松量越大，服装对人体的束缚就越小，产生的服装压力也越小；为了避免人体活动时会受到服装的束缚，在考虑服装宽松量时还要考虑材料的伸缩性，当使用伸缩性小的衣料时，其服装的宽松量应适当增加。当材料的弹力伸缩性达到一定程度时，宽松量可以是 0，甚至可以为负值。

设人体做某一动作时的体表尺寸为 A，人体静止时的体表尺寸为 B，服装的尺寸为 C，则：

$$\text{人体皮肤的伸长率 } D=(A-B)/B$$
$$\text{服装的宽松率 } E=(C-B)/B$$
$$\text{服装材料的弹性率 } F=(A-C)/C$$

要使服装不妨碍人体的活动，服装必须具有一定的宽松量或服装材料具有弹性，或两者兼而有之。服装的宽松量和材料的弹性以人体表面的伸长率 D 为参变量，它们呈反比例关系。人体表面的伸长率 D 取决于人体各部位的动作，从理论上讲，由已知各部位的皮肤伸长率 D，并确定了宽松量 E 后，就可以算出材料所需的弹性量 F，反之，确定了材料的弹性量 F，就可算出应规定多少宽松量 E。

四、服装摩擦阻力

运动时，人体运动幅度会对服装产生摩擦。因动作而引起皮肤伸长，其伸长首先由服装的宽松量吸收，不足时则由皮肤与服装之间产生摩擦滑动弥补。

皮肤与服装之间的摩擦系数越大，服装的束缚性越大，越不利于服装的运动功能性。通常，皮肤与衣料之间的摩擦系数湿润时比干燥时大。服装在穿着中是滑动还是伸长？如果用于制作服装的织物延伸性好、抗拉伸、摩擦小，而且皮肤与服装的摩擦系数较大，服装趋向于延伸变形而不是滑动；反之，如果织物的抗拉伸性高且皮肤与服装之间的摩擦小，服装就趋向于滑动。

五、织物弹性

户外服装要适合人体活动的形变，除了前述的宽松量，另一个重要的因素就是织物的弹性。织物的拉伸变形及其恢复能力对服装的运动功能性有很大影响。在同样的面料伸长情况下，服装面料的延伸性越大，面料所受到的拉伸力就越小，对人体的表面产生的压力也就越小。

织物的拉伸性能，尤其是织物的伸长率和拉伸回复率，与户外运动服装的舒适性有着密切关系。在户外运动中，人体各部位随着进行的各种动作会发生不同程度的变形。人体屈曲时，皮肤会朝垂直方向伸长，也会朝水平方向伸长或者收缩。如垂直举起手臂时，垂直方向伸长 66%，而水平方向收缩 20%。各种动作时人体皮肤的伸长变化情况如表 2-8 所示。

表 2-8　各种动作时人体皮肤伸长变化情况

部位	动作	皮肤伸长率 /（%）			
		水平方向		垂直方向	
		男	女	男	女
膝部	坐下	21	19	41	43
	深曲	29	28	49	52
肘部	充分弯曲	24	25	50	51
臀部	坐下（全部）	20	15	27	27
	坐下（部分）	42	35	39	40
	蹲下（全部）	21	17	35	34
	蹲下（部分）	41	37	45	45
脊背	朝前抬起胳膊	33	31	—	—
	两肘放在桌子上	28	28	—	—
	系鞋带	47	47	—	—

织物的变形和恢复能力常用织物的伸长率和弹性回复率表示。伸长率、回复率越大的织物，其服装的运动功能性越好。织物的拉伸特性与织物组织、纱线屈曲、纤维自身的伸长特性等有关。

服装在穿着过程中，还更多地受到剪切力的作用，使经纱和纬纱的交叉角发生变化，织物产生剪切变形，斜向比经向或纬向呈现出更大的伸长。服装在穿着过程中所有的变形几乎都与剪切变形有关，因此剪切变形影响着服装的形态保持性。容易产生较大剪切变形的织物有利于服装的运动功能性。

随着织物延伸性能的增加，服装织物实际伸长的增加速度逐渐变小。因此在选择织物延伸水平时并非一味地追求高延伸率，应根据服装的用途，综合考虑人体各部位的延伸要求，确定服装织物所必需的最佳延伸水平。

户外服装要适应身体运动的变形，除了从上述的宽松量及织物的延伸性能上加以解决，还可以从服装结构设计上加以解决，这也是实际运用中非常重要的手段，即根据运动项目的肢体屈伸度、皮肤伸长率来选择更适合的面料，以及设计更合理的服装结构。

第五节

户外运动服装舒适性的体验与评价

功能性防护服装是具有特殊功能的服装的总称。户外运动服装为户外运动（活动）中使用的，以应对各种气候环境对穿着者起保护作用的功能性服装。它是功能性服装这个大家族下的一个运动分支，也是最贴近人们日常生活的一类功能性服装。

关于功能防护服装的性能评价，美国学者罗伯特·F·戈德曼在功能服装设计研制过程中提出了“4F”原则，Fashion（时尚性）、Fit（适合性）、Feel（舒适性）、Function（功能性）。国内航空航天医学工程学者贾司光也提出了评价“人—机—环境”系统的实用功能，应该从舒适、工效、安全、耐受度四个水平来衡量。这些学术思想，也适用于户外运动功能防护服装的研制与评价。

一、户外运动服装评价系统的建立

户外运动服装的测评很复杂，包括基本的原材料、结构设计、防护机理、生理卫生、实用防护功能以及真实环境的运动体验，等等。在实际操作方面，可参照国际上对各种防护服装性能的评价机制，建立户外运动服装的研发五级分析系统，见图 2-12。

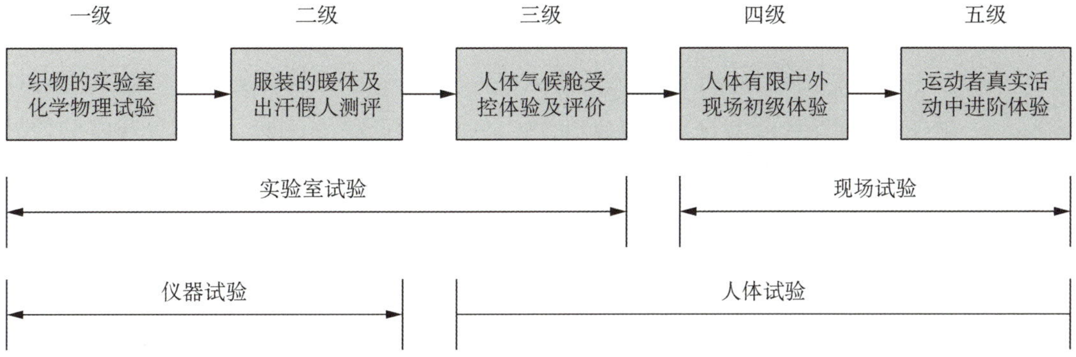

图 2-12　户外运动防护服五级测评系统

第一级是对织物进行相关的物理及化学试验。针对用途的不同，包括对面辅料进行所要求指标的测试。通常是由材料研发部门利用自身的技术平台（实验室）进行内测，再外送第三方专业检测机构或实验室进行评测。

第二级是将织物制成服装后，利用暖体假人、出汗假人进行生物物理学分析。结合预测模型，预测出服装的适用范围，对服装进行功能性评价。这也是大学或研究所采用的测试方法。

第一级与第二级主要都是利用仪器进行测试，可以取得早期一个较为客观的物理数据。20 世纪 40 至 50 年代，美国、加拿大的军队开始研制暖体假人。20 世纪 60 年代后期美、英、日、德等国以及我国的研究人员，先后研制了各种模拟人体热湿状态、姿势及运动状态的暖体假人，用于服装热湿传递性能的评价。20 世纪 80 至 90 年代，又发展了一些能够测试织物层间及衣下微气候状态动态变化规律的装置。

图 2-13　Gore-Tex 面料在进行防暴雨测试

第三级是在受控的人工气候舱内进行穿着服装的人体试验。根据试验获得的生理数据与人体的主观感觉，验证第二级假人试验和模型预测的结果，对服装的舒适性、生理可接受性和耐受限度等指标作出评价，进一步提出服装的设计和改进意见。图 2-13 为 Gore-Tex 面料在进行防暴雨测试的展示图。

环境模拟试验可以根据不同的户外运动项目及要求，模拟出不同的环境气候要素来进行使用性能检测，提供尽可能接近实际的实验依据，以保证试验结果的相对可靠性。如各种量级的风速、雨量及高低温度、湿度、压力等环境条件的模拟。很多户外品牌都拥有自己的人工气候舱，有些品牌限于条件也会将第二级与第三次的试验合并或直接跳入第三级试验。

目前，迭代的人工模拟气候实验室，除了能模拟温度、湿度、风速、降雨、日射等各种气象因素外，还可以模拟极圈的极端天气。

第四级是结合实际使用情况，控制一定的实验条件，进行有限的户外现场穿着试验，对服装进行综合性评价。是进入相关户外运动项目真实环境的初级体验，一般由专业的评测人员进行体验，通过实际的运动操作给出真切的体验评价，包括对织物性能、产品结构、使用功能等较为全面的内容。

第五级是小批量生产后进入实际的户外活动中实施小型团队的穿着体验，进行全面的综合评价服装性能，为服装产品定型提供最终依据。一般有规模的户外品牌公司会有自己的或赞助的专业运动队。小型团队中，运动员身体条件的多样性为产品的最终定型及产品标准的制定、产品的投产提供了依据。

上述五级分析系统中的某些步骤，有时可能要反复、交替进行，以期获得更为客观的信息和数据。

二、户外运动服装舒适性评价方法

户外运动服装的舒适性评价主要有主观和客观两种方法。

（一）户外运动服装舒适性主观评价

户外运动服装穿着的舒适感觉属于主观现象，是服装、环境、人体等多种因素的综合反映。获得主观感觉的唯一方法是应用主观评价技术。服装舒适性的主观评价，是指通过人体生理学试验及现场穿着体验，对服装给予自身的感受（热湿感觉、压感、触觉感等），做出对舒适性具体的评价和描述。

人体穿着服装时是否感觉舒适，除受服装、环境因素的影响外，与穿着者的心理感觉和健康因素更是有着密切的关系。不同测试者对刺激的反应不同，在某种程度上会影响最终的结果。人们可以在统计分析数据时，将心理学定律、实验技术等方法结合起来进行分析。

虽然主观评价技术存在一些不确定性，但这种方法能够解决客观测量所不能解决的许多问题，可以比较公正地反映着装人体对服装的真实感受。舒适性主观评价技术中常用的评价指标和术语见表 2-9。

表 2-9　着装人体舒适性主观评价指标术语及对应英文名称

评价内容	术语及对应英文名称
生理温热指标	感觉温度 ST（subjective temperature）、有效温度 ET（effective temperature）、不快指数 DI（discomfort index）、4 h 出汗率 4HSR（4 hours sweat rate）、热应力指数 HSI（heat stress index）、预测平均热反应指标 PMV-PPD（predicted mean vote-predicted percentage of dissatisfied）、热平衡准则数 HB（heat balance）等
服装穿着感觉指标	紧（snug）、松（loose）、重（heavy）、轻（lightweight）、硬（stiff）、静电（staticky）、不吸湿（non-absorbent）、冷（cold）、滑腻（clammy）、潮湿（damp）、黏身性（clingy）、刺扎（picky）、粗糙（rough）、瘙痒（scratchy）等
织物风格指标	粗糙（coarseness）、光滑（smoothness）、硬挺（stiffness）、柔韧（pliableness）、毛糙（harshness）、柔软（softness）冷（coolness）、暖（warmness）、硬（hardness）等
织物手感指标	光滑度（smoothness）、柔软度（softness）、粗糙度（coarseness）、厚度（thickness）、重量（weight）、温暖感（warmth）、硬挺度（stiffness）、蓬松性（crispness）等

（二）户外运动服装舒适性主观标尺

1. Hollies 服装舒适性主观评分表

按照主观评价标尺的设计原则设计相关的服装舒适评价表，由受试者根据其主观感觉进行评价是一个常用的有效方法。如表 2-10 的主观舒适程度评分表，就可以作为户外服装舒适性主观评价的参考用表，它可以根据研究所需列出相应感觉术语，以及设立操作的间隔时间、室内环境温度等条件来让受试者穿着服装进行测评其得到的感觉。

表 2-10　Hollies 服装舒适性主观评分表

舒适性评价术语	恒温室的时间间隔 /min					
	0	15	30	45	60	75
刚硬						
静电感						
黏腻						
不吸汗						
冷						
滑腻						
湿						
紧贴						

（续表）

舒适性评价术语	恒温室的时间间隔 /min					
	0	15	30	45	60	75
刺扎						
粗糙						
擦挂						
说明	舒适评分值　填写数字 1-2-3-4-5 表示：完全不舒适至非常舒适					

2. 服装热舒适性标尺

服装热舒适性主观评价的应用可通过建立数学模型，采用平均皮肤温度和汗液分泌率作为人体舒适的物理测量参数，来表征不同着装条件和活动水平时的热舒适范围。如相关研究人员约翰·麦克吉尼斯所设计的简单标尺，就可以很容易地评判热舒适性问题。这类标尺用于户外运动服装的热舒适性的研究，给产品研发人员带来莫大的帮助，它既可以用于热应力评价，也可以用于不同气候条件下热安全评价。主观标尺不仅可以很好地适用于热冷环境下热舒适的研究，而且还适用于由于汗液的排泄蒸发所致的体温调节测量方面。特别是在一些人体无法通过自身出汗调节的极端条件下。如表 2-11 所示。

表 2-11　麦克吉尼斯服装热舒适主观评价等级

等级	热舒适感觉	等级	热舒适感觉
1	无法承受的冷	8	温暖，感觉舒适
2	冻僵	9	温暖，感觉不舒适
3	非常冷	10	热
4	冷	11	非常热
5	凉爽，感觉不舒适	12	接近承受极限
6	凉爽，感觉舒适	13	无法承受极限
7	舒适		

3. 户外服装压力舒适性标尺

对户外服装压力舒适性的主观评价，是指通过运动现场的穿着体验并通过被测者的主观感觉来对服装的压力舒适性进行评价。它是户外服装评价方面除热湿评价外的另一项很重要的评价标尺。

建立服装压迫感和压力舒适性的心理学标尺，将主观的感觉定量化，便于统计和分析。做法是可将压迫感从零到极强划分出几个等级，对每个评分等级给出相应感觉的文字描述。人体在无着装的情况下压力感为 0，当着装的宽松量及面料的伸缩率不同时，人体活动时感受的压力是不一样的。在着装围度最小且面料无弹性时人体活动时的束缚压力为最大。又由于人体各个部分对触压觉的敏感程度不尽相同，其最大能承受的压力阈值（极限阈值）也不尽相同。

压力舒适性标尺是户外服装在研发时很重要的一项主观评价标尺，其内容的设置可根据运动项目的肢体活动情况而确立，如攀岩的上举、骑行的手臂前伸、滑雪的屈膝等。标尺采用分级制或评分制均可，如表 2-12 所示。

表 2-12　户外服装压力感（束缚感）主观评价表

等级	1	2	3	等级	1	2	3
脊背垂直屈展（系鞋带）				膝部充分深蹲			
手臂水平前伸				臀部充分深蹲			
双臂垂直上举				头部左右充分转动			
手肘充分内屈				头部上下垂直拉伸			

特别要说明的是，在具有压缩功能的针织紧身服的压力评测中，其评价结果与着装时间有一定的相关性。笔者为某品牌的压缩运动服进行的压力舒适性主观测试，着装的最初反应有不舒适的压力感觉，但经过一段时间后这种不舒适感觉就减轻了许多。但也有被测者一开始就有非常不舒适的压力感觉，随着时间的推移，这种不舒适的压力感也变得越来越难受。早在 1970 年就有研究人员提出压力舒适感觉与时间的这种相关性。为此，研发人员可在这类服装的压力标尺中加入不同的时间要素，如表 2-13 所示。

表 2-13　压缩服的压力感（束缚感）主观评价表

等级		1	2	3	等级		1	2	3
胸部	初上身				手臂	初上身			
	30 min					30 min			
	60 min					60 min			
背部	初上身				臀部	初上身			
	30 min					30 min			
	60 min					60 min			
腹部	初上身				腿部	初上身			
	30 min					30 min			
	60 min					60 min			

（三）户外运动服装舒适性的客观评价方法

主观评价的优点是能够比较真实地反映着装者对服装舒适性的实际感受。其缺点是容易受个体的生理及心理（情绪）的影响，从而造成个体间的评价结果差异较大。客观评价又叫客观试验评价，通常基于实验数据测试，具有试验结果稳定，再现性好的特点。但是，客观评价往往会产生脱离服装穿着中多因素共同作用影响的实际情况，不能反映人体着装的主观感受。

1. 服装热湿舒适性客观评价

服装热湿舒适性客观评价分为以下几种：

一是采用基础物理学实验法来评价服装材料的保暖性能和透湿性能。热舒适性评价包括保暖率、热传导率、热阻值等，保暖率的测试方法有冷却法、恒温法，导热系数的测试方法有平板法，热阻测试有平板法、圆筒法，湿舒适性物理指标包括保水率、脱湿率、芯吸收率、透湿率等，具体的测试方法可见后续的织物测试标准章节。

二是暖体假人测评。暖体假人系统也是物理学试验法的一种。暖体假人是模拟人体体温调节机制和出汗调节机制的仿真系统，干态暖体假人只具有模拟人体发热的机制，而出汗暖体假人不仅具有人体发热模拟机制，同时也有出汗模拟机制。暖体假人测试是着装测试，它比织物测试更能全面地反映服装的整体以及各个部位的热湿状态。暖体假人可重复测量，可以反映不同环境条件，甚至是极端条件下的服装舒适性能。但暖体假人因实现条件比较高，一般在大学或专业科研机构有应用，而在户外产品企业中基本没有采用。

三是人体着装实验室评价。织物的物理学实验评价法是静态的一种测试法，而在实际的户外活动中，人体的散热、散湿会随着汗液蒸发而变化，往往是从干燥到出汗蒸发再到干燥的不断变化过程。建立受控的人工气候实验室，由人体着装进入模拟的气候环境，通过人体特定的活动水平时的生理参数的变化来评价服装的热湿舒适性。这是从人体生理角度来进行的一种较为客观的评价方法，也是较多户外产品研发者常采用的评价方法之一。它的最大好处就是可以实时地将人体生理的客观测试数据与人体的主观感觉评分结合起来，综合比对，以此得到更为接近现实户外环境下的产品修正数据。

2. 服装压力舒适性客观评价

对压力舒适感的评价，特别是舒适阈值的研究，研究者除了通过受试者根据自身穿着的主观感受评价外，更会在客观上测量服装对人体不同部位产生的压力，主客观地结合评价穿着时的舒适与否的程度，从而得出不同产品的压力舒适值。

客观测试法的测量原理是，通过在人体与服装之间放置微小的感压部件，直接测量作用于感压部件的压力大小，从而最终反映该部位服装压力的大小。服装压力测试仪器主要有日本 AMI 公司开发的 AMI3037 系列气囊式压力测量系统和美国 Tekscan 公司开发的 ELF 服装压力测量系统。

日本 AMI 公司开发的 AMI3037 系列气囊式压力测量系统，它是将很薄的气袋充入定量气体，粘贴在拟测部位，气袋受压后，压缩空气通过 0.1 mm 的细管传输到与其相连的半导体应变式压力传感器，从而将压力变化转变为电压变化而被测定。气囊式压力测量如图 2-14 所示。

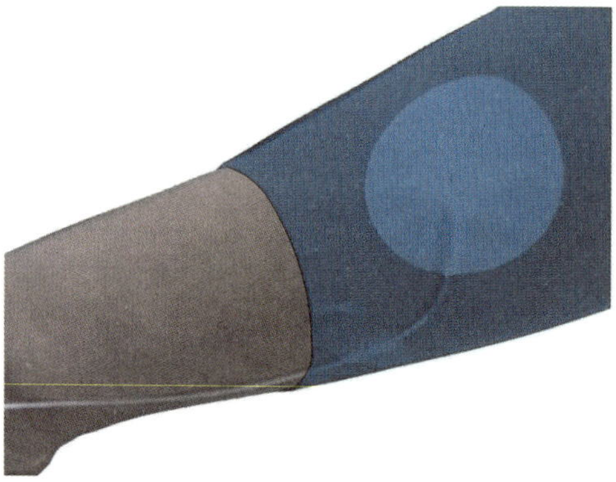

图 2-14　气囊式压力测量示意

美国 Tekscan 公司的 ELF 服装压力测量系统采用 Flexi-Force 传感器，Fexi-Force 传感器的传感点在电路中起电阻作用。传感器未受力时，传感点电阻很大。当传感器受力时传感点的电阻变小。在传感器接头连接电阻表时，可测量传感点受力时电阻值的变化。该系统最多能对 16 个部位的压力值进行测量，并通过 USB 接口与计算机相连，测量结果可用数值、波形图、柱状图等方式显示出来。

第三章

户外冲锋衣的材料应用

第一节

户外防护服的布料种类与特性

作为户外防护服的冲锋衣，其包含的各种功能是经由服装面料、服装辅料、服装结构、服装版型等各个板块来体现的。特别是服装面料，冲锋衣主要的功能都集成于此，如服装的保暖、防水、透气、透湿、防风、防紫外线、防刮磨、延展等户外活动中必要的各种功能性都是由面料决定的。可以说，根据不同的运动需求开发或者选择面料是户外防护服产品设计的第一步。

从狭义上的冲锋衣来看，布料主要指外层面料，为具有防风、防水、透气、透湿功能的层压或涂层面料，并且多以化纤为主要成分。但也有个别品牌出于环保的角度考虑，采用的是非膜的防水透湿面料（采用高密及环保的水涂料方式）。另外，广义上的户外防护服（冲锋衣）所涉及的各种辅料类型众多，如带保暖层的滑雪服及一些可脱卸式的三合一冲锋衣，其在用料上除了防水透湿的压胶类表层面料外，还会涉及各种里料、压胶条、防水拉链、扣具、填充棉、兜布、无纺衬等。

一、户外防护服常用的天然纤维

服装面料按纤维来源分主要为天然纤维织物和化学纤维织物两大类。在户外服装中常见的天然纤维有羊毛、羽绒、棉。但当下天然纤维在外层防护服中几乎不采用，天然纤维织物主要作为保暖层填充物（羽绒）、基础层内衣（羊毛）使用。

（一）棉纤维

棉纤维具有较强的吸湿能力，且透气，无闷热感，也无静电现象，并且棉纤维是热的不良导体，因其良好的亲肤性，适合加工为贴身穿着的内层衣。但棉纤维吸湿后干得较慢，并且棉纤维弹性较差，耐磨性不突出。在户外冲锋衣面料的选材上一般用到棉质材料的不多，有国外知名品牌所生产的棉质高密织物冲锋衣（非膜），同样具有不错的防水效果，受到环保户外者的喜爱。一般来说，棉质面料只在低运动量的户外活动中出现，在高湿时也可以充分发挥其调节温湿度的作用。

（二）羊毛纤维

羊毛是天然蛋白质纤维，其结构复杂。羊毛纤维的吸湿性在常用纺织纤维中最为突出，公定回潮率可达 15% 左右；在湿润的空气中，羊毛吸湿率超过 30% 而会让人不感到潮湿。羊毛纤维导热系数小，纤维又因卷曲而束缚静止空气，因此隔热保暖性能非常好；羊毛或者是羊毛与其他纤维混纺的制品在户外服饰中主要用于底层和中层，特别是澳洲的美利奴细羊毛，直径小于 25 μm，手感柔软，是全球高性能户外运动贴身类服装的最佳选材。如巴塔哥尼亚（Patagonia）的 Capilene Air 户外功能内衣，采用 51% 美利奴羊毛与 49% 可回收再利用的涤纶混编面料，羊毛采用全新的 18.5 μm 纱线，更保暖、更柔软，适合户外严寒环境；拓冰者（Icebreaker）的美利奴羊毛功能内衣，按厚度的递增性分为 150、200、260、320 四个等级，以应对不同气候环境，见图 3-1 所示；Arc'teryx 的系列运动内衣也是一样，融合了美利奴羊毛、尼龙和氨纶三种材料，很好地补足了羊毛的抗撕裂能力，又有更好的舒适度。在户外冲锋衣面料的表层基料的选材上几乎是不会用到羊毛纤维的，但可以将美利奴羊毛织物作为衬里复合到防水透湿面料的底层。基于实践数据，适合东亚人的羊毛内衣多采用 17.5 μm 以下的纱线以避免皮肤刺痒感。

温控系数	亲肤层			隔热层	
底层衣系列	150	200	260		
日常休闲				320	
户外冒险					380
专业运动GT系列	150	200	260	320	

图 3-1　Icebreaker 等级

（三）羽绒

羽绒指水禽绒主要是鸭绒、鹅绒，也有很稀少的海鸟绒。在天然保暖材料中，羽绒的保暖性能最佳。羽绒轻而蓬松，导热系数很小。羽绒的保暖性能主要以含绒量或蓬松度的高低来衡量，含绒量或蓬松度越高，保暖性越好。户外防寒冲锋衣的设计中，对羽绒的使用一般是将羽绒作为保暖填充料置入衬里与防水透湿的外层表布一起制成保暖冲锋衣。或单独制成超轻羽绒服并以可脱卸连结方式与单屋冲锋衣组合成三合一套羽绒服冲锋衣。如被誉为巴塔哥尼亚（Patagonia）三宝之一的"排骨"（户外超轻羽绒服）就为户外老手所熟知。

羽绒的缺点是受潮后蓬松度会降低从而降低保暖性。为此应用氟处理的防水羽绒也早已于多年前应运而生。近年来，为了应对环保诉求，无氟防水羽绒也已经面世。

二、户外防护服常用的化学纤维

户外冲锋衣的表层面料成分主要采用的是化学纤维，最常见的两大合成纤维是聚酯纤维即涤纶和聚酰胺纤维即锦纶或称尼龙。目前我们在市场上看到的冲锋衣面料基本是涤纶或尼龙成分的，或是其与其他纤维混纺的。涤纶与尼龙的性能比较见表 3-1。

表 3-1　基于户外冲锋衣条件的涤纶与尼龙的性能比较

外观手感	尼龙优于涤纶
耐磨性及强度	尼龙优于涤纶
弹力	尼龙优于涤纶
色牢度	涤纶优于尼龙
耐光性	涤纶好于尼龙

（续表）

耐热性及耐热稳定性	涤纶好于尼龙
防静电及防污性	尼龙优于涤纶
重量	尼龙优于涤纶
吸湿	尼龙优于涤纶
干燥速度	涤纶优于尼龙
经济性	涤纶优于尼龙

（一）涤纶

涤纶的学名为聚酯纤维。涤纶是当前产量最大、用途最为广泛的人工合成纤维。在户外服饰中，从防水透湿的外层压胶面料到中层的保暖抓绒和填充物，再到内层的吸湿排汗面料它都是主角。

涤纶表面光滑，横截面一般为圆形。涤纶优点是强度较高，耐光性能良好，面料挺括、不起皱，保形性好，尺寸稳定，易洗、快干、免烫。但其吸湿性很差。涤纶服装穿着有闷热感，易产生静电，耐污性差，易起毛、起球和吸灰。外观及手感上比尼龙暗、较粗糙。

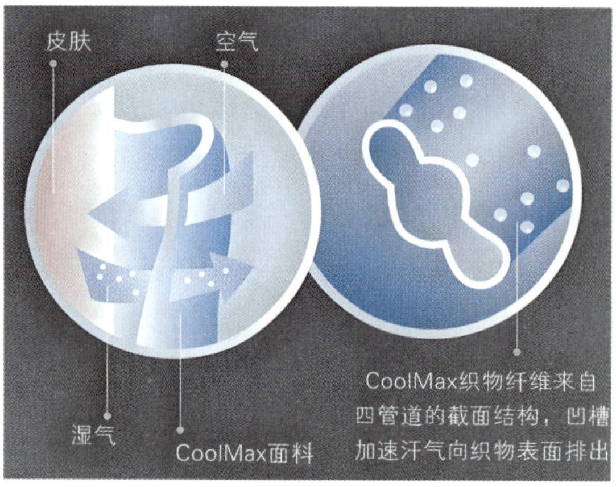

图 3-2　CoolMax 纤维

当前差别化的纤维主要都是由涤纶制成的。如在户外面料中被称为运动纤维的著名吸湿排汗纤维 CoolMax，其纤维就是聚酯纤维，是由美国杜邦（DuPont）公司 1986 年研究开发的，其截面形状呈“+”型的中空纤维，独特的物理结构使纤维具有更优异的吸湿排汗功能如图 3-2 所示。再如，有着“环保新卫士”的竹炭纤维，并非有些人想象的是用生竹原料制丝编织的，它是毛竹经煅烧得到具有微孔和蜂窝化的竹炭后，再与聚酯改性切片熔融纺丝而制成的。其基础纤维是聚酯纤维。

涤纶在外观上和性能上可以模仿毛、麻、丝等天然纤维，甚至达到以假乱真的程度。它还可以加工成弹性或蓬松性能优异的变形纱。户外防护服常用的摇粒绒、羊羔绒、长毛绒，甚至是保温用的棉絮等，它们的成分主要都是聚酯纤维。

（二）锦纶

锦纶的学名为聚酰胺纤维，又叫尼龙。也是用途广泛的一大人工合成纤维。它是高品质防水透湿面料的表层基布的首选。

尼龙纵向表面光滑，横截面一般为圆形或其他形状。尼龙最突出的特点是耐磨性优于其他常用纤维，强度、弹性也很好。尼龙密度为 1.14 g/cm^3，小于涤纶等纤维，含水率、亲肤性都好于涤纶，很适合做户外冲锋衣，穿着较为轻便，有良好的防水防风性能。相对来说，尼龙材质的冲锋衣在服用性能上及价格上是高于涤纶材质的。如著名的 Gore-Tex 面料的表层面料很多就是选用的尼龙材质。户外运动者在选购冲锋衣时，一般对涤纶或尼龙材质的面料在分辨上可能有些困难，但大家可以在其成分标识上看到其纤维成分。

尼龙的缺点是耐热及耐光性较差，阳光下易泛黄并导致强力下降，所以产品研发时开发者都会对耐光色牢度有要求。尼龙在合成纤维中回潮率属于较大的，其吸湿性较好。

（三）氨纶

氨纶的学名为聚氨酯纤维（英文缩写为 PU）。氨纶具有优良的延伸性和弹性，又称为弹性纤维。最著名的商品名称是美国 DuPont 公司生产的“莱卡”（Lycra™）。

氨纶的弹性高于其他纤维，伸长率达 600%，仍可恢复原状。氨纶吸湿性小，手感平滑。有良好的耐气候和耐化学品性，耐汗、耐干洗性、耐磨性也均较好。制成的服装重量轻，质地柔软。但氨纶的强度低于一般纤维，因单根纤维太脆弱，无法单独使用制成织物。

氨纶以其他纤维合股或制成包芯纱，用于织制弹力织物。在织物中含量很少就能极大地改善织物的延伸性和弹性，使服装在具有良好的尺寸稳定性的情况下，又能紧贴人体使肢体的活动伸缩自如。在户外运动各品类的服饰中使用频率极高，如跑步服，骑行服、速干衣以及登山、滑雪等各类冲锋衣中都有应用。

（四）氟纶

氟纶的学名为聚四氟乙烯纤维（英文缩写为 PTFE）。一般称作“不粘涂层”，具有抗酸抗碱、抗各种有机溶剂的特点，几乎不溶于所有的溶剂。同时，具有耐高温、摩擦系数极低的特点。

“特氟龙”（Teflon®），相信户外圈的朋友都不陌生了，Teflon® 是 DuPont 公司使用在一系列氟聚合物产品上的注册商标，Teflon® 的材料来源就是由四氟乙烯经聚合而成的高分子化合物。户外冲锋衣的防泼水功能一般采用的是这一类氟碳化合物配方。DuPont 的 Teflon® 防泼水助剂在一众防泼水助剂中是比较著名及常用的。

聚四氟乙烯在户外冲锋衣材料中的应用，另一个著名例子就是被誉为“世纪之布”的 Gore-Tex 面料所采用的防风防水透湿膜：ePTFE 微多孔薄膜。

（五）芳纶

芳纶的学名为芳酰胺纤维。具有高强度高模量、耐高温、耐腐蚀、阻燃、稳定等优良特性的纤维，在高温状态下尺寸稳定，是极佳的电绝缘体，易染色，化学稳定性好，有超强的抗辐射性，是常见的超耐磨纤维，其织物是极端环境下各种户外功能服装的耐磨材料选择。芳纶被广泛用于防弹衣的制作，另外耐高温、耐腐蚀和耐磨的特性使其成为消防服的首选。

第二节
冲锋衣防水透气透湿面料

一、防水透气透湿面料的分类

防水透气透湿面料是指在一定压力下水不能浸入，但人体散发的汗液、汗气却能透过而传导到外界扩散的功能性织物。它跟人体皮肤类似，所以又称为第二皮肤。我们知道，非外力方式下水是不能进入皮肤内的，但体内的汗气又能通过皮肤散发到外界。有学者按国家标准对羊皮板做过测试，其结果如下：

透湿量：5 490 $g/m^2 \cdot 24\ h$。

耐静水压：14.9 kPa。

透气量：$1.08 \times 10^{-2}\ m^3/m^2 \cdot s$

从一些知名品牌的防水透气透湿产品所具有的性能参数我们不难看出其仿生设计的来源依据。故此，防水透湿面料又称为“可呼吸织物”，它是集防水、透气、透湿、防风、保暖于一体的高科技产品。

所谓织物的防水功能一般包括两类。一是防泼水，即织物表面经防泼水处理后能够拒绝水滴进入织物，也叫荷叶效应。二是防止具有一定压力的水或者是有一定动能的雨水透过织物。通常人们所说的防水透气透湿面料首先是第二类或者是同时包含有第一类、第二类防水能力的织物。这也是户外人提起防水会说防雨水的原因，因为雨水有带动能的（有压力的），检测项为静水压。

防水透气透湿面料可按加工方法，可分为高密度织物、涂层织物、层压织物三种类型，这也是目前最常用的分类方法。涂层织物、层压织物由于所复合的高分子聚物的性能关系可以达到较高的防水透气透湿性，是目前防水透气透湿面料发展的主流，高密织物虽防水性达不到很高的要求，但因其优越的手感、良好的透气透湿性，仍在市场上占有一席之地。

（一）高密度织物

高密度织物的防水属于“组织防水”，它主要是通过缩小织物结构孔隙（织造紧度、纤维及纱线细度等），即将织物在经纬纱线交织时所形成的微孔结构间隙控制在一定范围（4 μm～10 μm），不允许水滴通过。高密度织物一般采用细棉纤维（长绒棉）或超细合成纤维长丝织成高密织物。当低特（高支）纯棉纱遇水膨胀，会使纱线间隙变得更小，从而使织物具有防水透气透湿功能。如果对织物表面再经过拒水整理，则能进一步提高织物的防水效果。

这类织物因不经贴膜或涂层，是环保的防水透气透湿织物。其特点是具有优良的透气性、透湿性、悬垂性，且触感良好。但防水性相比层压薄膜或涂层类的织物会差，其耐水压值一般不超过 1 000 mm，防水耐久性受洗涤次数的影响较小，对于添加诸如抗紫外线等功能也会更易。但织物的撕破强力低，摩擦性也较差些。来自瑞典的高端户外品牌攀山鼠（Klättermusen），其品牌格言为“保证你的最大安全，保证对环境的最小冲击”。其冲锋衣产品采用的是 100% 有机棉并经过特殊工艺加工而成的 Etaproof 面料，产品环保可回收，如图 3-3 所示。

图 3-3 高密度有机棉冲锋衣

（二）层压织物

将具有防水透气透湿功能的微孔薄膜或无孔薄，采用特殊的黏合剂，与普通织物通过层压工艺复合在一起形成防水透湿层压织物。层压时可以是两层织物或多层织物。薄膜常见品种包括聚四氟乙烯微孔薄膜、亲水性聚氨酯无孔或微孔薄膜、亲水性聚酯聚醚共聚无孔薄膜，以及微孔膜再涂覆亲水层构成的双组分薄膜等。

层压织物中的各种材料是相互独立的。其不仅性能突出，而且在工艺技术上也具有选材范围广、设计灵活、污染少等优点。目前层压织物在高端防水透湿织物市场上占有率最高。其中由美国 W. L. Gore 公司生产的聚四氟乙烯微孔薄膜与织物层压后形成的商品名为 Gore-Tex 的防水透湿织物，其透湿量大，耐水压高，综合性能好，是目前世界上公认的较先进的防水透湿织物。

（三）涂层织物

涂层织物是将高聚物均匀涂覆在织物上并形成薄膜而制成的具有防水透气透湿功能的织物。所以广义上来说，涂层也是薄膜的一种。

涂层织物的表面孔隙被涂层剂所封闭或减小到一定程度，因而得到防水性。织物透湿性则通过涂层上经特殊方法形成的微孔结构或涂层剂中的亲水基团的作用来获得。涂层剂包括聚氯乙烯（PVC）、聚丙烯酸酯（PA）、聚氨酯（PU）、聚四氟乙烯（PTFE）、聚偏氟乙烯（PVDF）等。但目前户外冲锋衣主要用的是聚氨酯（PU）。

涂层织物的品种很多，其防水透湿性能会因不同的涂层原料和工艺而有较大的差别。由于原料、工艺及方法本身的局限，所以一直未能很好地解决透湿、透气与耐水压、耐水洗之间的矛盾。

二、防水透湿膜（涂层）基本类型

防水透湿薄膜，包括涂层（广义上来说，涂层也是薄膜的一种）为两相之间的选择性屏障，对其传递过程的外部推动力可以是压力差、浓度差和温度（湿度）差。并且是从浓度大的一侧向浓度低的一侧传递。气（汽）体通过薄膜的传递，如图 3-4 所示。如果穿着冲锋衣的人体置身于一个外界湿度大于衣服内湿度的环境下，那湿气不但排不出去，还可能反渗进衣服里面来。这也是冲锋衣要在寒冷、低湿及风雨的环境下才会更加突显其特殊功能作用的原因。

目前，就防水透湿薄膜（织物）而言，只有两种透湿机理，一种是微孔透湿机理，一种是无孔分子透湿机理。根据薄膜阻止液态水渗透和水蒸气传输的机理，主要分为微孔薄膜（涂层）、无孔亲水薄膜（涂层）、双组分薄膜（涂层）三种。

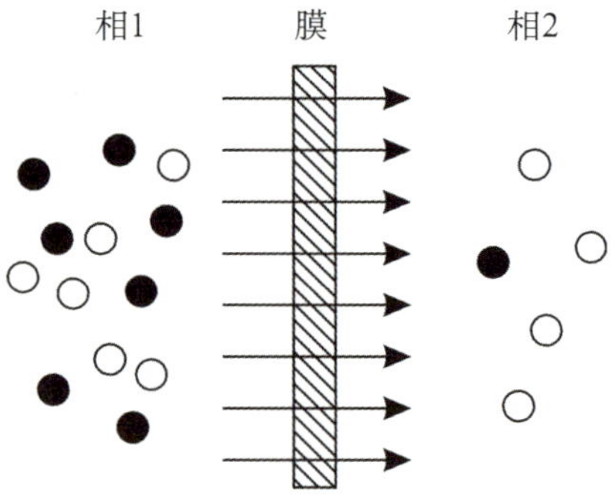

图 3-4　气（汽）体通过膜

（一）微孔薄膜（涂层）

微孔薄膜是一层很薄的高分子聚合物薄膜，其防水透气透湿原理是利用水滴直径与空气、水汽的直径之间的差异来实现防水、透气与透湿。薄膜上面有大量的细小且相通的直径小于 2 μm 的微孔，其小于水汽（轻雾）的最小直径（20～100 μm），而远大于水蒸气分子的直径（0.000 3～0.000 4 μm）。水蒸气分子和雨滴直径对比见表 3-2。在薄膜的内、外两侧存在适当的浓度梯度下水蒸气能通过这些物理微孔通道扩散，而雨滴不能通过，再加上织物以及薄膜本身的疏水性，从而形成防水透湿能力。其透气透湿机制叫微孔质透湿。微孔薄膜是目前冲锋衣面料采用最为广泛的防水透气透湿膜之一。

表 3-2　水蒸气分子和雨滴直径对比

类型	直径 /μm	类型	直径 /μm
水蒸气分子	0.000 4	小雨	900
轻雾	20	中雨	2 000
雾	200	大雨	3 000～4 000
毛毛雨	400	暴雨	6 000～10 000

影响微孔薄膜防水透湿性能的因素有微孔孔径，开孔率，薄膜厚度和通道的曲折系数等。微孔的孔径越大，透湿量就越大，但孔径越大则不利于薄膜的防水，即微孔薄膜的防水能力是与孔径成反比的；薄膜的透湿性还和膜的开孔率成正比，与膜的厚度成反比，与膜两侧的压差成正比。

凡微孔质的防水透湿都会存在防水功能与透湿、透气功能之间的矛盾。如果产品的设计是将防水性作为先决功能的，必将对微孔的直径有所限制，那么透湿性则会更多地取决于薄膜的开孔率和薄膜的厚度。因为单位面积孔数越多，透湿的量自然就多；而薄膜的厚度越薄则水汽通过的孔道就越短。但薄膜厚度越薄又会影响到膜机械强度。在产品的实际设计中，研发人员应根据户外项目的需要来选择适合的功能性能配比，或是高防水、低透湿型的薄膜织物；或者低防水、高透湿型的薄膜织物；又或是中防水、中透湿型的薄膜织物。需要注意的是，对于直通的微孔，防风性和防水性的冲突是必然的，曲折的通道才是防风类产品的正确选择。

微孔薄膜的缺点：微孔薄膜拉伸强度一般较低，耐磨性和剥离强度也较差。另外，由于薄膜的多孔结构，在洗涤或干洗时容易受到表面油污、汗液、洗涤剂的沾污和通道堵塞。

微孔透湿薄膜（涂层）主要由聚四氟乙烯（PTFE）或聚氨酯（PU）做成。PTFE 的耐热性能和透湿性高于 PU，而 PU 的弹性要好于 PTFE。微孔透湿薄膜的典型代表如美国 W.L.Gore 公司的膨体聚四氟乙烯（e-PTFE）薄膜。而美国 The North Face 的 Hyvent 聚氨酯（PU）微孔涂层（织物）则是国内户外运动服装研发最早的引导产品。图 3-5 所示的为微孔膜。

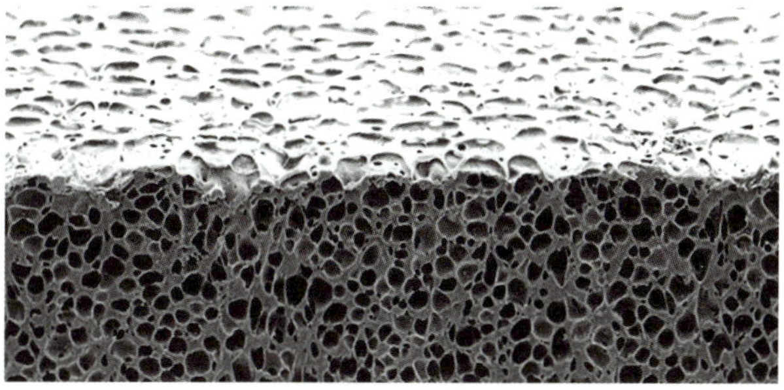

图 3-5　微孔薄膜

（二）无孔亲水薄膜

无孔亲水薄膜通常是指没有物理或机械微孔、致密的亲水性高聚物薄膜或涂层。其透湿机制就叫亲水性透湿。无孔亲水薄膜的防水性则来自薄膜本身的连续性和较大的膜表张力。亲水性薄膜的基本树脂是一组共聚物，由硬链段和软链段片段组成，沿着大分子链交替排列。共聚物中硬链段的部分是由疏水性刚性聚合物化学键组成，它能阻止水滴通过，起到防水作用。软链段部分是由亲水性柔性聚合物化学键组成，含有亲水基团，能吸收水蒸气（汗气和汗液），并在压差下在薄膜内部通过羟基的氢氧键的传递将水蒸气排到低浓度的外侧。

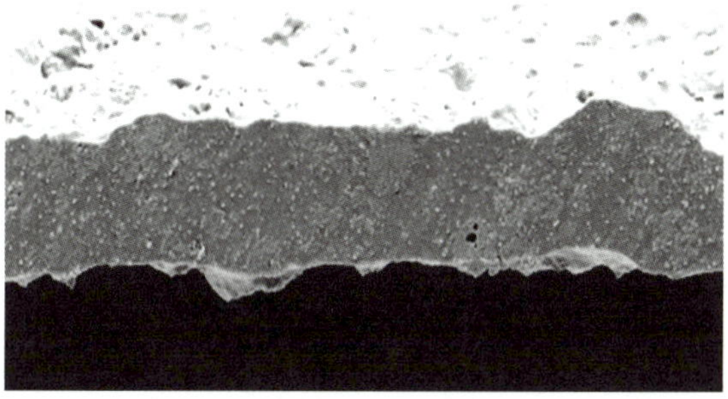

图 3-6　单组分薄膜

无孔亲水薄膜的透湿性很大程度上取决于它们的化学结构交联程度。无孔亲水薄膜对温度和湿度很敏感。水汽从相对湿度高的一面向相对湿度低的另一面传递。一般来说，薄膜越薄，透湿性越好。无孔亲水薄膜的厚度能做到比微孔薄膜更薄。它们表面没有孔，因此不容易受到污染，更具有防雨、防风的性能。图 3-6 为无孔亲水薄膜。

无孔亲水薄膜通常是用聚氨酯、聚酯和聚酰胺的共聚物做成的。目前国内亲水型透湿织物以聚氨酯（PU）和热塑性聚氨酯（TPU）的层压或涂层最为普遍。亲水型防水透湿织物典型产品如德国新保适（Sympatex）公司的层压面料、日本东丽（Toray）公司的 Dermizax 层压面料。

（三）双组分薄膜

双组分薄膜是由两种材质复合而成的薄膜，一般是由微孔薄膜和无孔亲水性薄膜复合而成。如在聚四氟乙烯微孔薄膜的一面（靠近人体的一面）涂覆拒油亲水聚氨酯或有机硅，这种薄膜密封了聚四氟乙烯微孔薄膜表面的微孔，可以减少油污、汗液、洗涤剂或表面活性剂对薄膜的污染。图 3-7 为双组分膜。美国 W.L.Gore 公司的第二代 Gore-Tex 织物就是采用了这样的聚四氟乙烯微孔薄膜 + 亲水层结构的双组分复合膜。还有比利时

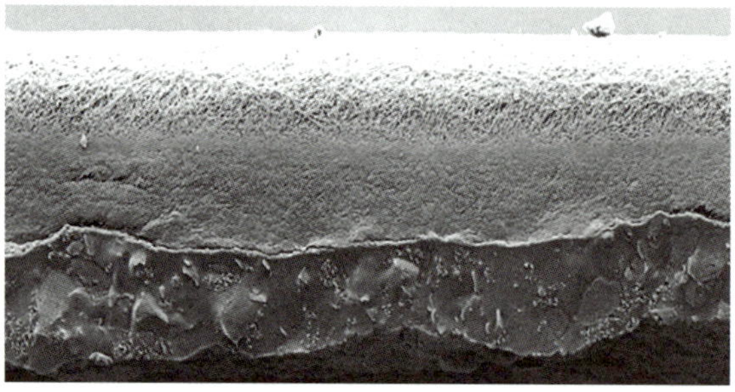

图 3-7　双组分薄膜

的 UCB 公司采用 Ucecoat2000（s）形成的聚氨酯微孔膜加涂 Ucecoat NPU2307 整理剂的工艺；日本 Toray 公司的 Entrant CII 则将两种聚氨酯材料复合，内层聚氨酯含微孔和超细微孔，利用其“芯吸”作用，抽吸皮肤上的水分，扩散到外层，再排放到空气中，提高排汗作用。关于双组分薄膜的防水透湿原理就较好理解，它是微孔与亲水两种防水透湿原理的结合，这里不再赘述。

双组分薄膜的优点：无孔与微孔薄膜的紧密结合，降低了水通过尺寸过大的微孔而渗漏的可能性；能使薄膜强度、硬度、持久度增加；同时透湿性能较单纯无孔的薄膜显著；以及具有能防止溶剂和油脂污染的性能。

双组分薄膜的缺点：使层压织物刚度过大；使纯微孔层的透气性降低并失去透气性；亲水层“排湿性”使层压织物手感潮冷；在水蒸气开始有效排出之前，亲水层会储存一定水分；外加的亲水层使成本增加。

三、常用防水透湿膜（涂层）介绍

防水透湿面料的防水透湿性能除了与织物本身的纤维、组织以及表面的拒水功能有关外，最为关键还是由所选用的防水透湿薄膜的性能所决定的。下面就冲锋衣上常用的几种基本的薄膜（涂层）做基础的介绍，供户外服装设计开发者在产品的种类及功能参数的选择上做参考。

（一）膨体聚四氟乙烯微孔薄膜

1. 膨体聚四氟乙烯微孔薄膜概念

膨体聚四氟乙烯（英文缩写为 ePTFE），ePTFE 微孔薄膜是以聚四氟乙烯树脂为原料，经挤出、压延、拉伸等多道工艺制成的原纤维状的微孔结构薄膜。是 1969 年由美国科学家鲍勃·戈尔率先发明研制的，后 W.L.Gore 公司将此膨体聚四氟乙烯微孔薄膜与织物层压并经过多代的产品更迭，形成了商品名为 Gore-Tex 的防水透湿织物。其透湿量大，耐水压高，综合性能好，是目前世界上公认的最知名的防水透湿织物。

W. L. Gore 的膨体聚四氟乙烯微孔薄膜发展到后来是与亲水性聚氨酯结合的双组分薄膜。而真正意义上的纯微孔膨体四氟乙烯（ePTFE）薄膜则是美国 BHA 公司的 eVent 薄膜，据相关测试资料显示，其在透湿性能上优于 W.L.Gore 公司的 ePTFE 薄膜并保留了相当的透气性。另外，美国唐纳森（Donaldson）公司的 Donaldson 膜，日本电气工业公司的 Microtex 膜、Plastolon 膜、Empore 膜等，都是聚四氟乙烯（PTFE）微孔薄膜。

在我国，早在 20 世纪 80 年代后期也开始对聚四氟乙烯微孔薄膜层压织物进行研究与开发。90 年代中期就设计制造了国内第一条年产 300 万米层压织物的复合生产线，某些指标不低于甚至优于 W.L.Gore 公司的；民用方面，2001 年浙江宁波的登天公司也研制成聚四氟乙烯微孔薄膜层压织物。

根据微孔膜的防水透湿机理我们知道，微孔膜是利用水蒸气分子和雨水水滴体积之间的巨大差异而达到防水透湿的目的。

PTFE 微孔薄膜的表面形态是具有蜘蛛网状的微孔结构。其开孔率高，厚度均匀；微孔尺寸，形状，分布范围都较好，是微孔质透湿薄膜的优秀产品。

PTFE 材料的表面能很低，水在 PTFE 微孔薄膜表面的接触角在 120° 左右，能阻止液态水润湿；PTFE 微孔薄膜本身具有一定机械强度，受压时微孔不易被挤破，这些都利于耐水压的提高；PTFE 微孔薄膜有良好的耐湿性，从低至−150℃到高至 250℃都能正常使用，特别适合严酷的环境，是高端冲锋衣的不二选材。

据我国军需装备研究所张建春团队的研究资料显示，经拉伸法研制的 PTFE 微孔薄膜的基本性能如下：

厚度：20～70 μm，厚度均匀度在 5% 以下。

面密度：24～26 g/m^2。

经向抗张强度或拉伸强度：1～40 MPa/m^2，最高可达 150 MPa/m^2。

纬向抗张强度或拉伸强度：大约为经向的 50%。

断裂伸长率：定形温度低则断裂伸长率大，定形温度高则断裂伸长率小，一般在 50%～100%。

透湿量：0.4×10^4～1.7×10^4 g/m^2·24 h，一般为 6 000 g/(m^2·24 h)。

耐静水压：90～170 kPa (9～17 m 水柱高)。

透气量：小于 0.3×10^{-2} m^3/m^2·s。

使用温度：−150～250℃。

2. W.L.Gore 公司的 Gore 膨体聚四氟乙烯微多孔薄膜简析

膨体聚四氟乙烯（ePTFE）微孔薄膜最有代表性的是的 W.L.Gore 公司的膨体聚四氟乙烯（ePTFE）微多孔薄膜，膜厚约 25 m，开孔率高达 82%，每平方英寸约有 90 亿个微孔，平均孔径为 0.14 m，孔径比蒸汽分子大 700 多倍，汗气可以通过，故有高透湿性；而孔径又是水滴的 1/20 000～1/5 000，液态水不能透过，故有高防水性；同时，又由于 ePTFE 微孔膜每平方英寸约 90 亿个微孔是不规则排列的（即微孔是曲折的），冷风不能进入，故又兼有透气性和高防风性。

其实，现在使用的 ePTFE 薄膜并非是单纯的 ePTFE 成分了，它是在 20 世纪 80 年代由 W.L.Gore 公司与日本润工社合作推出的第二代 ePTFE 薄膜之后的不断迭代的产品。它主要是由膨体聚四氟乙烯（ePTFE）和聚氨酯（PU）构成的双组分薄膜，聚氨酯组分具有高度选择透过性，它仅让水蒸气分子通过，其他的液体都不能通过，从而可以拒绝油污、汗液、洗涤剂的沾污和堵塞微孔通道。双组分薄膜的好处是提高了膜的稳定性和耐久性，代价就是失去了透气性能，只能透湿，降低了汗水、汗气的排出效率，牺牲了体感。

Gore 膨体聚四氟乙烯（ePTFE）薄膜的透湿性能为 RET2.5，防水性能则被认为是大于 20 000 mmH_2O（196 kPa），

W.L.Gore 公司将织物的防水性能分为三类：耐静水压值小于 13.79 kPa（2 psi）为拒水织物（采用牧林水压测试仪）；耐静水压值在 13.79～172.35 kPa（2～25 psi）之间为

高抗水织物，这一水平可以防止雨水的进人；耐静水压值大于 172.35 kPa（25 psi）为极高防水织物，这一水平可以提供对所有风雨天气和在湿表面上坐或跪时对水的防护标准，即可防暴雨或其它极端水压环境。透湿性能方面，W.L.Gore 公司也设立了自己的标准，是以水蒸气穿透衣服的阻力 RET 来反映其透湿性能的，RET 值小于 6 就属于高透气了。这跟我国业内的以透湿量 g/（m^2·24 h）为标准的现状不一样。

3. BHA 公司的 eVent 膨体聚四氟乙烯微多孔薄膜简析

eVent 是美国 BHA 的公司研发的膨体聚四氟乙烯（ePTFE）微多孔薄膜，也是目前世界上最优异的防水材料之一，它拥有比当今所用其他任何薄膜更高的透气性，而这一特性在与 TransActive（主动导湿膜）的技术结合时得到了完美的实现。eVent 的 TransActive 在业内被称为直接透气膜，其直接（自动）透气、导湿功用明显。一是湿气、水分不再通过薄膜吸收而直接排出；二是因为温差已不再是其功用完成的必要条件，不需要任何时间间隔，气流当即高性能水平地传导。

我们知道，双组分薄膜都须加一层 PU 层以免受人体脂防或油脂或洗涤剂对其的损伤。但 PU 的缺陷是它吸湿后不能快速排湿。而 eVent 没有 PU 层，其是经过特殊的改性处理后让 ePTFE 薄膜继续保持开放的多微孔结构，防止身体分泌的油脂污染薄膜而降低衣物的整体防水和透湿效果，这就是“直接透气”的称谓起因。

（二）聚酯聚醚共聚亲水性无孔薄膜

1. 聚酯聚醚共聚薄膜概念

亲水性聚酯聚醚共聚无孔薄膜是由聚酯及聚醚共聚合体的热可塑性弹性体聚乙烯（英文缩写为 TPE）制成，是一款性能优良的防水透湿薄膜，具有弹性好、强度高、耐磨、耐油、耐低温性能。因为其是没有微孔的实心体，可以达到 100% 的防水、防风。同时，透湿途径也不会有如微孔薄膜受灰尘和洗涤剂堵塞的问题。

亲水性聚酯聚醚共聚无孔薄膜是典型的单组分薄膜防水透湿机理，在玻璃化温度（T_g）以上时无定形聚合物处于高弹态时链段开始运动，热运动形成的自由体积和高分子之间的空间构成了允许水蒸气分子扩散的化学“孔”，嵌段共聚物的亲水组分与水分子作用并借助氢键和其他分子间力，从高湿度一侧吸附水分子再传递到低湿度一侧解吸。通俗一点说就是，当水通过薄膜渗透时，先是水凝结到薄膜表层并溶解，继而在浓度梯度推动下向薄膜内移动，再从薄膜另一侧表面蒸发离开。

只要薄膜两侧保持恒定的压差，在经过很短的起始状态后亲水性聚酯聚醚共聚无孔薄膜就可以达到渗透物以恒定速率透过的稳定态。

亲水性薄膜的透湿性除了受它们的化学组成和结构的影响外，还取决于薄膜的厚度。聚酯聚醚共聚薄膜仅为 10 μm，更可以做到超薄的 5 μm，这个厚度是其他类型薄膜望尘莫及的（PTFE 微孔薄膜在 20～70 μm）。当水蒸气从湿度高的一面向湿度低的一面传递的，薄膜越薄，透湿性就自然越好。聚酯聚醚共聚薄膜还可以做到超厚的 100 μm，应用范围较广，能用在需要防水、防风、透湿的几乎任何一处。

2. Sympatex 公司的 Sympatex 聚酯聚醚共聚亲水无孔薄膜简析

聚酯聚醚共聚亲水无孔薄膜最为著名的是德国 Sympatex 公司的 Sympatex 薄膜，

Sympatex 薄膜是亲水性薄膜（单组分薄膜）类别的典型代表。Sympatex 技术最早是由荷兰阿克苏·诺贝尔（Akzo Nobel）公司开发并投放市场的，现归属德国 Sympatex 公司。

Sympatex 薄膜每平方厘米有多达 570 亿个亲水基团，所以有非常高的透湿量，其薄膜是由 70% 的聚酯和 30% 的聚醚成分组成的共聚物，是可回收的合成材料，完全可降解为碳、氢、氧元素，处理过程无需任何卤素或溶剂，是一种非常环保的薄膜。聚酯为厌水性，聚醚为亲水性。其中亲水物质的内部呈分子链结构，而且分子链上带有正负电荷，可以吸附单个的水蒸气分子，就像磁铁一样，将大量的水蒸气分子吸入薄膜，然后借助温度湿度差产生的压力迅速地排出去。

Sympatex 薄膜中亲水物质对水蒸气的吸附是双向的，它既能吸附来自身体的水蒸气，也能吸附来自外部环境的水蒸气，但是，对外部环境中水蒸气的吸附是微乎其微的，温度与湿度差决定了水蒸气的总体流向是向外的。据独立测试机构 Hohenstein Institute 实验室检验数据，其透气性能可达到 1.5RET。

防水防风性方面，Sympatex 薄膜最高可以承受大于 25 m 的水压，虽然达不到 ePTFE 薄膜的高度，但胜任持续暴雨的环境是完全没有问题的。最重要的是因为它无孔，在洗涤和干洗后，依然能保持 100% 的防水及防风。

厚度方面，Sympatex 薄膜可做到超薄的 5 μm，在保证牢固耐用的同时可使产品轻量化。将薄膜与织物层压后，仅给成品增加 30 g 的重量。

弹性方面，Sympatex 薄膜比其他薄膜有更好的伸展性，撕破前延伸度：大约 300%，永久延伸度：延伸 50% 后约有 20% 保留。可伸展性的特性可以让着装者运动不受约束。Sympatex EL 已用于需要满足拉伸度和柔软度的服装，如自行车运动服。

（三）聚氨酯微孔及亲水无孔薄膜（涂层）

1. 聚氨酯薄膜概念

聚氨酯（英文缩写为 PU），中文全称为聚氨基甲酸酯，是一种无毒高分子弹性体环保材料，对人体皮肤无任何伤害。弹性佳、强度高的聚氨酯薄膜（涂层）是目前国内各类防护服、冲锋衣面料采用最为广泛的一种防水透湿层材料。

聚氨酯可制成聚氨酯纤维（氨纶）、聚氨酯橡胶及弹性体等。聚氨酯弹性体由于其结构具有软、硬两个链段，因此可以通过对分子链的设计，赋予材料高强度、韧性好、耐磨、耐油等优异性能。聚氨酯有聚酯型和聚醚型二大类，按加工工艺可分为热塑性聚氨酯、浇注型聚氨酯、混炼型聚氨酯。

聚氨酯（包括 PU/TPU）可做成微多孔防水透湿膜（涂层），亲水无孔防水透湿薄膜（涂层）。如果将同为微孔透湿类的 PU 微孔膜与 PTFE 微孔膜相比较，PU（TPU）微孔膜的弹性要明显好于 PTFE 微孔膜，但 PTFE 微孔膜的耐热性则远高于 PU（TPU）。

后起之秀的热塑性聚氨酯（英文缩写为 TPU）是聚氨酯的一个重要分支，有良好的弹性和手感；且复合织物后的抗张强度高，伸长率大，柔韧性较好；成品优良的耐候性、环保性、成本性更是得到了冲锋衣产品研发人员及大众化使用者的欢迎。

TPU 亲水无孔防水透湿膜的透湿机理为单组分薄膜透湿机理，利用高聚物的亲水成分提供的“化学价梯石”—亲水基团跟水分子作用，借助氢键和其他分子间力，从高湿度一侧吸附水分子再传递到低湿度一侧解吸。透湿是一个“吸附—扩散—解吸”的过程。

聚氨酯微孔涂层织物和亲水无孔薄膜织物，仅在国外就有几十个品牌，最具代表性的品牌有日本 Toray 公司湿法凝固工艺生产的微孔 PU 涂层织物 Entrat；美国伯灵顿（Burlington）公司湿法凝固工艺生产的微孔 PU 涂层织物 Ultex；比利时 UCB 公司的微孔 PU 涂层织物 Ucecoat2000（s）以及亲水 PU 涂层织物 Ucecoat NPU；英国巴辛顿（Baxenden）公司的亲水 PU 涂层织物 Witclflex/staycool 等。

国内户外运动者最早认知及熟悉的冲锋衣可能是美国 TNF 的 Hyvent 系列了。其面料就是聚氨酯（PU）微孔涂层织物，据相关资料，Hyvent 透湿率为 625～700 g/(m^2・24 h)，防水为 60PSI，即使经过 20 次水洗之后，也至少可以承受 25 PSI 的压力。

2. PolyTech 公司的 Qualitex 聚氨酯无孔亲水薄膜简析

美国宝立泰 PolyTech 公司生产的聚氨酯无孔亲水性薄膜 Qualitex 是以聚氨酯为主，近十种化学原料反应合成的多相高分子材料，属无孔亲水性薄膜，薄膜在吸水后，仍能保持良好的机械性能，从而解决了亲水性与牢度的矛盾，大大增加了薄膜的防水性能，其织物的防水透湿性能接聚四氟乙烯（PTFE）薄膜层压织物。再加上聚氨酯材料本身的较低成本以及生产工艺较 PTFE 的大为简化，是聚氨酯类防水透湿产品的优良代表之一。

Qualitex-358 防水透湿薄膜（溶剂成膜），具有极其卓越的透湿性能，而且机械性能优异。薄膜厚度为 25.4 μm，透湿性能方面可采用美国标准测试法 ASME96 透湿量测试法，正相杯法（E-96B）测试结果为 900 g/(m^2・24 h)，反相杯法（倒杯法 E96BW）测试结果为 28 000 g/(m^2・24 h)，正相杯法测试结果超过 300 g/(m^2・24 h)，即具有良好的透湿性能；力学性能方面，抗张断裂强度为 22.7 MPa，极限伸长率为 600%，100% 拉伸模量为 4.8 MPa，撕裂强度为 65.7 kN/m。

Qualitex-362 防水透湿薄膜（挤出成膜），具有极其卓越的透湿性能，而且机械性能优异。薄膜厚度为 25.4 μm，透湿性能方面可采用美国标准测试法 ASME96 透湿量测试法，正相杯法（E-96B）测试结果为 500 g/(m^2・24 h)，反相杯法（倒杯法 E96BW）测试结果为 15 000 g/(m^2・24 h)，正相杯法超过 300 g/(m^2・24 h)，即具有良好的透湿性能。

（四）不同透湿薄膜的性能对比

1. 纯微孔薄膜的优缺点

- 相同薄膜厚度和重量及相同孔径下，其透湿性更好；
- 柔性、延伸性更佳，但应注意弹性恢复是决定层压织物中纯微孔薄膜透湿性和防水性有效时间长短的主要因素；
- 使层压织物手感更软（层压过程和条件相同）；
- 透湿时没有水蒸气的储存，因此只要水蒸气存在，其他条件许可（即存在温度和湿度梯度），即使浓度较低也可以透过；
- 透湿性比双组分和亲水性薄膜高。

2. 亲水性薄膜的优缺点

- 薄膜层较薄，使层压后的织物手感更柔软，更接近织物原材料的手感；
- 防风性更好；

- 水蒸气开始有效排出之前，薄膜表面需贮存一定水分，不利于在低温环境中使用；
- 遇雨表面容易吸湿，使层压织物有一种又湿又冷的感觉；
- 由于薄膜和织物的运动产生声音（噪声）效果；
- 亲水聚合物吸收水分后，在接触的地方会产生水疱，影响外观。

3. 双组分薄膜的优缺点

- 亲水性层与微孔层紧密，降低了水通过尺寸过大的微孔渗漏的可能性；
- 使薄膜强度、硬度增加；
- 使薄膜延长降低，防止微孔通道因薄膜的拉伸而张开；
- 双组分的复合结构在使防风性提高的同时，又可防止溶剂和轻矿物油有渗漏的可能；
- 使纯微孔层的透湿性降低；
- 亲水层“排湿性”使层压芯织物手感潮冷；
- 外加的亲水层使成本增加。

4. 不同产地的透湿薄膜的性能差异

国内相关研究人员对不同产地的透湿薄膜进行了研究测试，表 3-3 所示为微孔薄膜与亲水薄膜的性能对比，可供参考。

表 3-3　不同产地的透湿薄膜对比

性能	微孔薄膜			亲水薄膜		
	美国	中国	英国	德国	英国	中国
	PTFE	PTFE	TPU	PET	PET	TPU
厚度 /μm	30	30	30	15	15	15
面密度 /（g/m^2）	25	26	16	17	18	18
断裂强度 /（MPa）	25	20	25	＞30	25	20
断裂延伸率 /（%）	100	150	150	450	600	500
软化点 /（℃）	110	110	60～70	＞170	150	50～60
熔点 /（℃）	327	327	145～155	＞195	＞195	130～140
最低使用温度 /（℃）	−150	−150	−40	−40	−40	−30
热收缩率 /（%）			＜2.5（140℃）	＜1（170℃）	＜2（170℃）	＜10（140℃）
透湿量 /［$g/(m^2 \cdot d)$］	＞8 000	＞10 000	＞7 500	3 900～4 200	4 000～4 500	4 500～5 000
耐静水压 /（mH_2O）	＞10	＞10	＞10	＞10	＞10	＞10
透气量 /［$mL/(cm^2 \cdot s)$］	＜0.2	＜0.3	＜0.25	0	0	0

四、防水透气透湿织物的基布类型

作为户外运动的冲锋衣或者其他劳防服装的面料，其在设计时除了选择适合本身运动项目的防水透气透湿膜（涂层）外，对于基布的选择与设计则是另一个非常重要的环节。

防水透气透湿织物，除了指高密的具有防水透气透湿功能的纯纺织物外，更多的是指由防水透气透湿薄膜（涂层）与普通纺织物（机织物或针织物）复合而成的成品织物。复合面料的防水、透气、透湿、防风功能性主要由薄膜（涂层）本身的性能所决定，但与外层或内衬的纺织物也有较大的关系，特别是防水透湿织物的整体耐磨性、防沾湿性、保暖性等其他功能更与所复合的纺织物有直接关系。组成成品面料的外层或里衬纺织物（机织物或针织物），我们可用外层基布或内衬而分别述之。

层压或涂层防水透湿织物的表层基布或内里衬布，根据用途不同可以采用机织物或针织物，甚至也可以采用非织造布或皮革或絮片材料。织物成分可以是棉、羊毛等天然纤维，也可以是涤纶、锦纶等化学纤维（包括纯纺或混纺织物）。根据户外运动及环境特点的要求，目前防水透湿织物主要采用的是疏水性的化纤织物作为基布，并且以涤纶或锦纶为主。

（一）非弹性基布织物类型

冲锋衣选用的非弹性外层织物主要有常规的春亚纺、塔丝隆、牛津布等，适用于登山、穿越、徒步等各种户外活动用服。如我们熟知的极限级别的硬壳类冲锋衣就是由非弹性的防水透湿织物制成。

1. 春亚纺

春亚纺的成分为涤纶，经纬至少一项为低弹（网络）丝，俗称防雨布。它的布面平挺光滑，质地轻而坚牢耐磨、弹力和光泽度佳、不缩、易洗、快干、手感好。原始春亚纹为平纹组织，其品种繁多、规格齐全，密度从170T至400T都有，风格上有半光、消光、平纹、斜纹、竖条、五枚缎纹、提花等。春亚纺分为半弹春亚纺、全弹春亚纺、消光春亚纺三个系列。

半弹春亚纺经向采用长丝FDY60D/24F料，纬向采用低弹丝DTY100D/36F交织，为平纹组织；全弹春亚纺经纬线都为低弹丝DTY75D/72F，采用平变（1/2斜纹、1/3斜纹等）纹理织造而成，常用的有240T、300T等；消光春亚纺经纬线都采用消光低弹丝DTY75D/72F或50D/72F交织。消光丝面料色泽更柔和适用面更广，如采用平纹二重变化纹理的300T。

用于防水透湿面料的外层基布可采用全弹春亚纺、消光春亚纺系列。半弹春亚纺一般作为里料使用。

2. 塔丝隆

一般我们所说的塔丝隆主要是锦纶塔丝隆，其经线用70D锦纶长丝，纬线为空气变形丝（ATY）。塔丝隆的纬向D数至少是经向D数的两倍，如160D、250D、320D等锦纶空气变形丝，也有单纬、双纬（250D × 2）、三纬（160D × 3）。换句话说，是一种“空气变形丝”在面料纬向上使用，形成一种纬粗经细风格的塔丝隆织物。常用规格为70D锦纶FDY × 160锦纶ATY，密度有178T、184T、196T、228T、288T等，织物组织有平纹和平纹变化组织（小提花）、2/2斜纹等。塔丝隆有提花塔丝隆、蜂巢塔丝隆、全消光塔丝隆系列。

另外，市场上还有涤纶成分的塔丝隆品种，叫涤纶塔丝隆。其规格、组织与锦纶塔丝隆基本相同，纬向也是空变丝（涤纶空变丝）。锦纶塔丝隆与涤纶塔丝隆在价格上会有较大的出入。以下列举部分常用的塔丝隆规格，一般纱线纤度在 150D 以上的可称为塔丝隆牛津布。塔丝隆规格见表 3-4。

表 3-4　塔丝隆规格

品名	纱织	品名	纱织
184T 尼龙塔丝隆 半光 / 消光	70D × 160D	184T 涤纶塔丝隆 半光 / 消光	75D × 160D
196T 尼龙塔丝隆 半光 / 消光	70D × 160D	184T 涤纶塔丝隆 长毛感	75D × 180D
228T 尼龙塔丝隆 半光 / 消光	70D × 160D	196T 涤纶塔丝隆 半光 / 消光	75D × 160D
250T 尼龙塔丝隆 半光 / 消光	70D × 90D	196T 涤纶塔丝隆 长毛感	75D × 180D
270T 尼龙塔丝隆 半光 / 消光	40D × 50D	228T 涤纶塔丝隆 半光 / 消光	75D × 160D
290T 尼龙塔丝隆 半光 / 消光	40D × 90D	320D 涤纶塔丝隆 半光 / 消光	75D ×（160D × 2）
320D 尼龙塔丝隆 半光 / 消光	70D ×（160D × 2）	500D 涤纶塔丝隆 半光 / 消光	75D ×（160D × 3）
尼龙塔丝隆斜纹 1/2、2/2、1/3 斜	70D × 160D	640D 涤纶塔丝隆 半光 / 消光	75D ×（320D × 2）
尼龙塔丝隆牛津布 90T	250D × 250D	涤纶塔丝隆子母条横条	160D × 320D
尼龙塔丝隆牛津布 160D	160D × 160D	涤纶塔丝隆格（0.15 × 0.25, 0.5 × 0.5）	75D × 160D
尼龙塔丝隆牛津布 320D	320D × 320D	涤纶塔丝隆斜纹（2/2 斜、1/3 斜）	75D × 160D
尼龙塔丝隆牛津布 210D × 320D	210D × 320D	涤纶塔丝隆小蜂巢提花	75D × 160D
尼龙塔丝隆牛津布 350D × 500D	350D × 500D	涤纶塔丝隆变斜提花	75D × 160D
尼龙塔丝隆格子 0.09～0.4 cm 半光 / 消光	70D × 160D	—	—

（二）弹性基布织物类型

弹性织物具有适应人体活动的生理和物理功能，同时又能满足人体对服装变形舒适性要求。显然，将弹性防水透湿膜与弹性织物复合的防水透湿面料，可以广泛用于登山服、滑雪服、旅游服、自行车服、冲浪服、跑步服等各对肢体变化幅度较大并要求服装合体穿着（减小阻力）的运动项目。弹性防水透湿面料的外层织物主要运用高弹丝、机械弹、涤氨混纺、锦氨混纺等机织物或针织物。另外，对于非弹性或弹性的三层复合防水透湿面料，其底层的衬里（三明治结构），多采用结构较为疏松的涤纶经编织物，包括网眼布、起绒布、摇粒绒等，其也属于弹性织物类别。如我们熟知的软壳类冲锋衣就是以弹性机织物作为外层基布，中间为薄膜，再以摇粒绒作为底层衬里的一种防水透湿面料。

弹性织物的分类，如果从弹力方向来看主要有纬弹、经弹和四面弹三种；从弹力纤维的成分性质看，主要有由氨纶丝来提供弹性的面料和有不含氨纶丝的高弹丝面料。这两种分类又有各种原料组合，如户外常用的含氨纶面料有涤纶 + 氨纶或锦纶 + 氨纶的纬弹和四面弹，也有全棉或涤棉交织再加氨纶的纬弹、四面弹等；不含氨纶的面料有最近几年被陆续推广的涤纶高弹丝 T400 等，但不含氨纶的弹力面料弹力一般，优点是稳定性好，色牢度较高。这两类再做成各种组织和厚度，因此品类是非常丰富的。

1. 氨纶类弹力织物

氨纶类弹力织物是户外运动服装最为主力的弹性织物，其回弹好，但价格贵。氨纶类弹力织物是指含有氨纶的织物，纱线多采用包芯纱结构，氨纶多为芯纱，外包其他纤维。因氨纶有很高的弹性，因此混用氨纶的比例不同，可以加工出不同弹性的织物。氨纶弹力织物一般具有 15%～45% 的弹力范围。

针织氨纶弹力织物一般采用氨纶丝与锦纶线、涤纶丝在经编机或纬编机上织造。织物弹性较高，适合体操、游泳、骑行等运动项目的贴身服装。

机织氨纶弹力织物一般采用氨纶包芯纱、氨纶包覆纱、氨纶合捻纱为原料，与其他纱线交织成织物，适合做登山服、滑雪服、自行车服等软壳（弹性类）冲锋衣的面料基布。

2. 机械弹力类织物

机械弹力类织物一般就是说里面不含氨纶的高弹丝面料，如 DuPont 公司的涤纶 T400，其是一种新型的弹力复合纤维，虽然不含氨纶却具有良好的弹性，而且它很好地解决了氨纶不易染色、弹力过剩、织造复杂、面料尺寸不稳定及在使用过程中的氨纶老化等诸多问题。T400 具有永久螺旋卷曲性和优异的蓬松性、弹性、弹性回复率、色牢度以及极其柔软的手感，见图 3-8。

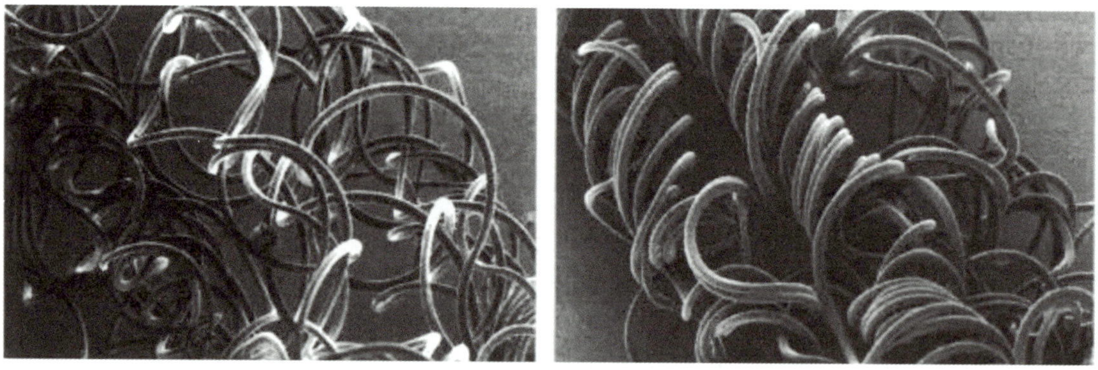

图 3-8　受热前（左）与受热后（右）的 T400 纤维对比

T400 可作为现有的莱卡生产线的附加产品用于弹性织物和服装。由于 T400 无需中间加工步骤（包芯纱、包覆纱及变形纱），可提高弹性织物生产效率，具有相对较低的生产成本。T400 的优点见表 3-5。

表 3-5　T400 的优点

拉伸强力	手感柔软	染色效果	抗皱性能
T400 的三维卷曲结构，使纤维具有极佳的弹性（T400 长丝的弹性是普通 PET 长丝的 2～5 倍），拉伸强力高，弹性恢复能力好	T400 纤维是一种带沟槽的中空纤维，所以不仅蓬松性、柔软性优于普通涤纶，而且吸湿、排汗功能好	T400 染色温度可选择在 100～130 ℃之间，在 120 ℃下时可造成双色效果。升温到 130 ℃时可达到匀染效果，色牢度可达到四级以上	T400 纤维具有对机械形变化快速记忆和在外界应力作用下形变快速消失的能力。T400 纤维与其他纤维织造的服装面料，具有褶皱易抚平、平整性好的特点

（三）耐磨型织物类型

织物的强度及耐用性能由拉伸强度、撕破强度、顶破强度和耐磨性能来表现。耐磨型面料就是指耐磨强度较高的面料。冲锋衣在使用过程中，臀、膝、肘、肩、裤脚等部位会受到摩擦而引起损坏和使服装的强度、厚度减小，外观发生起毛现象，失去光泽，褪色，甚至出现破洞。决定面料强度的因素主要是两个，一是纱线的强度，二是面料的编织方法和面料的密度。纱线方面，越轻而且越不吸水的纱线，它的强度就越大；面料的密度方面，密度越大其强度及耐磨度就越高；面料的编织方法方面，表面的浮线长度越短其强度及耐磨度就越高。

户外领域的各类防水透湿面料服装常用的耐磨材料成分有涤纶、尼龙、芳纶等。涤纶，特点是质量轻但不耐高温、不吸水、色牢度差；尼龙，强度好、较吸水、色牢度好；芳纶，在高温状态下尺寸稳定，易染色，超强抗辐射性，超强耐磨。

1. Cordura 面料

Cordura 是英威达（Invista）公司尼龙 6.6 空气变形纱的商标，其特殊结构赋予它优异的耐磨性，耐撕裂性，并具有质量轻、色牢度好、速干、柔软、耐久性强的功能性。在相同重量的情况下，Cordura 面料的耐用性分别为标准尼龙面料的 2 倍、涤纶面料的 3 倍和棉制帆布的 10 倍，即更轻的 Cordura 可提供与比较重的标准尼龙，聚酯纤维或棉质帆布相同效果的耐用性。Cordura 丝的纤维细度范围为 30D～2 000D，且广泛用于功能性服装及箱包、鞋类产品。

2. Kevlar 面料

Kevlar 是美国 DuPont 公司研制的一种芳纶纤维材料产品的品牌名，由于该材料坚韧耐磨、刚柔相济，具有“刀枪不入”的特殊本领，在军事上被称为“装甲卫士”。

Kevlar 具有永久的耐热阻燃性、永久的抗静电性、永久的耐酸碱和有机溶剂的侵蚀性及高强度、高耐磨、高抗撕裂性，遇火无熔滴产生，不产生有毒气体，火烧布面时布面增厚，增强密封性，不破裂。可应用于防护服，如防弹衣、运动衣、工作防护服等。

比如采用 Gore-Tex Armacor 产品技术的摩托车服装，Kevlar 与 Cordura 的极致结合成就卓越的耐撕裂性与耐磨性，同时保有轻量及方便活动的优点。

五、基布织物的防水透湿原理

（一）织物的孔隙结构

织物作为一种多孔介质，气态水分子在多孔介质中的扩散取决于毛细管道的形状和大小；液态水经织物内缝隙孔洞的毛细管运输主要取决于纤维表面性能和缝隙孔洞的尺寸。另一方面，过去的研究结果表明，织物的导热性能主要由织物内的空气含量及其分布决定，而织物内空气含量以及空气在织物内孔隙结构中的分布也是由织物的孔隙结构特征决定的，所以织物无论是传热还是导湿，都与织物内部的几何结构特征有着密切的关系。

人体散发的汗液主要以水蒸气的形式扩散通过织物，纤维在织物中的排列以及织物中纱线的几何结构比纤维种类更为重要。

1. 纤维间孔隙结构形态及通道

对于纤维粗细均匀、平行伸直、无卷曲或转曲、收缩密实的纱线，水蒸气扩散时一般按最短通道行驶，如图 3-9 箭头所示。液态水传输时基本通道将按阻力最小通道行进，如图 3-10 所示。这时，通道长度将大于织物厚度，而且气态水（水汽）和液态水的传输通道长度不相同。

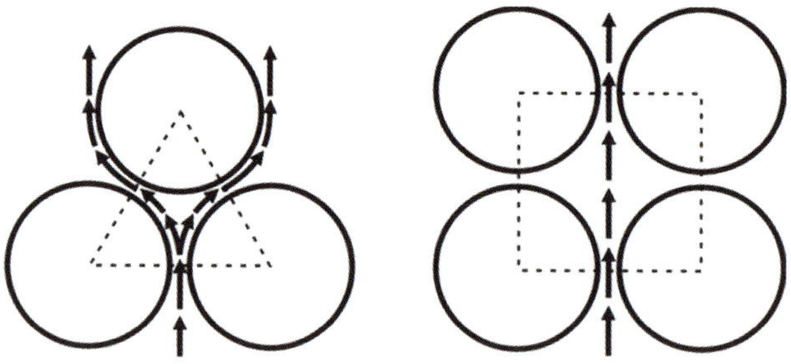

图 3-9　水蒸气扩散按最短通道

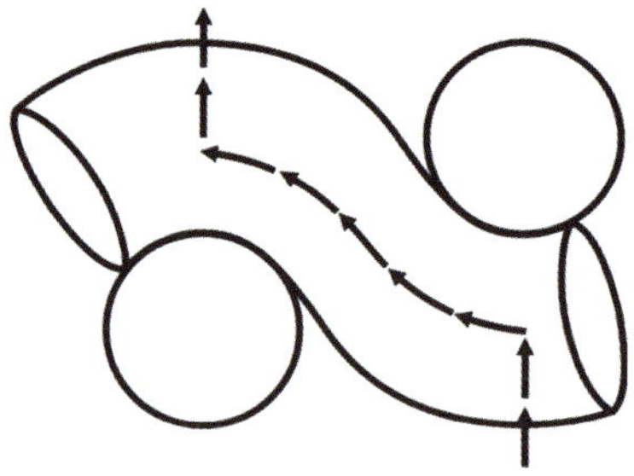

图 3-10　液态水传输按阻力最小通道

2. 纤维中孔隙结构形态

纤维中各级原纤之间的缝隙和孔洞的形态，与纱线中纤维间孔洞相似，只是横向尺寸不同，而且孔洞截面积可划分为许多亚层次。例如，基原纤之间孔洞横向尺寸一般在 1～2 nm；微原纤之间孔洞尺寸为 4～8 nm；巨原纤之间孔洞尺寸为 100 nm 左右。这些孔洞宏观认为都是贯通的。有的纤维有空腔（中腔），有的没有；有的纤维虽有，但差别也很大。

（二）织物透湿原理

1. 织物透湿基本途径及原理

通过织物传递的水分（液、汽）按其传递原理可以分成三种：一是水汽通过织物中纤维及纱线间微孔的扩散；二是纤维自身吸湿（有一部分亦是微孔吸附作用）并在水汽压较低的一侧蒸发；三是织物内各种毛细管吸收水分向水汽压低的一侧传递和蒸发。

当织物具有一定的吸湿能力和放湿能力时，皮肤出汗后微气候区的相对湿度很高，织物吸收水汽，并经纤维内的缝隙孔洞向相对湿度较低的周围环境扩散放湿，虽然吸湿性纤维的扩散系数比非吸湿性要大很多，但是同空气相比，各种纤维的扩散系数则要小好几个数量级，因此水汽经纤维内的缝隙孔洞扩散，其量很小，纤维材料本身所传递的水蒸气量和织物所透过的水蒸气量相比是很小的，这意味着水蒸气是沿着纤维表面传递，尤其是通过织物的空气层进行传递。

人体出汗并通过织物（服装）向外散发，其传递途径在第二章第三节户外服装的热湿舒适性中有相关介绍。

2. 影响织物透湿性的因素

织物厚度

一般织物厚度越厚，织物湿阻越大。这是因为织物厚度越厚，水汽通过织物间的孔隙所走路径越长。

纤维的种类与填充率

在高湿或织物结构较紧密的情况下，水汽不再只是经过织物中的孔隙传递而是由纤维自身进行传递，此时纤维的种类成为影响织物传递的重要因素。一方面纤维自身吸湿产生溶胀，使织物更加紧密，织物的透气性减弱，依靠孔隙扩散传湿作用减小。另一方面与织物的截面积相比，纤维的表面积是一个相当数量级的量。纤维吸湿量较大时，水分通过纤维表面扩散即毛细管产生的芯吸作用得到了加强，成为织物传湿的主要方面，织物孔隙率减小引起的扩散透湿减小成为次要矛盾。因此只要织物内纤维回潮率达到一定的程度，尽管孔隙率减少使得织物内由空气介质传湿的量减少，但由于纤维自身的传湿有实质性的增加，湿阻还是有可能减小。

而无论是纤维自身传湿还是毛细管产生的芯吸传湿都与纤维的亲水性和纤维表面性能有密切的关系。显然在紧密度较低的条件下，各种纤维织物的湿阻区别不大，当密度因子达到 0.4 或高于 0.4 时，对纤维表面不光滑、纤维截面不规则、吸湿性好的纤维，如棉、羊毛布而言，随纤维集合体填充率增大，织物湿阻增大幅度较小。

（三）织物拒（防）水原理

1. 织物的拒（防）水概念

从防水透湿织物的功能定义我们知道，防水这一术语是用于描述织物在施加水压的情况下也能完全不透水。而仅就普通的织物而言，由于存在着孔隙结构，它是不具备完全防水性能的。

冲锋衣面料的基布织物是传统的纺织物，它之所以被称为防水透湿面料主要是依靠其复合的防水薄膜或涂层。而高密织物类的防水透湿面料则是通过缩小织物结构孔隙来达到防水，它对施加的水压有一定局限性，在水压较大的情况下防水效果并不理想。故此，未复合薄膜或涂层的高密织物类的防水透湿面料并非严格意义上的全防水面料。

因此，对传统的纺织物，包括覆膜或涂层防水透湿面料的基布或者是高密织物类的防水透湿面料我们更多探讨的是其拒水性。从广义的防水概念来看，拒水也是防水的一种。拒水是指织物在不经受外力作用的静态条件下，具有的防止水渗透的能力。即水滴落在织物上的状态会像落在荷叶上的水滴一般滚落。这种现象，户外界俗称其为“荷叶效应”。虽然拒水织物在静态条件下不允许液态水渗透，但是允许气态水通过。

目前户外市场上有不少品牌也会将仅在表面具有拒水（防泼水）功能的户外服饰产品（一般是织物底层无复合防水膜的产品）打上防水的标签，但其功能的本质是拒水而非完全防水，这点消费者应该注意。

2. 织物的拒水原理

1）液态水通过服装的面料进入服装内侧的途径：

一是外界的雨水或雪水接触织物后，织物被水润湿，借毛细管效应，通过织物中各种缝隙孔洞传送到织物表面的其他部位及织物的内侧。这种情况主要与织物的表面及表面粗糙度有关，是一种自发的过程。毛效值较高的多为亲水性强的纤维，天然纤维的润湿渗透性普遍较合成纤维好，主要是由于其亲水性基团丰富，结构较为疏松、比表面积大。

二是水在一定外力或自身动能作用下直接透过织物缝隙孔洞而进入织物的内侧。这种情况除与织物表面能级粗糙度有关外，很大程度取决于织物内有较大的缝隙孔洞尺寸。如疏水性质的化学纤维，其毛效值较低，主要以缝隙孔洞尺寸为传送路径。

2）织物润湿与接触角的关系

织物的被润湿与液体（水）滴在织物上的接触角相关。根据润湿程度的不同，可分为附着润湿、铺展润湿及浸渍润湿三种。

当液体（水）完全铺展在固体（织物）上形成一层液体膜，这时液体完全湿润固体（织物），如图 3-11（a）所示；当液体呈水滴状，液体在固体（织物）表面上不能铺展时，则以一定形状停留在固体（织物）表面。

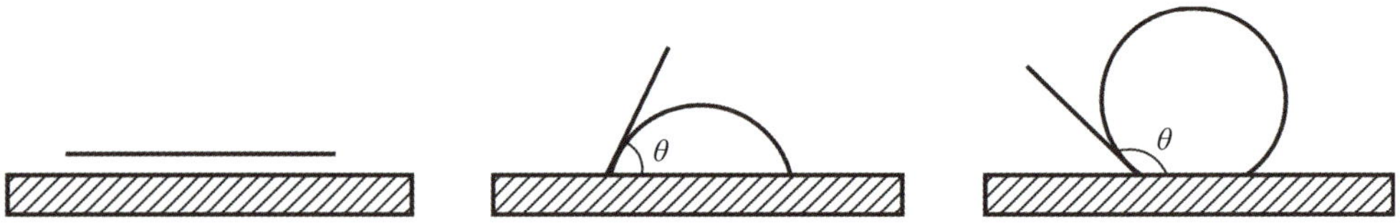

$\theta = 0°$　　$0° < \theta \leqslant 90°$　　$90° < \theta \leqslant 180°$

(a)　　(b)　　(c)

图 3-11　织物润湿与接触角

由固体表面和液体边缘切线形成一个夹角 θ，称为接触角。用来表示液体对固体的润湿性能。当 $0° < \theta \leqslant 90°$ 时，如图 3-11（b）所示，液体部分湿润固体。θ 值越小，液体对固体表面的润湿程度就越大；当 $90° < \theta \leqslant 180°$ 时，如图 3-11（c）所示，液体不湿润固体。θ 值越大，固体对该液体的拒水性就越好，液滴越倾向于成为球状而容易滚落。

如何使织物有较低表面能是设计拒水（防水）织物时首先要考虑的问题，织物表面不被水润湿才是阻止液态水的渗透的第一步。因此合理地设计（或选择）织物接触角，可使织物同时兼具防水、透湿的功能。另外，不同种类的材料，其接触角有较大的差异。选用疏水性材料，可以增大织物与水的接触角。

3）织物的拒水与组织结构的关系

虽然织物由于其孔隙结构的原因本身是不具备防水功能的，但通过对织物的结构设计，减小纱线间距离和纱线半径，即缩小织物的缝隙孔洞尺寸，可提高拒水织物的抗渗水性。

防水透湿性能的优劣主要取决于织物的组织和松紧度。织物交织点越多，防水透湿性能越好。平纹组织每根纱线均交织一次，是所有织物组织中交错次数最多的组织，而斜纹经纬纱浮长大，比较疏松，所以在防水性能上，平纹组织比斜纹组织好。另外，若采用一种变化平纹组织，称为纬重平组织，即每两根平行经纱作为一根经纱看待，它既有平纹组织紧密的优点，而布身又较平纹组织丰厚柔软。如冲锋衣面料常用的 228 T 著名的文泰尔防雨织物，是一种高密织物，其防雨性能优于普通织物。水滴落在高密织物上，开始时会从其表面滑落，不会润湿织物。如果是吸水率大的棉纤维则在吸水润湿后，由于其纤维膨胀而导致织物内纱线间的毛细管空隙减小，更可令抵抗水渗透能力增大。

4）超细纤维对织物拒水性的提高

采用超细纤维和高收缩纤维进行织造，可增大织物的经纬密度，使织物具有数目较多，分布均匀的细小微孔。使用涤纶超细长丝，可发挥超细纤维的特色，除了有适当的强力及柔软、轻薄的手感外，又能起到防水、透湿同时兼备的作用。如使用 0.11 dex（0.1 D）超细高收缩纤维织成的织物，其密度为普通织物的 20 倍左右，经过收缩后仅是原坯布面积的 60%，微孔直径在 10 μm 以下。

5）织物的拒水整理工艺

虽然织物由于其孔隙结构的原因，本身是不具备防水功能的，但我们还可以通过在前期或后期对织物的表面进行一定的拒水处理，使织物在静态条件上就能达到一定的防水目的。

防水整理是利用防水剂与纤维之间的化学反应，使纤维分子接近疏水性基团，产生拒水屏蔽作用。或疏水物质吸附于纤维和纱线上，形成一种拒水膜，增大纱线与水之间的表面张力，使织物不易湿润。因此，防水剂的选择至关重要。通常采用有机硅、有机氟整理。

实际上，全防水的防水透湿面料虽然有了覆膜或涂层，但为了提高防水的整体效果，避免表面基布被润湿从而增加产品的重量，织物的拒水整理工艺也是覆膜或涂层类防水透湿面料的必需选项。织物的前拒水整理主要防止树脂过多渗入织物而使手感变硬或透胶，防止涂层织物产生芯吸效应。以获得柔软性、良好的附着力兼织物表面的疏水性；后拒水整理可以使产品具有持久的拒水性和耐水洗性，并相应提高其耐水压。

六、防水透湿面料的复合

（一）防水透湿面料层压工艺

防水透湿面料是由一层或多层织物与高聚物通过黏合剂结合在一起，形成兼有多种功能的复合材料。层压技术是在涂层技术上发展起来的，因这是一种织物与织物或织物与其他片状材叠层组合的复合材料，故层压织物又称复合织物、黏合织物、叠层织物。

纺织品种类繁多，性能各异，黏合剂与添加剂也不计其数，纺织品与纺织品的结合或纺织品与其他材料的组合可以制造出各种新颖的织物。层加织物不仅是组成材料的原有性能的叠加，而且是功能的增效，这就是户外复合织物与普通织物相比所具有的优势。给产品设计带来的灵感表现在：

可以将各种材料的优良性能复合于一体，取长补短；层压织物对选择的材料要求不高，范围较广；层压工艺节省了其他涂层工艺无法回避的化学药品污染和能源消耗的问题。

层压复合方法按工艺分主要有四种：焰熔法、延压法、热熔法和黏合剂法。前三种方法中，高分子聚合物薄膜既是复合膜片又可作为黏合剂。黏合剂法则是比较常用的方法。黏合剂法的工艺又可分为三种：干法、湿法和干湿法。

1. 干法复合工艺

织物和薄膜间的热熔黏合剂通过加热熔融而复合。热熔黏合剂是不含溶剂或水的，以热塑性高分子聚合物为基础的固体黏合剂。它在受热时自身熔融。与织物或其他材料发生黏合作用，冷却后固结在一起。

热熔剂是 100% 固体黏合物，其较高的黏合结晶温度使产品具有较高的耐高温水洗性；与其他加工方法相比较，底布与薄膜之间用较小的黏合剂就能达到较高的黏合强度；生产过程中无熔剂排放，不会对环境造成污染。

如果针对的是微孔薄膜的复合，一般会采用点状黏合，这样可减少薄膜上的微孔被黏合剂所堵塞。点状黏合也叫点贴，成品后从膜的一面能轻易看到似黏合衬布的效果，其手感较全贴也更为柔软一些。

2. 湿法复合工艺

将黏合剂通过涂层、涂敷、印刷、喷洒等方法施加在织物或薄膜上，在溶剂或水分子干燥之前使两者复合，然后烘干。因为黏合剂呈液态，所以称其为湿法。

3. 干湿法复合工艺

干湿结合法是指织物一面用干法复合，另一面用湿法复合。因服装在使用了一定时间后，汗液中的油脂和杂质会随同汗液停留在薄膜上，易堵塞微孔造成透湿性下降，另一方面亲水性物质也会使薄膜的防水性下降。如果采用干湿结合法复合工艺，例如：在面料与薄膜之间采用干法工艺，而在面料与里料之间采用湿法工艺，则油脂与杂质不易到达薄膜上，从而起到保护薄膜的作用。用干湿法层压的织物的防水性和防风性都非常好，而其透湿性稍低，但也能满足要求。

（二）防水透湿面料涂层工艺

防水透湿面料是通过将高聚物均匀地涂覆在织物的底面上并形成薄膜从而制成的具有防水透湿功能的织物。户外冲锋衣用的涂层主要为 PU 涂层，所以说到防水透湿面料的涂层工艺一般是指 PU 涂层工艺。聚氨酯微孔防水透湿织物主要采用干法直接涂层、泡沫涂层和湿法凝固涂层等方法制成；聚氨酯亲水型防水透湿织物采用直接涂层法或熔融涂层工艺。如果以涂层形成时的状态来区分的话，涂层生产工艺主要有干法与湿法两种。

1. 湿法涂层工艺

湿法涂层也叫凝固涂层，一般采用聚氨酯的湿法加工来完成，所用涂层剂只有单组分聚氨酯一种。先用 DMF 把聚氨酯溶解成溶液，涂（或浸轧）在基布上，浸入水（或 DMF 的水溶液）中，由于水与 DMF 溶剂有混溶性而与 PU 树脂无亲和性，因而水能够在湿的涂层膜内置换 DMF，降低 DMF 的浓度，经过一定温度下的烘干过程，溶剂蒸发，溶解状态的聚氨酯就在水—溶剂的界面上凝结出来，成为微孔结构的物体，再提高温度把水烘干，就形成均匀质密的微孔膜。微孔的尺寸控制在水滴与水蒸气分子之间，从而起到防止水通过而允许水蒸气通过的作用。

湿法涂层的透湿原理与 PTFE 层压织物基本相同，但 PTFE 没有极性，透湿完全靠微孔。而聚氨酯是一种极性高分子材料，透湿除依靠涂层面上的微孔以外，具有亲水性的分子链段还可以传递水分子。与 PTFE 层压织物相比，湿法涂层的透湿量在防水透湿织物中可以达到比较高的水平，透湿量一般在 1 100～5 000 g/(m^2 · 24 h)，但耐静水压则比 PTFE 层压织物低了很多，其静水压一般可达到 1.5～2.5 mH_2O，当然在牺牲透湿量的情况下也可以做到较高的耐水压。

在防水透湿织物中，湿法涂层是一类透湿性较好，防水性一般的中档产品，广泛应用于各类冲锋衣、风雨衣、防寒服等产品。

2. 干法涂层工艺

干法涂层是在织物表面上涂上一层涂层溶液，非溶剂或溶剂被不同阶段的温度先后蒸发掉，涂层剂则以多孔或无孔的形式淀析下来，在织物上形成一层微多孔或亲水性无孔薄膜，达到防水透湿的功能。比如，将含有亲水基团的树脂及相关助剂和溶剂调配成适合的浆料直接涂刮到基布上，进入烘箱烘干，形成无孔透湿薄膜，如使用聚氨酯微多孔型浆料可获得微多孔型涂层。

干法涂层中又分直接涂层、转移涂层、植绒涂层、地毯背面涂层及泡沫涂层等方法。直接涂层的产品占涂层产品总数的70%~80%。

如何辨别面料是干法无孔亲水透湿涂层还是湿法微多孔涂层，我们可以滴水在胶面上，通常干法透湿涂层面料的胶面会起泡，但干燥后会平整如初。而湿法则不会出现这种现象。干法透湿面料的穿着舒适性在理论上不如湿法涂层面料，但湿法工艺较为复杂，且在环保方面不如干法涂层，价格也高于干法涂层。干法的无孔透湿薄膜因为无孔，则有较高的静水压，其耐水性和耐干洗性与底涂透湿聚氨酯的配方有直接关系。

七、主要防水透湿面料比较

关于防水透湿复合面料的物理性能，一般来说，复合面料（包括层压薄膜和涂层织物）的强力、耐磨、拒水、色牢度等指标与织物的基布相关。而耐静水压、透湿透气等性能除了与基布的组织相关外，还取决于所用的薄膜（涂层）的性能及与所使用的黏合剂及复合（涂层）工艺。几种防水透湿织物的性能见表3-6。

表3-6　防水透湿织物的性能对比

性能项	PU 湿法涂层织物	PU 层压织物	PTFE 层压织物
耐静水压	低～中	高	高
透湿性	高	低～中	高
耐老化性	中	中	高
耐热性	中	低～中	高
耐寒性	中	高	高
耐水洗性	好	较好	一般
成本	中	中	高

第三节

冲锋衣保暖材料

我们知道，冲锋衣用于低湿环境下的户外运动或作业生产时对人体的防护。基本上，一年中四个季节都可使用。特别是在冬季寒冷恶劣的自然环境中（温度可低至−40℃）的户外运动或作业活动，一件防寒冲锋衣是必不可少的装备。

从前面章节中我们知道人体热量散失方式不外乎如下：一是由皮肤表面以传导、对流和辐射等方式将热量散发出去；二是通过皮肤表面汗水的蒸发带走热量。其中汗液蒸发是达到热平衡的主要途径，在寒冷有风的环境中，热传导和热对流起决定作用。

因此，要达到良好的保暖效果，除了设法加快人体产生的汗气排出微气候环境，避免水传导热量外，另一个最主要的办法就是合理选用能有效容纳静止空气，并对空气分割成较小的群体空气从而使对流阻力增大，即导热系数小的保暖材料。

冲锋衣保暖材料的应用从形式上看主要有三种结构。一是将保暖材料，包括抓绒（毛）或非织造布或絮料等跟防水薄膜及面料织物层加在一起，形成三明治的防水透湿保暖面料。大家较熟悉的就是软壳冲锋衣面料，其成衣可以直接面对外部的风雨环境。第二种则是最传统的，没有防水膜的抓绒面料或者是保暖填充材料，这类面料不能直接面对风雨环境，它们主要是作为保暖类冲锋衣的里层结构存在，即与外层面料是连在一起的，如保温棉滑雪服。第三类则是将保暖类面料独立制成中间保暖层，并通过拉链等连接方式与外层冲锋衣组合为套装，也就是人们说的三合一冲锋衣，如套抓绒内胆三合一冲锋衣、套棉内胆三合一冲锋衣、套羽绒内胆三合一冲锋衣。

一、保温材料的种类

保暖层最常使用的天然纤维是羽绒，因为它是世界上保暖重量比最高的纤维特别是鹅绒，羊毛则是早期登山者的最爱，但因为它价格过高且纤维偏重又不够速干，已渐渐被人造纤维制成的抓绒衣所取代。保暖层使用的化纤多为涤纶，因为其产量最大，成本低，只要使用适当的织造方法和后处理技术，不论是抓绒或化纤填充料都能发挥较好的保暖性能。保暖层常用纤维的性价比见表 3-7。

表 3-7　不同材质保暖层性价比

项目	抓绒	羊毛	羽绒填充	化纤填充
同级款式价格	4	3	1	2
单位重量保暖层	3	4	1	2
等量款式蓬松度	3	4	1	2
湿后保暖性能	3	2	4	1
透气程度	1	2	3	4
温湿度调节性	3	2	1	4
耐磨损程度	1	2	4	3
保养洗涤方便性	1	3	4	2
纤维材料寿命	3	2	1	4
压缩收纳程度	3	4	1	2
触感舒适度	1	2	3	4
活动方便程度	2	1	3	4

注：数字 1 代表性代比最高，2 为次之，以此类推

二、抓绒面料

抓绒面料也称抓毛绒、拉毛绒、经编绒布、摇粒绒等。抓绒产品主要是经编机、大圆机织造出的坯布经过拉毛、梳毛、剪毛、定型等后整理工序得到的，还有些抓绒产品经过防静电、防泼水、防紫外线、柔软性等整理工序。

摇粒绒面料则是在坯布的整理过程中增加了“摇粒”工序，使用专门的摇粒机整理。户外服装中所称的“抓绒”面料中很多都是摇粒绒面料。根据服装生产的需要，抓绒面料有单刷、双刷、单刷单摇、双刷单摇等区分，户外服装采用比较多的是双刷（双面抓绒），见图 3-12。

图 3-12　双面抓绒

抓绒面料主要采用涤纶织造。用以织造抓绒面料的涤纶有长、短丝之分，一般情况下，涤纶长丝使用得比较多。涤纶具有强度高、耐磨、耐酸碱、耐高温、质量轻、保暖性好、不怕霉蛀等特点，但涤纶面料产生的静电较大。

抓绒面料一般用“×××D/×××F”和面密度来表示。D 前面的数值越大就表示面料的纱线越粗（面料越厚重），反之面料纱线就越细（面料越轻薄）。F 是涤纶长丝（Filament）的简写。意思是一根纱线由“×××”根单纤维线组成。F 数值越高，纱线的质量就越好。F 数值一般有 36、72、96、144 和 288 等规格。比如说一件抓毛绒或者摇粒绒面料标有 150D/288F 数值，这就说明面料织造采用的涤纶长丝是由 288 根单纤维丝组成丝线，面料相对较厚，且相当柔软，手感也就相当好。一般来说 144F 数值以上的抓毛绒属于超细抓绒面料。

面密度是指每平方面料的重量，常见的面密度有 100～300 g/m^2，100 指面密度在 100～200 g/m^2 之间的抓绒，同级别的抓绒保暖度通常较为接近，只有少数贴膜或长抓绒版本会比较厚重保暖，所以面料面密度和服装总重量越低，但又能提供更好保暖度就属于优质抓绒。

（一）Polartec 面料

图 3-13　Polartec 标志

Polartec 面料是抓绒面料的一种，是美国马尔登米尔斯（Malden Mills）公司推出的纺织品材料。Polartec 致力于研发最完整分层体系的功能面料，其抓绒产品是迄今为止户外市场上赞誉度较高的产品。标志见图 3-13。

1979 年，超过百年历史的美国 Malden Mills 发明了全球首块摇粒绒，将其命名为 Polartec Fleece。经过不断改良及发展，现在 Polartec 产品系列已有超过 200 种不同面料，并被《时代周刊》及《福布斯》杂志誉为世界上 100 种最佳发明之一。Polartec 比一般的抓绒衫轻、软、暖和，而且不掉绒。它干得也比较快，而且伸缩性也不错。

Polartec 分为轻量级、中量级和重量级。Polartec 经典的 Classic 系列分为 Classic 100、Classic 200、Classic 300 三个级别，Classic 后面的数字代表面料每平方米克重，数字越大表示这种抓绒面料越厚实致密，也更保暖。一般用在中间保暖层的可选用 200 系列即可。300 系列的抓绒则较厚实，其保暖性能最佳，相当于一件轻薄的羽绒内胆，可与冲锋衣搭配穿着。虽然 Classic 300 制成的服装处于严寒环境或在一定范围内的风雨环境下进行户外运动是完全可应对的。不过缺点也非常明显：沉重，无弹性，可压缩性能很差。

Polartec 还有 NeoShell 系列，NeoShell 最大特点就是防水和透气功能性很强，不像其他硬壳没有空气流动。NeoShell 全天候穿着都会感到很舒适，受到 The North Face、Marmut、Patagonia 等知名户外品牌的青睐。

（二）WindStopper 抓绒面料

WindStopper 意译为“止风者”，是 W.L.Gore 戈尔公司开发的专业防风面料，同时又具有高透气性，并可以阻隔风的侵入，令使用者保持清爽舒服，避免因大风而失温。Windstopper 能做出不同种类的产品，以供不同气候不同的户外运动使用。在防风抓绒产品中采用此种 WindStopper 薄膜，称之为 WindStopper 防风抓绒面料。

1. 持久防风性。

许多产品都是通过在服装表面加上一层涂层以达到防风效果，而这层涂层又大多是不耐用的，还大大降低了服装的透气性。而 Windstopper 面料得益于戈尔公司创新的超轻薄膜技术，不仅耐用、透气，而且在服装的整个寿命期能够完全防风。

2. 高度透气性

Windstopper 抓绒面料不仅具有防风性，还具有高度透气性。它可以抵挡风寒，阻止其穿透衣服而影响身体的微气候。同时它具有高度透气性，无论进行什么运动，它都能保持干爽和舒适。

Windstopper 抓绒面料可用作冲锋衣的防风衬里，或单独成衣作为外层软壳使用，也可作为中间保暖层与硬壳冲锋衣组合成三合一冲锋衣。在寒冷刮风的天气情况下，此种抓绒比普通抓绒暖和 2.5 倍，它可以将运动时产生的热量损失和汗气凝结程度降至最低。特别是针织类的 Windstopper 抓绒面料，是制作自行车或其他因疾速而产生较大迎面风力的运动服装的理想材料。

图 3-14　Windstopper 白标

Windstopper 防风面料与司职防水的 Gore-Tex 在功能上是有所区分的。Gore-Tex 的防水性极佳，是最佳的专业性冲锋衣面料，被称为黑标产品；Windstopper 薄膜是以防风、透气为主功能，它不属于完全防水膜。其抓绒类面料用来制作软壳冲锋衣，而 3L 面料则用来制造城市户外类冲锋衣，被称为白标产品，见图 3-14。

三、羽绒

羽绒是世界上保暖比重最高的纤维，羽绒的品质主要以含绒量和蓬松度来衡量，含绒量及蓬松度越高，保暖性越好。也有人用保暖度来衡量羽绒产品的保暖性，但国家或行业标准并未对羽绒产品做出保暖度或保暖等级的任何规定，国际羽绒局技术委员会毛先生告诉笔者，保暖度可用 Tog 来表达，它是保暖性的热阻计量单位，或说是热绝缘的性能，多用于羽绒被褥等产品，虽然保暖度并没有与蓬松度有具体的对应等式，但羽绒的蓬松度高必然是保暖度高的。羽绒的缺点是受潮后会降低蓬松度和保暖性，不过，针对户外的环境要求，防水羽绒也早已于许多年前应运而生。羽绒是保暖冲锋衣的内里或三合一冲锋衣脱卸内胆（中层）的上佳填充材料，如被誉为 Patagonia 三宝之一的“排骨”（户外超轻羽绒服）就为户外者熟知。

（一）蓬松保暖度 FP 值

蓬松度 Fill Power 是国际上度量羽绒保暖程度的重要指标，指的是在一定条件下每一盎司羽绒所占体积立方英寸的数值。比如说，一盎司的羽绒所占的空间为 600 立方英寸，则称该羽绒的蓬松度为 600FP。羽绒衣物的保暖度等于 Fill Power 数值乘以总填充量，所以不是每一件用 700FP 制成的羽绒衣服都一样保暖，即同等蓬松度的情况下，充绒量高的自然保暖性更好。如果填充等重的 400FP 和 800FP 的羽绒在两件外套内，其蓬松度和积蓄空气的体积可能会差两倍，自然是 800FP 保暖性强。虽然整体保暖度还受到面料透气度、重绒刻密度等相当多的因素影响，但只有填充高 FP 的羽绒才能够达到极致轻暖境界。不同蓬松度的羽绒对比及应用选择见图 3-15。羽绒产品的保暖度也可用 Tog 来表达，Tog 值越大，保暖度就越高。

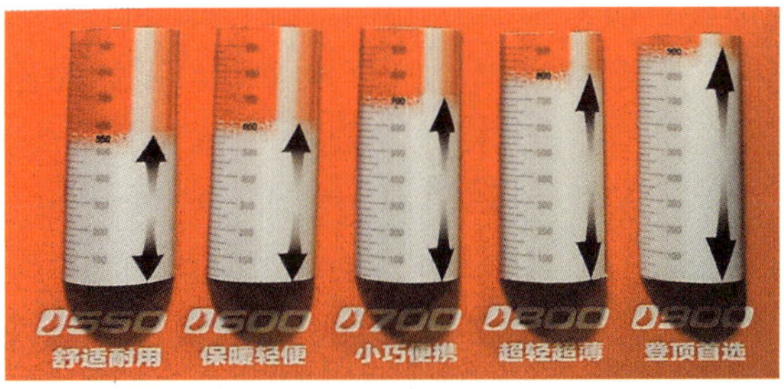

图 3-15 羽绒蓬松对比

一般来说，500FP 即属于优质羽绒，其单位重量保暖度也高于目前最保暖的化纤填充材料 Primaloft one，所以 600FP 以上所提供的轻量及保暖性就是极佳的。户外防寒冲锋衣羽绒多采用 700FP，甚至是 800FP、1 000FP 以上的顶级鹅绒。对一些极限级别的防寒服的羽绒，多选用自温寒地区如匈牙利、波兰的母鹅身上的羽绒。在这些地区的冬季气温可降至极致的−60℃，而鸟类已经进化到可以适应这样的极端严寒气候。

（二）羽绒的分类

羽绒一般分为白鹅绒、灰鹅绒、白鸭绒、灰鸭绒。在含绒量、重量一致的条件下，白鹅绒或灰鹅绒保暖性大于白鸭绒与灰鸭绒。其异味从强到弱为白鸭绒＞灰鸭绒＞白鹅绒和灰鹅绒，羽绒的品种有很多，常见的户外防寒服包括冲锋衣所用的羽绒有以下几类：

1. 吊吊绒

羽绒的一种，因其拿起一个能把周围的羽绒勾起来，所以叫吊吊绒。特点是绒的体积相当大，绒丝特别长，体形非常漂亮，绒芯密度稍显不足，压缩后恢复弹力需要的时间比特级种鹅绒稍长。蓬松度可达到800FP。

2. 特级种鹅绒

绒的体积比较大（比吊吊绒稍小），绒丝长度较长，绒芯非常大而且密度非常高，压缩后恢复弹力极快，缺点是不好压缩（因为回弹力太大）。蓬松度可达到900FP。

3. 匈牙利白鹅绒。

绒的体积中等，绒线长度中等，绒芯体积中等，但密度非常高。压缩后恢复弹力很快，即因其回弹力较大，压缩时较困难），蓬松度可达800FP。

4. 法国白鸭绒

绒的体积较小，绒丝长度一般，绒芯体积略小，密度较高，压缩后恢复弹力比上述三种都要慢些，蓬松度可达到650～720FP。

四、化纤填充材料

（一）Thermore材料

意大利特默尔（Thermore Spa）公司成立于1972年，公司的目标：让人造纤维材料成为服装保温棉的主流。在传统保暖材料，如羊毛、羽绒等一统天下的20世纪70年代初，这是一个极具革命性的目标。其标志见图3-16。

图3-16　Thermore标志

Thermore研究出一种“固定”保温棉表面纤维的特殊技术。作为保温棉，结构的松散会大大影响服装的保温性能，而这种技术很好地解决了人造保温棉纤维迁移的问题，防止纤维从服装面料和里布中穿透出来，无需再使用额外的无纺隔布，从而使户外服装得到减重，并降低了成本。直到今天，这仍被公认为是Thermore独具的专有技术。

常识告诉我们，保温棉越厚，保温性能就会越来越好，但这只是说对了一半。保温性能的好坏跟纤维的选择也有很大关系。Thermore开发出了专利的“Special Reduction”纤薄保温技术：同一克重的棉可以做到四个不同的厚度。棉的厚度以50%的比率逐级递减，与此相对的是其保温性能的减弱并不是成比例地降低，实际的减少只有约9%，如Thermore-Ecodown系列不但应用SR薄型技术，并且采用了较低纤度的纤维组合，能够捕捉更多的空气，以达到超级的保暖效果。以下系列应用了SR技术：Classic（4个厚度），Ecodown（3个厚度），T37 Dynamic（3个厚度）以及Rinnova（2个厚度）。

Thermore专为著名的户外、运动以及时尚品牌提供高质量的保温棉产品。下面为主要的几个系列：

1. Thermore Ecodown

Thermore Ecodown 具有羽绒般的柔软手感及极佳的悬垂性，既保留化纤产品容易护理的特性，又没有羽绒产品固有的臃肿。是羽绒产品的良好替代品。

2. T37 Dynamic

T37 Dynamic 是具有微气候智能调节功能的保温棉。T37 Dynamic 具有独特的热门构造，其精巧的温度调节系统能与外部气温实时互动，能让人的体温维持在一个舒适的范围。T37 Dynamic 适用于各种运动服装的保暖填充，如滑雪服及登山服等。

3. Thermore Opera

Thermore Opera 结合了高性能的保温棉和一层超轻的防水透气薄膜，集保暖与风雨防护功能于一身。Thermore Opera 可与任何布料自由搭配，构成一个完整和全面的服装保护系统，适用于各类型防风防潮，保暖透气的技术服装。

（二）Primaloft 保暖棉

美国 Albany International 公司生产的 Primaloft 保暖棉，是一种超柔软拒水性超细纤维，它重量轻，具有羽绒纤维一样的柔软和温暖的手感，是羽绒纤维的良好替代品。开发该产品是因为美国军队需要一种羽绒纤维的替代品，这种替代品在潮湿以后能很快干燥，并且在潮湿的时候也有一种温暖感。其标志见图 3-17。

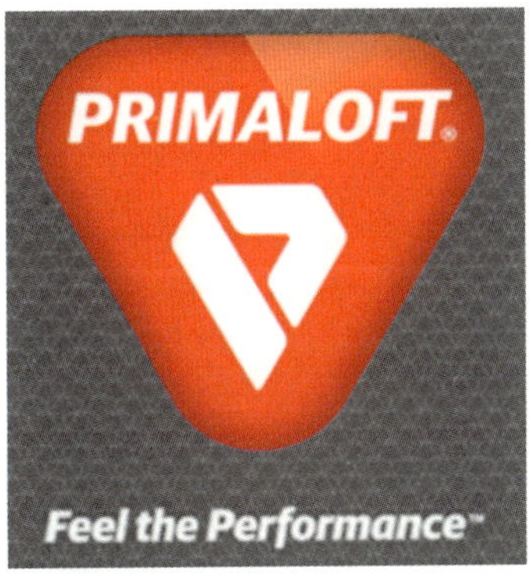

图 3-17　Primaloft 标志

Primaloft 非常适合于应用在潮湿和有雪的天气环境中，因此可作为高质量的滑雪服、登山服、睡袋、手套等产品的填充物，一些顶尖级服装品牌都在使用。

1. Primaloft 保暖棉特性

Primaloft 作为一种高性能化纤保暖材料，其有三大主流产品线：Primaloft One、Primaloft Sport 和 Primaloft Lite。

Primaloft 保暖层提供上百万个悬挂在微纤维网中的气室，由于气室远远小于水分子的大小，水滴只能停留在表面。即使水滴被挤进 Primaloft 纤维内，水分也不会被专利微纤维结构吸收。因为其柔软、舒适，特别是在潮湿环境下都能保持温暖的特性，已成为户外运动者在各种天气中作各类保暖层的选择。

Primaloft 与羽绒比较，其防风、透气、快干效果优于羽绒；有近似羽绒的保暖度及可压缩性；有卓越的防泼水效果。当下 Primaloft 产品系列已经升级为金标、银标、黑标等，并辅以气凝胶等技术实现更好的保暖效果。

2. 产品类别及比较

不同产品线的热绝缘性能和应用场景各有侧重，以下是 Primaloft 三大主流产品线的特性对比，基于材料结构、保暖性能与应用场景的差异化设计。表 3-8 为保暖性能与结构特性对比 Primaloft Sport 作为冲锋衣里层或脱卸中层的选择极具性价比，表 3-9 为 Sport 系列不同克重的匹配建议。

表 3-8 Primaloft 保暖性能与结构特性

特性	Primaloft One	Primaloft Sport	Primaloft Lite
纤维结构	超细拒水微纤维（≈头发 1/5 细）	中密度螺旋交织纤维	轻薄直排纤维束
clo 值（100 g）	0.92（金标级）	0.79（均衡级）	＜0.7（轻量级）
抗压缩性	极高（恢复率＞95%）	高（恢复率＞92%）	中（恢复率≈85%）
主要应用场景	保暖性最强，接近羽绒的蓬松度和保暖效果。极寒环境下的极限级户外服装、手套、睡袋等高保暖性能的产品，采用≥180 g 可适应温度−20℃～−10℃	平衡保暖与重量，压缩性好，适合动态保暖需求。覆盖面较广，寒冷条件下和适宜气候下户外运动（活动）服装、鞋类、睡袋中层均可选的填充物	主打轻量化，适用于对重量敏感的产品，如超轻睡袋、旅行装备、轻量棉服或中间层

表 3-9 Primaloft Sport 系列与不同户外运动环境的匹配建议

Primaloft Sport (g)	适应环境温度	适用环境
66 g	15～20℃	冬季运动着装交替时使用
100 g	5～10℃	一般日常、户外旅行者
133 g	−5～0℃	一般日常、高海拔山岳休闲活动
170 g	−15−～−10℃	高寒地区，攀登 4 000 m 以上高山御寒用

（三）Thinsulate 保温材料

新雪丽（Thinsulate）是 3M 公司注册的保暖材料商标，3M 是提出轻薄保暖概念的保暖材料品牌之一，1978 年诞生于美国，1988 年进入运动市场，多次赞助冬季奥运会以及世界杯滑雪赛。2002 年进入中国后，成为国家南极考察队指定使用的保暖材料。现在在国内中高端服饰内拥有很高的知名度。

1. Thinsulate 特点

我们知道，保温材料是靠其纤维内部留存的空气来保暖的，纤维留存的空气越多，传导的热损失越少，留存更多的热量，材料的保暖效率就越高。此外，同一空间中，纤维数量越多，纤维的表面积所形成的阻挡热量辐射的隔离层越大，材料就越保暖。Thinsulate 由 3M 专利的超细纤维组成，它的细度只有头发的 1/25，这意味着它们在同样的大小空间中，可以充塞更多纤维，同时也反射更多人体辐射，这就是虽然棉很薄却仍然很保暖的技术秘密。Thinsulate 产品原理见图 3-18。

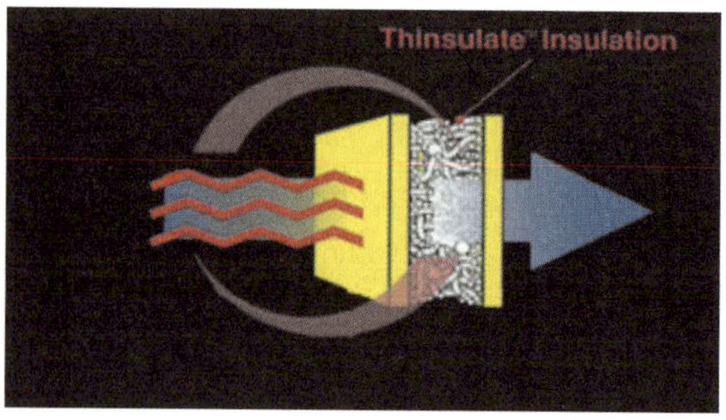

图 3-18 Thinsulate

2. Thinsulate 类型

针对最终用途，Thinsulate 保温材料可细分如下：

B 型专为抗压而设计，在一定的压力下仍然可保暖，多用于鞋类。C 型材料纤薄，反复洗涤之后，保暖性能变化不大，尤其适用于户外专业装。FX 弹性保温材料：弹性好、可拉伸，在潮湿环境中仍具保暖能力、易干，适用于衣服、手套、帽子等。G 型和 S 型舒适柔滑，具有极佳的悬垂性，适用于普通外衣、运动服等。THL 型轻柔、保暖，是目前市场上优质的合成保温材料，结构结实，能有效反射人体热辐射，适用于运动服、滑雪服等。U&I 型超级保温材料：薄型、抗压，在潮湿环境中仍具保暖能力，适合一般外套、运动衣等。

（四）杜邦棉

杜邦棉，也称“中空棉”。是采用高品质的涤纶和性能优异的三维卷曲中空纤维，经过加工处理而成的一种高保暖的絮棉产品。杜邦棉“DuPont™ Comfor Max™”系列产品包括 Classic、Premium、Radiant 等类型。其中 Classic 为多层纤维结构，Premiun 为舒适调控系统，Radiant 为涂层调控系统。Dupont™ Comfor™ Classic，采用多层纤维结构、先进的纺织梳理工艺，内含纤维层层数比其他保暖材料多 4～5 倍，每一单层纤维层重量仅为 5～10 g/m^2，因此，保暖性能非常好而又异常轻盈、经久耐用，是生产高质量户外服装、软质外套和睡袋的理想材料。

DuPont™ Comfor Max™ Premium 采用独特的无纺布技术，是由高压喷丝的超细纤维紧密交叠铺网而成，所以结构致密又富有超细微孔，材料具有防风性、透气性、防水性。在寒冷的环境下不会变得僵硬或产生噪音。

DuPont™ Comfor Max™ Radiant 在杜邦舒适调控系统保暖层技术基础上，多了一层镀铝加压处理，其无纺布上的金属微粒涂层能加强反射人体辐射的热量，因此，其不仅具有良好的防水防风效果，而且较 Premium 的保暖性能更为优越，是制作户外运动服，工作服以及睡袋的上佳填充材料。

第四节 冲锋衣主要辅料

防水透湿服装及冲锋衣所使用的材料众多，除了主面料及防寒的保暖材料外，还有各种的辅料。从服装材料学的分类看，服装辅料是指除了面料外，构成一件服装所需的其他用料，包括里料、填料、连接材料、扣紧材料等。但在防水透湿服装产品的实际生产中，很多企业是按“布”料与辅料来分类的，即将各种里布，甚至包括卷装棉等需要裁剪的布料统一归为一类，统称为布料。企业在生产上所说的辅料多指除了“布”料外的其他材料，具体的如车缝线、拉链、纽扣、汽眼、吊钟、胶带、胶膜、衬布、魔术贴、松紧带、拉绳、织带、绳锁、反光带（绳）、插扣、日字扣（D 扣）、各种标类等。在此，我们仍按服装材料学上的分类，将冲锋衣常用的里布放在这一章节，但因保暖类的里料已在前节中有介绍，这里已除外。

一、冲锋衣常用里料

（一）梭织里布

防水透湿服装常用的里布通常指梭织类的内里衬布，一般为两层防水透湿面料的冲锋衣及防寒服所用，其中一个主要作用是保护面料之下的防水透湿薄膜。梭织里布按其纤维成分划分主要有涤纶里布和锦纶里布两类。

涤纶里布具有许多优良的服用性能，坚牢挺括，易洗快干，尺寸保形性好，强力高，穿脱滑爽，耐光性好，但透气性差，易产生静电，手感较硬。

锦纶里布伸长率大，弹性恢复性好，耐磨，强力较高，透气性优于涤纶里布，手感也好于涤纶里布，但抗皱性不如涤纶，耐热性较差。如尼丝纺，采用的是 3.3～3.7 tex（30～70 D），半消光尼龙丝交织而成的平纹织物，手感柔软，光泽文雅。

除了 100% 化纤成分的里布外，涤棉混纺与交织的里布也被采用在休闲防风类的户外压胶服上。

不同的户外运动中使用的冲锋衣对里布会有不同的后整理操作，如滑雪服或雪线以上的攀登冲锋衣，其所使用的防风裙，防风下脚的里布会进行防水涂层的后整理；而填充保暖棉或羽绒的冲锋衣内胆则会对里布有压光防绒的处理。另外，压花图案的里布也是属于后处理的操作。常用的涤纶、尼龙里布规格见表 3-10 所示。

表 3-10　常用涤纶、尼龙里布规格

品名	经线 /（D）	经密 /（根 / cm）	纬线 /（D）	纬密 /（根 / cm）	基本组织
190T 涤塔夫	68FDY	42	68FDY	33	平纹
210T 涤塔夫	68FDY	46	68FDY	36	平纹
230T 涤塔夫	68FDY	50	68FDY	39	平纹
春亚纺	68FDY	42	100DTY	30	平纹
5070 涤纶里	50FDY	64	75DTY	34	斜纹
190T 尼丝纺	70	42	70	33	平纹
210T 尼丝纺	70	46	70	36	平纹
230T 尼丝纺	70	50	70	39	平纹
250T 尼丝纺	70	58	70	40	平纹
斜纹尼丝纺	70	42	70	36	斜纹

（二）网眼里布

网布也称网眼布，经编布的一种，是由经编机（针织）织造的一种面料。网布的网眼大小和网眼深度是可以根据需求，通过调整经编机的针法织造的，比如有我们常见的菱形、四角形、六角形，鸟眼、三明治等网眼。网眼形状的多样化，是经编机织物的一大特色；如图 3-19（a）为六角网眼布，（b）为小米通鸟眼网布。

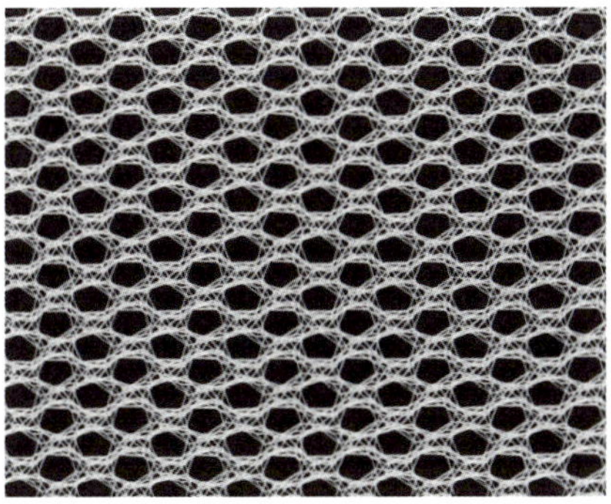
(a)

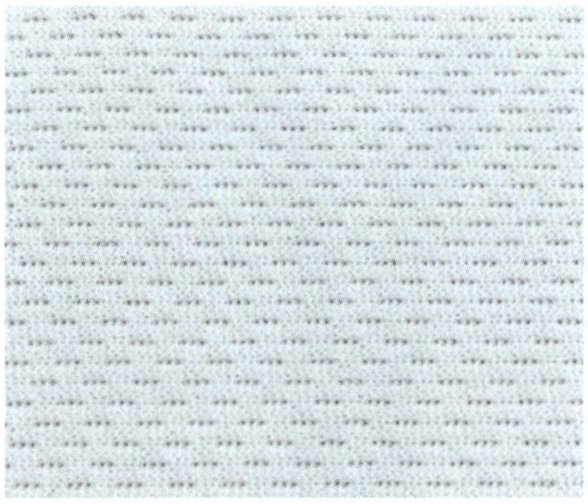
(b)

图 3-19 网眼布

网眼布是冲锋衣等防水透湿类户外运动服装上非常重要的一种里衬材料，一般是作为两层冲锋衣的全里布或局部内里使用，又或者一些是透气装置的用布（如腋下透气链的底布）。网眼布的主要作用，一是保护防水透湿薄膜，避免薄膜的磨损；二是使空气流通更顺畅，令透气功能最大化；三是对产品有明显的减重作用。这里说的网眼布是指服装的分离式里布的用料，非指三层冲锋衣面料所采用的直接贴合在透气膜内侧上的网布（三层面料，我们把它看作一个面料整体即可）。

目前网布织造使用的材料一般都是聚酯纤维、尼龙等化学纤维，具有强度高、重量轻、耐高、低温、吸湿效果好等特点。根据需要和使用的功能诉求，网布还使用具备吸湿排汗功能纤维来纺织，或者采用弹性纱线（加入一定比例的莱卡纤维）来织造具有一定弹性的网布。

（三）功能里布

功能里布是指开发者对常规里布进行的特殊功能的整理或黑科技元素的加入的里布，满足或提升防水透湿服装的功能诉求。如防静电里布，则采用亲水性物质对里布进行了后处理，提高了纤维表面的吸湿性，降低表面的正电阻；再如蓄热反射功能里布，能更好地起到蓄热保暖的作用。

最为明显的一个案例是品牌哥伦比亚（Columbia）近年推出的保暖科技——Omni-Heat（奥米·热能）反射技术，银色热能反射圆点可高效反射身体热能，减低热量的流失，配合微细圆点之间的黑色透气物料又能将过多热能迅速排走，达至最舒适恒温状态。之后再推出的 Omni-Heat 3D（奥米·3D 热能）反射技术，即在“奥米·热能反射织物”上突破性地添加直立纤维簇，有效在身体与织物之间形成空气层，增加热能存储，3D 热能反射技术的应用要比普通御寒物料高出 20% 保暖度。除了保暖之外，通过在银色反射原点中间应用高度透气的材料，减少多余热量和水分，真正调节体温，在气温多变的户外也能保持舒适。

二、冲锋衣常用辅料

（一）冲锋衣拉链

拉链，是一个连接件，虽然它不是一个具有独立功能的最终产品，但它在户外冲锋衣上却是一个极其重要的辅助产品。大家也留意到了，在一件冲锋衣上所有的开合几乎都少

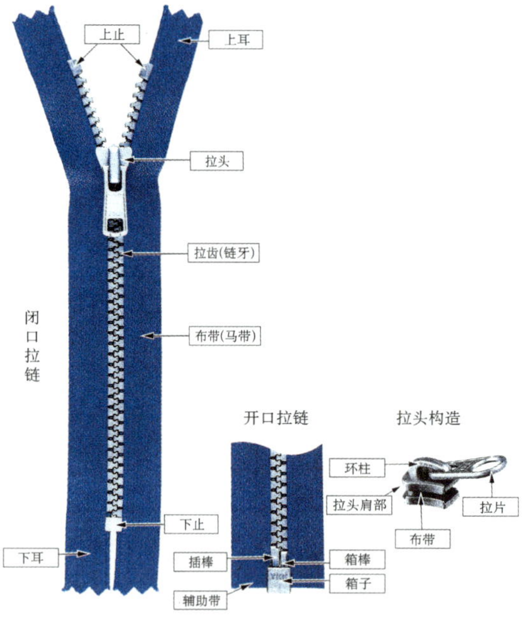

图 3-20　拉链结构

不了它，包括前门襟、口袋、帽子、腋下处的开合等。相比纽扣的开合，拉链有更好的密封性、更好的便捷性，这点对于户外服装产品在极端环境中的使用尤为关键。

1. 拉链结构

拉链由布带、齿牙、拉头三大部分组成，结构如图 3-20。

2. 防水透湿服装的拉链分类及特点

拉链分类方法有多种，习惯上按拉链牙的材质来分类，有非金属拉链和金属拉链两大类。在户外冲锋衣上主要用的是非金属拉链，即尼龙拉链、注塑拉链，一般不会用到金属拉链，故此节不细述。

注塑拉链：也叫树脂拉链，链牙由共聚甲醛或尼龙熔融状态的胶料注塑而成，质地坚韧、耐磨损、抗腐蚀、色泽丰富多彩，适用的范围大。缺点：链牙颗粒较大，有粗涩感，拉合的轻滑度要比同型号的其他类别的拉链稍逊一些，同时装上衣服后易起波浪。注塑拉链可用于较厚实的运动服，羽绒服等。

尼龙拉链：也叫螺旋拉链，用尼龙丝作或聚酯原料制成的线圈状的链牙，质地柔软，表面光滑、轻巧，拉合轻滑度及装上成衣后的平整度均好于注塑拉链。缺点是涤纶单丝易老化，对温度的适用范围不如注塑拉链。尼龙拉链是各种防水透湿面料服装大量使用的一类拉链，原因之一是尼龙拉链可以反装将平底的一面朝外，利于防水压胶工艺的操作（反装尼龙拉链是防水透湿面料服装的拉链特色，即成品外面看不见链牙）。

3. 各种拉链的选配及用途

拉链按拉链的结构形态选配见表 3-11，按拉链拉头选配见表 3-12，按拉链的成品形式选配见表 3-12，按拉链的功能性选配见表 3-14。

表 3-11　按拉链的结构形态选配

拉链名称	特点	用途
闭尾拉链	一端或两端闭合	一端闭合用于裤子门襟、上衣领口、各种袋口（需手工封闭一端），两端闭合用于袋口及各种通风开口等
开尾拉链	拉链两端可以完全分开	用于前襟全开或脱卸内胆、脱卸风帽等部件
双拉开尾拉链	有两个拉头，可从任意一端拉开或闭合	用于中长款冲锋衣（长过臀部以下）、长羽绒服
隐形拉链	线圈牙链很细并向下隐藏	用于隐藏式设计的袋口或通风口

表 3-12　按拉链的拉头选配

拉头名称	特点	用途
带锁拉头（自锁或针锁）	拉头体内安装了一个保险装置，无外力作用时，拉头不会在链带上滑动	用于对拉合有限定的拉链，如前门襟链、裤门襟链、各种口袋等，特别是竖向口袋链必用拉头

（续表）

拉头名称	特点	用途
无锁拉头	无保险钩的拉头	用于对拉合没有位置锁定或拉头不会借下垂引力而轻易开口的拉链，如横向式口袋拉链
带轨旋转片拉头	拉片可沿轨道转向正反面拉动	用于两面穿冲锋衣内胆
面底双拉片拉头	拉头的正面与底面均有拉片	用于两面穿内胆、口袋兼收纳袋的正反两面的拉合
O 型双闭尾、X 型双闭尾	拉链中有两个拉头，O 型为两个拉头是头对头，X 型为两个拉头是尾对尾	用于冲锋衣通风口的位置调节及开口大小的调节
反装拉头	将拉头装在链牙底下的一面，并以底面向外做正面使用	用于需要反底做面的拉链，特别是无袋盖而需要露带藏牙的设计（反装拉头是冲锋衣常规的配置）

表 3-13　按拉链的成品形式选配

拉头名称	特点	用途
条装拉链	常规条装拉链	参考上表
	无上下止条装闭尾拉链	各种口袋及通风口（因无上下卡码，口袋两头需返针车死或打套结）
码装拉链（码带 + 拉头）	卷装码带，按所需尺寸自行裁剪，套装拉头	码装结合反装拉头是户外压胶服拉链的常规搭配。如是防水码带，更由于它两头的同等高度利于压胶工艺的操作

表 3-14　按拉链的功能性选配

拉链名称	特点	用途
防水拉链	拉链背面（尼龙拉链）或正面（树脂拉链）覆盖一层 PU 涂层	用于外露链带及链牙且对防水有高要求的服装如硬壳冲锋衣，包括前中链、口袋链、通风口链等
反光条拉链	在拉链的正反面贴附反光条，尼龙或树脂拉链均可	用于夜行户外运动着装，如夜晚在公路上或野外进行的骑行、越野跑的防水透湿服装
伸缩性拉链	布带及链牙有一定伸缩性（10%）拉链	用于由弹性布料制成的运动服装上，一般为紧身合体且有一定拉伸幅度的服装

4. 防水拉链介绍

防水拉链是硬壳冲锋衣的一个标配。我们知道，对于防水透湿面料制成的各类冲锋衣，防水是一大要素，作为雨雪环境下使用的硬壳冲锋衣，其为追求产品的轻量化，在设计时一般不会有太多的防水结构设计，比如，不会给口袋加上防雨袋盖，也不会给前门襟加上防雨门襟等，而这些部位的防水功能更多的是要依赖材料本身所具有的防水能力，即防水拉链。

防水拉链是在拉链背面（尼龙拉链）或正面（树脂拉链）覆盖一层 PU 涂层，防水 PU 涂层有亮光透明膜与亚光透明膜之分。而冲锋衣主要采用的是尼龙防水拉链（反底做面），因尼龙链带的底面是一个平整面，反底为面一是便于压胶工艺的操作，二是平整面在拉合后的密封性好于链牙的一面，三是平整面向外可减少摩擦，安全性更高一些。树脂防水拉链则在色彩上更为丰富多彩，布带及链牙均可做拼色处理，具有更多的设计感，可用于城市户外及休闲户外的冲锋衣上。

所谓防水拉链，主要指防泼水，并非全防水或水密拉链，这点是需注意的。但著名的日本 YKK 拉链出品的 Aquaseal 及 Proseal 防水拉链则有更高的防水功能，特别是 Proseal 系列拉链，被称为水密和气密拉链，可让人体在水下也能保持干爽，可应用于潜水衣、防化服。

5. 冲锋衣拉链的规格及适配部位

拉链的规格是指拉链的链牙啮合后的宽度尺寸，不同规格的尺寸见表 3-15。不同部位的拉链选配见表 3-16。

表 3-15 拉链规格尺寸

单位：mm

分类＼规格	3#	4#	5#	6#	8#	9#
注塑拉链	3.9～4.8	4.9～5.4	5.9～6.2	6.3～7.0	7.1～8.0	8.7～9.2
尼龙拉链	3.9～4.5	4.9～5.4	5.9～6.2	6.3～7.0	7.1～8.0	8.7～9.2

表 3-16 冲锋衣各部位拉链常用型号

拉链部位	3#	4#	5#	6#	8#
常规冲锋衣门襟		√	√		
轻型冲锋衣门襟	√	√			
常规冲锋衣外口袋拉链		√	√		
轻型冲锋衣外口袋拉链	√				
内袋拉链	√	√			
冲锋裤门襟	√	√	√		
透气通风口拉链	√	√	√		
内胆脱卸链	√	√	√		
防风裙 / 脚拉链	√				
帽链	√	√			
厚冲或机车服门襟			√	√	√
厚冲或机车服口袋			√	√	√

6. 拉链强力测试及标准

各国对拉链的物理性能都有明确规定，美国拉链强度性能指标有 ASTM D2061，拉链使用性能指标有 ASTM D2062，英国拉链物理性能指标为 BS3084，德国塑料拉链强力指标为 DIN 3419T，我国注塑拉链的物理性能指标为 QB/T 2172，尼龙拉链的物理性能指标为 QB/T 2173。表 3-17 为日本拉链标准 JIS S 3015：2019 的测试项目及强力等级要求，供参考。

表 3-17　日本拉链测试项目及强力等级标准　　单位：N

测试项目				UL 级	L 级	M 级	MH 级	H 级	UH 级
平拉强力 /N	单独型链牙	化纤编织带		150	230	300	390	490	690
		加强化纤织带		300	400	500	600	700	800
		非化纤编织带		100	150	200	250	300	—
	连续性链牙	化纤编织带		200	250	450	540	590	—
		非化纤编织带		150	200	200	300	350	—
上止纵向抗拉强力 /N		金属上止		40	50	70	100	120	200
		树脂上止		30	40	60	80	100	170
下止抗拉强力 /N	单独型链牙	化纤编织带	金属	15	40	50	80	100	150
			树脂	15	30	40	60	100	150
		加强化纤织带	金属	15	40	50	80	100	150
			树脂	—	—	—	—	—	—
		非化纤编织带	金属	15	30	50	80	100	150
			树脂	15	30	40	60	100	150
	连续性链牙	含化纤及非化纤织带	金属	30	50	70	120	150	—
			树脂	20	30	60	90	120	—
开尾平拉强力 /N		单独型链牙		50	70	80	120	150	300
		连续性链牙		—	50	80	120	150	—
插座移位强力 /N				40	50	60	80	120	200
拉头闭锁强力 /N	单独型链牙	金属材质		15	25	40	50	60	—
		树脂材质		10	20	25	35	50	—
	连续性链牙	金属材质		10	10	35	50	60	—
		树脂材质		10	10	25	35	50	—
拉头拉片结合强力 /N		金属材质		60	80	150	170	200	300
		树脂材质		40	50	100	100	150	300
拉头拉片扭转强度 /N · m		金属材质		0.15	0.15	0.45	0.7	0.7	—
		树脂材质		0.1	0.1	0.35	0.45	0.6	—
往复开闭耐久试验负荷 /N（试验次数：500）		横向负荷		6.9	9.8	15.7	23.5	29.4	39.2
		纵向负荷		4.9	6.9	13.7	17.7	22.6	29.4

日本将拉链强力标准分为六个等级：超轻级（UL），轻量级（L），中量级（M），中重量级（MH），重量级（H），超重量级（UH）。

平拉强力的测试：平拉强力是最基本的强力指标，用于表征拉齿在互锁状态下，抵抗横向作用力的能力。这与实际使用的状态非常相似。

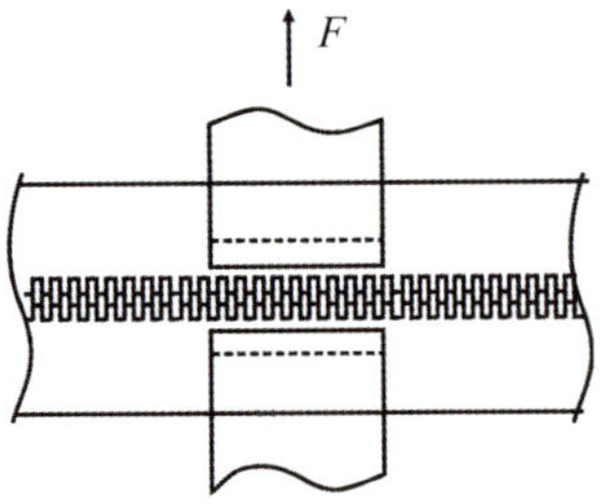

图 3-21　拉链平拉

上止强力的测试：拉链的拉齿互锁，并将拉头拉到上端止口，牵拉拉头，测量拉链上止的强力。这模拟了拉链在握持状态下，拉头越过上止拉脱把上止从带筋上移动时抵抗外力的能力。见图 3-22（a）。

下止强力的测试：将拉头拉到下端上口，拉齿被分为左右两部分，牵拉左右两侧的拉齿，可以测量下止被破坏所需要的力，以及测量拉头内部构件的抵抗力。见图 3-22（b）。

开尾平拉强力的测试：测试开尾拉链插管和插座抵抗外力的情况。见图 3-23（a）。

拉头闭锁强力的测试：拉头在拉齿中间被自锁，拉链拉齿被分为左右两部分，拉伸左右两部分的拉链，可以测试锁定强力和拉头内部构件的抵抗力。见图 3-23（b）。

拉头拉片结合强力的测试：以垂直于拉片的方向施以拉头作用力，直至拉片与拉体分离为止，见图 3-23（c）。拉头拉片扭转强力的测试见图 3-23（d）。

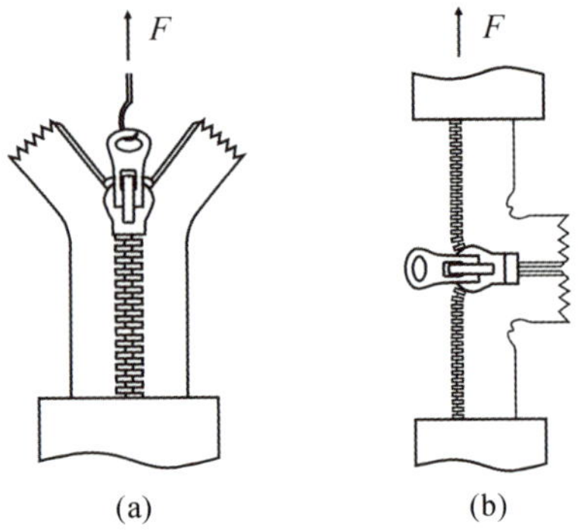

图 3-22　上下止测试

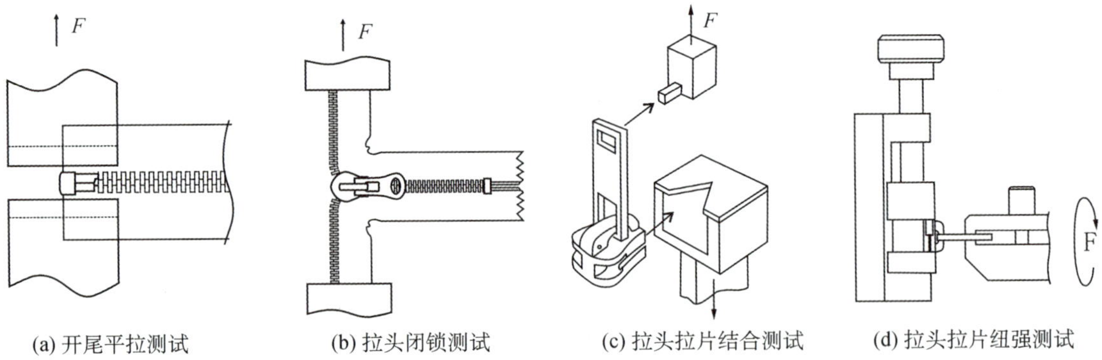

图 3-23　开尾、闭锁、拉片测试

（二）防水胶带

防水透湿面料服装最主要的一个指标是防水功能，而服装产品在加工的过程中不可避免地会产生接缝针孔，这些针孔就成了水渗漏的通道。为保证服装的整体防水性就必须设法对这些部位进行防漏处理。目前最常用，最有效的办法就是通过热风压胶机将热熔型黏合胶带压贴于缝纫接口及针孔上。这种热风胶带就叫防水胶带，也叫防水胶条或热风胶条。

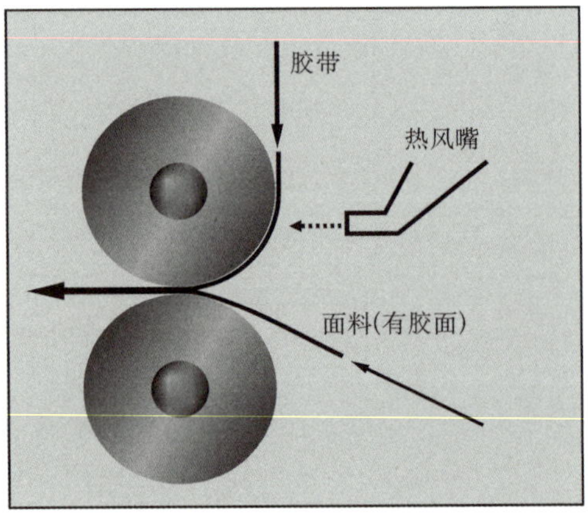

图 3-24　热风压胶机工作原理

热封压胶机的工作原理见图 3-24，是以高温热风及硅胶压力滚轮将胶带的一面（有带黏合剂的和无黏合剂的）加热熔融贴在缝纫线及接口上。

防水胶带是冲锋衣在防水保护过程中的一种关键材料，如果服装的接缝处密封不良，即使你用最佳的防水面料制成的服装也会漏水。关于服装漏水，着装者对面料漏水还是接缝漏水并不关心，他们只在意自己被淋湿的现实，会认为产品不具备防水效果。所以防水胶带与面料的匹配选用很重要。

1. 防水胶带的种类

防水胶带可按厚度或结构等进行分类，但习惯上是按胶带的结构来分类的，有两层胶带两层半胶带（印花胶带）、三层胶带；关于两层半胶带，在一些知名胶带品牌的产品分类中并没有两层半的说法，此类印花的胶带一般会归于两层类的胶带目录中。无论是几层的胶带，他们的使用都是需对应于相同结构层的面料来使用的，即两层面料使用两层胶带，三层面料使用三层胶带。

2. 防水胶带的成分

目前市场上几乎所有的胶带的成分都是 PU（包括 TPU）的，但市场上还会有 PVC 或其他成分的胶带，PVC 成分的胶带一般不用于对品质有要求的冲锋衣上的（市场上极低价的冲锋衣除外），因为，PVC 只防水但不具备透湿功能，PVC 成分的胶带多用在雨衣或雨篷等防雨用具上。

二层胶带的成分有纯 PU、PVC + PU、TPU + 热熔胶；三层胶带的成分有 PU + 热熔胶 + 经编网格布、PU + 热熔胶 + 平纹针织布、PU + 热熔胶 + 法兰绒布、PU + 热熔胶 + 梭织布等；三层胶带与两层的区别主要是其有一层托底衬布，但三层胶带的底布一般是需要对应三层面料的底层布来匹配的，如网格底的三层面料要使用网格底的三层胶带，法兰绒底的三层面料要使用法兰绒底的三层胶带；至于所谓的两层半胶带则是在两层胶带的基础上加上了印花或其他的防油污等保护物质，其本质还是属于两层类胶带的。印花胶带可根据两层半面料的底层图案，或颜色或客户其他的文字或标志要求而定制，它能给产品带来更多的设计性。见图 3-25。

图 3-25　二层印花胶带

3. 防水胶带的规格

防水胶带的规格，主要指两个方面，一是宽度，一是厚度。

防水胶带的宽度：标准宽度为 20～22 mm，常用的在 12～25 mm 之间，也可定制特殊宽度。窄的胶带利于弯形接缝的热贴合，但胶带的最小宽度是不低于 8 mm 的，这是因为按工艺要求胶带边缘离缝口或针孔至少要有 4 mm 的距离才能保证产品的有效防水，即 8 mm 的胶带用在只有针孔（无拼接缝口）部位上，如用在接缝上则要求是薄型面料且缝口不大于 0.15 mm 才能有效防止雨水渗入，严格的供应商需取得授权，如 Gore 公司；更宽的胶带则会用在绣花或魔术贴等部位之下。具体的胶带的宽度可视产品的实际情况而确定。

防水胶带的厚度：薄型、中型、厚型。两层胶带有薄型、中型、厚型；而三层胶带如果不包括底衬的话，也是和两层的一样可分薄型、中型、厚型。但在实际运用中也有供应商是以胶带的总厚度表达的。如果三层胶带以包含底层衬布来计算的话就只有中型和厚型了。

胶带厚度单位用 mil（密耳）或 mm（毫米）或 μm（微米）均可，换算公式如下：

1 mil = 1/1 000 inch = 0.00 254 cm = 0.0254 mm
1 mm = 39.37 mil = 1 000 μm

a）两层胶条的常用厚度（包含黏合剂）：

薄型胶条：2 mil（0.051 mm）～3 mil（0.076 mm），用于超轻薄型或薄型面料；

中薄胶条：3.5 mil（0.089 mm），用于薄型至中厚的面料；

中厚胶条：4 mil（0.102 mm），用于中型面料，是最为常用的厚度，适合大多数防水面料；

厚型胶条：4.5 mil（0.114 mm）～5 mil（0.127 mm）或以上，用于厚型面料。

b）三层胶条的常用厚度（包含黏合剂及底衬厚度）：

由于三层胶条的底层布料有不同的品种，如经编网格布、针织平布、针织绒布或梭织布等等，致使三层胶条的厚度也会有较大的差异。以下是常用的几种底衬的胶带厚度，也仅供参考：

PU + 热熔胶 + 轻薄型经编布，厚度在 13 mil（0.330 mm），用于轻质的三层面料；

PU + 热熔胶 + 普通型经编布，厚度在 14 mil（0.356 mm）～15 mil（0.381 mm），用于中型及厚型的三层面料；

PU + 热熔胶 + 平纹针织四面弹布料，厚度在 18 mil（0.457 mm）～22 mil（0.559 mm），用于有弹性的三层面料；

如果复合的是法兰绒等厚型的抓绒的底衬，则胶带的总厚度往往会达到 22 mil 以上。

需要注意的是，胶带厚度、胶带成分、黏合剂以及胶带的柔软性、延展性等要素，都必须与实际的面料进行匹配测试，包括对胶带与面料的贴合能力及承受水压的测试。产品开发者也可以将胶带的匹配与测试工作交给胶带供应商去操作，供应商会根据客户提供的面料做出专业的匹配或定制服务，同时供应商还会给出一份胶条的使用条件（报告），包含了温度、速度、轮压、风压等热风压胶机的设定参数。

4. 防水胶带的颜色

防水胶带的颜色：两层胶带的颜色主要有透明、半透明、雾面、雾白、白色等，并可定制成灰色或各种彩色。近几年，彩色胶带在时尚冲锋衣上颇为流行。三层胶带的颜色主要指我们从外表所见到的底层色，一是由 PU 胶的原色加上经编细网格的颜色综合呈现的颜色（一般细网格为灰色）；二是非透视的平纹针织布或其他刷毛绒的底层颜色，即胶条的颜色依托底衬布的颜色称之。常用的有各种深浅的灰色、黑色。需求方也可将三层面料的底衬布送胶带厂进行胶条定制，做成与面料底层一致的胶条颜色或图案，达到完美统一。

（三）防水胶膜

关于防水透湿面料服装产品中所谓的“无缝技术”，正确叫法应该为“无缝线技术”。

防水透湿面料服装的“无缝线技术”并非指服装没有拼接缝，而是一种无缝线（无车缝）贴合技术，这里面也包含一些无分割拼接的结构。根据前面的内容，我们知道，服装的防水功能一是要采用防水的面料，二是在生产中需对接缝或针孔进行热封胶带的防漏水处理，三是采用无缝线黏合技术，四是通过结构设计等方式来实现。

无缝线黏合技术是一种应用在防水透湿服装的新式熔黏技术，它可代替传统的车缝方式，从而避免水通过缝线中的渗透，或者说减少了在缝线下进行的热封胶条的操作工序。这种在服装裁片之间起熔黏作用或者是起增加防水性作用的材料，叫做防水胶膜或胶膜。

防水胶膜分为双面胶膜、装饰胶膜两种。

1. 双面胶膜

双面胶膜也叫热熔胶膜、热熔背胶，通常也被叫作双面胶，是用于防水透湿面料服装很重要的一种辅助材料，它跟我们之前所认知的传统胶粒黏合衬有着本质的区别。

顾名思义，双面胶膜是两面均有热熔胶，两面都可熔贴的薄膜，它是将两种材料，如面料与面料，面料与拉链等熔黏结合的连接材料，产品由热熔胶薄膜层和不黏胶的离型纸组成，胶层在常温下摸上去像普通薄膜一样没有黏性，加热到胶层的熔点后，胶层熔化产生强有力的黏性，可将两层需要黏接的材料牢牢粘住。双面胶在冲锋衣的生产中使用率极高，如激光无缝线拉链口袋、前中防水门襟筒，生黏的下脚、袖口，加硬黏合的帽檐、袖袢、拉链车库，以及各种熔贴黏合的部件及标志等都有它的身影。双面胶应用案例如图 3-26 所示：一个完全无缝线的袋口及袋盖。

双面热熔胶膜的成分有 PA、PES、TU/TPU 等，但用于织物的双面胶膜成分一般为聚氨酯（PU/TPU），常规为透明或雾面。但针对超轻薄的冲锋衣面料易透色的情况，也可以根据面料的颜色做成有色双面胶。双面胶的常规厚度在 2 mil（0.05 mm）～6 mil（0.16 mm）之间，4 mil、6 mil 是最常用的两种型号。双面胶的裁切需根据部件的形状并通过冲床或激光来切割，如果所需的双面胶部件是长条状的也可以用滚条机来切成盘状

图 3-26　双面胶加工的袋口袋盖

物，更便于生产中使用。

双面胶膜与裁片的热熔黏合过程叫压胶，但此压胶非面料裁片拼接缝的压胶，接缝的压胶叫热风胶带压胶，是用热风机来做的。双面胶膜的压胶是用热压机做的，两种压胶机区别在一个“热风”上。大型的热压机叫平板压胶机，小型的叫补压（补漏）机。

双面胶膜衍生的另一种材料是胶膜衬，也有人将其归为衬料材料。其实胶膜衬就是双面胶膜与有纺（或无纺）衬布复合在一起的一种双面胶水衬。胶膜衬可以根据冲锋衣的功能需要，选用不同的厚度及硬度的有纺布衬、网衬、无纺衬，经与双面胶膜复合（单面或双面复合）再进行裁切。胶膜衬的裁切方法同双面胶胶纸一样，也是用冲床或激光来切割的。胶膜衬的支撑作用为冲锋衣增加了户外环境下所必要的功能性及美观度，如硬挺不塌的帽檐可以给着装者更好的视野，立体的拉链帽盖则保护拉链头不被雨淋或剐蹭人体。

除了双面胶，还有一种单面胶，就是只有一面有胶水的，主要起增加硬挺度的作用。因其在冲锋衣的使用率不高故不做单独介绍。

2. 装饰胶膜

装饰胶膜也是各种冲锋衣常用的一种防水辅助材料。装饰胶膜在无缝线技术中常与双面胶膜搭配使用，两者的应用区别是，双面胶是两面有胶水，而装饰胶膜为一面有胶水；双面胶用在各种结构的内部当中，完成后外表是看不见的，而装饰胶膜则是用在各种结构的外表面上的。装饰胶膜多用在黏合后外露的缝口上，防止边缘磨损，主要是对各种防水结构起到加强防水性能及保护结构的作用，并对产品起设计装饰性的作用。如激光无缝线口袋的激光口的保护框、各种标志及个性化设计的图案及标贴等。所以它又被叫作装饰彩膜，也叫外饰彩膜。目前，装饰胶膜进入了时尚领域，成为一种最前卫的设计语言。

装饰胶膜本身自带有热熔胶。常用的厚度在 4 mil（0.102 mm）～6 mil（0.16 mm）之间；装饰胶膜幅宽也是在 100 mm 左右，各种部件的切割是以激光或刀模冲的方式进行的。装饰胶膜使用的设备同双面胶一样，也是用热压机将其热压在产品上的。

装饰胶膜可细分为平面装饰膜、立体装饰膜、反光装饰膜等。从颜色及效果来看，平面装饰膜有单色的黑色、灰色膜，也有几何图案膜，也可定制各种彩色及图案膜；立体装饰膜除常规的各种黑色、灰色的圆点膜或反光圆点膜，也有仿皮质或其他立体结构的防滑膜，它给防水服装增加了必要的功能性；反光装饰膜，其所具备的安全功能性在各种冲锋衣特别是在骑行类冲锋衣上受到欢迎和运用。

防水胶带、双面胶、装饰胶膜在冲锋衣上的使用部位如图 3-27 所示。

（四）其他辅料

无论是登山冲锋衣或是滑雪冲锋衣或是其他类型的防水透湿面料服装，因其特殊的功能性要求，需要涉及的辅料或配件相当之多，少的有十几种，多的达到二十甚至三十余种。除了前面所讲的具有典型代表性的防水类的拉链（防水链）、胶带、胶膜外，还有更多的是与其他类别服装的辅料是同类但在物理性能要求上更高的材料。这里对几种略作应用上的简述。

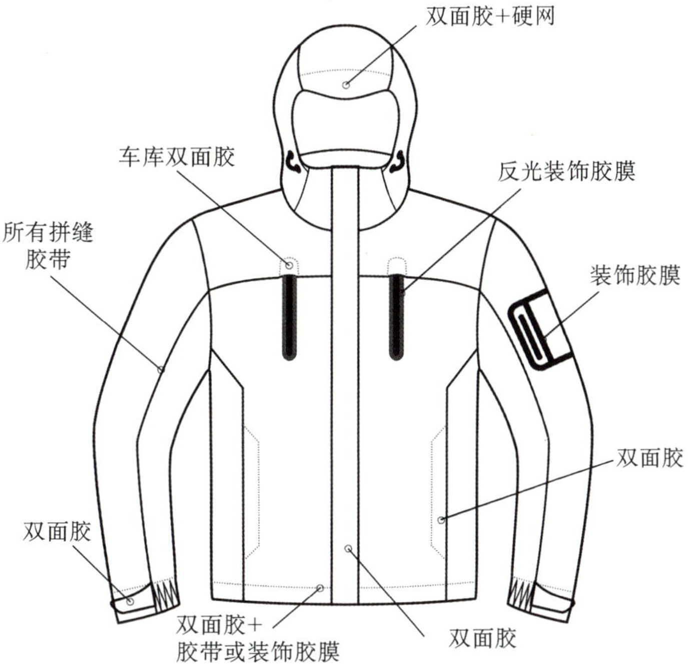

图 3-27　双面胶胶带使用部位

1. 四件扣

四件扣也叫揿扣、四合扣、四合纽。由 ABCD 四个部件组成：A 件为面件，B、C、D 为底三件；A、B 件合并后称为母扣，C、D 件合并后称为公扣，并会加胶介子增强紧度。四件扣是由模具冲压打在衣服上的。冲锋衣用的一般以合金、镍、树脂等材料为主。原则上，从防水的角度出发，不建议以四合扣作为服装部件的开合方式。如用的话也尽可能将面扣作隐藏式的设计，即在袋盖或前门襟筒的外表面是看不见钮面的（不打穿面层）。如果是顶级的登山冲锋衣，对底纽也会有不穿过面料的要求（可增加防水底筒而打在底筒上）。休闲类、时尚类冲锋衣也会采用以面件为塑料（包括树脂、尼龙、ABS 等）底三件为金属的四合扣。较轻质的冲锋衣一般也可采用全塑的小型四合扣。

揿扣的强度测试标准，有美标的揿纽拉开强度标准 ASTM D4846，纽扣抗撞击性标准有美标 ASTM D 5171。

2. 气眼

气眼（汽眼），也叫空心铆钉，在港企中被称为鸡眼。气眼是冲锋衣中必不可少的辅料，主要是用在抽绳的进出口、透气孔、去水眼上。气眼的材质如金属四件扣一样有五金、合金两类。关于气眼规格，不同的生产厂的叫法会有所不同，一般以孔内径的表达为最好，常用参考规格：2# 气眼（孔径 5.0 mm），3# 气眼（孔径 4.5 mm），4# 气眼（孔径 4.0 mm），5# 气眼（孔径 3.5 mm）；20# 气眼（孔径 6.0 mm），22# 气眼（孔径 8.0 mm），24# 气眼（孔径 10 mm），26# 气眼（孔径 12 mm）等。

3. 魔术贴

魔术贴又叫粘扣带，分毛面与勾面对搭。毛面是细小柔软的纤维的圆毛，勾面是较硬带钩的刺毛。魔术贴材质有尼龙、涤纶或是涤纶和尼龙混合的，尼龙材质较为柔软。魔术贴的宽度在 10～150 mm 之间。魔术贴在衣服上的应用一般规律是刺毛在上面，圆毛在下面。

魔术贴与同为扣紧材料的四合扣相比，是被更多地采用在防水透湿面料服装上的一种必不可少连接辅料，在冲锋衣上的前门襟、口袋、袖口、帽口等需开合的地方，都会看到它的身影。主要是因为四合扣打穿面料后无法在底下进行压胶处理，而魔术贴车穿面料后可在底层进行热贴防水胶带，做到有效防水，同时，魔术贴长度与宽度都可随设计的要求而定。魔术贴是块面的连接，而四合扣是点的连接，再加上其可进行的防水处理自然更适合冲锋衣。

比如，一件高端的 Gore 面料的冲锋衣要通过 W.L.Gore 公司的防暴雨测试，在前门襟筒上通常采用的是魔术贴做开合，如果需用到四合扣，也只能是筒顶及筒底用到两颗，且这两颗还是不建议打穿最外表面料的（即打暗扣）。

4. 橡筋带

橡筋带也叫松紧带，是一种采用弹性材料交织的扁平带状织物，质地紧密手感柔软，具有较好的弹性，纵向伸长可达到原长度的 0.5 至 2 倍，带子有不同规格，在很多类别的服装上都有应用。而冲锋衣用到的松紧带也有多种，用于暗处的松紧带（如腰头、袖口）跟常规的区别不大，而外露的则有一种防滑橡筋带，它是冲锋衣特别是滑雪类冲锋衣必需的橡筋带，主要用在冲锋衣上装的防风（雪）裙冲锋裤的防风（雪）脚上，可以很好地束紧上衣的内里下口与裤子的内里下口，防止风雪的灌入。图 3-28 为两种防滑橡筋带，（a）为编织型的防滑橡筋，（b）为粘涂硅胶的防滑橡筋。

(a)

(b)

图 3-28　橡筋带

5. 橡筋绳

橡筋绳也叫松紧绳，它与松紧带在外观的区别一个是带状一个是圆绳（线）状。一般说，普通圆绳直径在 1～4 mm 的称绳或绳线，直径大于 4 mm 的可称绳索，直径大于 40 mm 的一般为缆或缆绳类。冲锋衣常用的橡筋绳规格一般直径在 2～3 mm，常规的为 3 mm。轻质的冲锋衣可用 2～2.5 mm，主要用在冲锋衣的下摆，腰部，裤子的脚口，帽子的前帽口及横向帽宽等部位，起到调节各部件的宽窄或束紧开口的作用。橡筋绳一般要与锁、绳珠或绳尾扣一起配套使用。绳锁的样式有很多种，极限类冲锋衣的开口一般会采用不同的抽绳与绳锁来设计，可单手调节以给运动者带来快速、方便的操作。

6. 转移印花标

标志的绣花与印花属于工艺，但转移印花标（也叫烫标）则是属于辅料。转移印花标也是冲锋衣常用的涉及标志的一种辅料，这里的缘由也是因为产品防水问题，一般在可能的情况下，防水面料都尽可能不去刺穿，如果产品采用了绣花则需要在绣花底层热压防水胶带，以堵住针孔防止漏水。如果是一些轻质薄型面料的冲锋衣，一般不建议绣花。

转移印花标种类有反光转移、普通弹性转移、柯式转移等，转移印花标与传统的丝网相比，最大的优点是便捷，且成本较低。但要注意的是，转移印花标如印在经防泼水等功能性后处理的面料上可能会有牢度的问题，这个需要告知面料生产商，以便针对性地选择不同的防泼水处理工艺及材料，同时也要与转印标供应商进行沟通，做好产前测试。

第四章

冲锋衣的功能设计与产品测试标准

第一节
冲锋衣的功能设计

一、冲锋衣主功能及级别的设定原则

作为户外运动者的外层着装，冲锋衣主要的功能就是防护。它帮助运动者应对身处的各种恶劣的气候环境，保障运动者安全、顺利地完成相关的运动、活动、赛事。

冲锋衣的功能是基于运动项目（类别）及运动环境而提出的，运动项目需要哪些防护功能以及防护功能需要达到怎样的级别（指数），其决定因素是多方面的，既与户外运动项目所处的地理气候环境有关（不同海拔及纬度，其温度、湿度、风力、风向都不一样），也与不同运动项目的肢体运动特征有关（不同运动项目的肢体推拉、抬举、伸展、屈曲等均不一样）；更与户外运动所进行的时长、运动量的大小、运动人体热湿散发规律等诸多因素有关。

不同类别的户外运动（活动）所使用的冲锋衣会有不同的功能诉求。如登山类冲锋衣与疾速类冲锋衣在功能上就有很大的区别。雪线以上的登山冲锋衣更注重防雨、透湿、保暖的功能；越野骑行冲锋衣则注重防风、透湿、保暖、减阻、夜行功能；滑雪服则会在保暖、防水的基础上对延展、减阻等功能有更高的诉求，等等。

对功能级别（指数）的设置，一些不同的功能项之间会相互制约，即将某项功能的指数调高时，另一项相关的功能则会变低。如在 PTFE 微孔层压面料中，对静水压有更高要求的同时会牺牲一些透湿性。所以，研发人员在对冲锋衣进行功能性设置时，需根据不同运动的实际需求，综合考虑相关功能项及性能指数才是合理的。从美国有关研究及产品和市场情况来看，PTFE 防水透湿服装就分为不同的系列：一是高耐水压、低透湿的防水服装；二是兼顾静水压、透湿性的通用服装；三是低静水压、高透湿的活动服装。其相应的静水压与透湿量分别为 $>$ 200 kPa、3 000～5 000 g/(m^2 · 24 h)；100～200 kPa、5 000～7 000 g/(m^2 · 24 h)；10～100 kPa、7 000～10 000 g/(m^2 · 24 h)。当然，随着面料科技的不断创新、进步，这种功能相互制约的现象正被打破，目前出来的面料在保证高透膜同时也能做到非常好的防水性。

目前各类户外运动所采用的防护冲锋衣，其主要的功能性及特点如表 4-1 所示，研发设计人员可根据实际调整功能性及级别。

表中防水性能包含了耐水压与拒水性，高 + 为防暴雨级别：静水压 $\geq$ 20 000 mmH_2O、防泼水 $\geq$ 5 级。高为防大到暴雨级别：静水压 10 000～20 000 mmH_2O，防泼水 $\geq$ 5 级。中为防中到大雨级别：10 000 mmH_2O、防泼水 $\geq$ 4 级。低为防小至中雨级别，3 000～5 000 mmH_2O，防泼水 $\geq$ 4 级。

表中透湿性的高、中、低指数分别为：7 000～10 000 g/(m^2 · 24 h)；5 000～7 000 g/(m^2 · 24 h)；3 000～5 000 g/(m^2 · 24 h)。

表 4-1　各类冲锋衣的主要功能性及特点

类型	适合运动	功能特点	防水性	透湿性	防风性	保暖性	耐磨蹭	延展性	轻量性	便捷性	警示性
极限级登山冲锋衣	严苛环境下的登山、攀越、探险等各类极限级别及高强度的户外运动。结合分层着装法，可以应对雪线之上，气温-40℃的酷寒环境	3L 面料，无夹里；坚固耐磨、轻便简洁；产品无缝化程度高，防水能力强；结构性的散热透气功能为标配，如腋下透气结构；基于轻量化考虑，产品结构以简洁为主，功能多以材料及工艺为依托，如前门襟及腋下透气口不设挡水门筒，主要依赖高品质防水拉链来达到防水目的；一般情况下也不设防风（雪）裙；着装者的肢体活动域较大，手臂垂直上举及水平前伸的阻力值最小；风帽的设计兼容了头盔的配戴；口袋的大小及位置在设计上充分考虑了束绑安全带、背上背包、配戴手套等实际情况。其是户外登山运动中工效最高的一类产品	高～高+	高	高	中	高	低	高	高	高
专业级登山冲锋衣	适合不同环境下的常规登山、攀爬运动，包括越岭、纵走、登顶、徒步穿越、野外露营等中量级别的运动。运动量及强度适中，运动范围较广，也可做为徒步、跑步、旅行等日常户外活动穿着	具有全天候防护功能。2L、2.5L、3L 面料均有。2L 面料有夹里（或保暖夹里）或加脱卸内胆；设计上集合多功能性，有相关用途的口袋设计，可放置更多的登山物件；风帽及口袋等部件的设计根据需要也可兼容了头盔的配戴及安全带的束绑，以适合不同类型的登山运动；有挡水门襟，袋盖，腋下透气盖等防水结构设计（如追求轻量化的设计，在开口上也可舍去繁杂的防水部件而采用防水拉链来进行防水）；肢体的活动域较 PRO 级冲锋衣小，但手臂无阻上举仍可达 120°；防风（雪）裙结构在部分全功能的款式中会有要求	高	中～高	高	中～高	中	低	中	中	中～高
轻量级登山冲锋衣	非恶劣环境下的轻量级户外运动防护，如登山、跑步、露营、越野等，以当日或两日内的轻量活动为主；也适合徒步、休闲、旅行、通勤等风险较低的日常活动	2L 或 2.5L 面料，有防护夹里或保暖夹里，也用性能稍低的轻量化 3L 面料；产品结构上不考虑头盔、安全带等安全护具的穿戴；腋下透气结构视要求而定；手臂的抬手量、肘位与膝位的屈曲幅度都较极限级与专业级的小很多；产品的整体设计上可融入更多的潮流性、时尚性	中	中	中	中～高	中	低	中	中	低
滑雪服	冬季各种不同类型或级别的滑雪运动，如单板、双板、高山滑雪、滑雪+登山等	2L 或 3L 面料（特别是双板）具有较大弹性以适应运动时肢体的大幅度伸展；保暖是主功能之一，大多数都带保暖层。如不带保暖层一般采用 3L 面料（3L 面料的法兰绒衬底也具一定保暖性），运动时与保暖中层组合以适应气候多变的野外登山+滑雪等综合性的滑雪运动；在防风功能的诉求上除了对面料有高的要求外，在服装结构的设计上会有更多的细节处理，如有防风护脸、防风帽口、防风袖口、防风（雪）裤口，防风（雪）裙等，共同组成一个有效的防风防雪系统；版型上对膝位、肘位的屈曲度要求会比登山冲锋衣大；风帽一般情况下不兼容头盔	高	高	高	高	中～高	高	低～中	高	高

（续表）

类型	适合运动	功能特点	防水性	透湿性	防风性	保暖性	耐磨蹭	延展性	轻量性	便捷性	警示性
软壳冲锋衣	非恶劣环境下以防风、保暖为主的户外运动，包括登山、跑步、露营、越野以及休闲、徒步、旅行等日常活动。寒冷环境下可作为中间层与专业或极限级冲锋衣配搭	三明治抓绒面料，手感柔软、拉伸性好，穿着舒适、活动自由。集保暖、防风、防水功能于一体。主打保暖、防风功能，其防水性能偏弱。	低～中	低～中	高	高	中	中	低	中	中
跑山冲锋衣	各种越野跑及常规跑	采用 2L 或 2.5L 面料或轻量 3L 层面料，根据山径越野跑的环境及运动特点及运动量而设计，无夹里或有简单防护夹里（网里）；长距离及恶劣环境下的奔跑一般为轻量化设计；易压缩收纳功能为常配项，以方便运动中的快速穿脱及携带；版型简洁且较为修身以减少与野枝、山石的剐蹭	高	高	高	低	中	中	高	高	中
骑行冲锋衣	适合野外的，恶劣的骑行环境，如山地越野骑行，长途骑行旅游，也包括雨季下的公路自行车运动或上下班的通勤骑行等	3L 或 2L 面料，非雨雪环境的骑行一般以防风或者防风 + 保暖为主功能，前者可采用轻量三层面料，后者采用软壳类面料；恶劣环境下的长途越野骑行对防雨、防风、保暖、透湿等功能都会有较高要求；高级别警示功能；版型修身并及符合运动者前倾弓背的骑行特征，具有减少风阻的工效；有带风帽或不带风幅的设计，如果是有带风帽的设计则必须是兼容头盔的配戴	高	高	高	高	中	高	中	中	中
狩猎服 / 野战（运动）冲锋衣	适合狩猎、野战等竞技活动	采用 2L 或 3L 梭织、针织面料均可；口袋较多并且较大，一般以外贴袋（立体）做法为主；在膝、肘、肩、臀等易受碰撞、摩擦的部位一般有加强防护的功能（如垫入 EVA）；版型多为宽松型，利于摸爬滚打；配色跟随环境色，具有较强的隐蔽功能	中	中	中	中	高	中	低～中	中	无

二、冲锋衣的功能实现途径

冲锋衣的功能性诉求主要是通过面辅材料、产品结构设计、加工工艺等途径实现。有些功能是集成在面料上的，有些功能则要依靠结构设计才能达到。无论功能通过何种方式来实现，它们之间肯定是一种互相加强的关系。比如一件防水功能上乘的冲锋衣，它不仅需要高防水值的好面料，也需要先进的工艺制作，更需要严密的防水结构设计。

1. 材料途径

面料是冲锋衣功能的最重要载体，通过面料而实现的防护功能众多，主要有防水功能、防风功能、透湿功能、透气功能、防沾湿（泼水）功能、吸湿排汗功能、保暖功能、耐磨（耐蹭刮）功能、防紫外线功能、防静电功能，等等。

通过辅料而获得或者加强的功能主要有：部件（部位）的防水功能，如口袋、门襟的防水拉链；服装开口的调节功能，如帽口、下脚所使用的绳带、锁扣，袖口使用的魔术贴，透气口使用的双头拉链；夜行安全功能所使用的反光膜，等等。可以这么说，冲锋衣上所构建的众多功能系统无不依赖相关辅料来帮助实现，如快速脱卸系统、单手调节系统等。

2. 工艺途径

通过对产品的特殊加工工艺而获得的功能主要是防水方面的：所有接缝及针孔的防水（热风胶条工艺）、防水的无缝线口袋（激光 + 热压双面胶工艺）、防雨及视线良好的适形帽舌（胶衬 + 压双面胶工艺），甚至是超防水的全面积无缝线化的冲锋衣（超声波产品），工艺起到的作用非常之大，一是采用了超声波 + 胶带的拼缝工艺，二是采用了双面胶黏合拼缝工艺。

在户外服装上，针对标志图案所采用的印花、压花、滴塑等工艺，其本身也是为了不刺穿面料而产生漏水。腋下采用激光工艺切割的孔洞则具有良好的透气性。

3. 结构途径

通过产品结构设计而实现的专业性功能是除面辅材料外最重要的一条功能设计途径。产品结构设计包含了版型结构设计及功能部件的结构设计，版型结构设计指的是产品的整体外型，如攀登冲锋衣可手臂高抬举的版型、骑行冲锋衣的前短后长的版型、滑雪冲锋裤的高屈膝版型等设计都必须是适合相对应的运动姿态的，这样才能使运动的人体不受牵绊，发挥最大的运动效能。除外部的版型打造外，更多的内部（或部件）的结构设计也给各类冲锋衣带来了实用的功能，如复合式防水门襟结构、腋下透气口结构、防风（雪）腰结构、风帽快速调节系统等。

三、冲锋衣色彩功能性设计

冲锋衣的色彩功能性是指通过对服装产品的色彩运用，从而发挥色彩在冲锋衣的安全性和防护性等方面的功能作用，更好地帮助运动者完成在户外环境下的运动或赛事。这也是冲锋衣的色彩设计与其他品类的色彩设计最大的不同之处。当然，色彩作为冲锋衣的一个美学元素，在设计时会更多考虑其与时尚性、潮流性的关系。在系列产品中，冲锋衣的色彩设计应在色彩大纲下进行，这样才能保证整盘货的色彩是对的。这里所讲的色彩的功能性作用仅是基于户外环境下，服装色彩给运动及运动者带来的安全性及防护方面的作用，它只是冲锋衣诸多防护功能的其中一项，可以称之为户外功能性色彩设计。很多时候，特定环境下的冲锋衣色彩设计，其功能性会远大于色彩的流行性及审美性。

户外冲锋衣的色彩功能性设计是根据运动的特点及环境的情况而考虑的，其包括了警示性功能、隐蔽性功能等方面。

（一）冲锋衣的色彩警示性功能

冲锋衣色彩的警示性功能也叫辨识性功能。当一个人参加户外活动时，你的领队会告诫你："能够让别人看到你远比你看到别人更重要。"具有警示性功能的色彩一般都有醒目、明快等特点。其作用是让运动者在野外的自然环境中，包括高地、丛林、雪山、河流等一切自然环境中所进行的探险、体育运动项目中，容易被队友发现及辨识，利于团队的运动合作。特别是当事故或灾难发生时，更易于被搜寻人员发现营救。

冲锋衣的色彩设计通常会选择暖色系或高明度、高纯度的色彩作为面料用色。所以我们在山野的户外活动中常看到的冲锋衣的色彩大多是暖色的、艳丽的，很吸引眼球。如红色、橙色、绿色（包括荧光绿）、黄色（包括荧光黄）、蓝色等。特别是红色，红色被认为能激起人的雄性荷尔蒙的分泌，所以在各种运动比赛中身着红色服装可助力取得更好的成绩。在户外活动中，红色无论在雪地、山林、草原、水域等各种环境中都有极强的辨识及警示作用，故成为各品牌冲锋衣的经典用色，如图 4-1 所示。同时，红色、橘色、黄色等暖色系颜色在寒冷的户外环境下还能给人以温暖、热烈、兴奋的感觉，往往能促成活跃的运动氛围。

图 4-1　高警示度颜色在环境中的凸显作用

1. 颜色的波长与警示性的关系

虽然生活中，我们都知道红色常被用作最强烈的警示标志，比如在交通信号灯中，红色就表示禁止通行；在道路的禁停区，明黄色被用来划线；还有荧光绿，则被交警和环卫工人披在了身上等，这涉及一个名词，叫颜色可见度，而颜色的可见度又是由其波长决定的，波长越长可见度就越高，传播的距离也就越远。

由此，在对有警示功能诉求的冲锋衣的设计上，我们就知道颜色的含义了。我们再回来说一说红色，红色是可见光谱中低频末端的颜色，其波长最长，达到 700 nm 左右。即使在大雾天气的情况下红色也能被我们看到。不仅如此，红色还有一定的扩张感，会使物体看起来比实际的更大，也因此更醒目（凡波长较长的暖色都具有扩张的作用），所以红色成为冲锋衣的经典用色。另外，黄色、橙色也都是在有色光中波长较长的颜色。

人眼可见光从深红色的 760 nm 波长，到紫色的 390 nm 波长。波长大于 760 nm 被称为红外线，波长小于 390 nm 被称为紫外线。光谱如图 4-2 所示，可见光的波长见表 4-2。

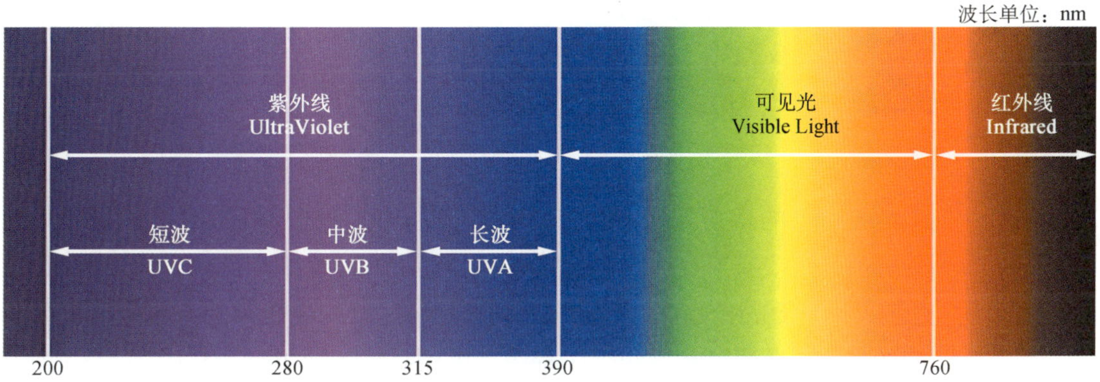

图 4-2　光谱

表 4-2　可见光波长

颜色	波长（nm）	警示性
红	770～622	强
橙	622～597	↓
黄	597～577	↓
绿	577～492	↓
蓝、靛	492～455	↓
紫	455～350	弱

2. 反光色与警示性的关系

所谓的反光颜色，其实是在某种颜色的材料中加入了一种高折射率玻璃珠，可以将照射到它表面的光线按原路反射回光源处，从而起到很好的警示作用。

目前，户外防护用品上最常用的反光颜色是银灰色。反光银色一般是以辅料或印花的形式（如反光带、反光标、反光拉链、反光印花等）为各类冲锋衣带来警示功能的。特别是在骑行、跑步这类经常会在夜间进行的户外活动的着装上，反光银色是标配的警示功能色。虽然反光银色在冲锋衣上使用的面积很小，主要为反光带、反光标或局部的反光布等，但其反射的效果却非常显著，为光线较弱的或夜间环境下进行的户外活动提

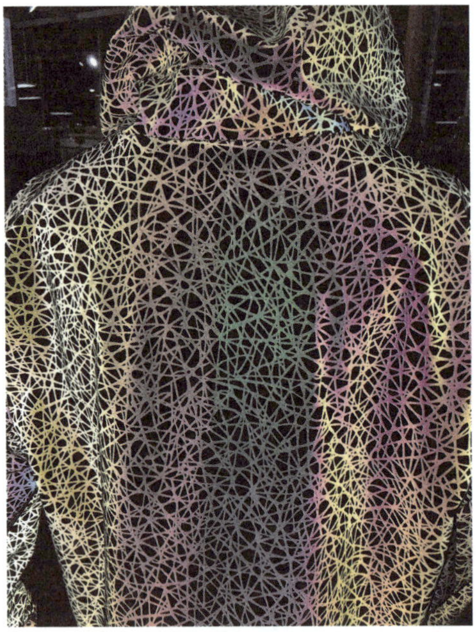

图 4-3　反光色

供了安全保障及寻找的方便。

反光银色是个特殊的“颜色”，在光线照射到它的时候我们看到的是亮眼的银光，而在非光线照射它的情况下，它呈现出来的就是正常的银灰色。其实，银灰色也并非唯一的反光颜色，目前市场上的反光色已从单一的银灰发展到红、黄、橙、绿、蓝等色泽。材料类型也不仅仅是过去的反光带、反光膜一类的辅料，现在的反光布（反光安全性丝织物）在经防水处理后就可以直接用在相关的户外冲锋衣上了。特别值得一提的是，新近出现的含有高折射率玻璃微珠的反光油墨，在印制服装图案时还可视面料的颜色进行调配，白天与普通服装无异，但当夜晚有光照射时，图案立时出现反光，可集时尚性、安全性于户外冲锋衣上。如图 4-3 所示。

冲锋衣的反光警示性能无疑是由所使用的反光材料的反光级别来决定的。相关的服装标准中并没有对反光材料提出具体的要求，冲锋衣产品研发人员可以参照 GB/T 18833《道路交通反光膜》的相关要求来设置材料的反光性能级别。另外，美国 3M 公司将其生产的反光膜分为了超强级、工程级、民用级等不同类型，其中的 3M 视觉丽™ 民用级反光膜 610 系列是一种玻璃珠封入式反光膜，也被一些品牌冲锋衣列入反光警示功能材料清单。

3. 荧光色与警示性的关系

荧光，是指一种光致发光的冷发光现象。户外防护服装的荧光色是指在面料的染色中加入了一种荧光染料（也称为白色染料），它的特性是能吸收入射光线产生荧光，即吸收的紫外线辐射转变成紫蓝色的荧光辐射，与原有的黄光辐射互为补色成为白光。使所染的面料获得了类似萤石的发光效应，看起来很白、很亮，起到了增加颜色鲜艳度的作用。

生活中，我们会发现在一些具高风险性的户外工作中，如交警、道路、环卫、线路巡查等的工作人员的着装，其色彩采用的就是荧光色，如图 4-4 所示。

图 4-4　荧光色

同样，在户外运动中，荧光色更成为冲锋衣警示用色的选项之一。冲锋衣的荧光色一般多为荧光绿（黄）、荧光橙等。也有很多时尚、漂亮、不同荧光度的蓝色、紫色等。荧光颜色及其荧光度的设计一般要根据冲锋衣的功能需求及潮流方向来把握，有些全件为荧光色，有些局部的配色为荧光色，也有的仅在辅料或印花标等小部件使用荧光色。

4. 对比色与警示性的关系

两种可以明显区分的色彩，叫对比色，即在色相环上相距 120°～180° 的两种颜色。一个颜色与对面（180° 对角）的颜色为最强的对比色，也叫互补色。颜色的对比包括色相对比、明度对比、饱和度对比、冷暖对比等。基于户外运动环境的特点，对比色在防护服的色彩应用上非常多，也就是俗称的撞色。设计人员除了考虑服装本身的对比色外，还会考虑产品的色彩与运动环境的色彩和对比。

在我们的可视范围内，把对比色，特别是互补色放在一起，会产生强烈的排斥感，说明这两个色的色觉是相互增加的。比如在色光色相环中，将红与青、蓝与黄、绿与品红等补色并列时，你会感到红的更红、绿的更绿，如图 4-5 所示。所以，当服装产品本身采用对比色时或者产品的色彩与环境的色彩成对比色时，产品就自然从环境中跳出来，从而达到醒目、警示的功效。但要注意的一点是，由于对比色两个色的波长不同，其在远距离的警示性肯定是不及全件为单一色的那个长波长的颜色的警示度的。

另外，对比色（含互补色）在冲锋衣上的运用除了能构成醒目及警示的功效外，其强烈的视觉冲击力还会让人在心理上感觉更加兴奋，从而可以激发人的运动热情或运动潜能。同时，对比色所具有的活跃特性也会为户外运动（活动）带来不错的可视性与观赏性。

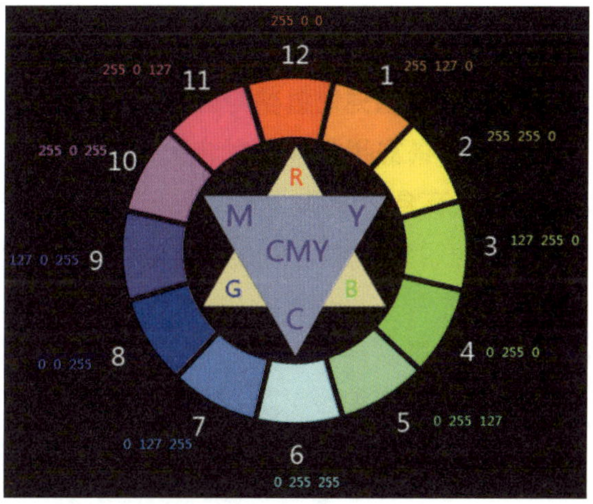

图 4-5　对比色

5. 色彩警示度的调节

一般来讲，从安全角度考虑，在冲锋衣的色彩设计上，无论是单一色还是两种、三种色的搭配，理论上至少有一个颜色为强警示色的设置，才是符合户外高风险环境下的着装要求。但实际上，不同的户外环境以及不同的着装目的又会对冲锋衣的警示功能有着不同程度的需求。比如，对于在低风险的户外环境下（包括生活、工作环境），一般都会调低着装的警示度。

常用调节警示度的方法有以下四种，一是单色的设计中我们可选择合适波长的色相、饱和度、明度的色彩，如第三章中的图 3-3 介绍的 Klättermusen 品牌，这个品牌的产品在色彩上的运用大多为低饱和度的，也印证了其品牌理念。二是在双色或多色的色组中，我们比较常见的是采用同色系的深浅搭配，并以明暗的小幅或大幅的变化来调节产品的警示度。三是通过对款式的分割来调整警示色与非警示色的色块面积的比例，或以大面积对撞小面积或是以小面积对撞大面积，或以对等面积的对撞来达到调节产品警示度的目的，如图 4-6 所示的应用。四是借用辅料、附件、绣印花图案等较小面积的高警示度色彩来对撞大面积的非警示色（主色），这也是一些对警示级别要求不高的户外运动着装很常用的手法，如图 4-7 中的拉链及标志的撞色。

图 4-6　同类色

图 4-7　辅料警示色

（二）冲锋衣色彩的隐蔽性功能设计

冲锋衣色彩隐蔽性功能，是指服装的色彩能让穿着者在野外的自然环境中得以隐蔽，不被发现的作用，其诉求与警示性的作用正好相反。比如人们在打猎或是科考观察动物，又或是对动物摄影时希望不易被动物察觉及对动物造成惊吓，其着装颜色会选择与自然环境相近的颜色，这样可形成伪装色。

冲锋衣的隐蔽性色彩是以运动（活动）项目所处的自然环境的颜色为依据而设计的。迷彩、绿色、褐色等都是隐蔽性的经典用色，隐蔽性色彩在冲锋衣上的运用最经典的案例莫过于部队的迷彩作战服了。迷彩服它的反射光波与周围景物反射的光波大致相同，不仅能迷惑敌人的目力侦察，还能对付红外侦察，使敌人现代化侦视仪器难以捕捉目标。

图 4-8　丛林迷彩

所谓迷彩色，是由绿、黄、茶、黑等颜色组成不规则图案的一种新式保护色。迷彩色和野外环境的颜色十分接近，具有很强的隐蔽功能作用。为了贴近各种不同的自然环境，迷彩还分为丛林迷彩（黄、绿、棕、黑组成）、荒漠迷彩（由黄、土、棕、黑组成）、城市迷彩（浅灰、深灰、褐色、黑色组成）、海洋迷彩（白、黄、蓝、深绿组成）等不同的系列。图 4-8 所示为丛林迷彩的一种配色组合。

四、冲锋衣的功能性部件（装置）设计

冲锋衣的功能部件或装置指的是冲锋衣上具有一定独立功能或辅助功能的局部构件，用现在流行的说法又称之为“机能模块”。它包括与大身连接在一起的部件以及与大身分离但在使用时配套的部件。功能性部件是冲锋衣整个功能集成中的重要组成部分，它与面辅材料本身所具有的防水、透湿、防风、保暖等系列的基础性功能不一样的是，它是

以结构及工艺的形式来呈现并为基础性功能补强的一种手段。比如，在骑行的爬坡运动中，由于骑者在短时间的高频发力，导致人体大量的发热和出汗，纵然你的装备的透湿性已是最高指数也是难以应对这样的局面的，但这时你只要拉开腋下的散热装置的拉链后，效果就完全不一样了，它能快速地排出你的汗热。

除了为基础性功能提供增强外，功能部件还要考虑运动时操作的功效性，即它可使运动者在运动中更便捷、更高效。户外运动者都知道，一件优秀的冲锋衣还取决于其在细节上的设计贡献，而这个细节指的就是功能部件的设计。

功能部件在设计上会更注重于实用性，其设计往往带有很强的运动项目的特征，即从冲锋衣的功能部件上我们就能知道其是属于哪一种户外运动的装备。

1. 冲锋衣（裤）的门襟构件

户外运动一般是向前行进的运动，而处于正前方的前门襟必然是迎向风雨的。作为冲锋衣最大的开合口，门襟在很大的程度上决定着整件冲锋衣的防水、防风、保暖等效果。

冲锋衣门襟有多种结构，其工艺也有所不同。从门襟位置上看，有正中间的直门襟，有偏向一侧的偏门襟，还有开到胸部的半开门襟。从门襟拉链的外露情况看，有露齿门襟和藏齿门襟。露齿门襟必须是防水拉链，并且底下还必须配备防风里襟，高要求的还会在防风里襟上设置导水槽，极限型 3L 冲锋衣为了减重的需要大多数会选择此类设计，如图 4-9（a）所示。藏齿门襟采用的是非防水拉链，通过增加挡水面门筒达到防水的目的，面门筒有单门筒、双门筒（左右门筒），外加内里底筒（也叫防风筒）。一般为 2L 冲锋衣所采用，如图 4-9（b）所示为双门筒构件。

冲锋裤除了正常的前门襟外，还有从功能要求考虑的侧缝门襟、后坐围弧形门襟的设计，其结构跟冲锋衣基本一致，只是位置不同，如图 4-9（c）所示为 3L 冲锋裤防水链侧门襟。

(a) 3L冲锋衣防水链门襟　(b) 2L冲锋衣非防水链门襟　(c) 3L冲锋裤防水链侧门襟

图 4-9　冲锋衣（裤）门襟

2. 冲锋衣（裤）的透气构件

冲锋衣的透气口一般设置在人体易出汗的部位。有腋下透气口、胸部透气口、腹部透气口、背部透气口、腿部内侧透气口等。常规情况下，3L 冲锋衣的腋下透气口使用防水链并做露牙设计，同时可依要求增加或不加网布托底，如图 4-10（a）所示。2L 冲锋衣的腋下透气口使用非防水链并有单链盖或双链盖及增加网布托底的设计，如图 4-10（b）所示。图 4-10（c）为 2L 冲锋裤内裆透气口。底网布的作用是牵扯限制开口宽度，否则开口会敞开太大。如果选用 X 型闭尾拉链则可以在中间部位有牵扯固定的作用。

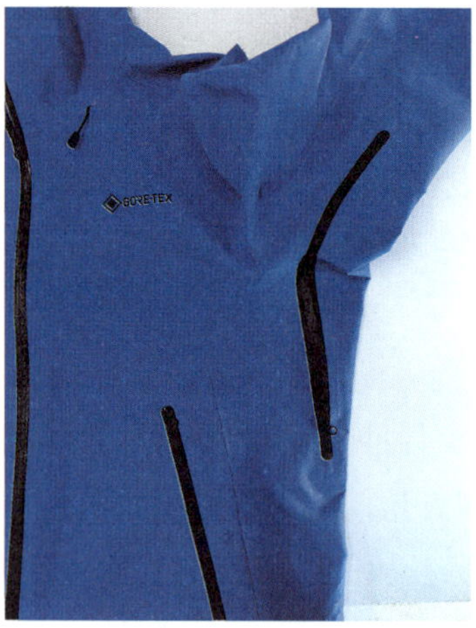
(a) 3L防水链腋下透气口

(b) 2L非防水链腋下透气口

(c) 2L裤内裆透气口

图 4-10　冲锋衣（裤）透气口

3. 冲锋衣（裤）的防风构件

与透气开口向外部散发热湿的功能相反，防风（雪）构件的作用则是为了防止外部环境的风雪侵入，更好地锁住人体热量。防风构件的针对性较强，效果更为显著。装在袖口的叫防风袖，装在帽开口的叫帽檐防风帘，装在帽舌下的叫前额防风帘，装在上衣腰部的叫防风（雪）裙，装在裤腿部的叫防风脚等，如表 4-3 所示。

表 4-3　冲锋衣防风构件

上衣防风（雪）裙	滑雪服以及部分登山冲锋衣采用，面料为涂胶防水尼丝纺 + 莱卡。扣紧防风裙可以有效防止风雪从衫脚开口侵入。大多数防风裙采用可脱卸设计，不需要时可以将其卸下	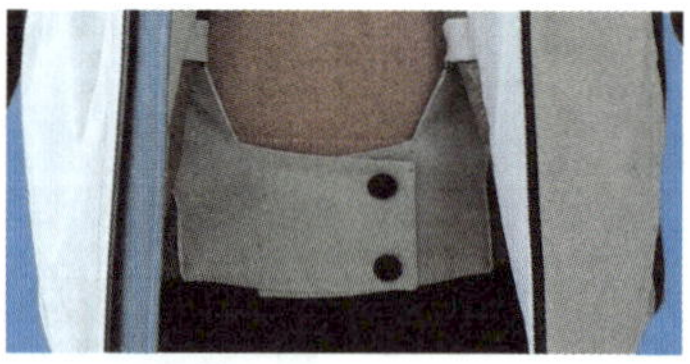
上衣防风袖	有套指和不套指两种，大多数为套指结构，采用莱卡面料或罗纹面料制作，可以紧套手腕或手掌，能有效防止寒风从袖口侵入	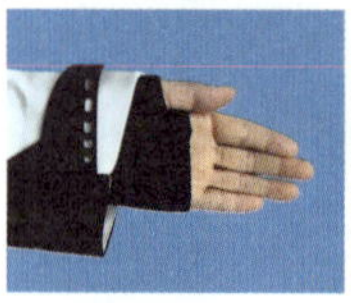 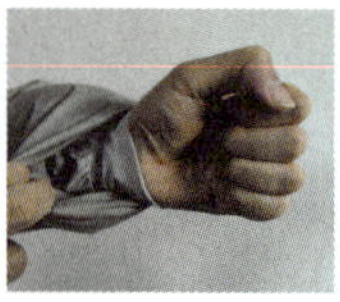
帽开口防风帘	有帽檐整圈的挡风帘或帽顶（前额）局部的挡风帘。也可以将挡风功能与帽檐抽绳管道结合设计，既可防止寒风从帽开口的侵入又可调节前帽开口大小	 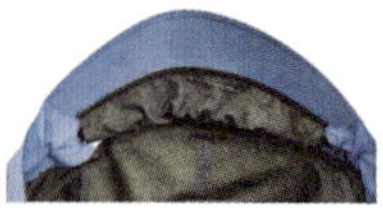
裤腰头防风裙	裤子腰头可脱卸防风裙，其面料及工艺跟上衣的防风裙一样。其是倒装在裤腰顶部的。在寒冷环境下可有效防止风雪从裤子的上开口侵入	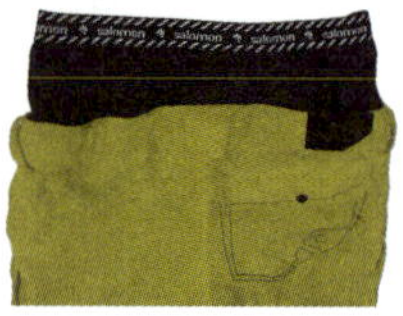 

（续表）

裤子防风脚	在裤子腿部加装的防风脚，有圆筒防风脚和开门襟防风脚。其面料及工艺跟上衣的防风裙一样。在寒冷环境下可有效防止风雪从脚口部位侵入	

4. 冲锋衣头颈保护构件

冲锋衣除了采用较高的立领外，风雪兜帽更是必不可少的一个组合构件，其可有效抵挡风雪、雨水从领口处侵入，为运动者的头部提供功能性的保护。从帽子与大身的连接方式区分有无领连帽式、领帽固定连接式（或可藏帽）、领帽脱卸连接式；从直接包裹的对象上看有常规帽子和特殊运动项的头盔型帽子（兼容头盔佩戴），如表 4-4 举例。

表 4-4　冲锋衣头颈保护构件

头部外层防护帽	风雪兜帽是非常有效的头颈保护构件，兼容头盔穿戴功能，是极限登山、骑行等户外运动必不可少的设计。有两片式及三片式结构。两片式结构因其更少的拼接缝而渗水几率会更低	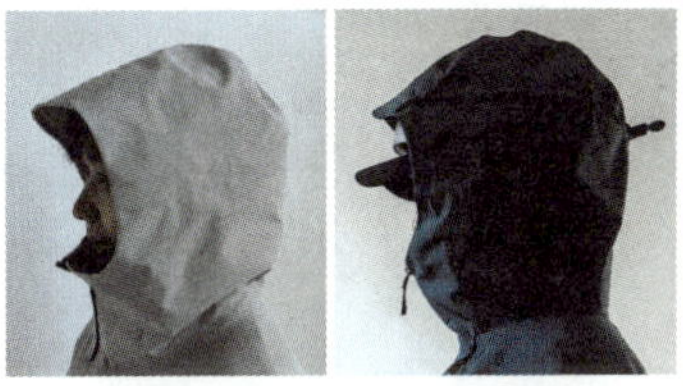
头部内层防护帽（巴克拉克法帽）	覆盖及贴合整个头部，只露出眼睛、鼻子和嘴巴，适合在极寒天气下进行滑雪或其他户外活动时使用。能防止雪花或寒风直接接触面部皮肤	
护颏功能	设置顶部反折的防风底襟，并在上部采用抓绒布，具有防止拉链刮蹭下巴及保暖的作用；包括在前领嘴或帽嘴底部采用抓绒布，更增强对整个下巴的保护；结合激光孔会具有更好的透气功能	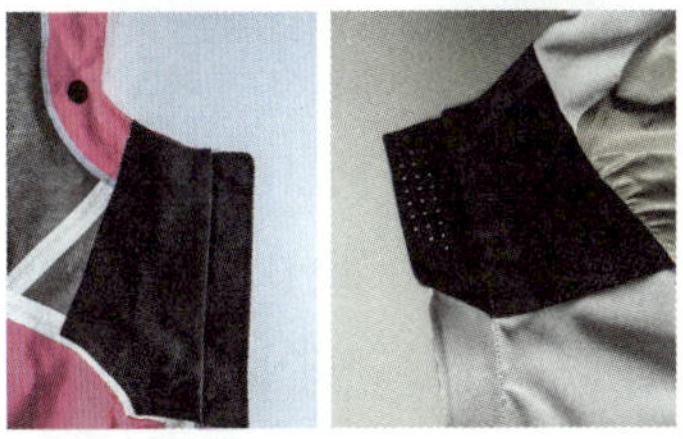
护颈功能	在内领或帽脚内部采用抓绒面料，具有保暖、护颈的作用。如果是极寒环境或高风险的运动则可增加一条高保暖或缓冲击的防护内领	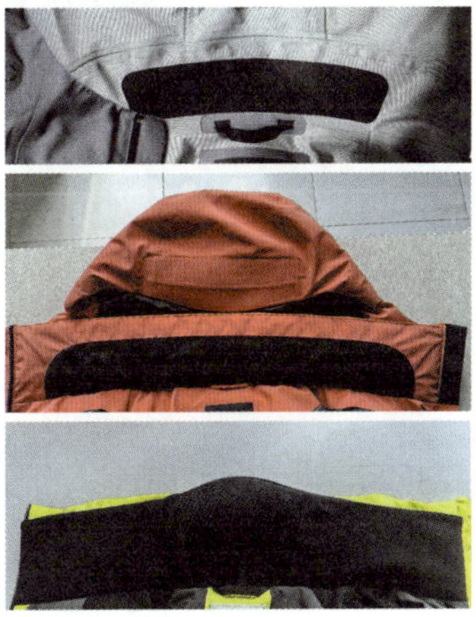

5. 其他功能构件的设计

冲锋衣功能部件的设计非常多，涵盖了环境的应对、工具的携带使用、运动的增效等各个方面，达到几十种之多。除了上述列举的门襟、透气、防风、头颈类的常见功能设计外，还有口袋类、开口调节类等。比如口袋类有主插手袋、拿破仑袋、身份证件袋、耳机袋、雪镜袋等，而主插手袋又有有缝与无缝（激光贴合）之分，功能各有侧重。再比如开口调节类有衫脚收紧功能、帽檐开口及后帽收紧功能、袖口收紧功能等。收紧采用弹力抽绳、魔术贴及各种明、暗绳锁等功能性辅料，可做到单手调节、帽子前后抽绳一体调节、衫脚拉绳明调节或袋内暗调节等，旨在方便运动者快速调整衣物贴合度，提升舒适性和防风防水效果。总之，冲锋衣的功能部件需根据特定的运动诉求而进行设计，因此不再配图说明。

第二节
冲锋衣面料及产品测试标准

一件防水透湿产品，其功能性主要来自两大方面：一是面料本身所具有的功能性；二是产品在结构上的功能性设计。面料本身的功能性占主要方面，检测机构对服装产品进行检测主要是对面料的性能检测。关于面料的测试标准及服装产品的标准，各国以及国际都有明确的规定。

ISO 为国际标准，AATCC 为美国纺织化学师与印染师协会标准，ASTM 为美国材料与试验学会标准，CGSB 为加拿大国家标准，JIS 为日本工业标准，AS 为澳大利亚国家标准，BS 为英国国家标准，DIN 为德国国家标准，NF 为法国国家标准。如果在标准名称 BS、DIN、NF 的后面带有 EN 或 ISO，即表示该国家标准源自欧盟标准或国际标准，如 BS EN ISO 为源自欧盟标准与国际标准的英国国家标准，即 BS 等同或等效于欧盟标准和国际标准：BS = EN = ISO。

我国纺织服装的国家标准有两级，GB 为国家标准，FZ 为纺织行业标准。实际上我国还有一级标准为企业标准。在我国关于标准的高低一般是，行业标准较国家标准严格，而企业标准又比行业标准严格，这一点可能与大多数人想得不一样。企业标准是企业出于自身对产品的要求以及客户的要求而自行制定的内部标准，不同的企业其标准会有差异。但总的来说，企业的标准跟国家标准所注重的基础起点不一样，大多数企业的标准都会高于国家标准，否则是难以通过相关部门的检验而被拒于市场之外的。

标准大体有两类：一类为产品标准，主要是提出产品（包括服装成品与面料产品）的要求、功能项目以及应达到的指标与等级（包括化学的、物理的以及产品外观的）；另一类为测试标准，主要是规定产品或面料测试项目的相关条件、方法、程序、设备以及评价等。

一、产品标准

目前在户外市场上采用防水透湿面料生产的服装（各类冲锋衣产品）所选用的产品标准（含面料）见表 4-5。

表 4-5 冲锋衣相关产品标准

标准号（年份略）	标准名称	适用冲锋衣类别
GB 18401	国家纺织产品基本安全技术规范	国家强制标准，应用于所有服装
GB/T 32614	户外运动服装 冲锋衣	各类型冲锋衣服及防水透湿服装
GB/T 14272	羽绒服装	三合一冲锋衣之羽绒内胆
GB/T 2662	棉服装	三合一冲锋衣之棉内胆、滑雪服
FZ/T 73020	针织休闲服装	三合一冲锋衣之抓绒内胆
FZ/T 81008	茄克衫	防水透湿服装及普通冲锋衣
FZ/T 81007	单、夹服装	防水透湿服装及普通冲锋衣
FZ/T 81010	风衣	防水透湿风衣及防风冲锋衣
GB/T 21295	服装理化性能的技术要求	各类型冲锋衣服及防水透湿服装
GB/T 23317	涂层服装抗湿技术要求	各类型冲锋衣服及防水透湿服装
GB/T 23330	服装 防雨性能要求	各类型冲锋衣服及防水透湿服装
GA 357 2001	警服 聚氨酯涂层雨衣布	聚氨酯涂层面料冲锋衣

GB/T 32614-2023《户外运动服装 冲锋衣》标准是目前国内户外运动中所使用的防水透湿面料服装最为全面及针对性的产品标准。但由于该标准出台的时间较晚，其在 2016 年 4 月 25 才颁布实施。这个时期，中国的户外运动已开展二十年。在这个冲锋衣标准出来之前，国内很多品牌均以相似类别的服装标准来执行，如茄克衫标准、棉服标准、风衣标准等，但由于这类产品为传统产品，其标准缺少基于户外条件下的相关功能性的要求及规定，因此，各品牌则会结合其他的相关的理化性及功能性标准来执行，如 GB/T 21295《服装理化性能的技术要求》、GB/T 23317《涂层服装抗湿技术要求》等，或者品牌会确立自己的功能标准或等级。目前为止，还有品牌习惯于用之前的传统服装标准 + 自定的户外功能项标准来进行产品的开发生产。国外品牌则由于所处的国际环境，依赖成熟的标准体系以及完善的产品研发机制，令其产品在中国市场占据着极大的优势。

二、测试标准

各类冲锋衣产品及面料的物理性、化学性、功能性的测试，业界常用的标准有中国的国标 GB、行标 FZ，美国标准的 AATCC 及 ASTM，日本的 JIS L，以及国际标准 ISO。防水透湿性面料服装主要的测试项目及不同国家的标准号对应如表 4-6 所示。

表 4-6　防水透湿面料相关测试标准（年份略）

测试项目	中国标准	美国标准	日本标准	国际标准
纤维成分定性分析	FZ/T 01057.1～11	AATCC 20	JIS L 1030-1	
		ASTM D276		
纤维成分定量分析	GB/T 2910	AATCC 20A	JIS L 1030	ISO 1833
	GB/T 2911	ASTM D629		ISO1833（1～21）
	FZ/T 01026			
	FZ/T 01095			
	FZ/T 30003			
	GB/T 16988			
pH 值	GB/T 7573	AATCC 81		ISO 3071
甲醛含量	GB/T 2912.2	AATCC 112	JIS L 1096 章节	ISO 14184-2
	GB/T 2912.1		JIS L 1041 章节	ISO 14184-1
水渍色牢度	GB/T 5713	AATCC 107	JIS L 0846	ISO 105 E01
皂洗色牢度	GB/T 3921	AATCC 61		ISO 105-C10
干洗色牢度	GB/T 5711	AATCC 132	JIS L 0860	ISO 105 D01
摩擦色牢度	GB/T 3920	AATCC 8	JIS L 0849	ISO 105 X12
光照色牢度	GB/T 8427	AATCC 16		ISO 105 B02
汗渍色牢度	GB/T 3922	AATCC 15		ISO 105 E04
海水色牢度	GB/T 5714	AATCC 106	JIS L 0847	ISO 105 E02
热压色牢度	GB/T 6152	AATCC 133	JIS L 0850	ISO 105 X11
色差测定	GB/T 8424.1			ISO 105 A01, A02
断裂强度（条样法）	GB/T 3923.1	ASTM D5035	JIS L 1096 章节 8.12 A	ISO 13934-1
断裂强度（抓样法）	GB/T 3923.2	ASTM D5034	JIS L 1096 章节 8.12 B	ISO 13934-2
接缝滑移	GB/T 13772.1	ASTM D434	JIS L 1096 章节 8.21	ISO 13936-1～2
接缝强度	GB/T 13773.1～2	ASTM D1683		ISO 13935-1～2
	FZ/T 70007			
撕破强度（舌形法）	GB/T 3917.2～3	ASTM D2261-07a		ISO 13937-2～4
撕破强度（摆锤法）		ASTM D1424-07a	JIS L 1096 章 8.15 D	ISO 13937-1
顶破强度	GB/T 7742.1	ASTM D3786-08a	JIS L 1018 章节 8.17 A	ISO 13938-1
	GB/T 19976	ASTM D3787		
	FZ/T 01030			
剥离强度		AATCC 136		
		ASTM D2724		
机织物密度	GB/T 4668	ASTM D3775	JIS L 1096 章节 8.6	ISO 7211-2

（续表）

测试项目	中国标准	美国标准	日本标准	国际标准
机织物克重	GB/T 4669	ASTM D3776	JIS L 1096 章节 8.4	ISO 3801
织物纬斜度	GB/T 14801	ASTM D3882	JIS L 1096 章节 8.11	
		AATCC 179		
耐磨性	GB/T 21196.2	ASTM D4966		ISO 12947-1～4
		ASTM D3885		
		ASTM D3886		
		AATCC 93		
抗起毛起球性	GB/T 4802.3	ASTM D4970-07	JIS L 1076 方法 A	ISO 12945-1
	GB/T 4802.2	ASTM D3512-07	JIS L 1076-2006 D	ISO 12945-2
	GB/T 4802.1	ASTM D3514		
拒水性（防泼水）	GB/T 4745	AATCC 22	JIS L 1092 章节 7.2	ISO 4920
抗水性（静水压）	GB/T 4744	AATCC 127	JIS L 1092 章节 7.1 A	ISO 811
	FZ/T 01004	ASTM D751		ISO 1420
抗水性（雨淋）		AATCC 35		
透湿性	GB/T 12704	ASTM E96	JIS L1099	
透气性	GB/T 5453	ASTM D737	JIS 1096	ISO 9237
保温性	GB 11048	ASTM D1518		
弹性及回复率	FZ/T 70006	ASTM D3107	JIS L 1096 章节 8.14	
		ASTM D2594		
防油性		AATCC 118		
防污性		AATCC 130		
防钩丝性	GB/T 11047	ASTM D3939	JIS 1058	

三、防水透湿织物的基础功能性测试

防水透湿面料服装及面料所涉及的功能及测试项目众多，有化学的，如 pH 值、甲醛含量；有物理的，如撕裂强度、耐磨强度。但作为户外运动环境下的防护着装，防水、透湿、防风、保暖等功能性方面的测试则是各类型冲锋衣必不可少的基础项，有所区别的是，不同类型的冲锋衣会因其所适用的运动的特点而对功能性的指标有所侧重，如疾速运动会将防风性能放在首位。

（一）防水性测试

防水性测试也叫拒水性测试，按照测试原理可分为静水压、表面抗润湿性、吸水性三类。

1. 静水压测试方法

静水压是指水通过织物时所遇到的阻力，面料行业习惯称之为耐水压，是指在标准大气压条件下，织物涂层面或拒水面接触水面，承受持续上升的水压，直到织物背面渗出水珠时为止，此时测得水的压力值即静水压。织物能承受的静水压越大，防水性或抗渗漏性越好。静水压方法主要用于高防水性的涂层或层压织物防水性能的测试。

表示静水压的单位有 psi（lb/in^2）、N/m^2、kPa 和 mH_2O，它们之间的换算关系为 1 mH_2O 等于 1.43 psi 或 9.82 kPa，业界多以用 mmH_2O 表示，如耐水压 5 000 mmH_2O，即单位面积最大可承受 5 m 压力而不会发生渗漏。

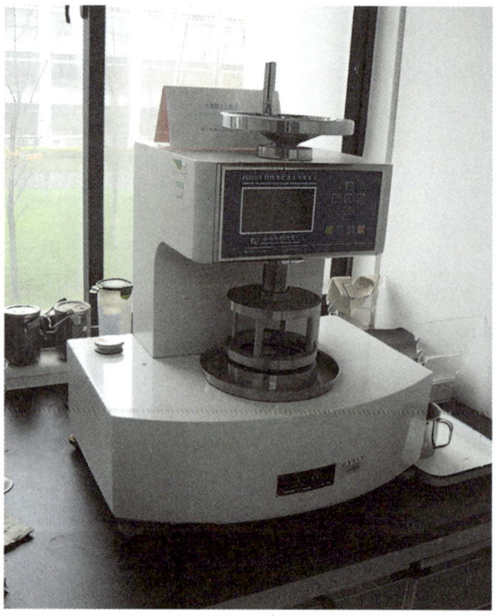

图 4-11　静水压测试仪

静水压测试的标准：中国国家标准 GB/T 4774，中国行业标准 FZ/T 01004，国际标准 ISO 811、ISO 1420，日本工业标准 JIS L-1092，美国标准 AATCC 127、ASTM D751 等。

耐水压测试数据可分为洗前测值和洗后测值两种。国产有些品牌一般只做洗前测试，不做洗后测试，由于洗前值与洗后值有较大的差距，笔者也曾做过不少测试，一些面料水洗 5～10 次后的耐水压值下降非常大，洗前 7 000～8 000 mmH_2O，洗后则只有 5 000 mmH_2O 甚至以下。这点消费者要注意。图 4-11 为静水压测试仪。

2. 表面抗润湿测试方法

表面抗润湿测试指从一定高度和角度以一定的流量向织物试样连续喷水或滴水，观察试样在一定时间后表面的水渍特征，与具有各种润湿程度的样品对比，从而评定其等级。这类方法也称为沾水测试、拒水性测试、防泼水测试，俗称“荷叶效应”。常用的测试标准有国标 GB/T 4745、GB/T 14577，行标 FZ/T 01034，美标 AATCC 22，日标 JIS L 1092 章节 7.2，国际标准 ISO 4920 等。

图 4-12　表面抗润湿测试仪

防泼水的评价是以对照防水标准样来评分或评级的。美标 AATC 22 为评分制；欧标 ISO 4920 为评级制。

美标与欧标评分评级对比如下：美标评分 100 分（5 级）、90 分（4 级）、80 分（3 级）、70 分（2 级）、50 分（1 级）、0 分（0 级）。

在户外界，面料的防泼水一般分为两个层级：普通防水（Water Repellent），简写为 W/R；耐泼水（Durable Water Repellent），简写为 DWR；还有一种三防特氟龙（Teflon® 防水）。

W/R 层级对应的分值在洗前约 70 分，但多次洗后防泼水性能就基本消失了，只适合毛毛雨环境下的穿着；DWR

层级对应的分值在洗前约 90 至 100 分，经 10 次水洗后基本能保持在 80 分左右；Teflon 层级对应的分值在洗前也在 90 至 100 分。

知名的 Gore-Tex 面料的防泼水性能经 20 次水洗后能保持在 70 分以上。

3. 吸水性测试方法

它是测定经防水透湿整理后织物在水中浸湿一定时间后的增重率。一般情况下，它们主要用于经过拒水整理、用喷淋或喷射试验难以判断织物的拒水性。它们测量水渗入但没有透过织物的情况。吸水性试验的标准测试方法是 AATC 21、AATCC 76，以上两种测试中，称重样品被浸在水中一段时间接着再称重，两次重量之差的百分率表示织物的拒水性。

（二）透湿性测试

织物透湿性测试方法一般分为织物水蒸气传递速率 WVT（Water Vapor Transmission Rate）的测试和织物对蒸发热转移阻抗的测试两大类。

WVT 是指在织物的两面保持在规定的温湿度条件下，规定时间内垂直通过单位面积试样的水蒸气质量［(g/(m^2·24 h) 或 g/(m^2·h)］。这种方法是大多数业界（包括织物和服装生产者）较为喜欢采用的方法，即人们熟悉的用透湿量来评价织物的透湿性的方法。又因为这种方法在测试时使用的装置主要是杯子，故也有人叫它控制杯法。国家标准 GB/T 12704 采用的也是控制杯法。

研究者和生理学家通常喜欢用水蒸气阻抗评价人体汗液从身体表面通过织物向环境转移的能力，主要包括出汗热盘法和出汗假人法。

1. 控制杯法

控制杯法分为吸湿法和蒸发法两种。透湿仪如图 4-13 所示。

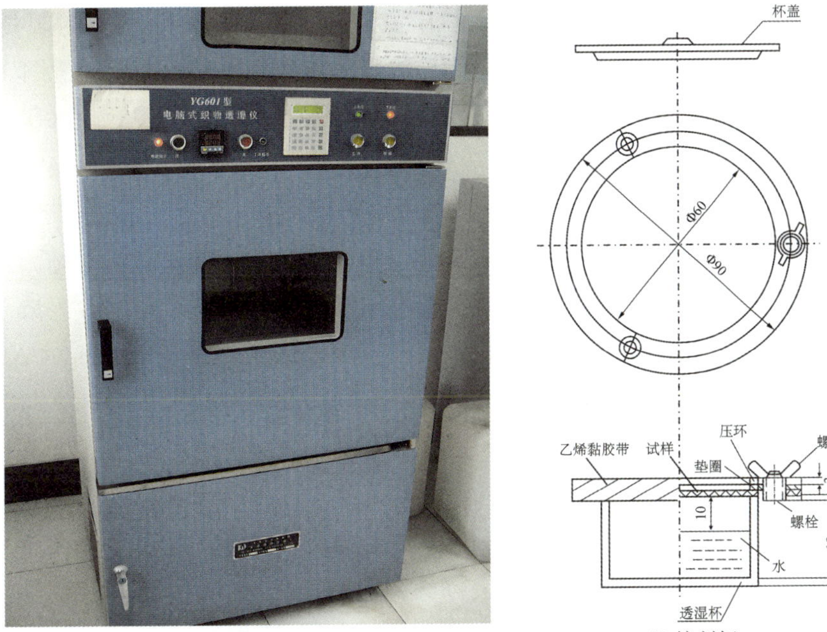

(a) 透湿仪　　(b) 控制杯

图 4-13　织物透湿仪

a）蒸发法

蒸发法也叫水法，有正杯法和倒杯法之分。正杯法测量时杯口朝上，倒杯法测量时杯口朝下，前者织物一侧与水面保持一定的距离，而后者织物（涂层或膜的一面）紧贴水面。正杯法的测试条件与人体在静止或少量运动状态下所穿服装的织物透湿性相近，这时人体排出的汗液较少，皮肤与织物间有一定的空隙，且它们之间存在较大水汽浓度的空气；倒杯法的测试条件与人体在剧烈运动状态下的透湿性相近，此时人体排出的汗液急剧增多，织物与人体皮肤上的汗液直接接触。国标 GB/T 12704.2 就是一种织物透湿测试的蒸发法，故我国的冲锋衣产品标准 GB/T 32614 中规定了织物透湿性的测试按照 GB/T 12704.2 蒸发法方法 B（倒杯法）执行。

蒸发测试法的标准还有美标 ASTM E96 B、D，日标 JIS L1099 A2，英标 BS 7209 等。

b）吸湿法

吸湿法也叫干燥剂法，是指在一定条件下通过测定一定时间内干燥剂所吸收的水蒸气量，用于评价织物透湿性的方法。吸湿法也有正杯法和倒杯法之分。国标 GB/T 12704.1 为吸湿法（正杯）；美标 ASTM E96 A、C、E 也是干燥剂正杯法的一种；日标 JIS L1099 A1 与中国的国标 GB/T 12704.1 一样为使用氯化钙作为干燥剂的吸湿法正杯法（只是测试条件有所不同），日标 JIS L1099 B1、B2 则为使用醋酸钾作为干燥剂的倒杯法。

2. 出汗热盘法

热盘法也称皮肤模型法，是一种用于测试模拟紧贴皮肤时发生的传热传质过程的装置。从测试原理看，出汗热盘测试方法属于蒸发热转移阻抗法，是用于测量不同类型织物对水蒸气的阻抗，水蒸气阻抗是指织物两侧的蒸气压力差值除以压力梯度方向单位面积总的蒸发热流量。蒸发阻抗越高，织物的呼吸性越差；蒸发阻抗越低，则透水节水蒸气性能越好。蒸发阻力测试范围一般为 3.9 m^2·Pa/W～148.7 m^2·Pa/W。

可能很多人都有留意到 Gore-Tex 面料的透湿性的标识不是我们所熟悉的透湿量，而是以 RET 表示的。RET 就是指以水蒸气穿过织物时遇到的阻抗值（m^2·Pa/W），其中 W 为输出功率，m^2 为测试部分的面积单位，kPa 为水蒸气蒸发阻力。Gore-Tex 面料的透湿性标准规定，RET 小于 6 就属于极度高透气，在高运动水平时穿着舒适；在 RET 为 6～13 m^2·Pa/W 时，为非常透气，在高运动水平时穿着舒适程度一般，但在一般运动水平时穿着舒适；RET 为 13～20 m^2·Pa/W 时，为透气，在高运动水平时穿着不舒适，但一般运动水平时穿着舒适；RET 为 20～30 m^2·Pa/W 时，为低透气，在高运动水平时穿着非常不舒适，但在低运动水平时一般舒适；Ret 高于 30 m^2·Pa/W 时，为不透气。

出汗热盘法测定织物材料的热阻和蒸发阻力标准有美标的 ASTM 1868（纺织材料热和蒸发阻力的标准测试方法），国际标准的 ISO 11092（稳态下纺织品生理效果测试–热和蒸发阻力测试）。

3. 动态湿度测试法及出汗假人法

动态湿度测试法（Dynamic Moisture Permeation Cell，简称 DMPC），是一种较新的透湿测试方法。测试标准有美标的 ASTM F 2298（用动态湿度测试装置测试纺织品阻抗水蒸气透过标准）。

出汗假人法也可以用来测试织物体系的蒸发阻力。假人有点像热盘，用来模拟典型人体的形状和尺寸，加热假人来模拟人体皮肤温度，多数情况下，假人是分段的，每一段模拟人体的一部分，而且具有独立的温度和功率控制能力。它可考虑更多的变量，包括服装覆盖人体的表面积、纺织品的层数和人体表面空气层的分布、人体不同部分的皮肤温度差异、身体的位置和运动状态等。目前，出汗假人法目前还没有对应的标准。

4. 织物透湿测试方法的比较

总结前面所介绍的织物透湿测试方法无外乎就是蒸发法（水法）的正杯法与倒杯法、吸湿法（干燥剂法）的正杯法与倒杯法，这是在国内常用到的；还有就是出汗热盘法和动态透湿测试法，这是国内品牌极少采用的。根据张建春等相关学者的研究，正标法与DMPC动态法有非常好的相关性，倒杯干燥剂法与出汗热盘法有较好负相关性。冲锋衣研发人员可以根据产品的实际用途选择测试方法，以使测试数据更有实用意义。

户外产品消费者需知道的是，透湿量是随测试方法、测试条件及织物品种的不同而不同的，所得的数据会有较大差异的。有的时候，有些品牌商及面料商更愿意选用日本干燥剂倒杯法，因为一方面它不需控制测试时的相对湿度，所需样品也小，测试仪器也比较便宜；另一方面该方法测试的数值很高，从面上看数据会好看很多。表4-7是一份织物透湿测试方法的数据比较，为中国纺织科学研究院助剂中心邓燕所做的研究，从表中可看出各方法的差异情况。表中A-1～A-3为高密透湿织物；B-1～B-8为微孔透湿织物；C-1～C-9为非微孔连续膜透湿织物；D-1～D-6为微孔与连续膜复合透湿织物。

表4-7　不同织物采用不同测试方法的数据比较

样品	STM E96B 正杯法 [g/(m^2·24 h)]	ASTM E96BW 倒杯法 [g/(m^2·24 h)]	JIS L 1099 干燥剂倒杯 [g/(m^2·24 h)]	ASTM F1868 出汗热盘法 (m^2·Pa/W)	ASTM F2298 DMPC 法 [g/(m^2·24 h)]
A-1	892.4	4 788	13 420.8	10.4	4 775.1
A-2	800.8	3 113.6	6 852	14.9	3 238.5
A-3	801.6	3 302.4	6 824.8	14.6	3 743.6
B-1	926	5 084.8	21 272.8	5.5	5 742
B-2	984.8	7 265.6	27 825.6	5.9	6 162.5
B-3	942.8	6 201.6	20 716	6.5	6 039.2
B-4	785.2	3 056.8	6 696	13.1	3 353.5
B-5	913.6	5 317.2	16 728.8	6.6	5 098.5
B-6	742.4	4 360	7 788	12.3	2 499.4
B-7	690.8	3 012.8	6 050.4	14.9	2 199
B-8	776.8	2 972	5 305.6	13.3	3 094.2
C-1	700	6 608.4	12 357.6	11.4	2 245.5
C-2	742.4	6 180.4	14 508	7	2 654.2
C-3	715.2	7 285.6	12 052.8	11.7	2 441.8
C-4	624.4	5 801.2	11 676.8	8.3	2 052.4
C-5	724.4	7 634.4	10 707.2	8.8	2 424.5

（续表）

样品	STM E96B 正杯法 [g/(m²·24 h)]	ASTM E96BW 倒杯法 [g/(m²·24 h)]	JIS L 1099 干燥剂倒杯 [g/(m²·24 h)]	ASTM F1868 出汗热盘法 (m²·Pa/W)	ASTM F2298 DMPC 法 [g/(m²·24 h)]
C-6	618.8	4 368	8 728.8	13.5	1 962.2
C-7	446.4	4 510	6 672.8	21.5	1 962.2
C-8	783.2	5 876	11 669.6	6.8	2 960.1
C-9	566.4	5 992.8	8 220.8	12.6	1 692.1
D-1	811.6	5 441.6	14 998.4	7.7	3 840.7
D-2	782	4 243.2	10 361.6	9.9	3 163.1
D-3	864.4	7 513.2	21 193.6	4.9	3 193.3
D-4	758.8	5 674.8	16 612.8	6.2	2 865.6
D-5	875.6	4 537.6	15 360.8	3.9	3 053.5
D-6	804.8	7 064.4	15 360.8	3.9	3 053.5
平均值	722.1	5 297.9	12 662.3	10	3 289.4

（三）防风性测试

织物的防风性是指减少或阻止流动空气穿透其本身的能力（织物对风透过的阻抗特性）。防风性通常用织物的透气性来表示。所谓织物的透气性，是指空气透过织物的性能。很多人混淆“透汽”及“透气”这两个功能概念。“汽”是指水蒸气，冲锋衣说的透湿性其实是指透过水蒸气的能力。人体蒸发时的气态汗水是含水分子的，即“汽”，因术语“水蒸气”前两字已表明水蒸发的特性，故用“气”。

织物的透气性用透气量或速率来表示，可测定织物两面在规定的压差和时间条件下垂直通过规定织物面积的气流流量，计算出透气率。透气量单位为 $m^3/(m^2 \cdot s)$ 或 $mL/(cm^2 \cdot s)$，透气速率单位为 m/s 或 mm/s。透气性直接影响织物的服用性能，寒冷气候环境下使用的冲锋衣的透气性自然比在春秋季的冲锋衣的透气性要小，唯有这样才能保证产品具有良好的防风性能，防止热量的大量散发。

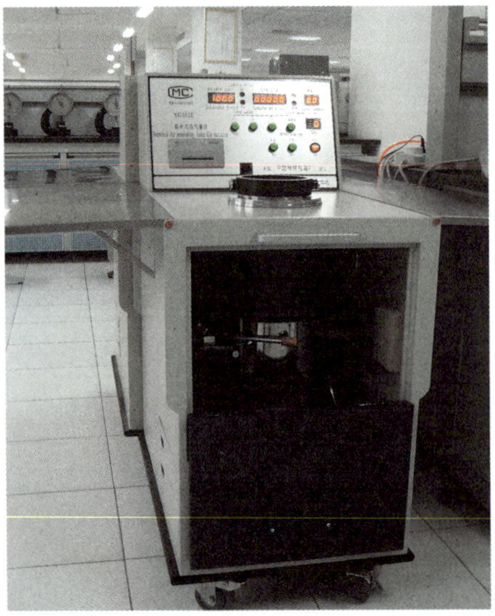

图 4-14　半自动透气仪

透气性测试标准有国标 GB/T 5453、美标 ASTM D737、日标 JIS 1096、国际标准 ISO 9237。但是，对于冲锋衣的透气性，很多户外品牌似乎都未测试或者说没有作为必测项来要求。包括 GB/T 32614—2023《户外运动服装 冲锋衣》中也没有提出对透气性的要求。主要因为冬季环境下使用的冲锋衣，其有防风性及保暖性的要求，而由织物所复合的薄膜（涂层）的特性，如微孔膜的曲折孔道和无孔膜的全封闭性决定了织物本身的低透气率，已达到防风的要求。

（四）保暖性测试

织物的保暖性是冲锋衣诸多功能性中一项重要的内容。保暖材料通常可分为两大类：一类是消极的保暖材料，通过单纯阻止或减少人体热量向外散失达到保暖的目的，如天然棉絮、羽绒、化纤絮片等；另一类是积极的保暖材料，不仅遵循传统的保暖理论，更能吸收外界热量，储存并向人体传递来产生热效应，如电能、化学能、生物能及太阳能。保暖类冲锋衣经常用到的远红外棉就是一种典型的、积极的保暖材料。

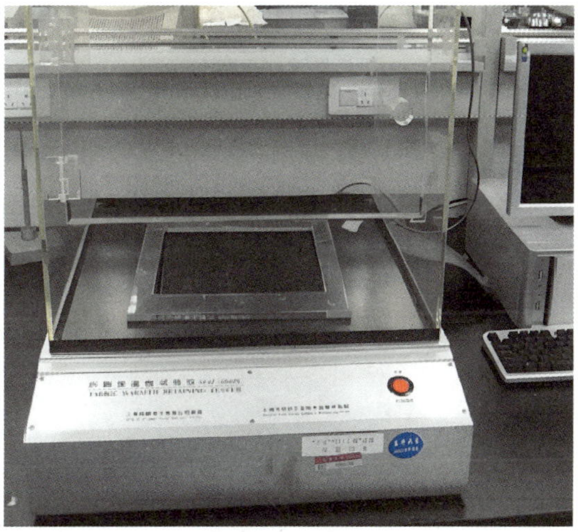

图 4-15 保暖仪

服装的保暖能力可以用当量热阻，即织物两面温差与单位时间内垂直通过织物单位面积的总热流量（蒸发散热和非蒸发散热）之比来表示。当量热阻越大，织物的保暖性越好。

人体在静止时新陈代谢产生热量的 75% 左右是以非蒸发散热形式，即通过服装以热传导、对流和辐射的方式散失到周围环境中的，25% 左右是通过无感排汗蒸发所散失，而在这个蒸发的量当中，通过皮肤蒸发的为 64%，另 35% 左右的为呼吸系统所蒸发。

从前面的章节中得知，人体在静止状态下，其皮肤表面只存在无感出汗蒸发，而且无感出汗蒸发水量很小，其散失作用不明显。因此，所谓织物的保暖性主要是指织物对于在静止状态下的非蒸发散热，也就是干热的阻抗。这点相信研发者可以理解，因为非静止的运动状态下人体产生的是有感出汗蒸发，归属排汗（湿）功能管控，及时地排出汗湿可以避免或减少汗水的凝结，有助于产品有更好的保暖效果。

表示织物保暖性的指标有传热系数、热阻、保暖率和克罗值（clo）等。世界各国广泛采用的保暖性测试方法为散热体为平板的恒温差散热法，标准有美标的 ASTM D1518、国标的 GB 11048 等。

保温率：无试样时的散热量和有试样时散热量之差与无试样时的散热量之比的百分率。

传热系数：织物表面温度差为 1℃时，通过单位面积的热流量，单位为 W/(m^2 · ℃)。

克罗值：在室温为 21 ℃时，相对湿度 50% 以下，空气流速为 10 cm/s（无风）条件下，试穿者静坐不动，其基础代谢为 58.15 W/m^2（50 kcal/m^2 · h），感觉舒适并维持体表温度为 33 ℃时，所穿服装的隔热保温值为 1 clo，1 clo = 0.155 K · m^2/W。

热阻：服装层中因温度梯度而产生的热流阻力称为热阻。服装热阻的物理意义是指服装两面的温差与垂直通过服装单位面积的热流量之比。热阻反映了服装及材料具有的隔热保暖能力，也称隔热值或保暖量。

（五）其他测试项目及设备仪器

防水透湿面料服装特别是野外环境下穿着的冲锋衣除了前面所列举的几大功能性测试外，对理化方面的项目，如撕裂强度、耐磨强度及耐光、耐摩擦、色牢度等，都会测试，具体的测试项目见表 4-6。图 4-16 至图 4-22 列举了一些相关的检测仪器。

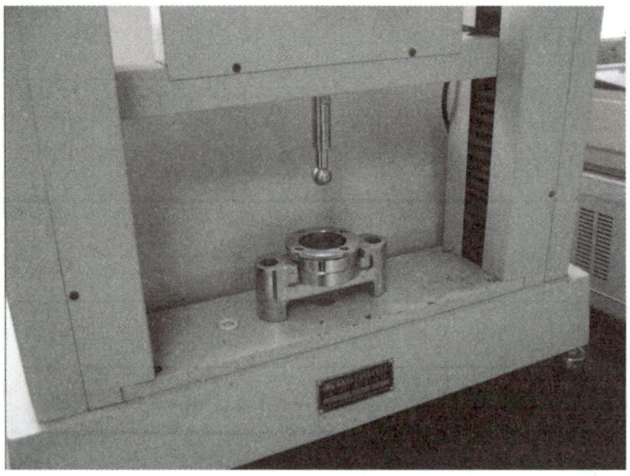

图 4-16 织物顶破强度

图 4-17 织物胀破性能

图 4-18 织物拉伸强度

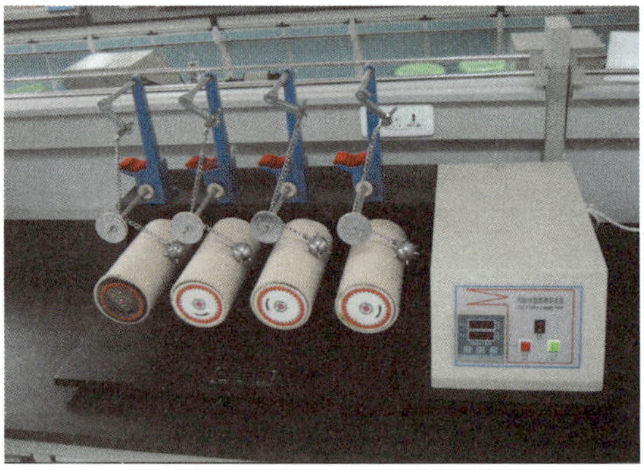

图 4-19 织物钩丝性

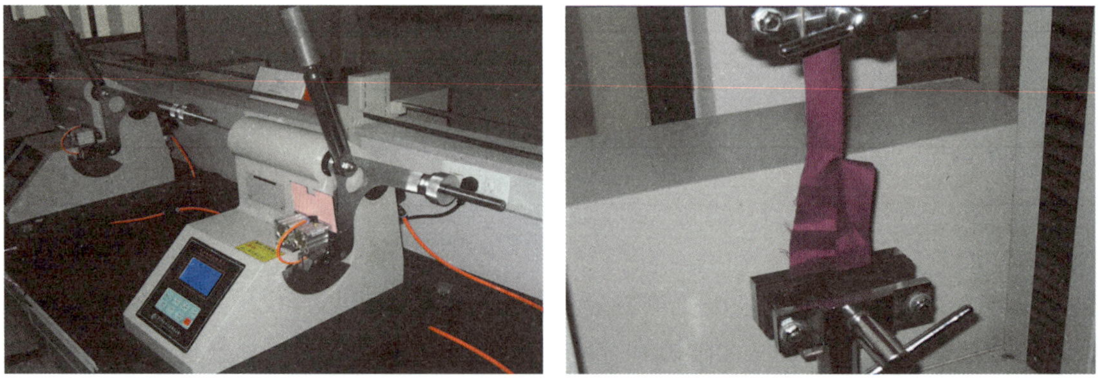

(a) 织物撕裂强度落锤法

(b) 织物撕裂强度单舌法

图 4-20 织物撕裂强度

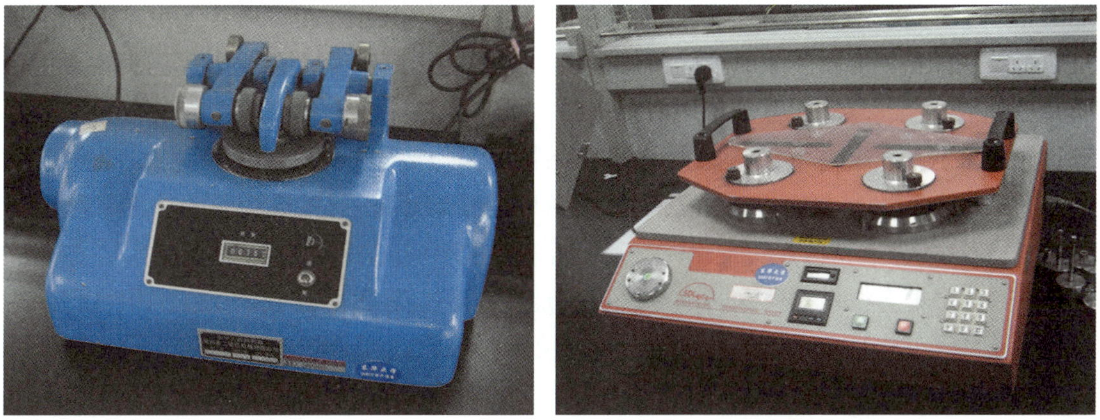

(a) 织物耐磨强度圆盘法　　(b) 织物耐磨强度马丁代尔法

图 4-21　织物耐磨强度

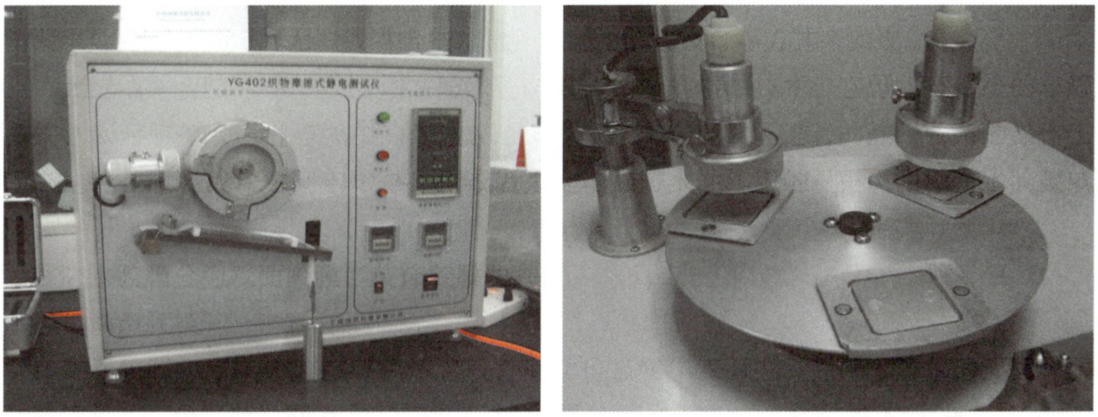

(a) 织物静电性摩擦式　　(b) 织物静电性感应式

图 4-22　织物静电性

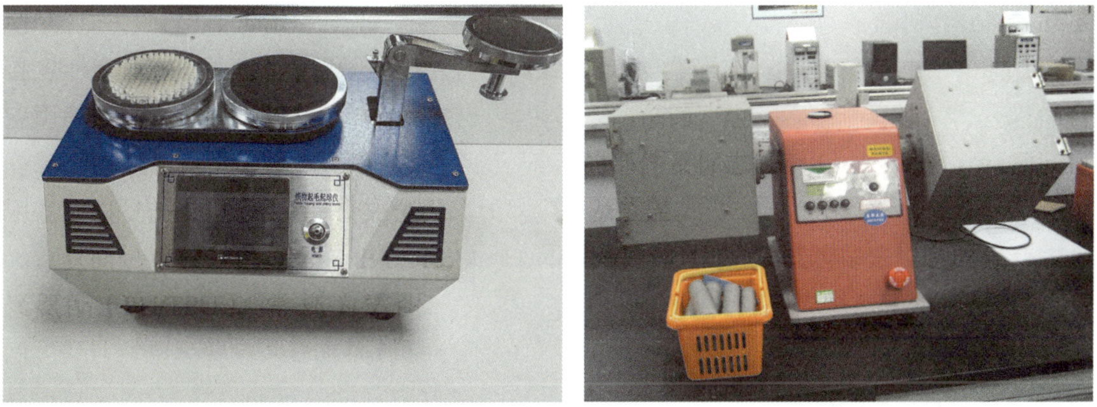

(a) 织物起毛起球圆轨迹法　　(b) 织物起毛起球箱式法

图 4-23　织物起毛起球

（六）冲锋衣的人体着装测试

在冲锋衣产品标准 GB/T 32614 发布之前，各品牌对于各种功能的测定主要依据自己的理论依据来选择测试方法及标准，由于各种测试方法众多且测试条件不同，所得的数据会有较大出入。有时候，即使采用相同的测试方法，也会由于条件略微改变而产生较大的实验误差，难以获得相同的结果，另外有些品牌的产品在标识上也仅是告诉你功能的数值，如防水是多少、透湿是多少，并没有说它采用的是怎样的测试方法。

还有一个现象，就是很多品牌商的测试工作主要针对单层织物进行，忽略了组成产品（或整个服装系统）的其他织物及产品的影响。也就是说，现时市场上大多数的产品所标示的功能指数其实指的是面料的功能指数，并不是指整件产品的功能指数，并且也不会标示这些面料的功能指数是洗前测的还是洗后测的。当然，大品牌的冲锋衣产品对组成产品的其他材料还是有相关严格的测试的，如 W.L.Gore 公司对使用其面料的产品的配伍里布（因 W.L.Gore 主要生产面料）会有严格的性能指标规定，即品牌商采用的里布需要达到一定的透气指数才能被应用到与它家 Gore-Tex 面料的配套中，以此来保证 Gore-Tex 面料的功能不被其他材料削弱，进而确保最终产品的功能性。

由于上述等多方原因，有经验的户外运动者并不会盲目地相信产品所标识的检测数据。因此，在户外界出现了专业的产品评测师。评测人员将产品按实际的应用方法及穿着层次去进行相关的运动体验，最终给出其个人的感受。根据前面章节中的舒适性评测方法中得知，人体着装体验很多时候会因环境以及个人心理感受和健康因素的影响而给出不同的评价描述，其本质是一个主观的测试评价。

为保证测试的准确性，人体测试时要注意：测评者的身材体型要与测试的服装大小相匹配；选择的运动项目及强度要与冲锋衣的类型（功能性）相适应；选择的试验环境要与实际的运动环境（地形及气候等）相似。如果测试时相关条件发生较大变化时评测结果可做相应调整。如保暖性的体验，环境温度每降低 8℃需要增加大约 1 clo 的隔热值。如果你的产品保温性能设计为气温 21.2℃时为 1 clo，那么气温为 13℃时，就需要 2 clo 的服装保温能力。防寒冲锋衣的厚度与 clo 值的关系大约可按每 1 cm 合 1.6 clo 来估计。

虽然人体着装测试不如仪器试验得到的数据精确，但因它测试的是最终的产品，反映的是测试者对整个产品的真实感受，包括对各种材料及产品结构在内的全面体验，因此有重要的参考意义。研发人员可以结合仪器测试与现场体验两种数据来设计相关的户外产品。

第五章

冲锋衣的压胶技术及工艺设计

冲锋衣的防水防风、透气透湿等功能性诉求主要通过三条途径实现：一是服装材料，二是服装工艺，三是服装结构。

冲锋衣作为户外运动的外层穿着，具有很强的户外属性，也令其在工艺的设计上与常规的体育服装、休闲类服装有着很大的不同。冲锋衣的工艺设计着重考虑防水防风、透气透湿、防寒保暖等功能诉求，在传统的服装工艺的基础上结合了封胶、压胶、激光、冲压等一系列特殊的加工工艺。这一系列的特殊加工工艺，业界称之为“无缝压胶技术”或“压胶技术”。

压胶技术是一种以热能、特殊设备及手段等对防护层面料（主要指层压、涂层等面料）及相关产品进行加工的技术，它最大的工艺特点是不使用缝线或减少缝线，采取热压黏合的办法来组装产品，最终使产品达到防水防风、透气透湿等功能。其具体的方式、方法及相关要求、标准，我们统称为压胶工艺。

现时，户外服装的压胶技术及工艺除了在户外服装中运用外，也在传统的体育运动产品中被快速引入，如耐克（Nike）、阿迪达斯（Adidas）相关产品的设计，另外，在休闲类、羽绒类，甚至时尚潮牌类的产品中也常被运用。压胶技术及工艺已成为一种时尚元素。

第一节

冲锋衣的缝型设计

冲锋衣常用的缝型结构，包含机针穿刺缝料的结构及非机针穿刺缝料的结构。在户外防护服中，非机针穿刺缝料的结构也叫无缝线结构，指的是采用黏合材料黏缝料或采用超声波熔合缝料等无缝纫线连接的结构。其结合的过程、操作手法及标准，称之为无缝工艺，这是冲锋衣工艺最显著的特征之一。

过去，外界一直误认为户外产品的无缝工艺或无缝构件是完全没有拼接缝的。其实不然，此缝非彼缝，业内的无缝工艺的缝指的是缝纫线，它包含了有拼接缝和无拼接缝两种情况，就是说不管产品的组件（裁片）的结合有无拼接缝，它都是采用黏合材料（双面胶）作为连接媒介的。

由于缝料在结合中不采用缝纫线，故产品减少了渗水的路径或概率。但在实际运用中，即使局部增加了缝纫线以起到增强牢度的作用，也还是被叫作无缝产品或无缝工艺。诚然，尽可能减少拼接，甚至取消拼接，也是冲锋衣在工艺结构及版型结构中必须考虑的，以达到最大的防水效果。

冲锋衣常用的缝型分为拼接、折边、贴边、贴合、闭合等类型。本书的缝型结构工艺图以二维截面图表示，部件结构工艺图以三维截面图表示；在部件结构中，面料有膜（涂层）的一面默认在结构的内部，反之将用文字注明；缝型中所附数字表示缝份宽度、辑线宽度、胶带宽度、胶纸宽度等。图例见表 5-1。

表 5-1　图例符号

序号	符号	名称	说明
1		面料	粗实线表示面料层
2		里料	粗虚线表示里料层
3		纸衬	细实线表示纸衬层
4		明辑线	细虚线表示明辑线迹
5	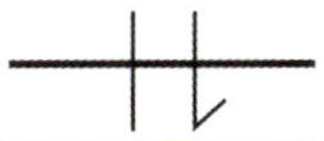	缝纫线	穿过布料的细实线表示缝纫线，带有箭头的表示缝针的刺向
6		双面胶	细实线两侧有短斜线
7		胶带 / 装饰胶膜 / 单面胶 / 加强胶带	细实线一侧加短斜线或半圆点表示防水胶带、装饰胶膜、单面胶等一面有胶的压胶带类
8		反折线	表示长短间隔的细线
9		裁片边缘锁边	空心椭圆表示裁片缝口锁边
10		裁片边缘激光	实心椭圆表示裁片开口或边缘为激光或冲床切割

1. 拼接缝型（见表 5-2）

表 5-2　拼接缝型

序号	名称	符号（单位：mm）	说明
1	有缝拼接 a：刀车拼接	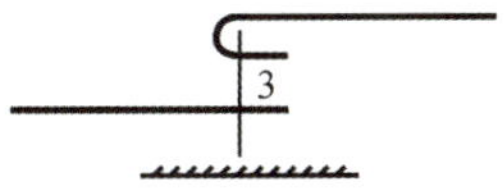	基础拼缝结构，用带刀平缝车拼接缝料，缝份 3 mm，封压胶带，胶条宽度 12～22 mm。极限冲锋衣多采用此无外露线的缝型，能有较好阻止雨雪透过缝料的效果
2	有缝拼接 b：刀车拼缝 + 辑边线	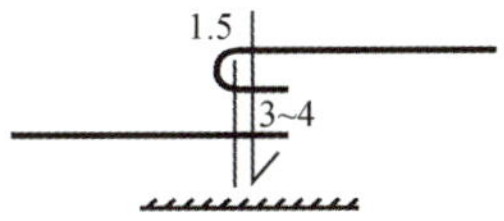	在拼接 1 缝型的基础上加辑明边线 1～1.5 mm，缝份 3～4 mm，胶条宽度 12～22 mm。也是冲锋衣普遍采用的一种缝型结构。具有防水及牢度加强双优点
3	无缝拼接 a：双面胶拼接	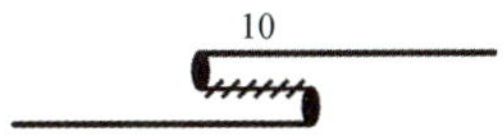	无缝线拼接缝型。激光机切割缝料边缘，以双面胶为黏合材料，采用压胶机热压黏合缝料。完成后面料重叠 10 mm。多在非受力部位使用
4	无缝拼接 b：超声波拼接	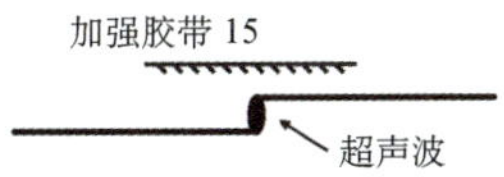	无缝线拼接缝型。采用超声波将两块缝料熔合拼接，并用加强胶带于拼缝进行封压，保护拼缝及加强拼接的牢度。加强胶带可个性化设计，宽度为 8～20 mm

2. 折边缝型（见表 5-3）

表 5-3　折边缝型

序号	名称	符号（单位：mm）	说明
5	有缝折边 a：辑线折边	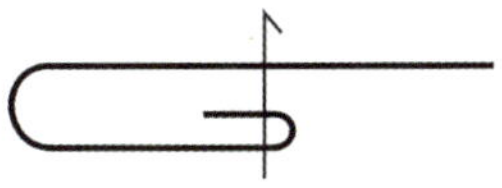	传统折边缝型，因缝纫线刺穿表层面料，故牢固性较好。但线迹有渗水风险，是一些对折边防水要求稍低一类冲锋衣的常用缝型，如长款产品的脚边

（续表）

序号	名称	符号（单位：mm）	说明
6	有缝折边 b：辑线折边 + 防水胶带	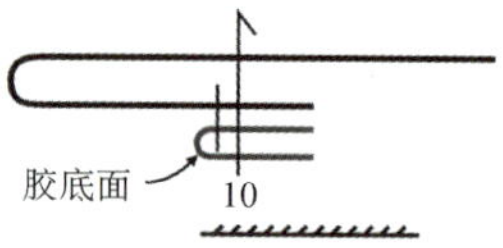	在有缝折边 1 缝型的基础上拼接宽度为 10 mm 的反底缝份贴，压防水胶带。水有渗入折边内的概率但不能进入身体。为 2.5L 或 3L 冲锋衣采用
7	无缝折边 a：双面胶折边		无缝线折边缝型，缝料边缘双面胶黏合后激光切割。此缝型无缝线，杜绝了渗水风险，是 3L 极限级冲锋衣主要的折边缝型。双面胶宽度 10 mm 或与折边同宽
8	无缝折边 b：双面胶折边 + 装饰胶	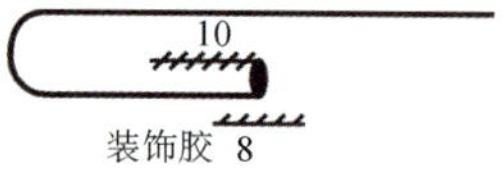	在无缝线折边 1 缝型的基础上加压装饰胶，起到保护边缘及增加一定牢度的作用。装饰胶宽度为 6～10 mm
9	无缝折边 c：双面胶折边 + 胶带	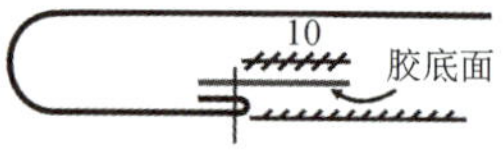	折边先以缝线拼接一条反底为面的压胶贴，缝线不过面。然后用双面胶黏合，最后封压防水胶带。此缝型不需要激光，且拼接缝份为折光，牢度较好
10	无缝折边 d：防水胶带折边	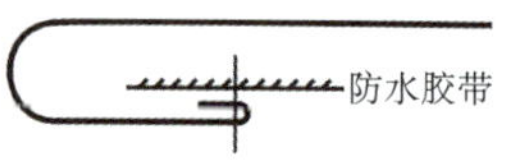	折边先以缝线拼接防水胶带，然后用平台热压机压于面料底面。此缝型不需要激光及双面胶。采用二层胶带（用于三层面料服装），简便且牢度也较好

3. 贴边缝型（见表 5-4）

表 5-4　贴边缝型

序号	名称	符号（单位：mm）	说明
11	有缝贴边 a：辑线贴边	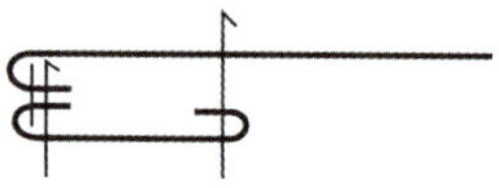	传统服装基本贴边缝型。边缘第一条明辑线只刺穿内贴，不刺穿外表面
12	有缝贴边 b：辑线贴边 + 防水胶带	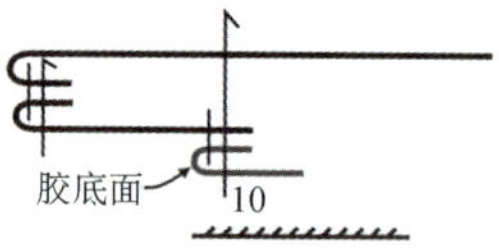	在有缝贴边 1 缝型的基础上拼接 10 mm 的反底贴。采用胶带封住线迹。水不能进入身体。为 2.5L 或 3L 冲锋衣采用，牢度与防水都有较好表现
13	有缝贴边 c：辑线反底贴边 + 防水胶带	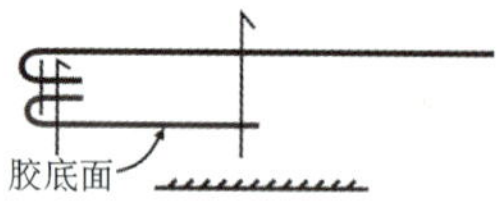	内贴反底做面，辑明线后封压防水胶带，可保护结构及增加牢度。水有渗入折边几率但不能进入身体。此缝型为 2.5L 或 3L 冲锋衣采用
14	无缝贴边 a：双面胶贴边	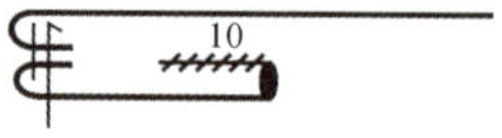	缝料边缘双面胶黏合后激光切割。此缝型缝线不刺穿表面层，杜绝了渗水风险，是 3L 极限级冲锋衣的主要贴边缝型。双面胶宽度 10 mm 或与贴边同宽
15	无缝贴边 b：双面胶贴边 + 装饰胶	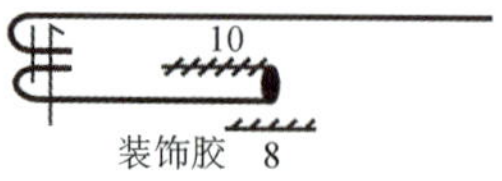	在无缝贴边 1 缝型的基础上加压装饰胶，起到保护边缘及增加一定牢度的作用。装饰胶宽度为 6～10 mm
16	无缝贴边 c：双面胶贴边 + 防水胶带	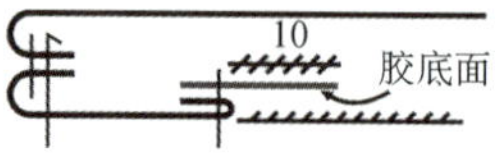	内贴先以缝线拼接一条反底为面的压胶贴，缝线不过面。然后用双面胶黏合，最后封压防水胶带。此缝型不需要激光，且拼接缝份为折光，牢度较好

（续表）

序号	名称	符号（单位：mm）	说明
17	无缝贴边 d：双面胶反底贴边 + 防水胶带	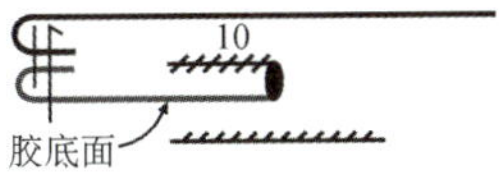	将内贴反底做面，即内贴有胶的一面向外，10 mm 宽双面胶热压黏合后用防水胶带或加强胶带封压，胶带宽一般需大于 20 mm，可保护结构及增加牢度
18	无缝贴边 e：防水胶带贴边	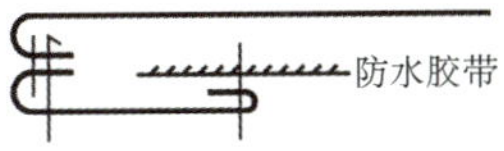	内贴先以缝线拼接胶带，然后用平台热压机压于面料底面。此缝型不需要激光及双面胶。主要采用三层胶带（用于三层面料服装），简便且牢度也较好

贴边缝型与折边缝型的区别：折边缝型为原身出内贴，有的地方叫自造边，适合部件边缘为直线的反折内贴。贴边缝型则为拼接式内贴，适合非直线边缘的内贴。因冲锋衣的外形边缘线多为非直线型，如弧形的鸭尾后下摆、马蹄形袖口等，故贴边缝型在冲锋衣中的应用较为普遍。

4. 贴合缝型（见表 5-5）

表 5-5　贴合缝型

序号	名称	符号（单位：mm）	说明
19	有缝贴合 a：辑线外贴合部件	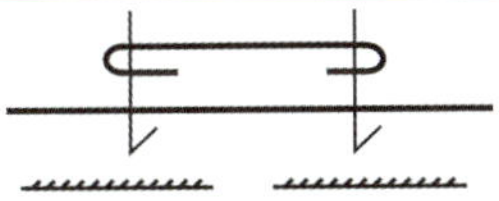	部件置于面料表面进行车缝，并用胶带对线迹进行封胶处理，是冲锋衣最常规的贴合工艺
20	有缝贴合 b：辑线底贴合部件	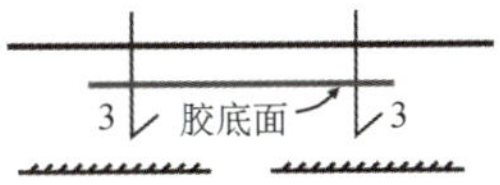	部件置于面料反面进行车缝，并用胶带对线迹进行封胶处理。贴缝部件的面料正反朝向均可，但有胶的一面朝向防水胶带则黏合牢度更佳
21	无缝贴合 a：布面无缝黏合部件		冲锋衣最典型的无缝线粘合工艺。部件边缘黏合双面胶后采用激光机切割，并采用压胶机于面料表层进行热压黏合
22	无缝贴合 b：布面无缝黏合 + 装饰胶	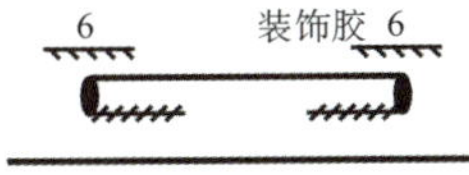	在无缝贴合 1 的基础上增加了装饰胶膜，对部件的边缘进行保护及增强一定的牢度，更具有装饰作用。装饰胶宽度为 6～10 mm
23	无缝贴合 c：布底无缝黏合部件		部件边缘黏合双面胶后采用激光机切割，并采用压胶机于面料底层进行热压黏合。部件面料正反朝向均可。原则上涂层面两两相对（涂层均在结构里面）
24	无缝贴合 d：布底无缝黏合 + 防水胶带	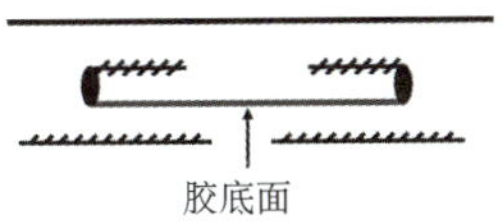	部件边缘黏合双面胶后采用激光机切割，并采用压胶机于面料底层进行热压黏合。部件涂层朝向结构外面与防水胶带有更大的接触面，以增强牢度

5. 闭合缝型（见表 5-6）

表 5-6　闭合缝型

序号	名称	符号（单位：mm）	说明
25	无拼接环形闭合：双面胶压胶黏合	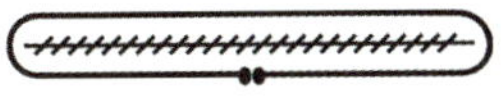	无缝环形闭合缝型，以双面胶黏合，外表辑明线与否均可

（续表）

序号	名称	符号（单位：mm）	说明
26	有拼接环形闭合：双面胶压胶黏合	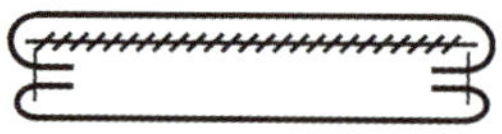	有拼缝的闭合缝型，由两块以上缝料拼缝而成，有暗缝线，可采用单面胶或双面胶或单双面胶＋纸衬等形式进行热压黏合，外表辑明线与否均可

闭合缝型是指缝料完成后呈现为独立或半独立的部件。因其结构为自成的一个环形，它的防水性能对人体不会产生直接影响，故结构（部件）的外表是否辑明线均可。采用压胶工艺的目的更多的是让部件起到坚韧挺括、方便运动的作用。

第二节

冲锋衣的压胶工艺

压胶工艺是防水类产品防止“有缝线拼接”发生渗漏水现象以及为“无缝线拼接”起黏合作用的一类较为科学的加工工艺和手段的总称。它包括有缝线拼接的胶带封压及无缝线拼接的双面胶热压两大部分，也包括激光切割、超声波拼接、高周波焊接等需要结合压胶技术来完成的外延无缝线工艺。它是冲锋衣类产品不可或缺的特殊加工工艺。

一、有缝压胶

1. 有缝压胶概念及设备

有缝压胶是指使用热风压胶机将防水胶带对胶底面料的“有缝线拼接缝”及无拼接但有辑线的缝线（针孔）所进行封闭线迹的黏合操作。工作原理如图 5-1 所示，由喷嘴喷出设定好温度的热风吹向压胶带，对压胶带的胶水进行加热熔化，通过压力轮带动压胶带及面料向前滚动，同时将胶带的一面熔贴在面料底部（有涂层或贴膜的一面）的拼缝上，从而使缝线及针眼部位防水。

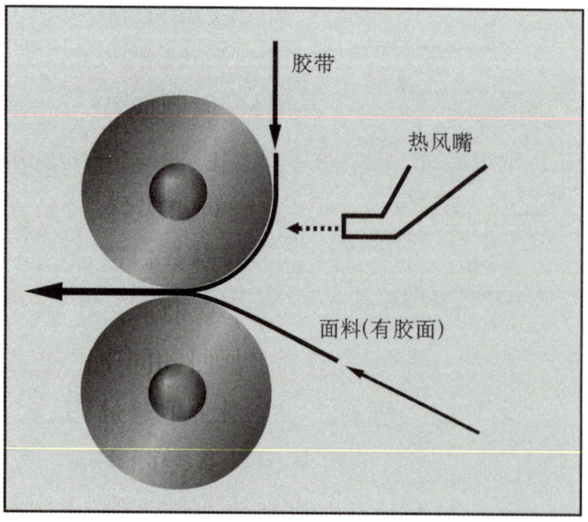

图 5-1　热风压胶机工作原理

有缝压胶除了常规的在面料的底部上进行压胶外，也可以将缝头向外而从面料表面进行压胶，称为外缝压胶，但必须考虑面料表面的熔胶结合能力，此压胶工艺一般适用于对防水要求不高的产品，主要起装饰作用。如果是经过防泼水处理的面料则不能采用外表压胶工艺。

有缝压胶操作使用的设备为热风压胶机，如图 5-2。热风压胶机常规的多为单驱滚轮行进（下辊带电机），高级的为双驱滚轮行进（上下辊均带电机，称之为差速机），以分别适应不同面料及相关工艺要求。除压胶机外，还有加压机（补压机）、试水机（静水压测试机）等。加压机主要是对有缝压胶的后续补强（如接缝的 T 字位、十字位、停机位、带头等）以及对一些使用热风压胶机不便于操作的部位的压胶，如图 5-3。另外，对一些较宽或不规则的胶带的压胶也是采用加压机来处理的；试水机主要为测试接缝压胶的防水性，如图 5-4。

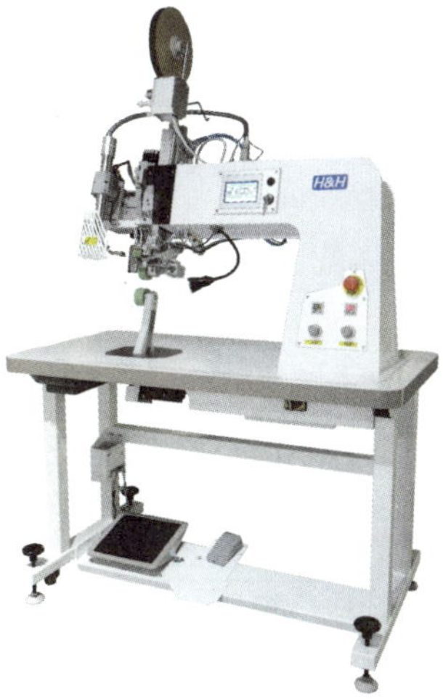

图 5-2　热风压胶机

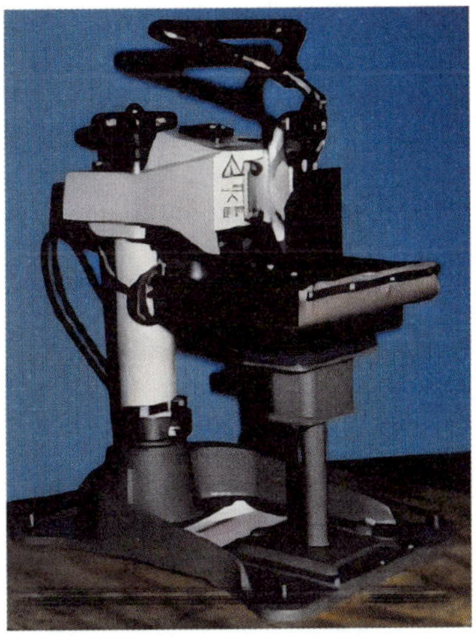

图 5-3　Gore 补压机

图 5-4　压力试水机

2. 压胶带的匹配

防水胶带按胶带的结构分类有 2L 胶带、2.5L 胶带、3L 胶带。胶带的选择必须对应相同结构层的面料。

3. 压胶带的宽度

防水胶带的宽度：常用 12～25 mm。

防水胶宽的宽度更窄的还有 8 mm，更宽的可以到 28 mm。窄一些的胶带利于弯位接缝的贴合，宽一些的胶带则会用在宽缝份或绣花、魔术贴等部位之下。具体的胶带宽度可根据不同缝型及面料的厚度等确定，原则是必须保证胶带完成后，其边缘离缝份或针孔至少要有 4 mm 的距离。不同宽度胶带的缝份如表 5-7 所示。

表 5-7　不同宽度胶条的缝份

胶带宽	最大缝份宽
25 mm	12 mm
22 mm	10 mm
13 mm	3 mm
8 mm	1.5 mm

两层胶带厚度选择：两层胶带的厚度与面料厚度的匹配参考如表 5-8 所示。

表 5-8　两层胶条厚度与面料的匹配参考

薄型胶带	中薄胶带	中型胶条	厚型胶条
2～3 mil（0.051～0.076 mm），用于超轻薄型或薄型面料	3.5 mil（0.089 mm），用于薄型至中型的面料	4 mil（0.102 mm），用于中型面料，是最为常用的厚度，适合大多数防水面料	4.5～5 mil（0.114～0.127 mm）或以上，用于厚型面料

三层胶带的厚度选择：由于三层胶带的托底层所采用的织料不同，故不同底层的胶带厚度会有较大的差异。其分类以胶带的托底层的类别来区分更容易理解。三层胶带的选择与订制必须与实际的面料进行匹配测试，充分考虑整体厚度、胶带的成分、黏合剂，以及胶带的柔软性、延展性等要素。表 5-9 为举例参考。

表 5-9　三层胶条厚度与面料的匹配参考

PU + 热熔胶 + 轻薄型经编布	PU + 热熔胶 + 普通型经编布	PU + 热熔胶 + 平纹针织弹布	PU + 热熔胶 + 法兰绒（或其他抓毛类）
厚度在 13 mil（0.330 mm），用于轻质的三层面料	厚度在 14～15 mil（0.356～0.381 mm），用于中型及厚型三层面料	厚度在 18～22 mil（0.457～0.559 mm），用于有弹性的三层面料	厚度在 22 mil 以上，用于以法兰绒（或其他抓毛类）为衬底的面料

4. 接缝压胶的操作程序及技术参数

压胶设置程序：设置主气压—设置压胶速度—设置温度—设置喷嘴气压—设置喷嘴位置—选择压胶轮—设置压胶轮压力—烧布测试—熔胶测试—试压胶—压胶测试—压胶结果检测。

热风压胶机的常规技术参数可见表 5-10。

表 5-10　热风压胶机常规技术参数

主气压	80 psi	压胶速度	3L 8～18 fpm 2L 10～25 fpm
喷嘴气压	3L 18～20 psi 2L 15～18 psi	压胶温度	3L 680℃～780℃ 2L 550℃～700℃
喷嘴位置	3L 2～3 mm 2L 3～5 mm	平压胶轮压力	压轮压扁 1～2 mm

影响压胶品质的因素：热风温度、喷嘴位置、速度、压胶轮压力、喷嘴气压、环境温度和湿度、压胶轮选择、不同品牌机器、不同种类面料、不同种类压胶带以及操作人员的熟练程度等。

5. 压胶带操作的工艺要求

有线缝的主要形式及胶带工艺图示见表 5-11，压胶操作工艺要求如表 5-12 所示。

表 5-11　有缝形式及胶条工艺图示

<table>
<tr><th>有线缝形式</th><th>胶条工艺图示</th></tr>
<tr><td>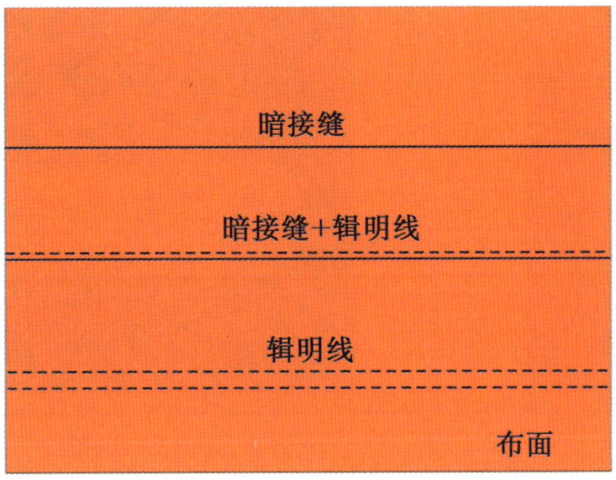
</td><td>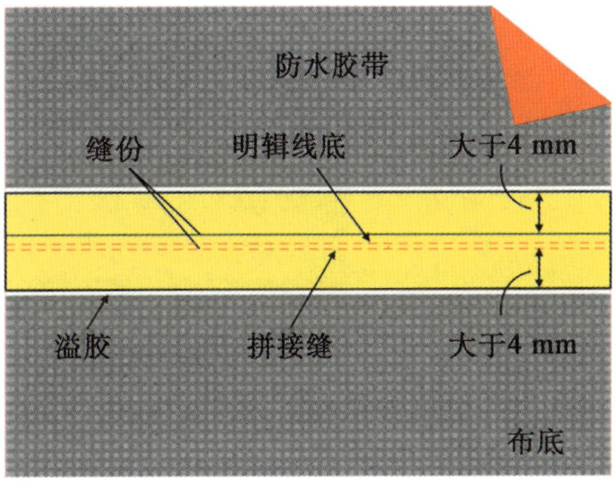
</td></tr>
</table>

表 5-12　压胶操作工艺要求

<table>
<tr><td>断带处理
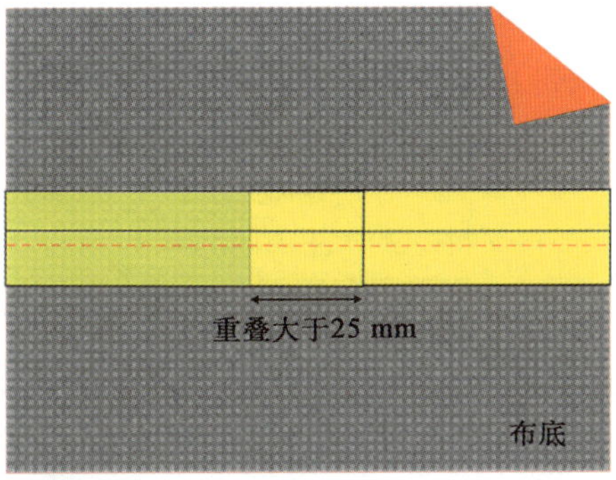
</td><td>丁字位压胶
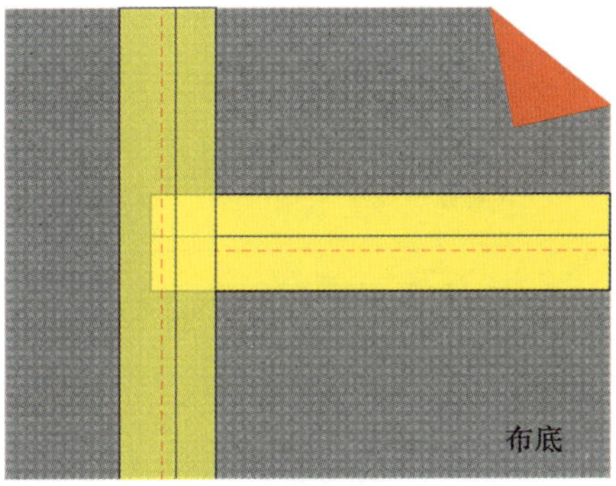
</td></tr>
<tr><td>L 字位压胶 1
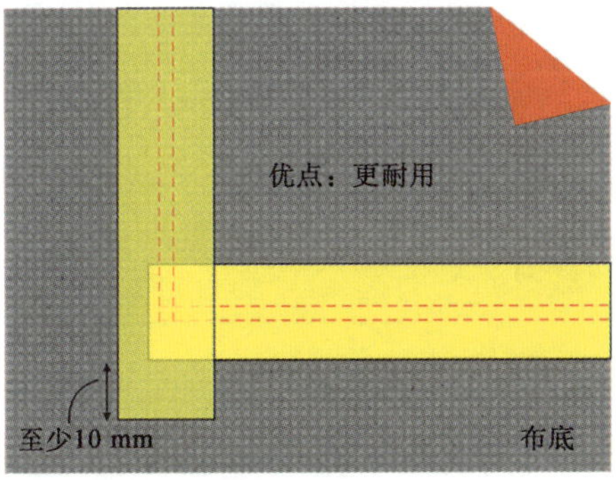
</td><td>L 字位压胶 2
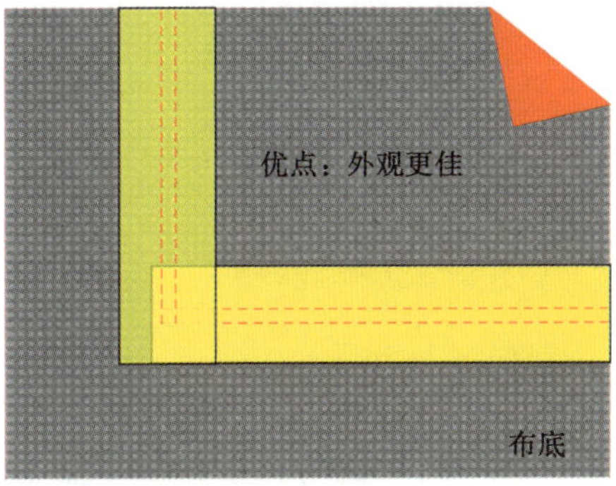
</td></tr>
<tr><td>弯位压胶 1
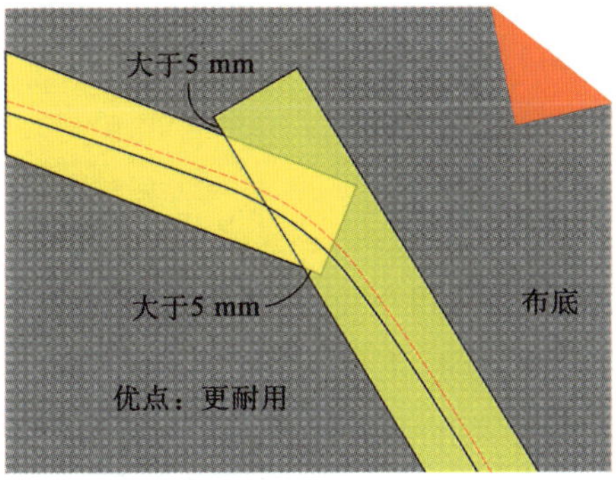
</td><td>弯位压胶 2
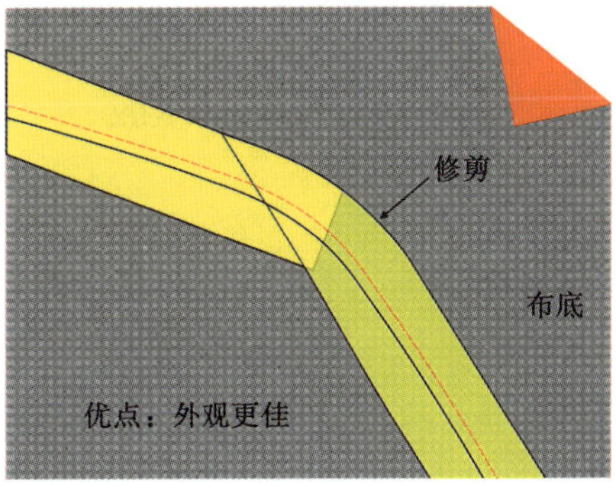
</td></tr>
</table>

（续表）

绣花位压胶 1	绣花位压胶 2
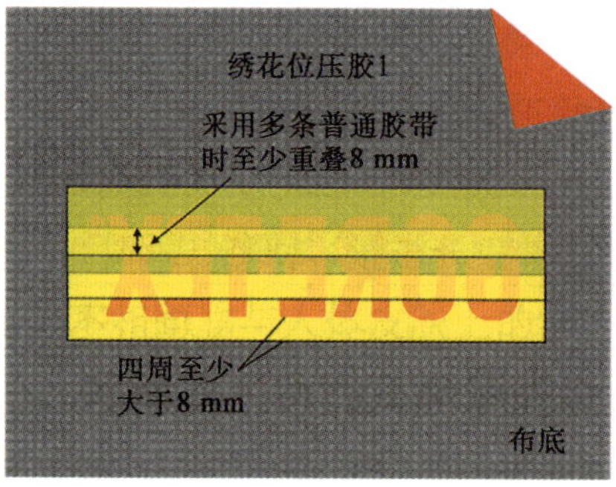	

6. 不同面料拼接的胶带选择

防水胶带的配伍见第三章的相关内容，基本原则是 3L 面料压 3L 防水胶带、2.5L 面料压 2.5L 防水胶带、2L 面料压 2L 防水胶带。如果是不同层数的面料拼缝，一般有两种情况：一是单缝骨位，这时需选择较大层数的防水胶带；二是交叉骨位（丁字骨位或十字骨位），这时需先压小层数的防水胶带再压大层数的防水胶带，即 3L 胶带压在 2L 胶带上。如表 5-13 所示。

表 5-13　不同面料拼接时的胶带选择

2L 与 3L 单缝拼接	2L 与 3L 丁字缝拼接
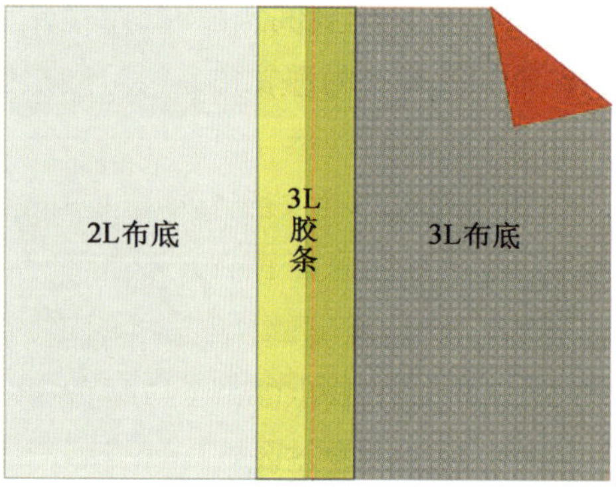	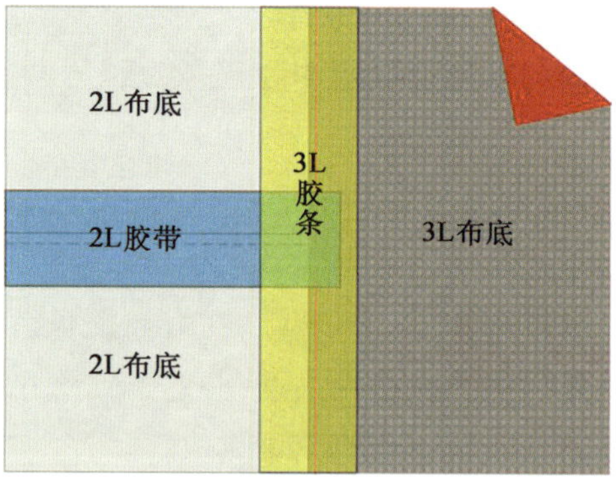

有些品牌对面料与防水胶带的匹配会有严格规定。如 Gore-Tex 面料与非 Gore-Tex 面料相拼时，会被要求在非 Gore-Tex 面料的底层下托一层 Gore-Tex 面才可压 Gore-Tex 胶带。否则 Gore 公司不保证相关部位的防水性能。这也是需要了解的。

二、无缝压胶

1. 无缝压胶概念及设备

无缝压胶是指用平板热压机（包括加压机）对“无缝线拼接缝”及“无拼缝连接”所进行的热熔双面胶黏合操作。换言之，就是不采用传统的针线缝合，而使用特殊设备将缝料连接起来或将功能部件（如口袋）等直接压合到面料上的操作。故此，无缝压胶构件具有较强的防水性。无缝压胶常用的设备有热压机、激光机等。热压机又分为平面机、弧形机、单热机、冷热机、补压机等。图 5-5 为平面热压机。图 5-6 为激光机。另外无缝压胶还会用到各种热压模具，如图 5-7 所示的铜模、铝模、耐热工程材料模等。

显然，在无缝线压胶结构件中，双面胶起到的是黏合的作用。但双面胶还有另外一个非常重要的作用，即在相关构件中起“衬”的坚韧挺括作用，以增强产品的功能效果。在所有的冲锋衣上都能见到这类有“胶衬”的构件，如帽檐、袖位牌、袋盖等。

在实际的使用中，双面胶既可以单独使用，也可以与纸衬或布衬或网衬组合使用。另外，除双面胶外，还有一种叫单面胶，也会在一些非极限类或时尚类的冲锋衣中用到。单面胶，顾名思义就是只有一面能黏合的胶膜。单面胶主要起“胶衬”的作用。

图 5-5　气动式冷热压机

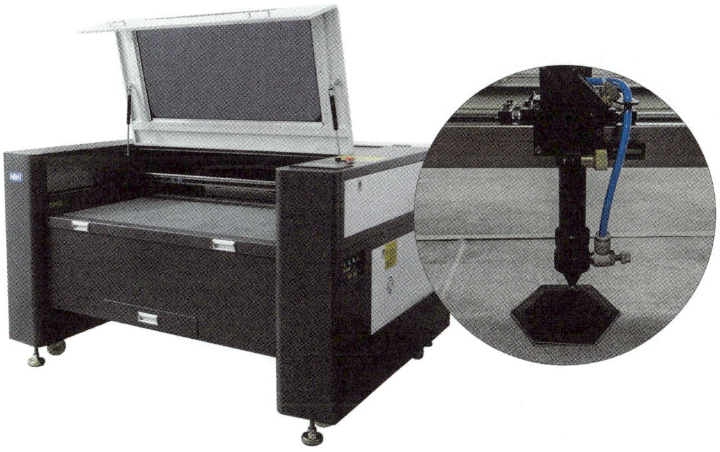

图 5-6　非金属激光切割机

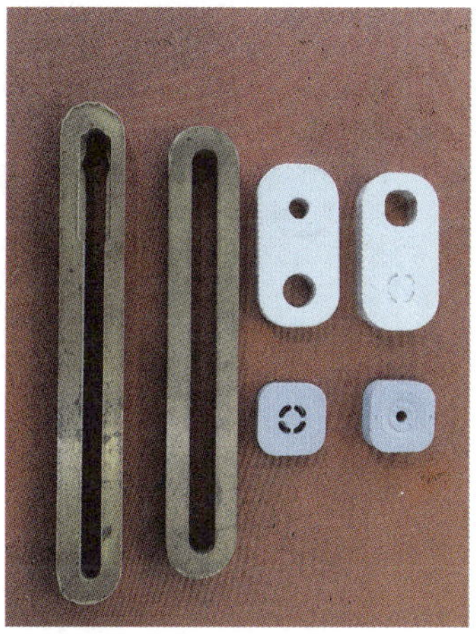

图 5-7　无缝压胶模具

2. 双面胶的匹配测试

冲锋衣所使用的双面热熔胶膜的成分一般为聚氨酯（PU）和热塑性聚氨酯（TPU），一般为雾面。双面胶的使用必须与实际的面料进行匹配测试。影响压胶效果的因素有涂层（膜）的成分与结构、面料托底层的成分、双面胶的胶水成分与厚度、双面胶的渗透性以及操作时的压力、时间、热压温度及冷却温度、辅助模具、压胶的分次要求，等等。

双面胶厚度：双面胶常规厚度在 2 ～10 mil（0.05 ～0.254 mm）之间，4 mil、6 mil 是最常用的两种型号。如表 5-14 所示为 3L 面料的双面胶厚度的一般参考值。

表 5-14　3L 面料的双面胶厚度参考

黏合面 1	黏合面 2	双面胶厚度
3L 梭织底	3L 梭织底	4 mil or 6 mil
3L 梭织底	3L 弹力针织底	6 mil
3L 梭织底	3L 针织底	6 mil

（续表）

黏合面 1	黏合面 2	双面胶厚度
3L 梭织底	3L 法兰绒底	6 mil
3L 梭织底	3L 抓毛底	10 mil
3L 梭织底	3L 格仔底	10 mil

图 5-8　持黏力测试图

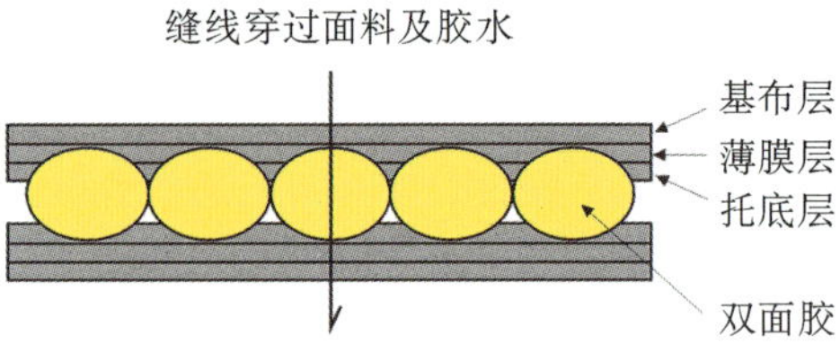

图 5-9　缝线穿过面料及胶水

无缝黏合结构的剥离强度：无缝线结构件中，双面胶水的渗入要恰到好处，否则有脱落的风险，反之则出现透胶现象。故此无缝黏合的剥离测试更显得尤其重要。关于测试的标准，国家有相关的规定，业界品牌也有自己的测试手段及对相应产品的要求，如 Gore-Tex 无缝黏合结构，持黏力的测试方法为：

采用面料布片尺寸 1 英寸（约 25.4 mm）× 2 英寸（约 50.8 mm），胶水尺寸 8 mm × 1 英寸（约 25.4 mm），要求在 3 公斤力作用下 30 秒内的分离位移不超过 1 mm 即为达标。图 5-8 为持黏力测试图。

基于安全考虑，在无缝黏合结构中也会有加入缝纫车线的设计，或者说，在有缝线的结构中夹入双面胶。这在某些极限级冲锋衣或劳作类压胶服中经常被采用。双面胶经热压后胶水会熔化封住针眼及缝线，同样具有防止雨水渗入的作用。如图 5-9 所示。

双面胶的切割主要通过冲床或激光切割。如果所需的双面胶部件为长条状的，也可以根据其宽度尺寸用切滚条机来切成盘状物，更便于使用。

第三节

冲锋衣功能部件的结构与工艺

冲锋衣的功能部件指的是冲锋衣上具有一定独立或辅助性的功能部件。它包括了与大身连接在一起的部件以及与大身分离但在使用时需配套的部件。前者如门襟的挡水筒、导水槽，后者如可脱卸防风腰、可脱卸风雪帽、可脱卸裤背带等。

功能性部件属于冲锋衣的功能集成件，它与面辅材料所具有的防水、透湿、防风、保暖等基础性功能不同之处在于，它是以结构及工艺的形式来实现的功能诉求的。在户外运动中，功能部件所起的作用非常重要，它与材料的基础功能是一种不可或缺的强强联合关系。比如，我们在越野骑行运动中，当高功率输出时身体会产生大量的汗湿，体感极不舒适。这说明了急速爆汗所产生的热湿仅靠面料本身的透湿性是不足以应对人体的散发需求的。但这个时候当我们拉开腋下散热口的拉链时，情况立刻得到明显缓解。这就是功能部件的实效作用。

一、冲锋衣口袋

包括冲锋衣在内的户外压胶服，其口袋的设计是针对不同的运动类别、不同的运动环境的。冲锋衣口袋以生产工艺来分类的话主要有两大类。

一类是防水类口袋。这类口袋主要是装在冲锋衣的表层，可与外部环境直接接触，用来存放一些使用频率较高的物件、工具等。主要有拿破仑袋、胸袋、插手袋、袖袋、袖臂袋、袖口袋、裤前袋、裤后袋、腿袋等；另外，前下插手袋不仅可用于装物品，还有暖手的作用。

另一类是非防水类口袋。这类口袋主要装在产品的内层，用来存放一些稍小的物件、备用性的物件以及重要的证件，卡片类的物件，如雪镜袋、手机袋、MP3 袋、证件袋，等等。

防水类口袋按操作工艺分为开袋与贴袋两类。行业中将袋口开穿在大身面料上的口袋称为开袋或挖袋，这类口袋的袋布是放在底层的。3L 冲锋衣的开袋袋布一般为单层，采用贴在大身面料底部的内贴式做法（不属于贴袋）。2L 冲锋衣开袋的袋布为双层的，袋布与大身面料底部是松离式的，其双层袋布的作用是隔离手或物品与防水膜的触碰；另一类口袋为贴袋，指将袋布贴在大身面料表层上的口袋，也叫外贴袋。如果我们在一块表层的袋布上先开好袋口，然后再贴在大身，这种口袋也是归入贴袋类别的。

1. 3L 无缝激光压胶口袋

经典的 3L 冲锋衣无缝口袋，属开挖式口袋。胸袋、下袋等均可采用此结构与工艺。该结构简洁、无缝线；结合防水拉链；采用全压胶技术制作；具有全防水、轻量化的优点。如图 5-10 所示。

2. 3L 加强型无缝激光压胶口袋

3L 加强型激光口袋相对常规型无缝激光口袋，一是增加袋口装饰胶等保护性胶膜，二是在袋口边缘辑一圈缝纫边线。设计时，选择一项或两项的加强工艺，可使口袋的牢固性得到不同程度的增加。具有防水、轻量、耐用的优点。也是 3L 冲锋衣经典袋结构之一。如果采用增加袋口边线的加强型工艺，虽然有线，但由于构件的整体工艺仍然是以无缝热黏合为主的，业界还是将它归于无缝压胶类口袋。如图 5-11 所示。

图示中的 A 型与 B 型的区别是袋布朝向不同，A 型袋布是有胶的一面朝向结构内，B 型反之，即我们打开衣服的里面时，看到的袋布分别是无胶的一面或有胶的一面。

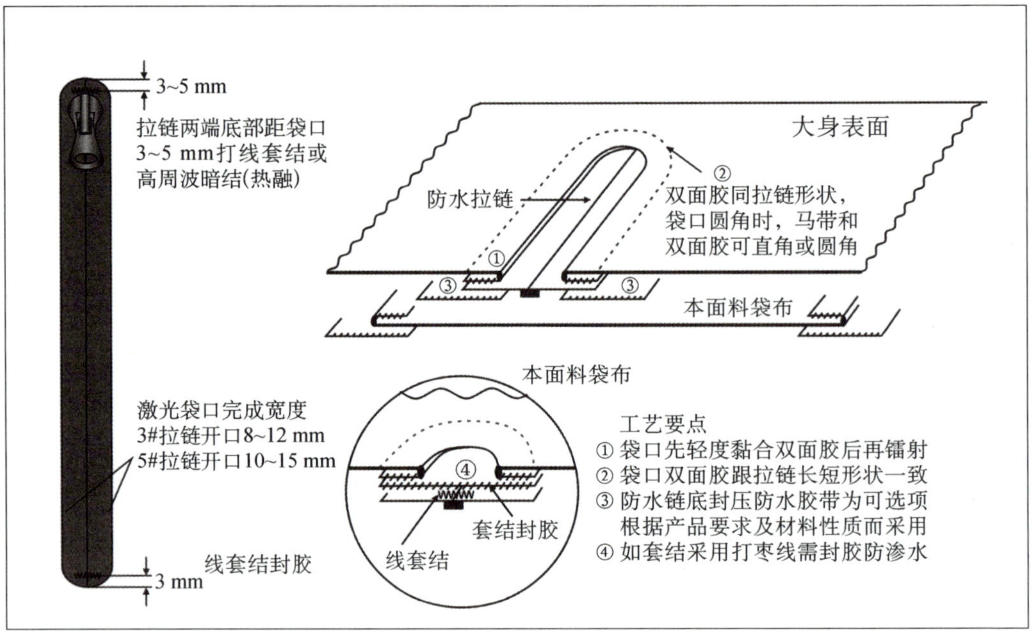

图 5-10　3L 无缝激光压胶口袋

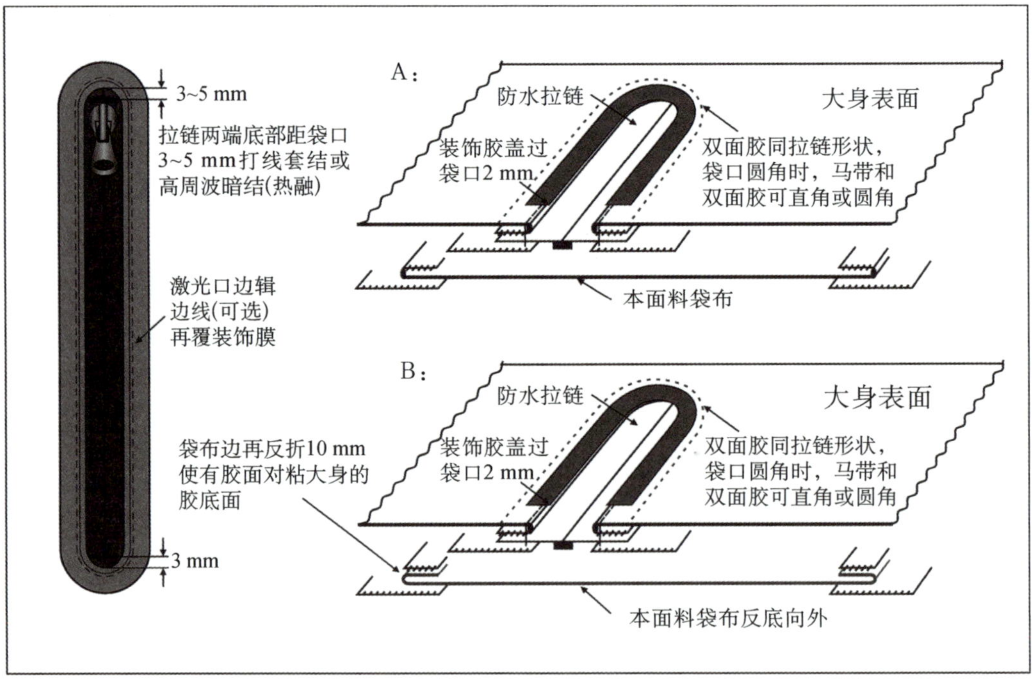

图 5-11　3L 加强型无缝激光压胶口袋

B 型袋布与大身底面同为有胶面，视觉上更为美观。为保证牢度，其袋布周边再做 10 mm 缝份反折处理，这样防水胶带与双面胶都能与大身进行底部黏合，耐用性更佳。由于操作工艺较为复杂，一般只有高端耐用型的冲锋衣才会采用此袋边两次反向的结构。

3# 拉链与 5# 拉链的无缝激光袋口及环形装饰膜的规格分别见图 5-12、图 5-13。

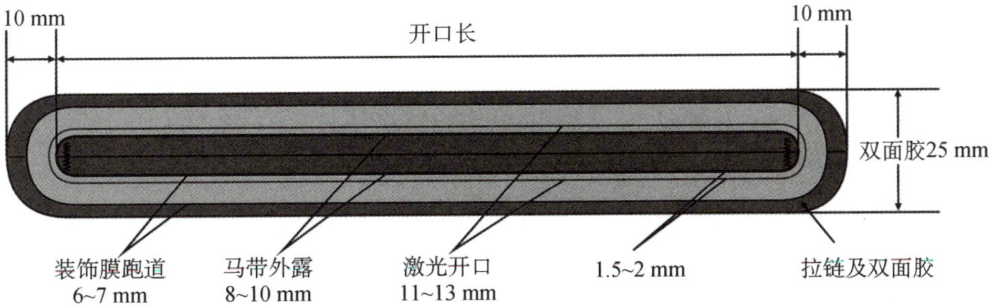

图 5-12　3# 拉链无缝激光环形跑道袋口规格

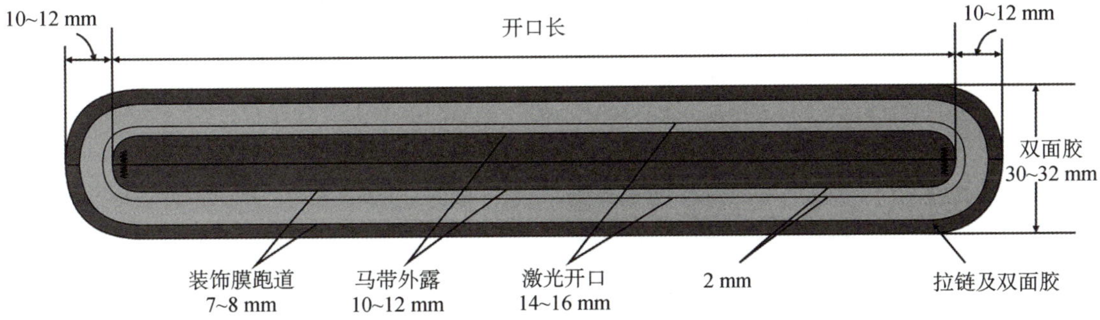

图 5-13　5# 拉链无缝激光环形跑道袋口规格

3. 3L 暗缝压胶口袋

暗缝压胶口袋，行业也称假无缝口袋。此结构的袋口有两种：一种是四周采用缝线暗勾，无需激光，但开口（或两头圆角）需加反贴布；另一种是袋口两头圆角为激光，只在两边直线暗缝，此结构不需反贴布。两种形式的袋口的底层都用双面胶黏合防水拉链，再封防水胶带。此结构的外表是看不到缝线的，虽然有暗缝线，但在底下被双面胶和防水胶带封住，故不会渗水。这是一种防水性及耐用性都有上佳表现的 3L 冲锋衣口袋结构，也在很多高端产品上被采用。图 5-14 所示为全暗勾结构（圆角有反贴布）。

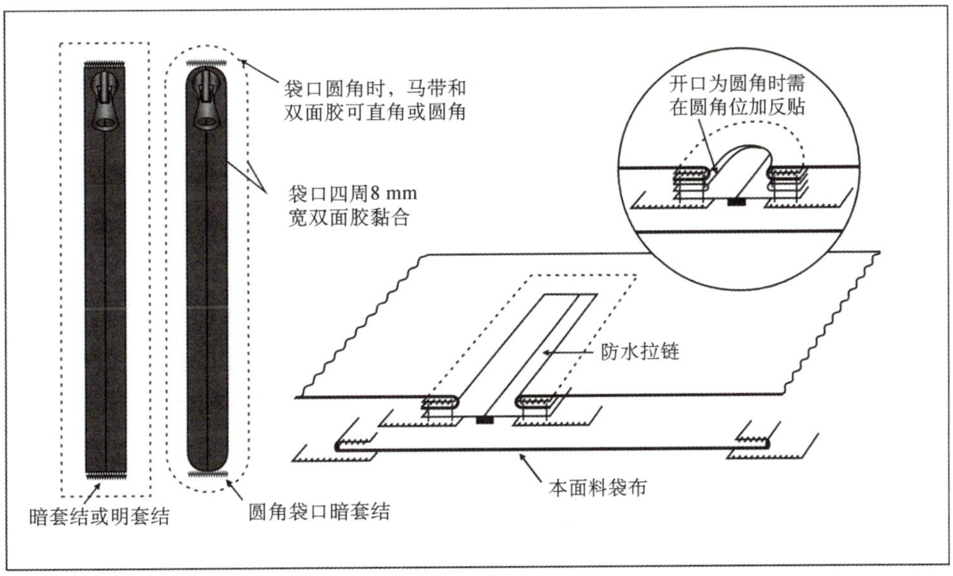

图 5-14　3L 暗缝压胶口袋

4. 2L 有缝压胶口袋

此为常规的 2L 冲锋衣开挖式口袋。因 2L 面料的覆膜结构的不同，其牢固性相对 3L 面料较弱，故口袋一般需采用车缝线来开挖袋口。同时，2L 面料的膜是裸露式的（没有保护层），为防止手或物品对膜层造成损伤，故需要接驳两层里袋布，如图 5-15 所示。通常前身的下插手袋布（单层或双层）需拼接毛绒类的袋布，这样可以同时起到暖手的作用。这在户外冲锋衣的使用功能上非常重要。而胸袋、袖袋或其部位的口袋则拼接化纤类的薄型面料，如尼丝纺，这样既轻量又具有一定的耐用性。袋布的手心与手背均需拼接表层面料，用于热压防水胶带。以下 A 型为常规做法，B 型是在 A 型的基础上压双面胶于袋口的底部，使其有更佳的防水性。B 型的外观与 3L 面料的暗缝压胶口袋相似。

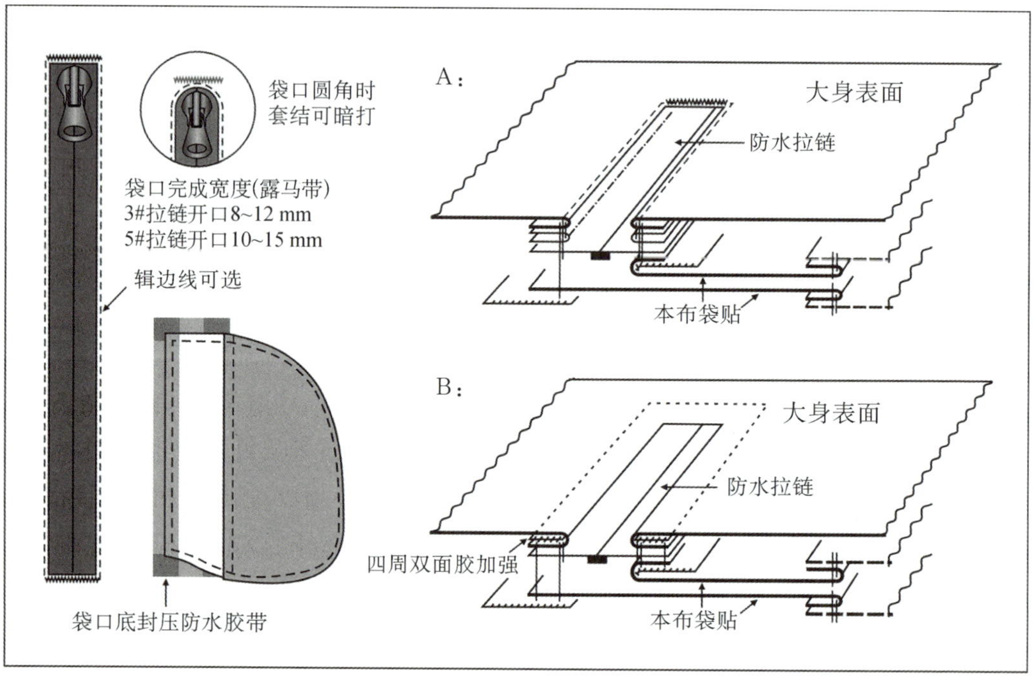

图 5-15　2L 有缝压胶口袋

5. 3L 与 2L 压胶贴袋

外贴式压胶口袋，指将袋布先行开好拉链袋口，然后用双面胶粘贴在大身上的一类防水型口袋。也包括为增加牢度而在袋边加辑线，但在大身底对线迹进行了封压防水胶带的情形。由于压胶贴袋采用的是贴合的方式，面料上无断缝，故在袋位上无渗水风险。外贴式压胶口袋有激光和非激光两类。

激光类贴袋主要是以双面胶黏合的方式结合在大身上，多在专业类冲锋衣上应用。常见的形式主要有四种：一是直接将激光好的口袋用双面胶黏合在大身面上。业内称之为“生黏式”口袋，即口袋四周不用车缝线。二是在“生黏袋”的基础上对袋布边缘加压一层装饰膜，以保护激光的边缘，外观上更美观。三是在“生黏袋”的基础上对袋布边缘加辑一道边线，以加强牢度，即双面胶黏合 + 有缝贴袋。四是在“生黏袋”的基础上对袋布的边缘先增加辑线后压装饰膜覆盖，外观上是见不到缝纫线的。无疑，第四种工艺更优，同时使口袋具有阻水、牢固、美观的特点。激光类外贴式压胶口袋多为胸袋、袖袋、内袋等中小型一类的口袋使用。

非激光类的贴袋是以传统的缝纫方式结合在大身上的，但最后会在大身的底部对贴袋所产生的针孔线迹封压防水胶带，同样具有阻挡雨水渗入的功能。非激光类的贴袋多见于休闲、生活、时尚一类的冲锋衣上。

激光类外贴式口袋在 3L 冲锋衣和 2L 冲锋衣上都有应用，但主要为 3L 冲锋衣采用，其贴袋四周可以辑线或不辑线，也可以加装饰膜布或不加装饰膜；2L 面料的激光贴袋，则因为面料的底层为裸露的涂层或薄膜，必须在贴袋的四周辑边线并压装饰膜，同时口袋内也需拼接一层或双层内袋布，如网眼布、尼丝纺等，起到隔离手或物品与薄膜触碰的作用。如图 5-16 所示。

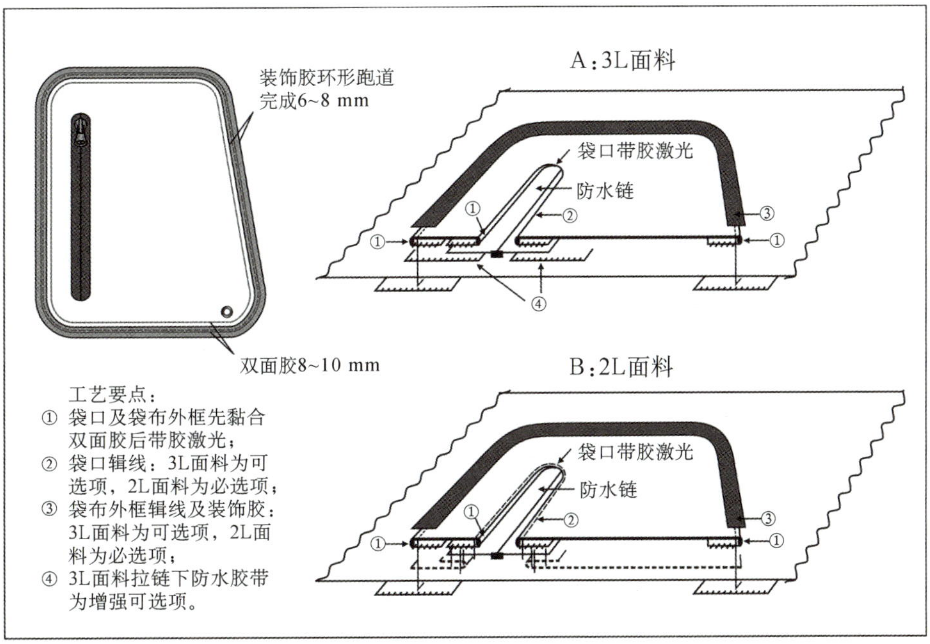

图 5-16 3L 与 2L 压胶贴袋

6. 非防水链表层口袋

无论是 3L 还是 2L 面料冲锋衣，如果表层口袋使用的是非防水链开袋口，那么其袋口的上方必须有袋唇或袋盖，以遮蔽雨水。

袋唇式开袋有单唇和双唇两种。单唇为常规做法，双唇的则防水密封性更好，双唇适合用在较宽的开口上。袋盖式开袋有嵌入、原身、明压等多种结构。袋盖式开袋属于屋檐式遮雨，开口位始于袋盖的根部会有最大的遮雨面积。如图 5-17 所示。

为了达到更好的防水效果，口袋可设计成倾斜状，在雨水垂直落下的情况下，开袋口越接近水平状态，挡雨效果会越好。如果产品对防水有一定要求，可在袋口四周底下封压防水胶带。需要注意的是，非防水链的表层口袋虽然有袋唇或袋盖遮挡，但仍有一定的渗水风险，只适合应用于对防水级别要求不高的产品。

7. 拉链车库与盖片

拉链车库与盖片用于无唇盖的外露拉链上。车库只在袋口拉链顶部的一端。车库的作用，一是起到保护拉链拉头不受外环境因素的影响而遭受损坏，包括雨水的侵蚀及岩

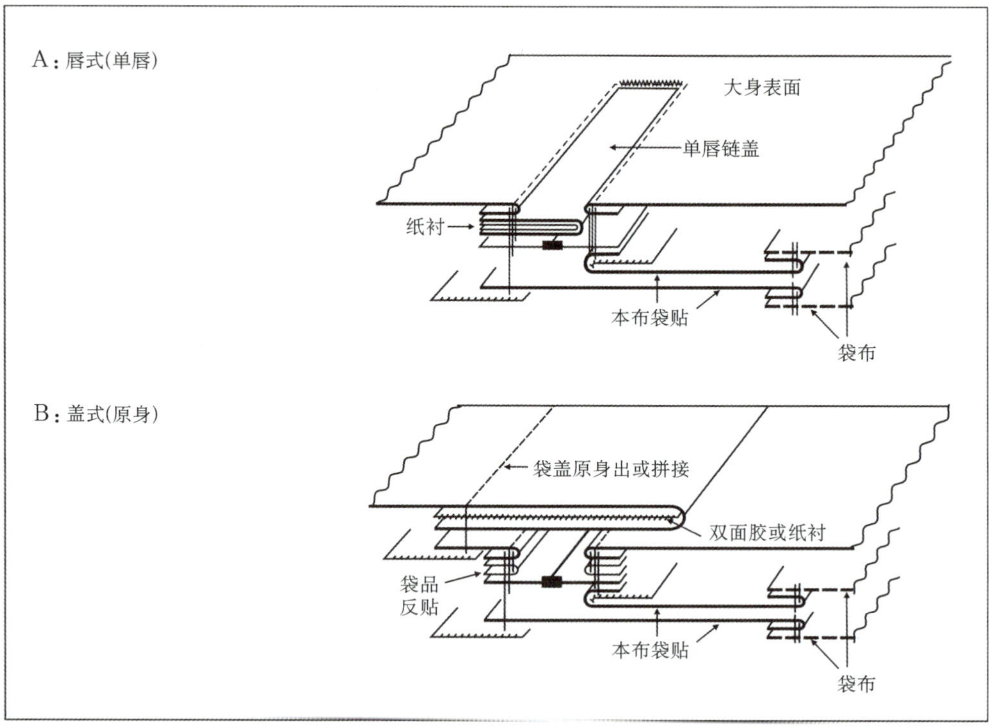

图 5-17 非防水链表层口袋

石摩擦等；二是防止拉头本身对人体肌肤的直接剐蹭而造成伤害。盖片在袋口中，只在拉链底部的一端，但盖片在腋下拉链中则两端均有。盖片的作用是遮盖凸出的链牙及卡码，防止其对人体造成伤害。

盖片与车库的区别为一个是平面的，一个是立体的。基本使用规则如下。

• 口袋反齿拉链的，表层不需加拉链盖片；车库则依设计要求；底层的盖片则视产品要求，但多数情况下可以不加盖片。

• 腋下拉链无论正齿、反齿，激光或非激光，3L 或 2L 面料冲锋衣的都不需要车库。

• 腋下拉链正齿的，两端需加盖片；腋下拉链反齿的，两端不需加盖片，但底下两端都需要加盖片。一般情况下，2L 面料冲锋衣加本布盖片，采用车缝工艺；3L 面料冲锋衣加胶带盖片或本布盖片（也叫补强片），采用黏合工艺。如图 5-18 所示。

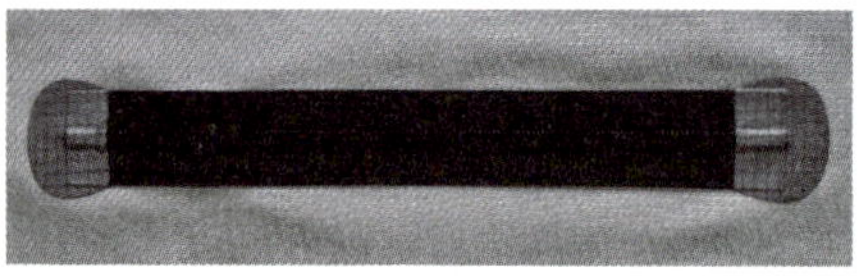

图 5-18 胶带盖片

• 内口袋一般不用车库。

拉链车库变化多样，总体划分为两类：一类是嵌入在拉链开口缝内的，有方形、半圆形、三角形等，如图 5-19 及图 5-20（a）所示；一类是利用拉链顶端附近的款式分割线，留空一段将其塑成立体的拱形孔洞，并将拉链引入洞内起始，如图 5-19（b）~（e）。

二、冲锋衣门襟

户外运动是向前行进的运动，处于正前方的前门襟必然是迎向风雨的。作为冲锋衣最大的开合口，门襟在很大的程度上决定着整件冲锋衣的防水、防风、保暖等效果。

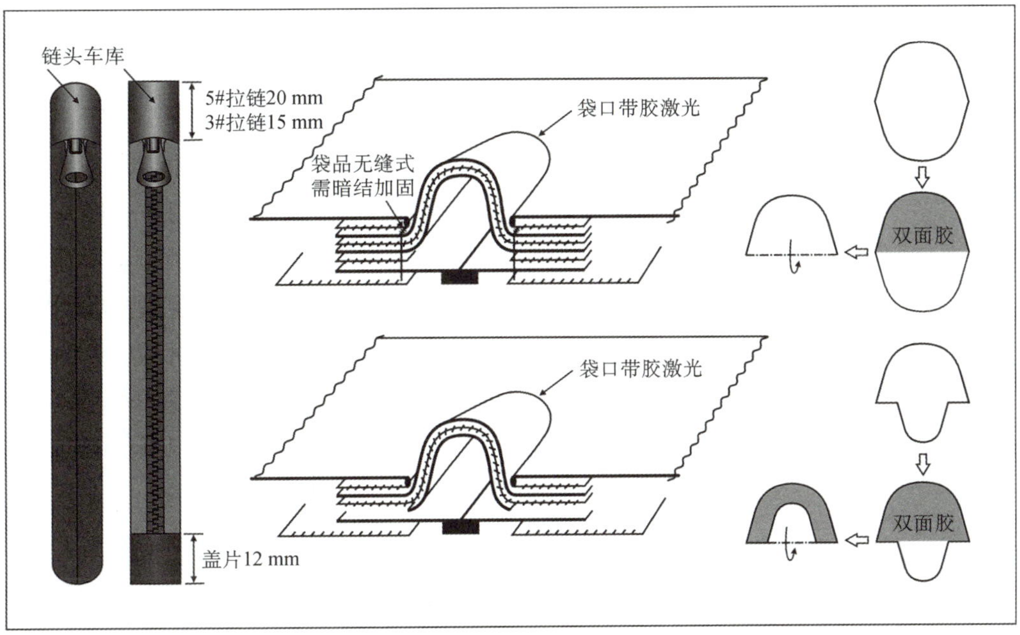

图 5-19　嵌入式拉链车库与盖片

图 5-20　不同样式的车库

冲锋衣门襟有多种结构，其工艺也有所不同。从门襟位置上看，有正中间的直门襟，有偏向一侧的偏门襟，还有开到胸部的半开门襟。从门襟拉链的外露情况看，有露齿门襟和藏齿门襟两种情形。

门筒，位于开襟处，是用以阻挡风雨的一种竖向型结构，它是门襟非常重要的一个组成部件。门筒分为面筒与底筒，传统叫法为外门襟与底门襟，或面门襟与里襟。面门襟在门襟拉链的外部，主要起防雨及防风的作用，里襟在门襟拉链的里面，主要起防风及护颏、托链的作用。业内将面门襟称为面筒，将里襟称为底筒或防风筒，这主要是起源于香港早期加工业的称谓。

从冲锋衣门筒的组合形式看，门襟主要有以下五类。

一是单防风筒门襟，因其无面筒故前中拉链是外露式的。在轻量化的极限冲锋衣产品中，这种单防风筒的门襟结构被普遍被采用（因为减少一条面筒大约可减少 100 g 的质量）；二是面底筒门襟，即面筒 + 防风筒的门襟，这是最常规的一种冲锋衣门襟，特别是 2L 冲锋衣，似乎已成为标配；三是双面筒门襟，即有两条面筒，分为左面筒与右面筒，两条面筒为互搭。上搭负责挡水，下搭负责去水。双面筒结构有着极好的防水及防风作用，属于加强型的防水门襟；四是三筒门襟，即双面筒 + 防风底筒。这无疑是超强防水、防风、保暖的重装型门襟了，多为重装穿越或恶劣环境下工人劳作的穿着；五是无筒门襟，是最为简洁的一种门襟，此门襟的防水防风功能主要依靠拉链，故相对有筒门襟在功能上会弱些。另外要说明的是，防风筒（底筒）可以是全门襟长度的，也可以稍短（护住颈部即可）。

我们主要讲解前四种门襟。

1. 单防风筒门襟

单防风筒门襟为露链齿式门襟，即只有底筒而无面筒的门襟结构，是 3L 冲锋衣特别是极限级的冲锋衣的标配，其优点是轻量化（无面筒），如图 5-21 所示。单防风筒的门襟需要搭载优质的防水拉链以及配合良好的压胶工艺才能达到最佳的防水效果。

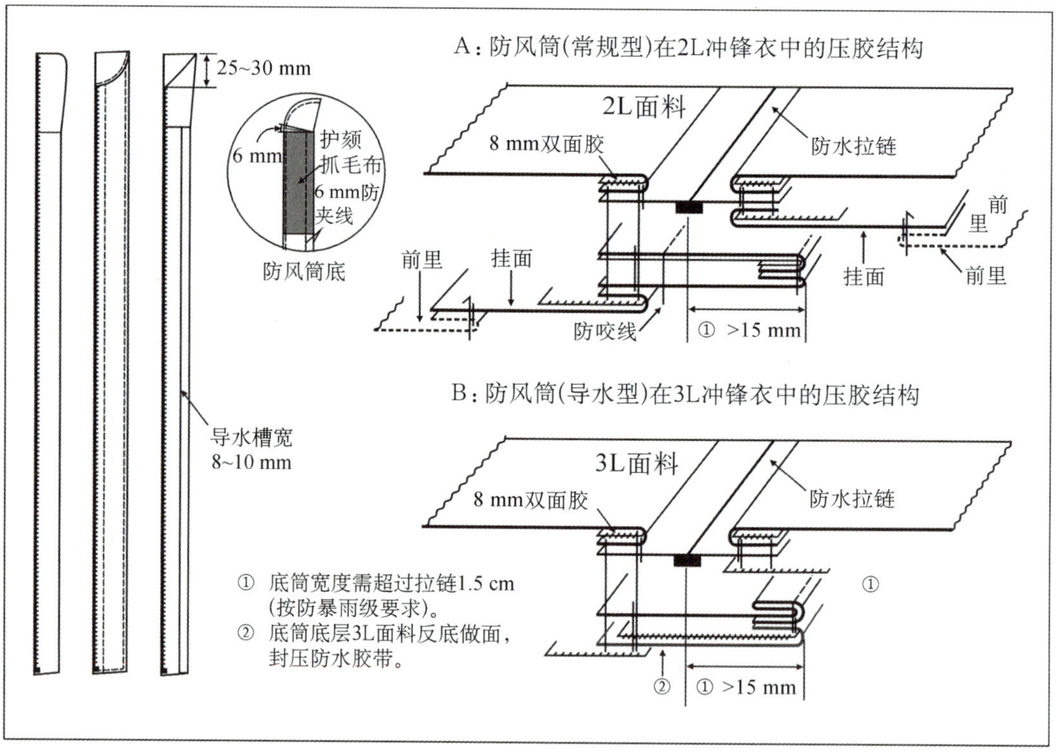

图 5-21　单防风筒门襟

防风筒的一般规则：

- 防风筒内衬一般采用双面胶衬或无胶纸衬，两类衬对部件本身的防水性影响不大。
- 防风筒宽度一般为 3 cm 左右。暴雨级防水要求防风筒的托链部分需超过拉链 1.5 cm。
- 软型防风筒（非双面胶衬）至少要有一条竖直的辑线，距缝份 6 mm，或者于此位置贴 1 cm 宽织带，以防咬链。

• 防风筒放在左襟或右襟并没有特别规定，原则上会放在有拉链头的一边，这样可以护托拉链头，避免链头剐蹭人体。设计时也可以先行规定底筒放置在某一边，而将拉链设计为左插或右插来配合底筒方向。

• 防风筒可以有藏拉头设计或不藏拉头设计。藏拉头的可在顶端做 3 cm 外翻，形成立体链头库。

• 防风筒底面的上端部分（领子段）一般为抓毛类面料，有护颏及保暖作用。

• 前中拉链离脚的距离为 0，即齐脚底边。离顶的距离：有反折车库的离顶 1～1.2 cm，无车库的离顶 0.5 cm。

2. 面底筒门襟

面底筒门襟指的是搭载有一条面筒和一条门襟的结构，前中拉链是非外露式的。面底筒门襟在 2L 和 3L 冲锋衣上都有使用，但以 2L 冲锋衣较为普遍。

面筒，作为冲锋衣的门户部件，其重要性不言而喻。它的功能为挡雨、挡风、保暖。很多时候即使没有防风底筒，面筒也是必需的（即单面筒门襟）。不过，面筒在登顶类的 3L 冲锋衣上使用的不多，甚至不使用。一是因为该类冲锋衣强调轻量化，二是该类冲锋衣使用的多为高品质的防水拉链。

面筒一般有明压式、嵌入式、原身式三种结构形式。图 5-22 为 2L 冲锋衣的应用。

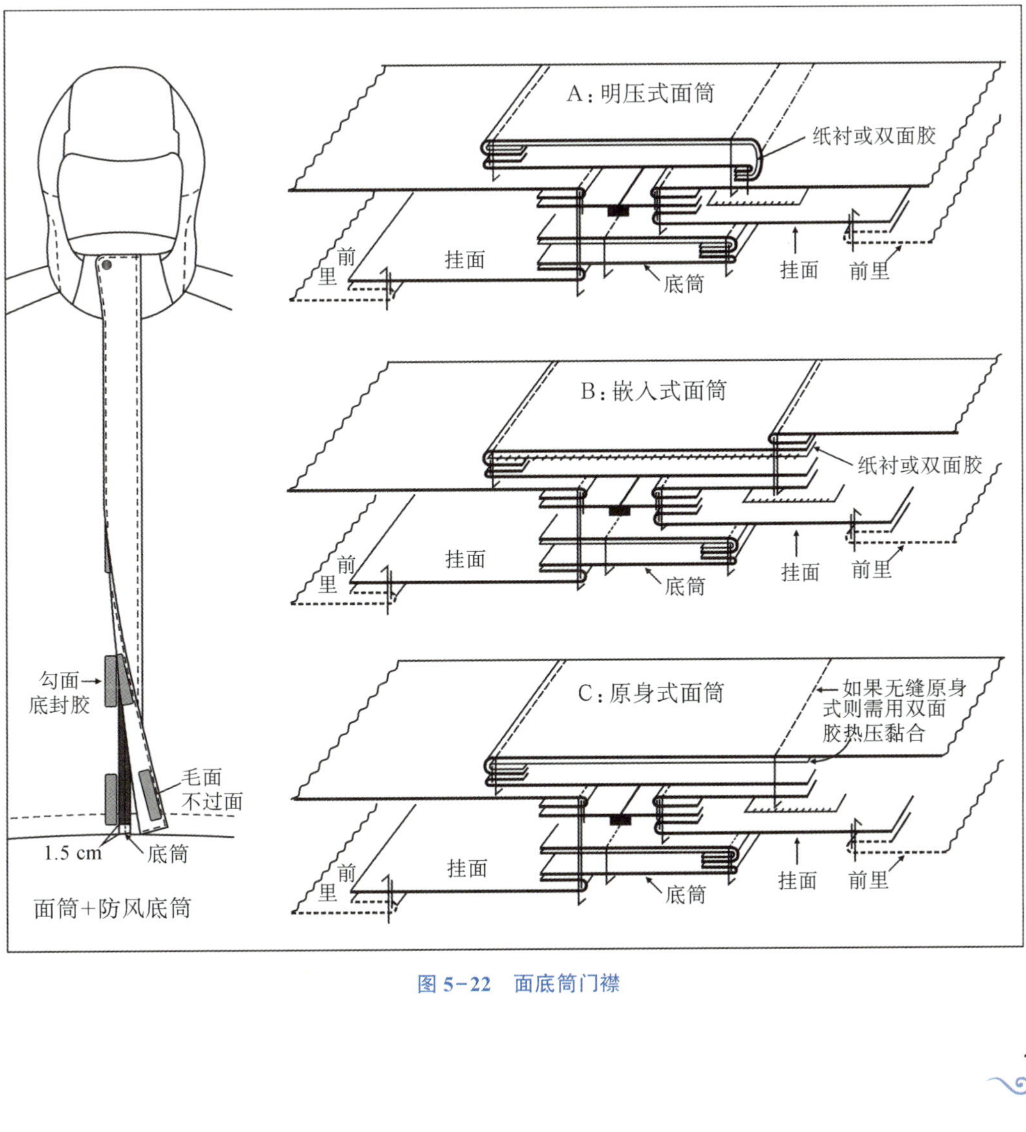

图 5-22　面底筒门襟

面筒的一般规则：

• 面筒与大身接触的连接部位必须在底部封压胶条，以防止雨水的渗入。

• 因面筒是一个半独立的闭合部件，其本身筒内是否进水对穿着者不会有影响，故面筒内衬可采用双面胶或纸衬均可。

• 面筒的开合一般用魔术贴，这是由户外冲锋衣的专业要求所决定的。如果使用金属四合纽一般是面筒的顶部和底部采用，四合纽打穿表布或不打穿表布均可。

• 面筒开合无论是全魔术贴或是上下端四合纽中间魔术贴，又或是全部为四合纽，其第二个四合纽或是魔术贴一般是放在领缝线下 1 cm 的位置，其他的则以平均距离放置。

• 面筒魔术贴的毛勾面上下方向，通常为毛在上勾在下。上搭的一面车在面筒底层（不车穿表面），被搭的一面车在大身，不车穿挂面，且底下封压防水胶带；魔术贴四角需修圆。

• 面筒下的门襟拉链属于隐藏式，拉链离顶的距离为 0.5～1 cm。拉链离脚底边的距离为：夹克型冲锋衣为 1～2.5 cm，如果是 Parka 类的长款冲锋衣则视设计要求。

• 面筒在前中位置为男左女右，中性款习惯上随男式位置，置左。防风筒则在面筒相对应的另一边。

• 面筒常规下必须分中落在左右前襟上，标准筒宽为 5.5 cm（可保证打四合纽够位），小于 5.5 cm 可采用小直径四合纽或采取链位偏移的处理方式。

3. 双面筒门襟

顾名思义，门襟拉链的外部有两条门筒，且两条门筒互搭，通常还会在下搭门筒加上导水槽。双面筒门襟有多重防水屏障，一般对防水的严密性、持久性要求较高的户外运动或劳作类的冲锋衣多会选择此类门襟。双门筒门襟另一个优点是无需采用防水拉链。

双面筒门襟在结构的设计上同单面筒门襟基本一致，也有明压式、嵌入式、原身式三种形式。图 5-23 为嵌入式结构。

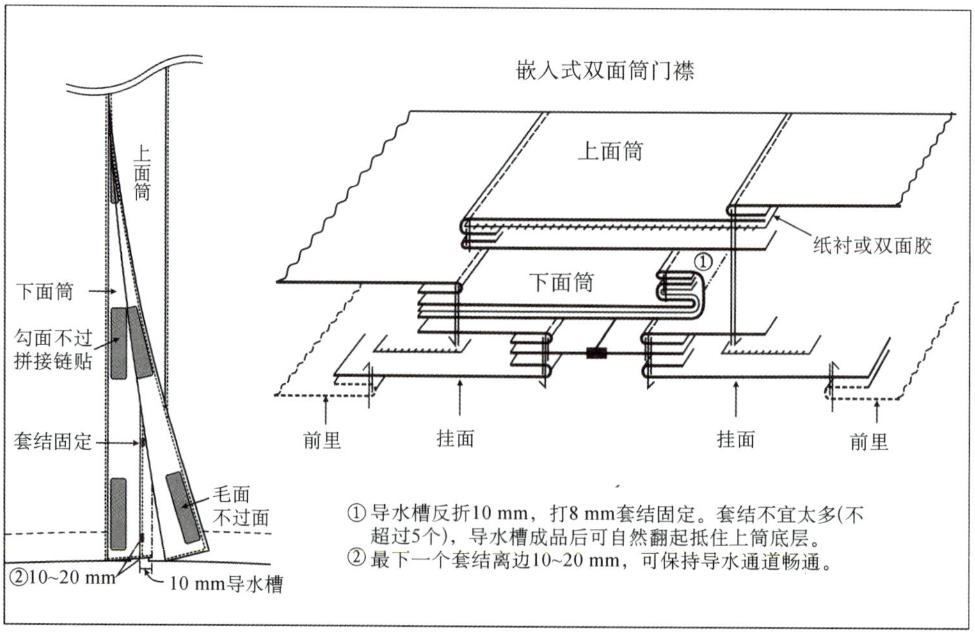

图 5-23　嵌入式双门筒门襟

4. 三筒门襟

三筒门襟指拥有两条面筒、一条底筒的门襟，即在双面筒的基础上加一条防风底筒，是一种超强防护型门襟，集防水、防风、保暖、护颏等多功能于一体。使用这类门襟的服装主要为重装穿越或极恶劣环境下工人劳作的穿着。

三、冲锋衣风帽部件

冲锋衣的风雪兜帽，从帽型结构区分，主要有三片帽型和两片帽型，采用三片结构可以将帽子处理得更为立体，更容易符合人体头型；从工艺上区分主要有无缝工艺和有缝工艺两种。但在实际操作中，无缝工艺与有缝工艺又是交互运用的。一般3L面料冲锋衣多采用无缝工艺或无缝与有缝相结合的工艺。2L面料冲锋衣则以有缝工艺为主。从帽子与大身的连接方式区分有无领连帽式、领帽固定连接式（或可藏帽）、领帽脱卸连接式；从直接包裹的对象上看有常规帽子和特殊运动项目的头盔型帽子（兼容头盔佩戴）。

冲锋衣的帽子无论其风格、帽型、工艺怎样，基本的功能诉求是一致的。

- 帽子的束紧功能，常规有前帽绳的上下收紧和后帽绳的围度收紧两种调节模式并举，且竖向与横向的收紧大多数情况下是独立的，但也可合并为一体式收紧，令运动中的调节更为快捷方便。
- 在视野保证方面，一般都会对帽舌进行各种加强衬或置入龙骨的支撑设计，以避免帽舌塌陷。对视角要求大的还可在帽两侧做透明窗设计。
- 在防水方面，会采用更多的无缝压胶技术，以减少因缝线产生的渗水情况。
- 在防风方面，除调节前帽口的大小外还可采用帽檐防风裙的设计。

1. 3L 帽子

3L（或2.5L）冲锋衣的帽子为无里帽子。3L面料的特性可采用更多的无缝工艺操作，故其防水效果也是出色的。图5-24为常规的工艺及结构设计。

3L帽子的帽舌、帽檐、后帽隧道也会做有缝工艺，使产品具有更强的牢固性。如图5-25。

2. 2L 帽子

2L冲锋衣的帽子为有里帽子，工艺主要为有缝工艺。帽子的后中拼缝及横向隧道的防水压胶处理为正常要求。但帽檐的宽度辑线和袖口、衫脚的辑线一样，是否辑穿面底，要视产品的防水要求来确定其工艺及结构设计。

一是非大雨下或长时间雨中环境下穿着的冲锋衣，如休闲类冲锋衣，旅游娱乐类滑雪服等，其帽舌及帽檐的设计是允许缝线直接穿过面底布的，如图5-26（a）所示结构。

二是帽舌及帽檐为全防水的工艺处理，如图5-26（b）所示结构，帽檐采用了表层与底层的分离设计，通常做法是采用可压胶的中层布做牵带来连接表层与底层。牵带可以是一整条或分段式的数个点。另外，帽檐表层与底层不车穿也不用牵条牵住而让其完全分离的做法也是可以的，这都要视相关运动对产品功能要求而定。

2L帽子其他部位的工艺及结构可参考缝型工艺图或3L冲锋衣的类似部件的做法。

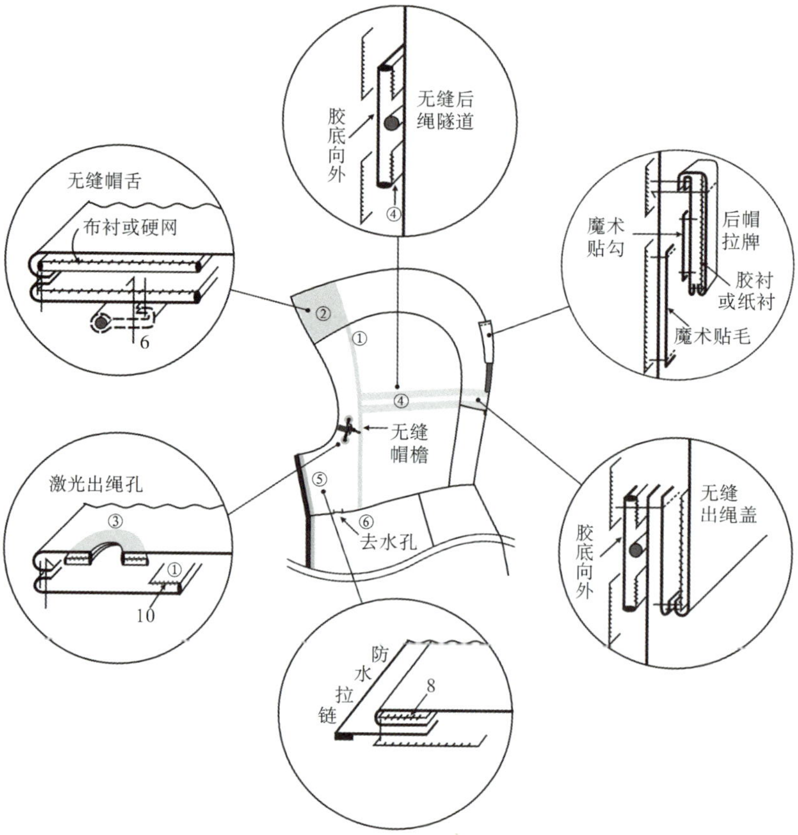

① 前帽檐边缘 1 cm 宽双面胶黏合后激光（无缝）。
② 帽舌全宽度压两胶一衬，边缘激光（无缝）。双面胶、中间衬依硬挺度要求确定。
③ 激光绳孔需托底加强；面料与双面胶黏合后激光成圆贴，与帽面黏合后再激光圆孔。
④ 后帽隧道贴边缘激光及压 1 cm 宽双面胶，黏合帽身后再封压防水胶带（无缝）。
⑤ 帽嘴内 8 mm 宽双面胶黏合防水拉链，拉链底封防水条。
⑥ 去水孔匹配外部出绳孔的设计，以导出由绳孔的进水。如绳锁及绳孔置于内里，则取消。

图 5-24　3L 风帽工艺及结构

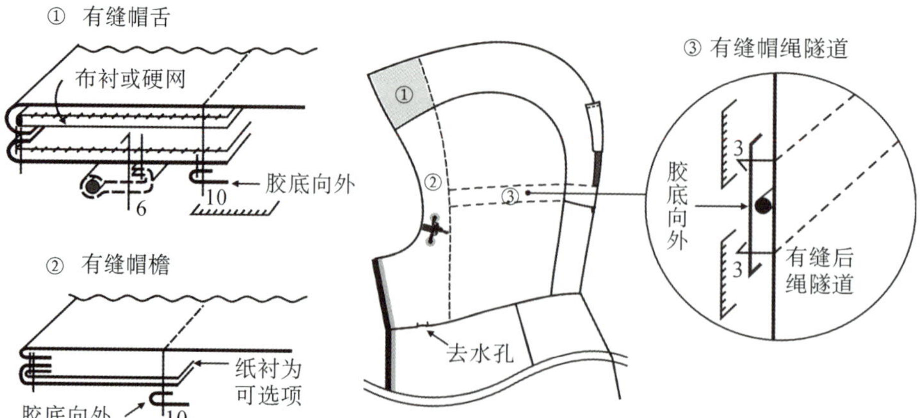

图 5-25　3L 风帽绳隧道帽舌有缝工艺

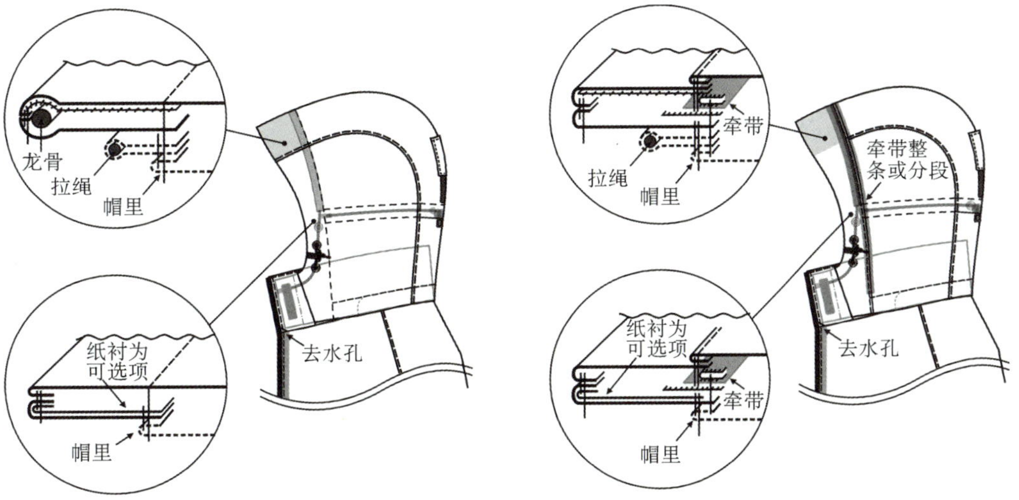

(a) 帽檐明辑线过底 (b) 帽檐明缉线不过底

图 5-26 2L 风帽工艺及结构

3. 可脱卸帽子的帽领嘴的套装结构（图 5-27）

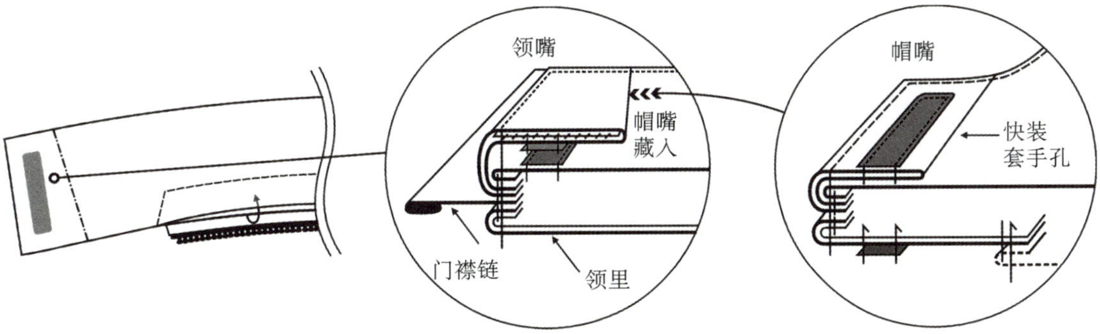

图 5-27 可脱卸帽子的帽领嘴

四、冲锋衣透气部件

冲锋衣上透气口的作用非常重要。我们知道，冲锋衣面料最特殊的意义就在于它能够在防水的情况下把人体产生的热量、汗湿排放出去。但当运动为剧烈状态时，身体的汗湿量是暴增的，这个时候仅靠面料原有的透湿能力难以胜任。为此，在冲锋衣的设计中会通过设置相关的透气口来帮助人体将热湿快速地散发出去。

冲锋衣透气口的结构及工艺与口袋开口基本相同，区别就是它没有袋布，仅是可调节大小的开口。冲锋衣透气口主要有腋下透气口、胸部透气口、腹部透气口、背部透气口、裤内裆透气口等。它们的工艺及结构也都基本一致，只是安放在人体不同的出汗部位而已。

1. 3L 冲锋衣腋下透气口（图 5-28）

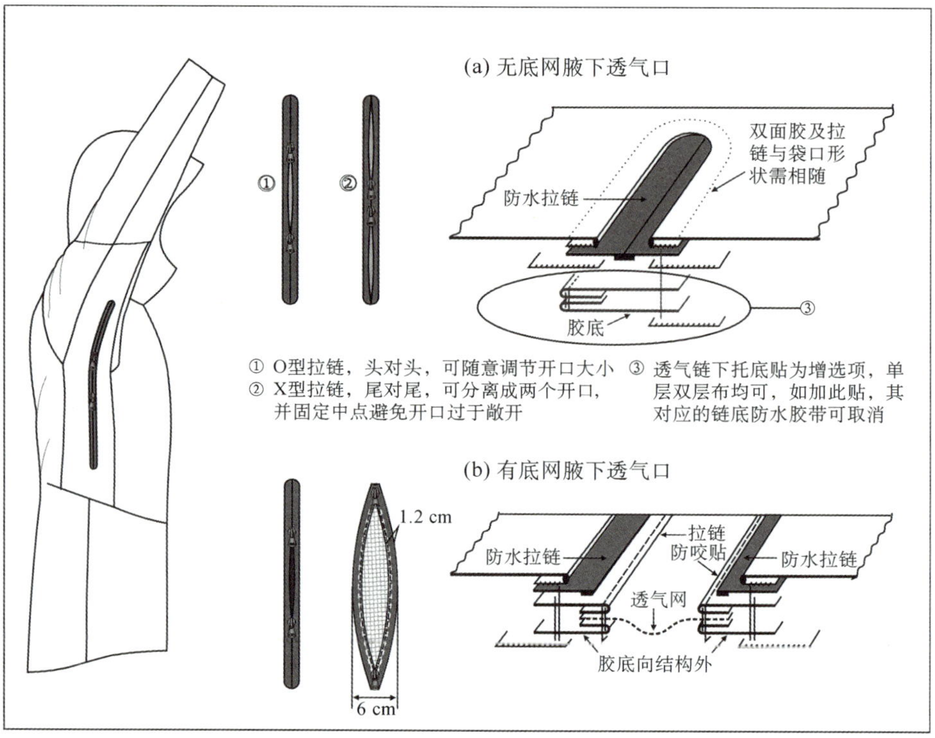

图 5-28　3L 冲锋衣腋下透气口

2. 2L 冲锋衣腋下透气口

2L 冲锋衣腋下透气口与 3L 冲锋衣透气口的主要区别是一个有里子一个无里子。2L 冲锋衣腋下透气口在大多数的情况下都会有开口盖的设计，采用非防水拉链或防水拉链均可。如果采用防水拉链也可以去除开口盖，整体做法与 2L 冲锋衣的口袋开口做法相同。甚至还会如门襟筒的做法一样，增加底筒或底贴，又或直接做双面筒来加强防水。透气开口盖有嵌入式、原身式等结构。图 5-29 为嵌入式单链盖透气结构。图 5-30 为嵌入式双链盖透气结构。

在冲锋衣有侧缝的情况下，2L 冲锋衣腋下的透气口可开在侧缝的一侧（常规会在前侧上），或开在侧缝的正中。开口的方向根据运动类别的不同会有所区分。登山及跑山类的开口向后，骑行类的开口向前。

透气网主要为橄榄形与方形两种，大多数情况下为橄榄形。

五、冲锋衣的防风部件

冲锋衣的透气开口是为人体向外部散发热时提供的出口通道，与此相反，防风（雪）部件是为防止外部环境的风雪侵入，更好地锁住人体热量而设置的一类阻挡型的部件。防风部件的针对性较强，效果更为显著。如装在袖口的防风袖、帽口的防风檐、衫脚的防风腰、裤脚的防风脚等。这类部件在业界也被称为“裙”，即防风裙或防雪裙。

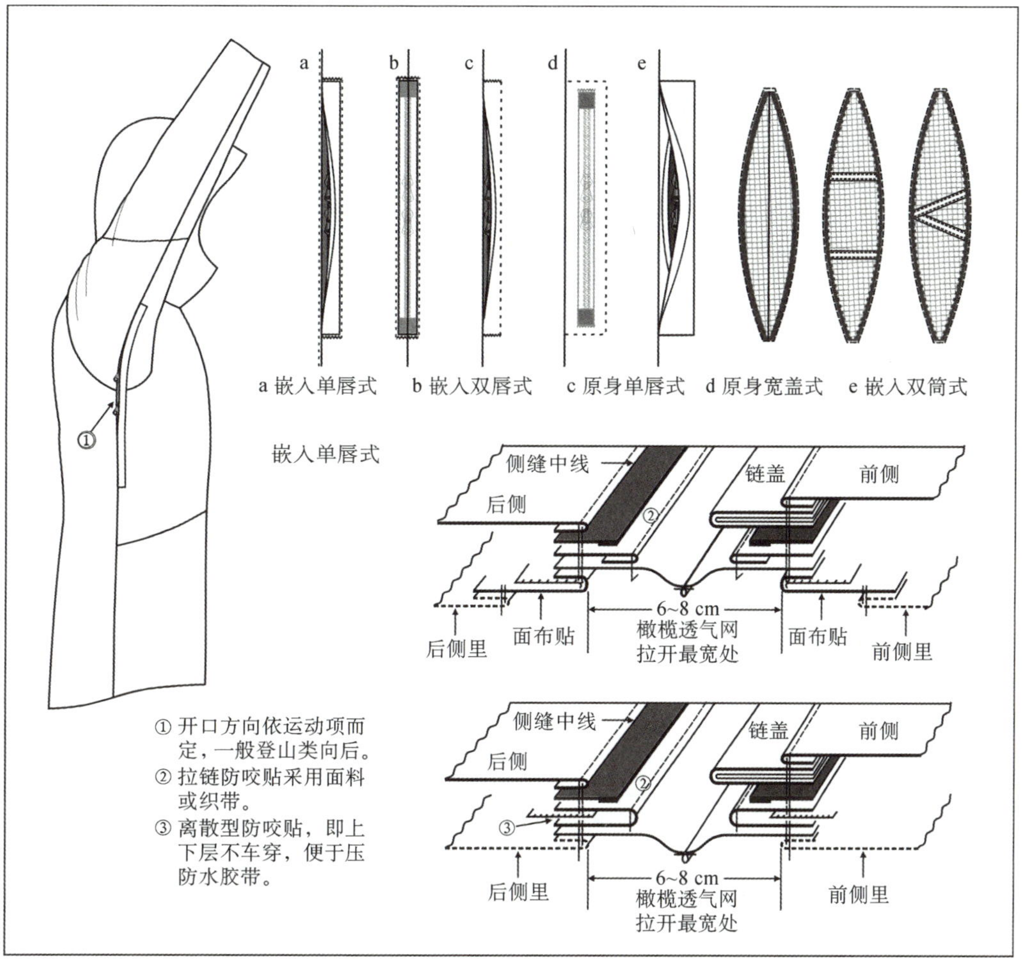

图 5-29 2L 嵌入式单链盖腋下透气口

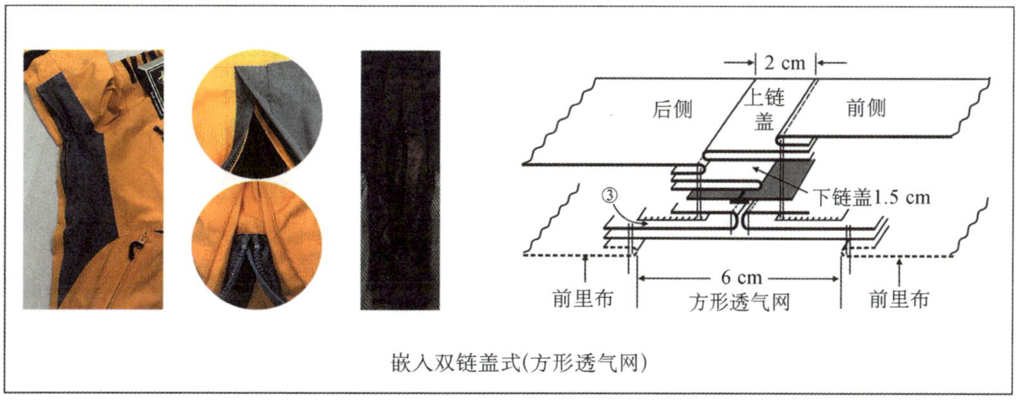

图 5-30 2L 嵌入式双链盖透气结构

1. 防风袖的结构与工艺

防风袖是指冲锋衣的内袖口，由克夫与连接贴组成。克夫采用莱卡弹性面料，连接贴采用尼丝纺面料，作用是将内袖口连接于外袖里。也有些极简的防风袖口是没有连接贴而直接将莱卡内袖口车于外袖的袖口折边处的。

防风内袖口有两种类型：一是带拇指孔的，一是不带拇指孔的。无拇指孔的防风袖口短于外袖口 0～2 cm，能箍紧手腕；带拇指孔的防风袖口外露于外袖口 2～4 cm，此防风袖能盖住半个掌面，固定性较好的同时会有更好的防风雪性能。如图 5-31 所示。

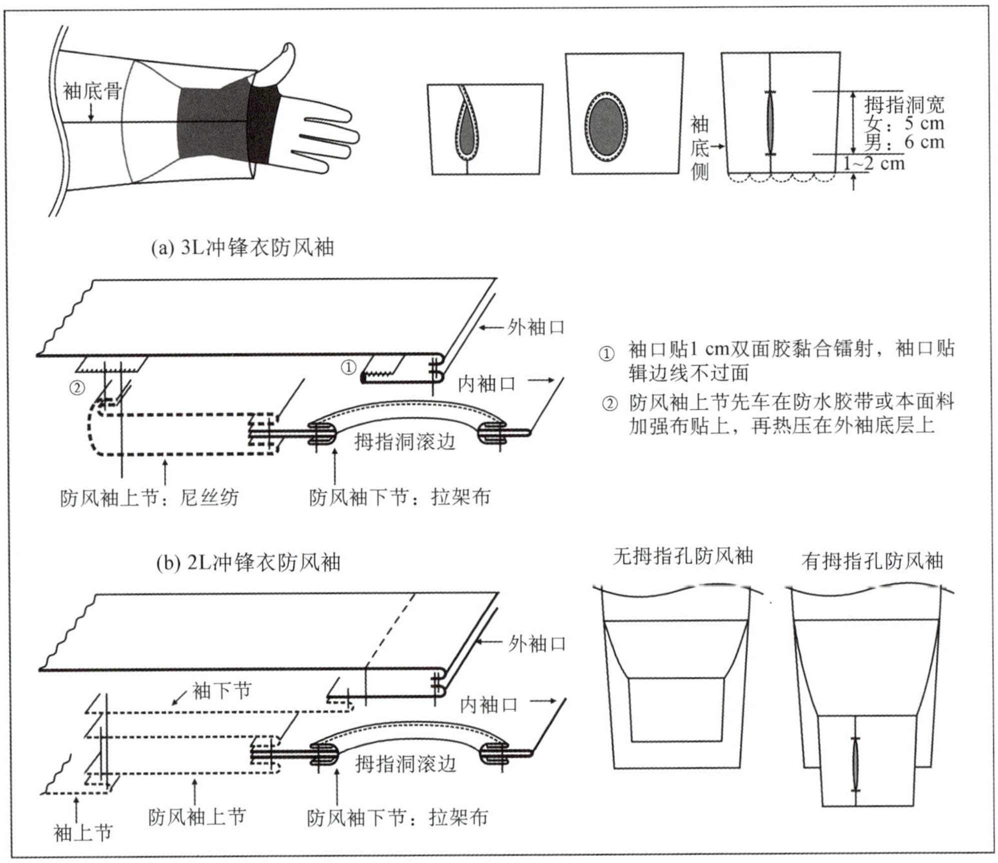

图 5-31　防风袖结构与工艺

2. 防风腰结构与工艺

顾名思义，防风（雪）腰是装在冲锋衣内腰部的可防止风、雪侵入我们的服装微气候环境的一种功能部件。防风（雪）腰也被称为防风（雪）裙，它是滑雪服的标配部件，登山冲锋衣则需根据要求选用。一般来说，极限冲刺型的 3L 冲锋衣、轻量化冲锋衣、日常类冲锋衣不需配置防风腰。综合性冲锋衣则可采用可脱卸式的防风腰。

防风腰主要由上节、下节、搭牌、防滑橡筋带等组成，如图 5-32 所示。防风腰上节

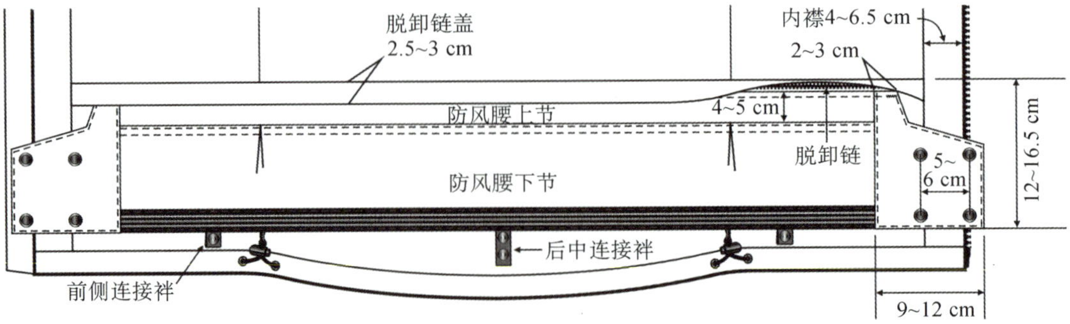

图 5-32　防风腰结构与工艺

采用四面弹莱卡，弹性较大的一面会设置在上下拉伸的方向；防风腰下节采用有涂胶的尼丝纺、塔夫绸，一般使用单层布，其有涂胶的一面是向人体或是向外部，不同的品牌会有不一样的做法。防风腰的一般做法如下：

- 防风腰上下节拼接时一般采用外包缝工艺，是从其牢度考虑的。
- 整个防风腰的高度一般为：女款 12～15 cm，男款 13.5～16.5 cm。
- 防风腰的位置处于腰线下 5～10 cm，离脚口大于 4 cm。
- 防风腰搭牌的扣含有单叠门单排扣、单叠门双排扣、双叠门双排扣三种方式。采用四合扣或魔术贴或四件扣 + 魔术贴进行开关。
- 防风腰左右搭牌互搭方向跟面筒方向，即男款为左搭右，女款为右搭左。
- 防风腰虽然装在腰部，但其拉开的围度要求与下摆（臀围）的宽度同宽，并非与腰围宽度同宽，可采用收裥或弧形的设计。
- 防风腰底部后中及两侧的织带连接袢为连接裤耳用，但并非标配，需依产品设计要求。
- 专业类冲锋衣的防风腰的拉力要求大于 30 lb（13.61 kg）。

3L 冲锋衣防风腰的结构与工艺见图 5-33，2L 冲锋衣防风腰的结构与工艺见图 5-34。

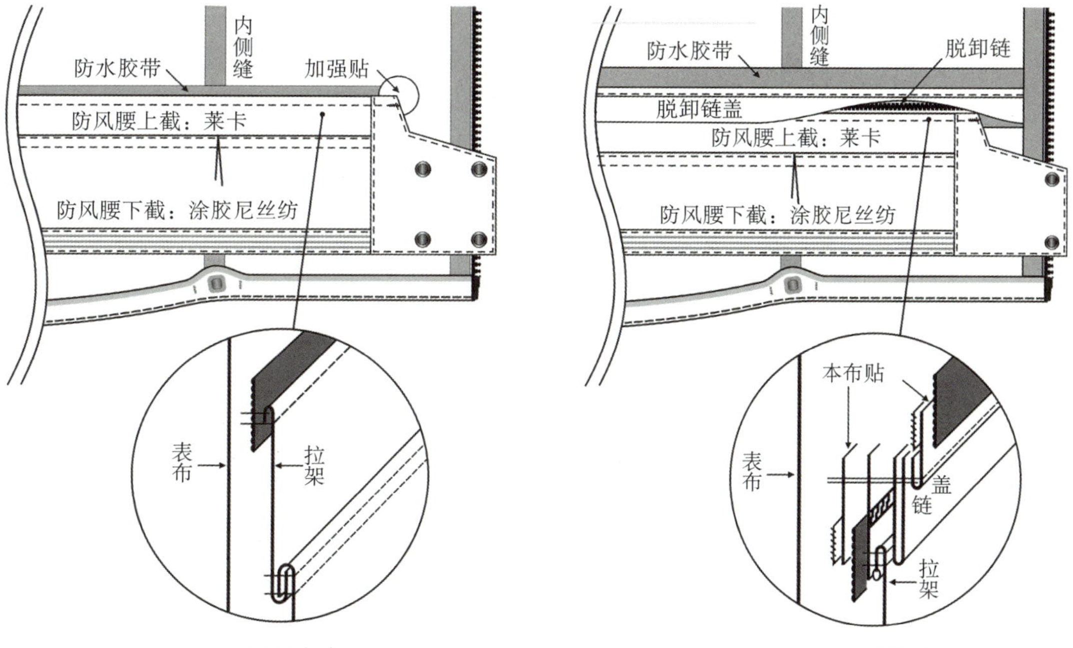

(a) 固定式　　(b) 脱卸式

图 5-33　3L 防风腰结构与工艺

3. 防风脚

防风脚是冲锋裤的防风、防雪部件，其结构、工艺与防风腰类似，也是由上截、下截、搭牌、防滑橡筋带等组成。上截采用弹力莱卡，下截采用有涂胶的尼丝纺。但我们也会发现，有些产品是没有上截弹力布的，即整个防风脚采用尼丝纺制作。这是因为小腿中部至脚背的这段距离拉伸幅度较小或无，对运动不会造成太大的影响，是可接受的。

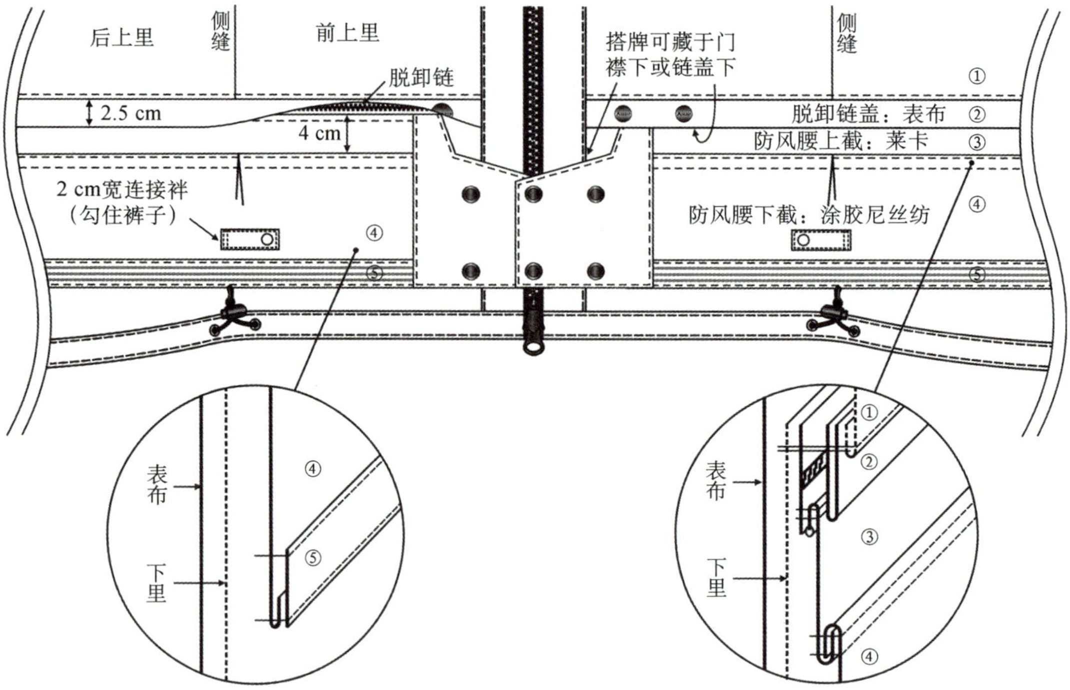

图 5-34　2L 防风腰结构与工艺

防风脚有门襟式与圆筒式两种，如果冲锋裤在侧下脚有开门襟或开衩或插入三角调节片的，防风脚也会匹配门襟开合。开合的材料主要以魔术贴为主，即使使用四件扣也仅在底部或顶部两个点；如果冲锋裤的裤脚没有开门襟或开衩的则防风脚会设计成一个筒状。3L 防风脚的结构与工艺见图 5-35，2L 防风脚的结构与工艺见图 5-36。另外，防风脚也可采取可脱卸式的设计，可参考防风腰。防风脚总高度一般在 20～30 cm，上截的莱卡部分一般在 4～7 cm。

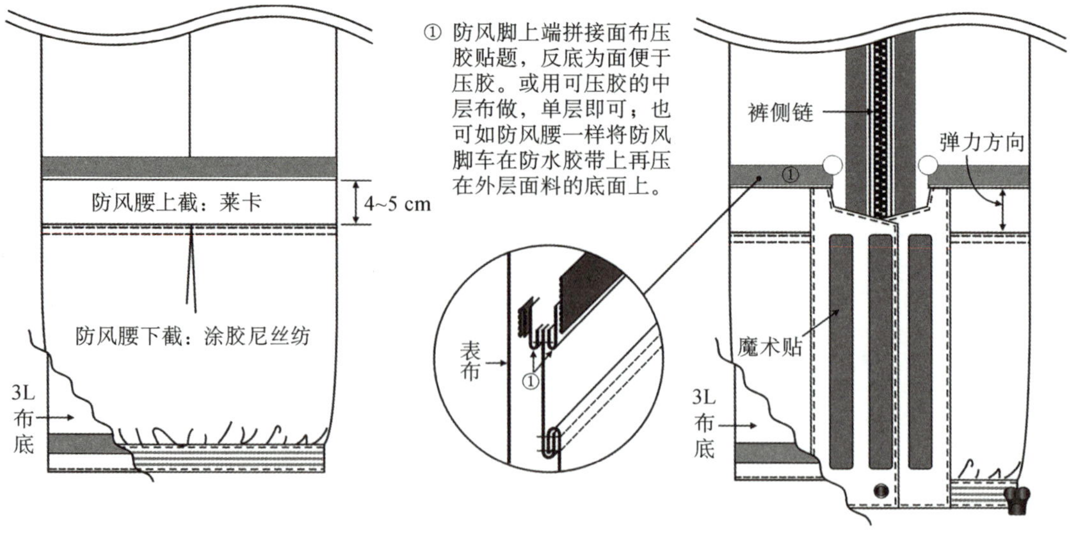

(a) 3L冲锋裤圆筒型防风脚　　(b) 3L冲锋裤门襟型防风脚

图 5-35　3L 防风脚结构与工艺

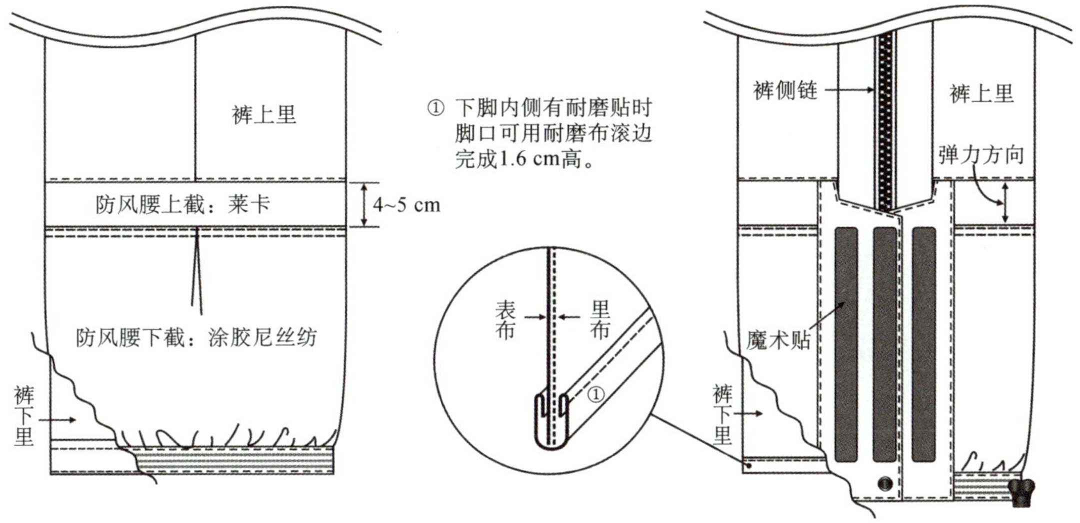

(a) 2L冲锋裤圆筒型防风脚　　(b) 2L冲锋裤门襟型防风脚

图 5-36　2L 防风脚结构与工艺

4. 冲锋衣其他工艺要求

1）拉链的左右插原则

开尾拉链主要运用于前门襟、脱卸帽、脱卸袖、脱卸裤腿等部位，有左插右插之分。

• 冲锋衣前襟开尾拉链的插片方向大多数是以男左插女右插为原则的。其源于面筒方向，因为面筒为男左女右，而底筒则对应在门襟的另一边，即男右女左。又因拉链头需放在底筒上，可以使链头被托底，从而防止剐蹭人体，故插片方向为男左女右。也有品牌不在乎链头是否被托底，只依据人手的习惯而将男女的拉链都定为右插。

• 脱卸部件的拉链左右插原则为：插片放在大身的一边，拉头放在脱卸件的一边。如脱卸帽是将插片放在大身的后领围上，将拉头放在可脱卸的帽子上。根据这个原则，帽链插口在左侧领圈上的订右插拉链。帽链插口在右侧领圈上的订左插拉链。

• 脱卸袖、脱卸腿都是一对的，无论是脱卸袖还是脱卸腿，当它们以内侧为起始点时，其插片的方向都是以左边的为右插、右边的为左插为原则的。

2）套结工艺要求

户外冲锋衣对受力部位的牢度有着极高的要求，所有的袋口、各种拉牌、门襟拉链下上端、门筒、透气孔、开叉口、牵挂织带、裤裆底十字骨位、马王袢等部位都要求打套结。冲锋衣的套结分为有线套结及热熔套结两种。

• 线套结长度一般为 6～12 mm，视具体位置及开口大小而定，特殊部位的会要求打满结，如冲锋裤的宽型马王袢的上端、下端一般不建议打套结。

• 线套结颜色依据产品的配色要求。套结的密度根据面料的厚薄而调整，但需保证不破损面料，一般情况下为高 2 mm、长 10 mm 的套结 11 针。

• 激光压胶开口（袋口或透气口）的套结，除了线套结外，还有一种为热熔套结。在激光开口拉链为外露式防水拉链时，无论开口是否有装饰膜盖住袋口边缘，其套结都必须打在拉链上（切忌打在面料上），套结离激光口两端约各 3～5 mm，目的是阻挡拉链拉头碰撞激光口边缘。如果打的是有线套结，则必须在拉链底下压补强贴，封住套结线。

热熔套结则是在拉链底下用高周波将尼龙链牙熔融凝结而成，避免线套结存在的导水风险且有更平整美观的外表（树脂链牙不适合热熔），如图 5-37 所示。

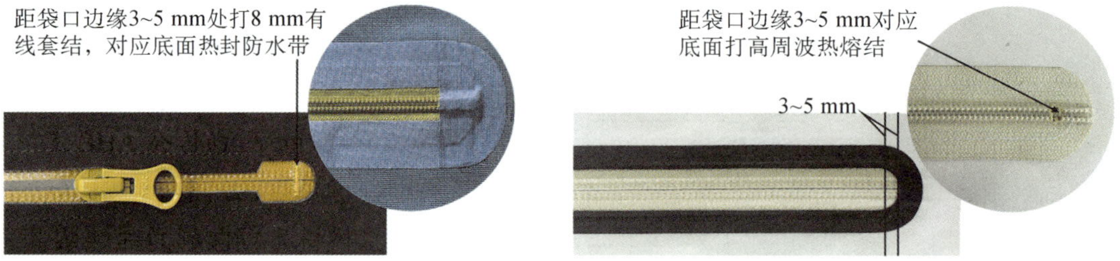

图 5-36 激光开口套结

3）抽绳工艺标准

抽绳在冲锋衣中有着非常重要的作用，可调节相关开口的大小防止寒风的侵入，可将衣服束紧在身体上减少阻力，方便运动。抽拉绳主要有帽口拉绳、后帽拉绳、腰拉绳、衫脚拉绳、裤脚拉绳等。

- 抽绳一般为直径 2～3 mm 的弹力橡筋绳，并配以调节的绳锁或卡槽。绳锁或卡槽需木布或织带耳袢固定。
- 出绳孔有单孔或双孔，一般为汽眼、激光孔，或可在缝位上留孔等。
- 两个出绳孔之间的距离一般在 2.5～4 cm。
- 抽绳从出孔眼出来后需穿过绳锁，专业冲锋衣必须将绳锁固定，否则难以单手调节。固定的方式有多种多样，最简便及常规的是直接用织带或本布耳将绳锁固定于出孔位旁边的缝位上；如果采用隐藏式的绳锁，同样需要用织带暗订在相关位置上。
- 任何部位的抽绳长短都以平服为标准，外露于表层的抽绳部分不允许太长，以避免在运动中挂到路边的树枝和藤条（城市运动或休闲类的冲锋衣除外）。
- 拉绳的两头需接驳表布牵条或织带，可直接于驳口上回针三次，如打套结则需在包布外并且针数小于 12 针 /cm，以免打断橡筋绳，然后再回针固定于隧道的两端或相应的位置。如图 5-38（a）、（b）、（c）所示。
- 如果采用减震绳或面料涂层很涩的则需要在绳隧道中加一层光滑的塔夫绸面料或内隧道，让绳子能够顺畅地拉动。如图 5-38（d）所示。

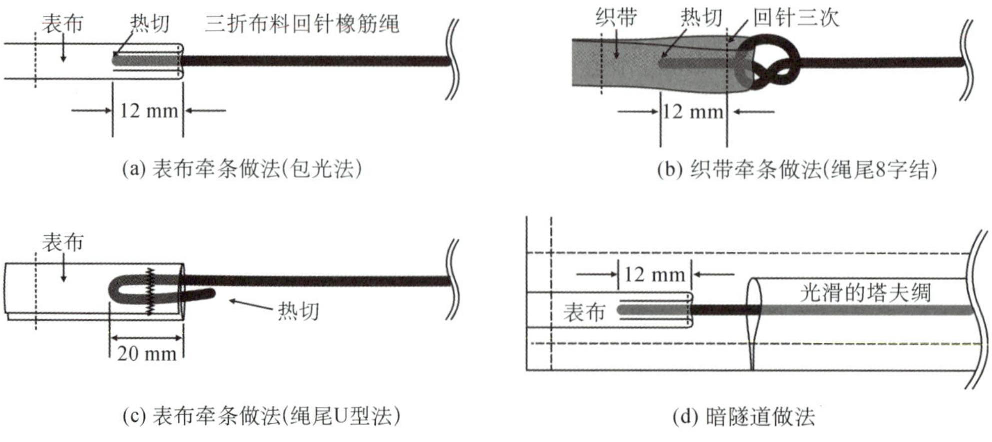

(a) 表布牵条做法(包光法)　(b) 织带牵条做法(绳尾8字结)

(c) 表布牵条做法(绳尾U型法)　(d) 暗隧道做法

图 5-38 抽绳绳接驳工艺

• 如果拉绳的一端为非固定式的，一般需在汽眼下打三环结或用绳尾夹或吊钟。例如穿入口袋内的抽绳，可在口袋内调整松紧，如图 5-39 所示。

图 5-39　袋内绳绳工艺

4）冲锋衣的连接与固定

冲锋衣的连接是针对套装而言，即内胆与外套的连接方式。冲锋衣的固定是针对有里的单冲而言，即里布与面布的固定方式。

• 内胆与外套的连接方式：一般需要两处固定：一是前门襟处，常规是以可脱卸的旋转拉链来连接外层与保暖层的；二是在后领圈的中点以及袖口底侧用挂袢并打四合扣来对内外层进行固定。也有些非极限运动的产品不连接前门襟，仅连接后领中点及袖口即可。通常会将扣绊安放在外层上，将套环安放在内胆上，也有些产品反之。扣绊用面布或织带均可，套环用橡筋绳或织带均可。如图 5-40 所示。

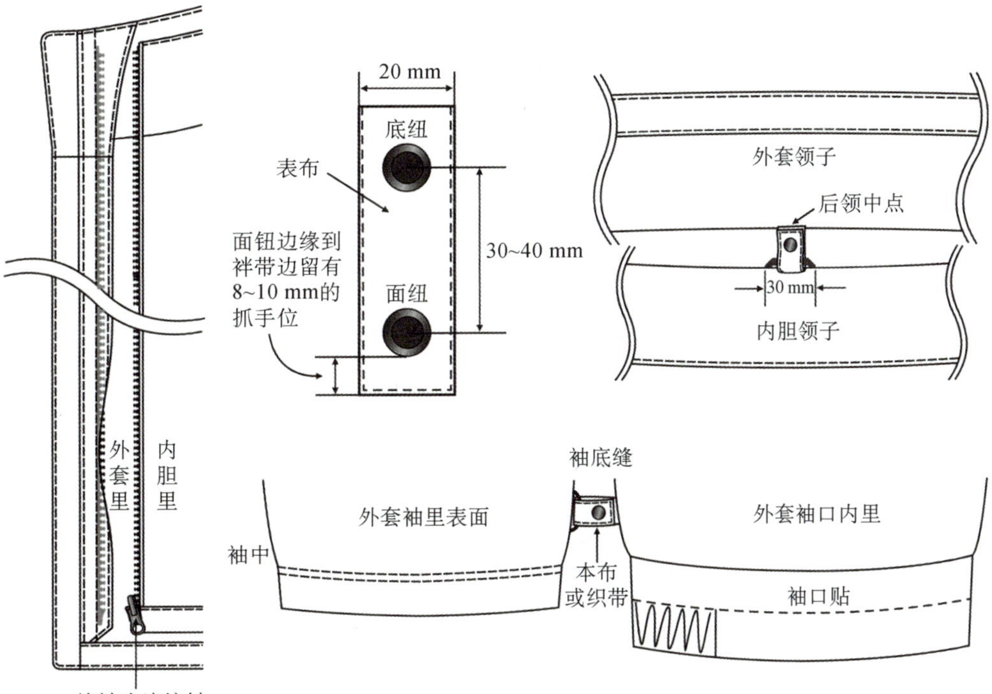

图 5-40　内外套的连接

• 里布与面布的固定部位有后领围中点、领围颈肩点、肩端点（外肩点）、腋下袖窿点、帽顶弧位顶端、袖肘、袖口、侧腰部，等等。固定的材料为双折的有胶表布面料或 Z-liner 中层布，连接条一端需车死于缝份（缝线）上，与表布连接的一端需封压防水胶带。完成的松度一般在 1～2.5 cm。如果冲锋衣在领围处不做防水要求的，则可用车缝方式做全领围固定。Z-liner 牵条的做法如图 5-41 所示。

5）口袋的其他做工规则

• 秋冬款冲锋衣的下袋布一般会有暖手功能的要求，多采用刷毛布，常规是将光的一面作为手心袋布，毛的一面作为手背袋布，也可以手心手背全为毛的。其他的内袋布、

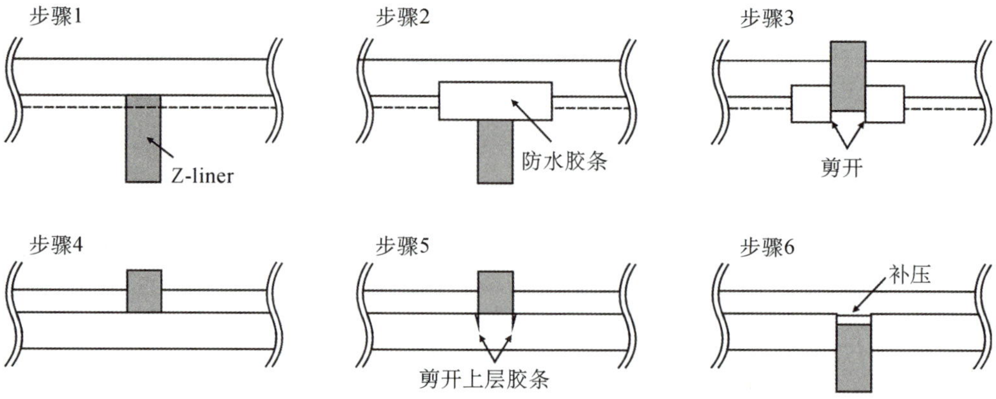

图 5-41　内外层的固定

袖袋布、胸袋布等可采用 210T 尼（涤）丝纺。

- 上衣或裤子口袋布深度，一般手插到袋底时袋口能盖住手腕，宽度以五指能分开为好。
- 手背面需加 1 mm 辑线固定袋边垫口布，防拉链夹布。
- 口袋拉链方向，常规是竖向的向上拉为关闭，横向的拉向前中为关闭。
- 挂面上的内袋设置在前身的左边或右边依据，一般是跟随面门筒的左右。
- 袋布可飞起的（如 2L 冲锋衣的口袋布）需用可防水连接条固定在合适的缝份位置上。冲锋衣的前插袋布的上端或下端固定在前门襟的缝份上。另需要注意的是，专业类冲锋衣的前插袋底端一般是不缝进下摆里的，冲锋裤的前插袋袋底用布条固定在档底下 4 cm 处。
- 袋口为弹力织带绲边的，如内里眼镜袋，需链条车缝以确保在拉伸时缝线不被拉断。

6）魔术贴（尼龙粘扣）的工艺要求

- 除特殊要求外，冲锋衣一般用于开合的魔术贴的四个角必须修成圆角，圆角有大圆角及小圆角（切角）之分，如图 5-42（a）、（b）、（c）所示为三种圆角类型。

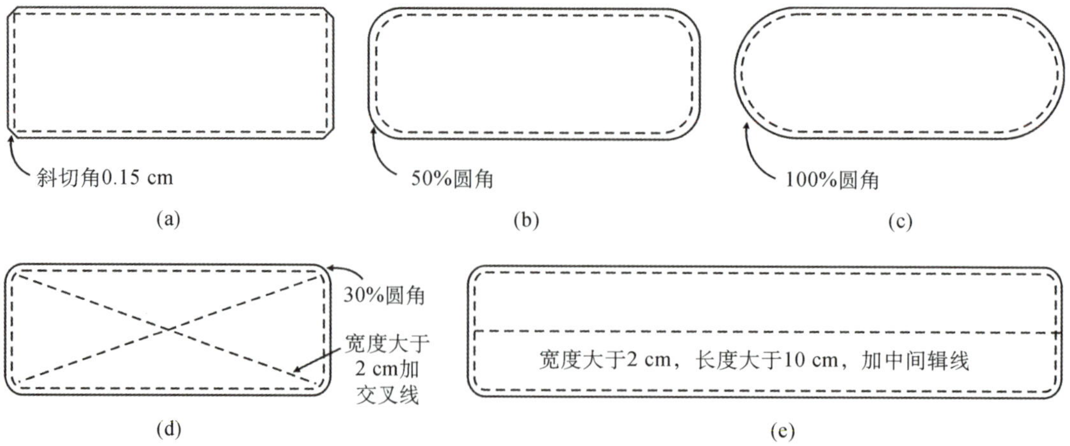

图 5-42　魔术贴工艺要求

- 对于宽度大于 2 cm（有些品牌是 1.5 cm）的魔术贴，专业上会有辑对角线以加固的要求，如果魔术贴的长度大于 10 cm，则改交叉线为中间长度线，如图 5-42（d）、（e）所示。
- 魔术贴在宽度上对有边或无边的要求是，宽度在 1 cm 以下，必须为无边魔术贴。
- 口袋盖魔术贴：宽度一般为 1.5～2 cm，长度为 2.5～4 cm，常规勾面在上，毛面在下。也有品牌反之。
- 袖袢及帽袢：勾面在上，毛面在下；毛勾搭住不小于 2.5 cm。袖口有三角插片的，可加设中间搭点，保证三角插片在未折叠状态下也能搭住，如圆点魔术贴。
- 门筒魔术贴：一般是毛面在上，勾面在下，也有品牌反之。
- 魔术贴车穿大身底的需封压防水胶带。

不同部位的魔术贴规格尺寸如表 5-15。

表 5-15 魔术贴规格

部位	宽度（cm）	长度（cm）
门襟	1.2～1.5	4～5
脱卸帽及藏帽开口	1.0～1.2	3
袖袢	1.5～2.0	勾面 4～6，毛面 8～10
帽后调节袢	1.5～2.0	勾面 5，毛面 8～10
袋盖及袋口	1.5～2.0	3～4
帽嘴	1.2～1.5	5～6

7）出水口

行业在冲锋衣防水工艺设计时有一条基本共识：雨水不能进入衣服内层，但允许表层口袋或部件的内部渗（进）水。只要雨水不透过服装底层触碰到人体，即认为产品是防水的。但需对口袋或部件设置导水孔的方式进行排水。一般出水孔可在拼接缝上留孔或在部件的底部打绣花眼或直眼等进行排水。如图 5-43。

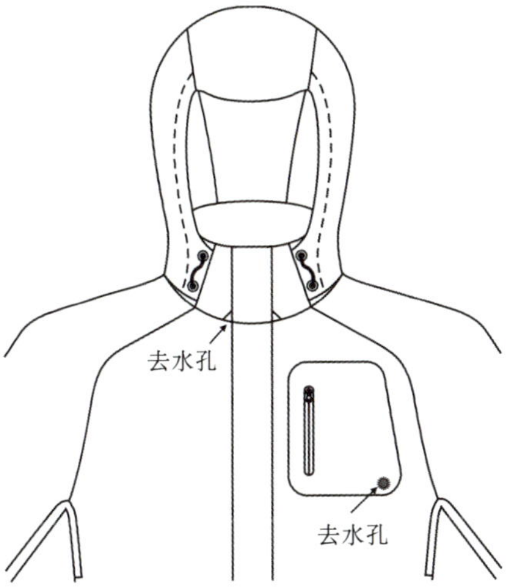

图 5-43 去水孔

8）冲锋衣的开口防水

冲锋衣的开口指的是人体穿戴服装时肢体进出的开口，也是外部大气候对服装微气候的影响通道。服装的开口主要有前中门襟口、帽口、领口、袖口、衫脚口、腰头、裤脚口等。虽然人体热量的散发或阻止外部风雨侵入可以通过抽绳或橡筋的方式进行开口大小的调节，但这些开口却是雨水进入服装内层的主要原因。冲锋衣开口的防水主要是对开口边缘的阻水及导水工艺。开发时一般会视防水级别的要求采用无缝折边或有缝折缝型。

- 3L 冲锋衣的开口边贴一般采用无缝压胶工艺（见前述的相关缝型）。如果采用有缝折边或者是产品对防水的持久性有较高的要求，可在距边贴 3～5 cm 上的位置增加止水条，以阻止雨水沿边缘底层的涤纶经编纱线扩散至内层，如图 5-44（a）。

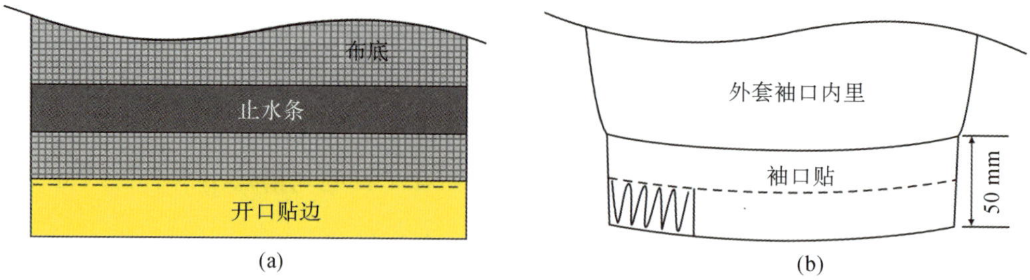

图 5-44　开口防水：止水条与贴边延伸

• 2L 冲锋衣的开口边贴大多数情况下采用有线缝工艺，当然也可以采用辑线不车穿表层的无缝做法（非双面胶黏合）。如果采用有线缝边贴，可延伸边贴宽度并采用先辑贴边线后拼里子的工艺，会提高一定的防水性，如图 5-44（b）。

• 如果需要在 2L 冲锋衣内里下口（衫脚、裤脚）进行导水设计的同样可使用孔眼疏水的办法。一是在内里下脚处拼接一段大孔网眼布，用于出水。网眼布约为 4～5 cm 高，如图 5-45（a）；二是内里下是涂层 210T 面料的，可于底部设置出水孔，出水孔为菊花眼或直眼，如图 5-45（b）。

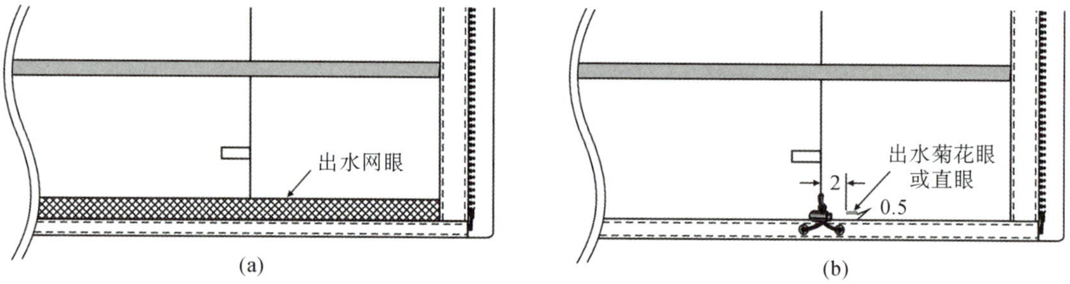

图 5-45　开口防水：孔眼疏水

9）冲锋衣拉链的一般规则

• 冲锋衣一般使用尼龙拉链或胶牙拉链，关于尼龙拉链的上下止规则如下。

开尾拉链：分正装拉链和反装拉链，均含上下止；门襟双开尾拉链时，拉链的下止距下摆应大于 1.5 cm；单开尾拉链时，拉链下止距下摆 0.5 cm 或与下摆平齐。

闭尾拉链：正装拉链有上下止；反装拉链无上下止；防水拉链无上下止。

胶牙拉链无论开尾或闭尾均需上下止。

• 冲锋衣拉链外露：5# 拉链外露 1.2～1.5 cm，4# 拉链外露 1.2 cm，3# 拉链外露 0.8～1.2 cm。

• 脱卸帽拉链尺寸：女款 18～24 cm，男款 20～26 cm，具体视款式及不同尺码调整。

• 腋下透气拉链尺寸：女款 28～32 cm，男款 30～34 cm，具体视款式及不同尺码调整。

• 上衣内袋拉链尺寸：女款 15～16 cm，男款 16～17 cm。

• 上衣插手拉链尺寸：女款大于 16 cm，男款大于 18 cm。如果兼容戴手套的拉链尺寸女款应大于 20 cm，男款应大于 22 cm。具体视款式及不同尺码而调整。

10）冲锋衣帽舌双面胶及用衬的一般规则

- 普通款或薄型款用一层双面胶。
- 专业款用两层双面胶 + 一层纸衬或布衬。
- 极限款用两层双面胶 + 一层布衬或网衬。
- 双面胶厚度一般是 6 mil，纸衬重量 40～60 g/m^2，具体的需视产品功能要求确定。
- 专业类产品需加入龙骨以固定帽舌形状，但如果采用硬网衬则无需龙骨。

第六章

冲锋衣的结构设计

第一节
冲锋衣结构构成方法

一、构成方法

关于冲锋衣结构的构成方法，就户外运动的肢体形态来说，冲锋衣的结构采用立体构成的方法是较为理想的，但因目前国内对户外运动人体建模的研究还在未完全成熟阶段，现在业内研发人员主要采用的是以平面为主，立体为辅的操作方式。

所谓的服装平面构成技术就是俗称的平面裁剪，指冲锋衣结构设计人员（制版人员）根据运动时的人体运动特征、服装的功能诉求、款式的造型风格以及控制部位的尺寸等相关要求，通过间接法或直接法的平面制图方式而绘制出所需的结构图。通常，结构的大部分设计都是采用平面构成来完成的，对一些特定的局部则采用立体构成来处理。坯样完成后再通过立体检验（动态真人及静态人台），最后再回到平面修正。

1. 间接法

采用原型或基型的制图结构为过渡媒介体，根据服装的具体尺寸及款式造型来制作所需的结构图。它是众多户外服装结构设计人员常用的方法，其最大的优点是快捷且保型性较好。对于一些特殊的版型或特定客户的结构要求，更是被指定采用相关的基型纸样来操作。

2. 直接法

直接制图法，包括比例制图法及剥样法。比例制图法，指采用计算公式 + 调整变量的一种处理方式。剥（驳）样法，是实寸法的一种，是以服装实物样品为参照基础，测量出服装各部位的尺寸并以此作为结构制图的尺寸（或参考尺寸）的一种制图方法。剥样是服装制图的特殊形式，它的优点是可以通过现成的参考样衣最直观地了解产品的风格、材料、结构、版型、工艺等，省去或减少了常规操作中的假样试制环节。它甚至可以通过拆解样衣进行读图，精确地复刻出所需的版型。剥样是户外服装结构设计人员常用的或是被客人指定的制图方法之一。

二、服装原型采用

1. 原型与基样

我们知道服装原型是基于人体体型最基础性的服装结构。不同国家、不同区域的人因人种不同，体型不同，服装原型也是不一样的。就冲锋衣这个品类而言，目前采用的服装原型主要有欧美原型和亚洲原型两类。就亚洲人的体型来说，历史较为悠久，采用者众多的服装原型是日本的文化服装原型。在我国，也有不少的研究机构、学者对服装原型进行了研究及发布。由东华大学（原中国纺织大学）服装学院张文斌团队研究的中国服装原型（东华原型）就是一种较符合中国国民体型的原型。内销产品多采用日本文化原型或东华原型，而外销欧美的服装则采用欧美原型。

基型纸样。一般来说，每个户外品牌的产品版型库中，都会有一种被称为母版的纸样，它就是基型纸样。基型纸样属于品类纸样，并非原型，但它是在服装原型的基础上建立的。基型纸样是服装间接制图法的一种制图媒介，是服装结构图的过渡形式，并非服装结构图的最终形式。

基型纸样是一种带有品类特征的纸样模板，也可以说是某类型产品的结构标准。它包括了所对应的户外运动项目的各种系列、各种款型、各种风格。如滑雪裤的基型纸样，其前膝部有高屈曲度的特点；攀登服的基型纸样，其上臂有高抬举度的特点。有些基型纸样甚至还带有很强烈的客户特征，即纸样上有客户指定的或专属的版型及工艺方面的独样性，这类纸样是不能随便用到其他客人的同类产品中的。

2. 冲锋衣原型采用及采集

本书的冲锋衣基础原型是在东华原型的基础上结合了户外活动的肢体特征而建立的。冲锋衣结构设计人员使用的基础原型可能由于运用的习惯或面对不同地域的客户会有所不同。特别是一些专为欧美户外品牌提供产品开发、生产的代工企业会用到欧美原型。欧美原型又会因不同的国家或区域而细分为美式原型、英国原型、法国原型，等等。

在业界的实际产品开发中，研发人员通常也都会自己采集服装原型，即通过购入产品的最终消费者及使用者所在区域的标准人台，再用立裁的手法在人台上套取腰围线上的人台坯布样，最后转换成服装制图原型。经验告诉我们，采集与客户相同人台的原型更能设计出适应客户需求的产品，因为大多数的客人在评审你所开发的产品的版型及相关功能是否合乎要求时，都是结合了其认可的人台的静态审核与实际人体的活动体验来进行的。

服装原型的套取方法并不复杂，其步骤如下：

人台依产品特性调整（相关部位增垫）—人台标志线粘贴—坯布丝绺归正并画基础线—别样及确定侧颈点—考虑产品功能性分配松量（胸部周围、胸背宽及侧缝处）—捏出袖窿省、腰省—固定前后肩及侧缝（抓合针法）—检查及调整并点影（做标记）—取下坯样用曲尺圆顺—拷贝到纸上—缝合试样套人台调试—完成。

第二节
冲锋衣的规格设计

冲锋衣的规格设计属于产品设计的一部分，其对商品的销售有直接影响。

一、冲锋衣的规格表示

规格也叫尺码。冲锋衣的尺码主要有两种表示方法：一是代码法，二是号型法。

1. 代码法

代码法是指用阿拉伯数字或英文字母来标示服装规格的大小属性的一种方法，主要为欧美服装采用。阿拉伯数字，如 36、38、40……；英文字母，如 XS、S、M、L、XL、XXL……

2. 号型法

号型法是指用人体的身高与围度两个尺寸来表示服装规格的大小属性的方法，号为身高，型为围度（上衣指胸围，下装指腰围）。如上衣的 160/84A、裤子的 165/72A……，前者的 84A 指标准型人体的净胸围，后者的 72A 指标准型人体的净腰围。国内大多数的服装品类都是以号型法来标示尺码的，包括冲锋衣在内的户外服装也不例外，但也有部分品牌或部分产品还是保留以往的英文字母的代码法。

3. 代码法与号型法比较

两种尺码标示法相比较，号型法无疑更为精准，更能让消费者读懂与接受。而英文字母法在国家号型标准未出来前也是服装最主要的一种尺码标示法。英文尺码的尺寸设定则有更大的灵活性，其可以对应国标的号型尺寸，也可以由品牌商自行根据产品及受众的需要而设置，国家并没有对英文尺码的规格设置有硬性的规定，包括它的中间码尺寸以及各码之间的档差，大多数都是行业中一种俗成的设置。男式冲锋衣 L 码可以等同于号型码的 175/92，也可以等同于 175/96；冲锋衣的围度档差可以按号型码的 4 cm 跳，也可以按欧码的 2 英寸（5 cm）跳，或按 6 cm 跳，以适应更大的受众范围等。

二、冲锋衣的号型设置

本书的冲锋衣的号型设置以 GB/T 1335 标准执行。

1. 体型组别

根据人体的净胸腰差，我国人体可分为四种体型，即 Y、A、B、C。户外冲锋衣由于其产品特点，业界大多数品牌主要都是针对 A 型与 B 型两种组别。我国人体体型分类见表 6-1。我国成年男子、女子各种体型在总量中的比例分别见表 6-2、表 6-3。

表 6-1 我国人体体型分类 单位：cm

体型分类代号	男子胸腰差	女子胸腰差
Y	17～22	19～24
A	12～16	14～18
B	7～11	9～13
C	2～6	4～8

表 6-2　全国成年男子各种体型在总量中的比例　　单位：%

体型	Y	A	B	C	其他
占总量比例	20.98	39.21	28.65	7.92	3.24

表 6-3　全国成年女子各种体型在总量中的比例　　单位：%

体型	Y	A	B	C	其他
占总量比例	14.82	44.13	33.72	6.45	0.88

2. 号型系列

将人体的号与型进行有规律的分档排列，即为号型系列。国家号型标准中有 5・4 系列、5・2 系列规定。成人上装采用 5・4 系列（身高以 5 cm 分档，胸围以 4 cm 分档）；成人下装采用 5・4 系列或 5・2 系列（身高以 5 cm 分档，腰围以 4 cm 或 2 cm 分档）。男子 5・4、5・2 A 号型系列如表 6-4 所示。女子 5・4、5・2 A 号型系列如表 6-5 所示。男子 5・4、5・2 B 号型系列如表 6-6 所示。女子 5・4、5・2 B 号型系列如表 6-7 所示。

表 6-4　男子 5・4、5・2 A 号型系列　　单位：cm

A																								
胸围	身高																							
	155			160			165			170			175			180			185			190		
	腰围																							
72				56	58	60	56	58	60															
76	60	62	64	60	62	64	60	62	64	60	62	64												
80	64	66	68	64	66	68	64	66	68	64	66	68	64	66	68									
84	68	70	72	68	70	72	68	70	72	68	70	72	68	70	72	68	70	72						
88	72	74	76	72	74	76	72	74	76	72	74	76	72	74	76	72	74	76	72	74	76			
92				76	78	80	76	78	80	76	78	80	76	78	80	76	78	80	76	78	80	76	78	80
96							80	82	84	80	82	84	80	82	84	80	82	84	80	82	84	80	82	84
100										84	86	88	84	86	88	84	86	88	84	86	88	84	86	88
104													88	90	92	88	90	92	88	90	92	88	90	92

表 6-5　女子 5・4、5・2 A 号型系列　　单位：cm

A																								
胸围	身高																							
	145			150			155			160			165			170			175			180		
	腰围																							
72				54	56	58	54	56	58	54	56	58												
76	58	60	62	58	60	62	58	60	62	58	60	62	58	60	62									

（续表）

A																								
80	62	64	66	62	64	66	62	64	66	62	64	66	62	64	66	62	64	66						
84	66	68	70	66	68	70	66	68	70	66	68	70	66	68	70	66	68	70	66	68	70			
88	70	72	74	70	72	74	70	72	74	70	72	74	70	72	74	70	72	74	70	72	74	70	72	74
92				74	76	78	74	76	78	74	76	78	74	76	78	74	76	78	74	76	78	74	76	78
96							78	80	82	78	80	82	78	80	82	78	80	82	78	80	82	78	80	82
100										82	84	86	82	84	86	82	84	86	82	84	86	82	84	86

表 6-6　男子 5 · 4、5 · 2 B 号型系列　　单位：cm

B																		
胸围	身高																	
	150		155		160		165		170		175		180		185		190	
	腰围																	
72	62	64	62	64	62	64												
76	66	68	66	68	66	68	66	68										
80	70	72	70	72	70	72	70	72	70	72								
84	74	76	74	76	74	76	74	76	74	76	74	76						
88	78	80	78	80	78	80	78	80	78	80	78	80	78	80				
92			82	84	82	84	82	84	82	84	82	84	82	84	82	84		
96					86	88	86	88	86	88	86	88	86	88	86	88	86	88
100							90	92	90	92	90	92	90	92	90	92	90	92
104									94	96	94	96	94	96	94	96	94	96
108											98	100	98	100	98	100	98	100
112													102	104	102	104	102	104

表 6-7　女子 5 · 4、5 · 2 B 号型系列　　单位：cm

B																		
胸围	身高																	
	145		150		155		160		165		170		175		180			
	腰围																	
68			56	58	56	58	56	58										
72	60	62	60	62	60	62	60	62	60	62								
76	64	66	64	66	64	66	64	66	64	66								
80	68	70	68	70	68	70	68	70	68	70	68	70						
84	72	74	72	74	72	74	72	74	72	74	72	74	72	74				

（续表）

B																		
88	76	78	76	78	76	78	76	78	76	78	76	78	76	78	76	78		
92	80	82	80	82	80	82	80	82	80	82	80	82	80	82	80	82		
96			84	86	84	86	84	86	84	86	84	86	84	86	84	86		
100					88	90	88	90	88	90	88	90	88	90	88	90		
104							92	94	92	94	92	94	92	94	92	94		
108									96	98	96	98	96	98	96	98		

消费者在选购服装前，首先要知道自己的身高、净胸围、净腰围尺寸，按胸围与腰围的差数确定所属的体型分类，然后从中选择合适的号型。身高、胸围与号型设置不吻合时，可采用靠档法，如表 6-8 所示。

表 6-8　号型选择靠档法　　单位：cm

人体身高	……	162～167	167～172	172～177	……
选用号	……	165	170	175	……
人体净胸围	……	86～90	90～94	94～98	……
选用型	……	88	92	96	……
人体净腰围	……	75～76	77～78	79～80	……
5・2 系列	……	76	78	80	……
人体净腰围	……	72～76	76～80	80～84	……
5・4 系列	……	74	78	82	……

3. 中间体

户外界对于包括冲锋衣在内的户外运动服装的中间体（中间号）一般都会比常规的生活类服装的中间体大一个号型或大一个型。有些品牌也会针对自身的不同产品系列、不同的年龄段、不同的使用人群而设定不同的中间体或不同的号型。有些品牌还会对传统的冲锋衣系列采用 B 型，而生活类的压胶服采用 A 型。消费者购买时需注意。业内常用的冲锋衣中间体一般如下：

女子中间体：　A 型　上衣　165/88　下装　165/72

男子中间体一：A 型　上衣　175/92　下装　175/78

男子中间体二：A 型　上衣　175/96　下装　175/82

4. 中间体号型控制部位数值

常用的冲锋衣中间体号型控制部位数值分为 A 型、B 型两种。具体的男女 A 型、B 型数值分别见表 6-9—表 6-12。

表 6-9　A 型男子冲锋衣控制部位数值　　单位：cm

部位	身高	颈椎点高	坐姿颈椎点高	全臂长	腰围高	胸围	颈围	总肩宽	腰围	臀围
数值	170	145	66.5	55.5	102.5	88	36.8	43.6	72	88.4
									74	90
									76	91.6
	175	149	68.5	57	105.5	92	37.8	44.8	76	91.6
									78	93.2
									80	94.8
						96	38.8	46	80	94.8
									82	96.4
									84	98

表 6-10　A 型女子冲锋衣控制部位数值　　单位：cm

部位	身高	颈椎点高	坐姿颈椎点高	全臂长	腰围高	胸围	颈围	总肩宽	腰围	臀围
数值	160	136	62.5	50.5	98	84	33.6	39.4	66	88.2
									68	90
									70	91.8
	165	140	64.5	52	101	88	34.4	40.4	70	91.8
									72	93.6
									74	95.4

表 6-11　B 型男子冲锋衣控制部位数值　　单位：cm

部位	身高	颈椎点高	坐姿颈椎点高	全臂长	腰围高	胸围	颈围	总肩宽	腰围	臀围
数值	170	145.5	67	55.5	102	88	37.2	43.2	80	92.2
						92	38.2	44.4	82	93.6
	175	149.5	69	57	105				84	95
						96	39.2	45.6	86	96.4
									88	97.8

表 6-12　B 型女子冲锋衣控制部位数值　　单位：cm

部位	身高	颈椎点高	坐姿颈椎点高	全臂长	腰围高	胸围	颈围	总肩宽	腰围	臀围
数值	160	136.5	63	50.5	98	84	33.8	38.8	74	92.8
						88	34.6	39.8	76	94.4
	165	140.5	65	52	101				78	96
						92	35.4	40.8	80	97.6
									82	99.2

5. 号型制规格设计需注意的几点

- 中间体确定后，所有打样、试身、评审均以确定的中间体为基础，不能随意改变。
- 号型制规格系列必须以国家号型系列为准，即成品的全尺码档差规定以号型系列的分档为准，特别是控制部位不能改变。
- 非号型制的规格系列一般以客人的规格标准或以企业自身的规格标准而设定。
- 非号型制的规格与号型制的规格是相同的，产品上可以合并标识，如 160/84A（M）。
- 非号型制的规格与号型制的规格是不相同的，其产品上不允许挂号型制规格标识，以免让消费者造成误解。

三、冲锋衣的成品尺寸设计

服装号型并不是现成的成品尺寸，它只是人体净体尺寸。冲锋衣的成品尺寸是在确定了号型的基础上，考虑了服装款式、运动特点、功能诉求等各种因素，一是采用对主要控制部位（胸围、臀围等）的数值加放所需的松量的方法，二是结合人体身高及局部与主控部位（胸围、臀围）相互关系，从而形成具体的产品尺寸。

1. 冲锋衣松量

冲锋衣廓体尺寸与人体体表净身尺寸的周长差称为服装松量，从成品尺寸设计的角度来说就是服装的加放量。冲锋衣松量是人体在户外运动时必要的一个物理量。人体不同体表对应的服装部位的松量有胸围加放量、腰围加放量、臀围加放量、衣长加放量、袖长加放量等。

冲锋衣的版型风格总体来说属于较宽松风格。但不同的户外运动环境中使用的冲锋衣的松量还是有一些区别的。轻薄型、轻量型的冲锋衣的松量一般不宜太大，否则轻薄型的衣身在运动中容易飘起；保暖型、派克类的一般松量要大一些；适合竞技类、疾速类运动的松量相对会较小，甚至为合体的风格。如骑行冲锋衣，松量太大的话整个衣身在前行时被风鼓起而产生阻力。特别是双板滑雪服，其本身有保暖层，但运动特性又不能让它有太大的衣身，故松量的设计需要恰到好处。

除运动的动作幅度会对冲锋衣松量产生影响外，冲锋衣的面料的弹性也是影响松量的原因之一，即面料的延伸率可以抵消部分松量，如采用四面弹面料制作的滑雪服的松量就不宜太大。

冲锋衣的规格设计是一个综合考虑的过程，人体活动量（活动时皮肤的伸展）、衣服的宽松度（尺寸加放量）、面料的伸展性（面料弹力程度）是尺寸设计时要考虑的三大要素。

皮肤伸展率 =（运动时人体尺寸 − 静态时人体尺寸）/ 静态时人体尺寸

衣服宽松率 =（布料展开时尺寸 − 静态时人体尺寸）/ 静态时人体尺寸

1）冲锋衣胸围松量

不同类型冲锋衣的不同版型风格的胸围松量见表 6-13。

表 6-13　冲锋衣胸围松量　　单位：cm

版型风格	男	女	冲锋衣类型
合体型	14～18	10～14	2.5L/3L 轻薄轻量型登山冲锋衣、越野跑冲锋衣、骑行冲锋衣、四面弹单层冲锋衣、软壳冲锋衣
较合体型	18～22	14～18	
较宽松型	22～26	18～22	3L 硬壳冲锋衣、2L 有里冲锋衣、四面弹滑雪服、保暖型（棉或绒）冲锋衣、滑雪服、派克保暖中长款冲锋衣、脱卸型三合一冲锋衣
宽松型	26～30	22～30	

- 头围松量

帽高：肩颈点至头顶 +（1～2）cm，兼容头盔的需戴上头盔测量。

帽宽（脸颊处）：头围 /2-（1～3）cm，兼容头盔的需戴上头盔测量。如图 6-1 所示。

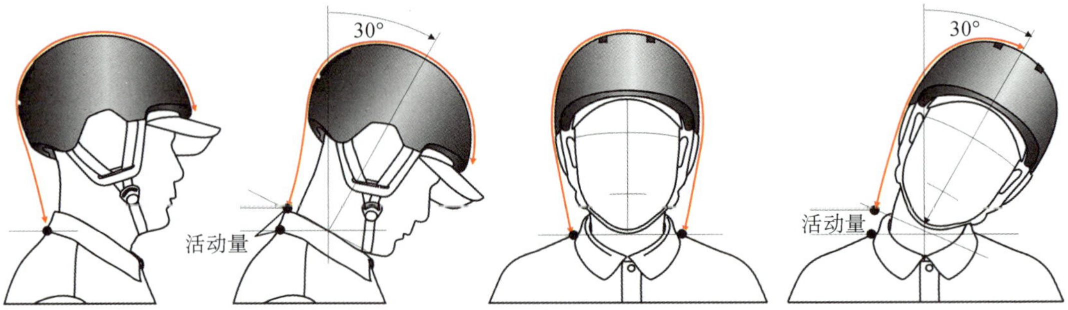

图 6-1　帽活动量测量

2）裤类臀围松量

裤类的松量，我们一般将松量在 0～6 cm 列为合体型；松量在 6～12 cm 列为较合体型；松量在 12～18 cm 列为较宽松型；大于 18 cm 为宽松型。作为冲锋裤来说，太合体或太宽松都不适宜在户外运动中的穿着。通常为较合体或较宽松这两种类型。不同类型冲锋裤的不同版型风格的臀围松量见表 6-14。

表 6-14　冲锋裤臀围松量　　单位：cm

冲锋裤类型	男	女
2.5L 或 3L 冲锋裤、2L 有护膜冲锋裤	12～16	8～12
有保暖层的冲锋裤、滑雪裤	16～20	12～16

3）裤类腰围松量

腰头无橡筋冲锋裤类：0～4 cm。

腰头有橡筋冲锋裤类：-8～-2 cm。

2. 冲锋衣（裤）主要尺寸与人体的比例关系

冲锋衣（裤）尺寸与人体的比例关系指的是成品的长度与身高（号），成品的围度与胸围 / 臀围（型）的比例。根据服装的整体风格而采用比例关系来制定成品规格尺寸是业内常用的方法。

另外，冲锋衣的衣长及袖长在起测点上与传统服装所不同的是，衣长和袖长都是从后中点为起点计测长度的，这也是由户外运动时人体特征所决定的。

（注释：此处“号”指身高，b 指净胸围）

1）后中衣长

不同类型冲锋衣的衣长可参考表 6-15。

表 6-15 冲锋衣后中衣长制定参考 单位：cm

冲锋衣类型	男	女
轻量，春夏季冲锋衣	0.4 号 +（2～4）	0.4 号 +（0～2）
常规，秋冬季有里层冲锋衣，滑雪服	0.4 号 +（4～6）	0.4 号 +（2～4）
派克中长款	0.4 号 +（≥8）	0.4 号 +（≥6）
骑行（山地车、公路车）冲锋衣	0.4 号 +（6～8）	0.4 号 +（4～6）

2）肩宽

男式：0.3b + 17.2 cm + 风格（2～6）cm（举例：号型 175/96A，肩宽 48～52 cm）。

女式：0.25b + 18.4 cm + 风格（0～3）cm（举例：号型 165/88A，肩宽 40.4～43.4 cm）。

3）后中袖长

男式：0.15b + 0.3 号 + 13.1 cm + 风格（10～14）cm（举例：号型 175/96A，后中袖长 90～94 cm）。

女式：0.125b + 0.3 号 + 11.7 cm + 风格（10～14）cm（举例：号型 165/88A，后中袖长 82.2～86.2 cm）。

4）衣类腰围尺寸

冲锋衣的腰围尺寸一般是较胸围更小，见表 6-16。

表 6-16 冲锋衣腰围尺寸制定参考 单位：cm

稍收腰风格	男	B-（0～6）
卡腰风格	女	B-（6～12）

5）下摆尺寸

成品的下摆围度在实际操作中一般根据冲锋衣的造型风格，对比胸围尺寸而确定。但如果是前后衣长均超过臀围线位置的中长款冲锋衣或是合体型的女性冲锋衣，则必须结合臀围的松量来考虑。见表 6-17。

表 6-17 冲锋衣下摆尺寸制定参考 单位：cm

T 型风格	男	B-（2～6）
H 型风格	男	B-（0～2）
A 型风格	女	B +（2～6）

6）裤长

徒步、登山等常规类冲锋裤：0.6 号 +（0～3）cm（举例：身高 175 cm，冲锋裤外长 105～108 cm）。

滑雪、骑行等屈膝类冲锋裤：0.6 号 +（2～5）cm（举例：身高 175 cm，冲锋裤外长 107～110 cm）。

第三节 冲锋衣的衣身结构

一、冲锋衣的衣身结构平衡概念

冲锋衣的衣身结构平衡是指衣服在穿着状态时能保持适体、平整，表面不出现无效褶皱及被肢体牵扯的斜扭、变形等现象。它包括立正姿态下的衣身结构平衡以及某个运动姿态下的衣身结构平衡。

所谓立正姿态下的衣身结构平衡，是指传统意义上的衣身结构平衡，即衣身在标准人台（或人体立正姿态）所呈现为平整、无斜扭、无起吊的一种状态。在原型及基型的研究中，通常是以衣身在腰节线以上的部位为研究对象的。

运动姿态下的衣身结构平衡则是指在某一种户外运动姿态时的衣身的平整。当肢体由立正状态转为某活动姿态时不出现牵扯变形、体感压力、束缚的现象，即为平衡。此类平衡的研究，通常是让人体处于某个所需的运动姿态下来做观察及体验的。一些专业性强的户外品牌会针对运动项目的运动形态自建人台，以代替人体来进行平衡研究。

由于不同的户外运动所呈现的肢体姿态是不相同的，其衣身结构也会有不同的平衡要求。关于衡量动态下的衣身结构平衡程度，研发人员在观察时通常会结合下身、袖身、头身等整体的着装情况综合评判。

二、冲锋衣的衣身平衡的途径

浮余量的消除与活动量的补偿是冲锋衣主要的平衡途径。对浮余量的消除，大家更为熟悉的是标准人台下的衣身结构平衡办法，它在传统的生活类服装中被广泛应用，也包括运动幅度不太大的户外运动服装。在一些运动幅度较大、专业性较强的户外服装上，如登山服、滑雪服、骑行服等的衣身结构平衡则会采用活动量的补偿，以达到运动状态下的衣身平衡。

1. 浮余量及消除

衣身浮余量的消除是保证衣身结构平衡的一个主要途径。服装浮余量的概念是由东华大学相关研究学者所提出的，是指人体（人台）在立正的姿势下，衣身覆合其上时在保持衣身前中线、后中线及胸围线、腰围线分别与人体（人台）对齐后，将胸围线以上衣身抹平后捏出来的余量。前身多出来的余量叫前浮余量，后身多出来的余量叫后浮余量。

消除浮余量，使衣身能很好地覆合在人体上，不出现褶皱、斜扭现象，我们即称之为此衣身的结构达到平衡。通常，消除前后浮余量都是将其捋至肩缝或袖窿处来处理的。消除方法有结构性的省道消除法、浮松法、下放法以及工艺法。

1）省道消除法：图 6-2 为前浮余量转化为省道几种形式，a 为转到小肩，b 为转到袖窿，c 为转到腰线（底边线）。省的形式又有对准 BP 点和不对准 BP 点两种，如撇胸就是不对准 BP 点的转换。

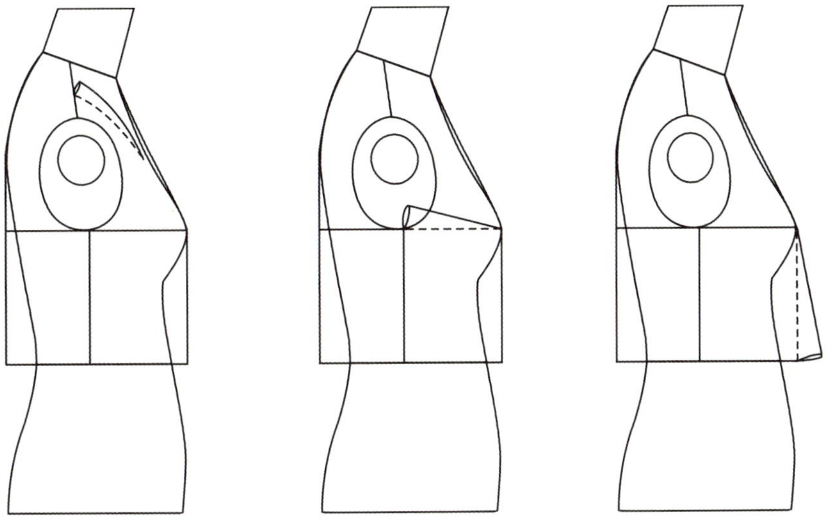

图 6-2 省道消除

2）浮松法：浮余量的浮松形式说白了就是不消除浮余量，根据活动量的需求状况将一定的或者是全部的浮余量浮松在原处。在冲锋衣的衣身浮余量的处理中，浮松法是常用的形式，它也被称为一种对浮余量不处理的处理方法。如图 6-3（a）所示。

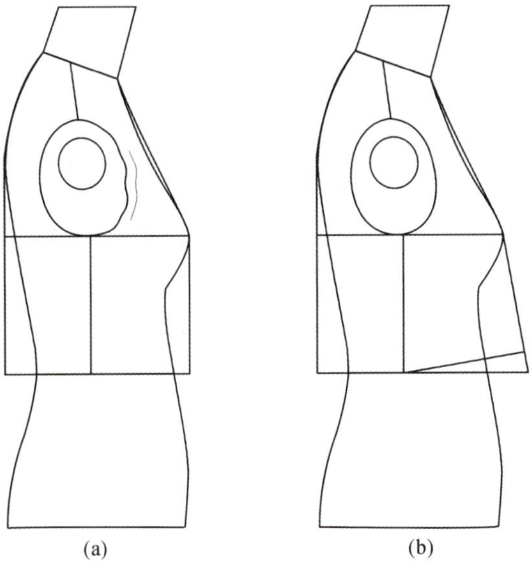

图 6-3 胸省浮松与下放

3）下放法：浮余量的下放法也叫底边起翘法，如图 6-3（b）所示。它在生活类服装中很常见，起翘需要结合工艺手段来处理。下放法在冲锋衣的衣身结构中是不建议采用的，因为从本质上说，浮余量的下放就是减少了本应属于上半身的胸凸量，而对于户外服装普遍呈现的前短后长的底边造型，同时冲锋衣类产品又多采用的是不易归拔的硬挺性的面料，所以浮余量下放法对于冲锋衣来说并不是好的衣身平衡处理方法。

传统的操作认为浮余量下放形式对宽松类服装都适用，其实这是误解。事实上，上半身长度（胸围以上）的不足是导致冲锋衣类产品在立正时前中起翘的主要原因。但浮余量的下放如果放在一些下摆较大的 A 廓型户外服装（冲锋衣）中却不失为一个好的浮余量处理办法。

前浮余量下放与前浮余量转化为腰省（底边省）这两种衣身平衡方法很多人分不清

楚，其实我们只要看腰线（下摆线）上是否做了收省就可分辨出来，如图 6-4（a）所示，其结构完成后是向前起翘的，为前浮余量下放；图 6-4（b）的结构则为省转移，不会产生起翘，但需要在结构上有分割线设计，即收在腰部的并非腰省，而是由胸省转移而来的。

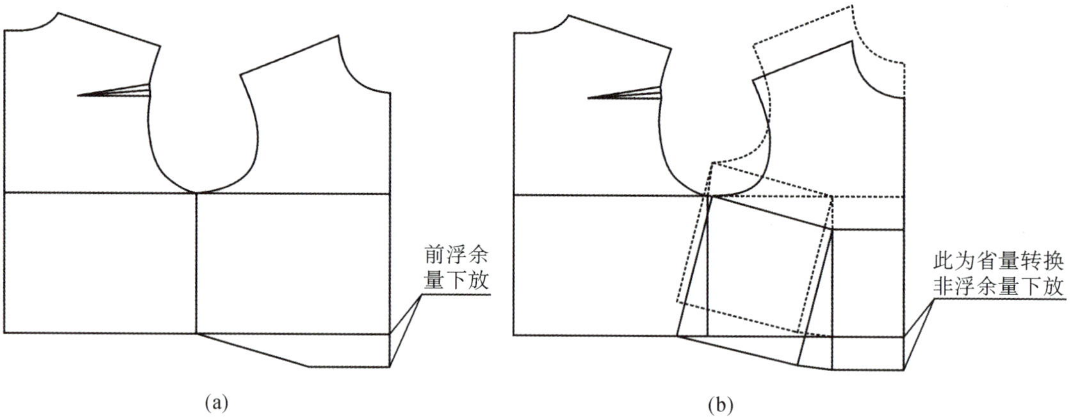

图 6-4　胸省下放与省转移的区别

4）工艺法：通过工艺归拔来处理浮余量的方法。这在冲锋衣上几乎不采用，主要是因为梭织压胶面料的特性不易归拔，并且冲锋衣的版型多为宽松或较宽松的风格，也使得它无需采用工艺处理的手段。

2. 活动量的补偿

提出衣身的运动补偿量这个概念是基于人体由标准的站立姿态转变为运动姿态时，原来的衣身平衡被打破，从而需要做新的浮余量的消除，特别是对束缚部位还会做活动量的嵌入。嵌入的活动量我们称之为运动补偿量，而再消除的浮余量也可以理解为负补偿量。补偿量是在某种运动姿态下衣身结构平衡的一种处理手段。如图 6-5 为身体前倾运动时的弓形姿态。

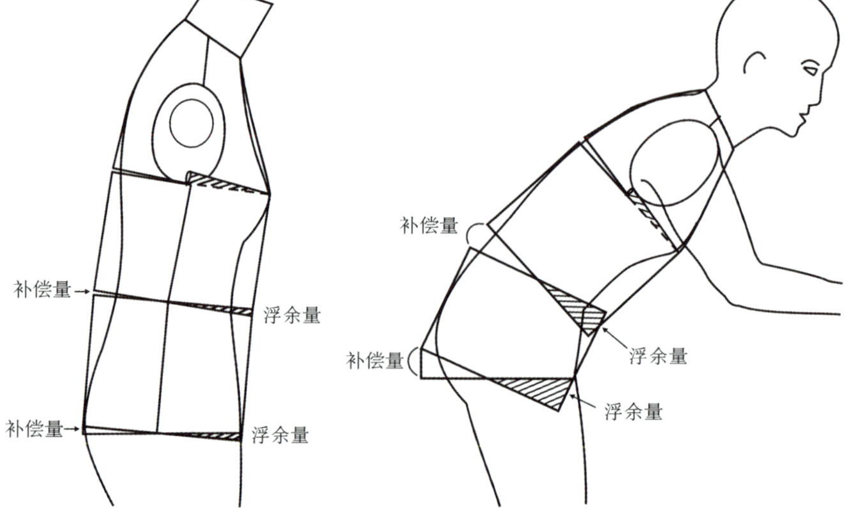

图 6-5　前倾运动时的身体姿态

当人体由标准站立姿态转变为各种户外运动姿态时，未跟随形变的衣身通常会出现两大问题：一是对应人体拉伸部位的衣身会出现活动量不足，从而给人体带来束缚压力；二是人体拉伸部位的反向对应侧的衣身产生新的浮余量，又给人体的运动造成摩擦与阻力。

毫无疑问，户外运动服装特别是冲锋衣的衣身结构平衡是必需考虑到人体在运动时的形变规律。故此，服装的衣身就需要根据运动时的肢体活动所需要的空间给予相应的衣身补偿或负补偿（再消除）。比如，背部的上下前屈会产生长度（衣长）补偿量、背部的抱胸前屈会产生围度（背宽）补偿量。

在户外冲锋衣的结构设计中，大家会听到一些新的结构术语，诸如手臂抬手量、手臂前伸量、膝部屈伸度、肘部屈度等，其实就是指衣身运动补偿量。关于运动状态下的衣身平衡最为明显的例子，如登山服轻微的前短后长、骑行服重度的前短后长、滑雪裤膝部的前凸后凹等。当然，如果我们将运动姿态下已达到平衡的衣身再放回到静态的立正状态下来看，它们显然是不平衡的。

三、冲锋衣的制版原型

1. 体型采用

男子体型：男性户外服装产品，业内会有 A 型和 B 型两套规格系列。研发打样时上衣通常是以号型 175/92A 或 175/96A 作为基准码（中间码），下装以号型 175/78A 或 175/82A 来进行。175/96A 的控制数值及各码跳档差参考如表 6-18 所示。

表 6-18　男 175/96A 的控制数值及各码跳档差　　单位：cm

部位	控制数值	5·4 系列	身高、腰围、臀围每增加 1 cm
身高	175	5	1
颈椎点高	149	4	0.8
坐姿颈椎点高	68.5	2	0.4
全臂长	57.4	1.5	0.3
背长	43.5	1	0.2
上臂长	32.7	0.9	0.18
前臂长	24.7	0.6	0.12
腰围高	105.5	3	0.6
会阴高	79	2.3	0.46
胫骨点高	46.3	1.4	0.28
小腿长	38.48	1.2	0.24
内踝点高	7.8	0.2	0.04

（续表）

部位	控制数值	5·4 系列	身高、腰围、臀围每增加 1 cm
胸围	96	4	1
颈围	38.8	1	0.25
总肩宽	46	1.2	0.3
腰围	82	4	1
臀围	96.4	3.2	0.8

女子体型：女性户外服装产品，业内习惯上采用 A 型规格系列，基础码（中间码）通常以号型 165/88A 作为基准码来进行研发打样。165/88A 的控制数值及跳档差参考如表 6-19。

表 6-19　女 165/88A 的控制数值及各码跳档差　　单位：cm

<table>
<tr><th>部位</th><th colspan="2">控制数值</th><th>5·4 系列</th><th>身高、腰围、臀围每增加 1 cm</th></tr>
<tr><td>身高</td><td colspan="2">165</td><td>5</td><td>1</td></tr>
<tr><td>颈椎点高</td><td colspan="2">140</td><td>4</td><td>0.8</td></tr>
<tr><td>坐姿颈椎点高</td><td colspan="2">64.5</td><td>2</td><td>0.4</td></tr>
<tr><td>全臂长</td><td colspan="2">52.3</td><td>1.5</td><td>0.3</td></tr>
<tr><td>背长</td><td colspan="2">39</td><td>1</td><td>0.2</td></tr>
<tr><td>上臂长</td><td colspan="2">29.9</td><td>0.85</td><td>0.17</td></tr>
<tr><td>前臂长</td><td colspan="2">22.4</td><td>0.65</td><td>0.13</td></tr>
<tr><td>腰围高</td><td colspan="2">101</td><td>3</td><td>0.6</td></tr>
<tr><td>会阴高</td><td colspan="2">76.9</td><td>2.3</td><td>0.46</td></tr>
<tr><td>胫骨点高</td><td colspan="2">43.1</td><td>1.4</td><td>0.28</td></tr>
<tr><td>小腿长</td><td colspan="2">36.2</td><td>1.2</td><td>0.24</td></tr>
<tr><td>内踝点高</td><td colspan="2">6.9</td><td>0.2</td><td>0.04</td></tr>
<tr><td>胸围</td><td colspan="2">88</td><td>4</td><td>1</td></tr>
<tr><td>颈围</td><td colspan="2">34.4</td><td>0.8</td><td>0.2</td></tr>
<tr><td>总肩宽</td><td colspan="2">40.4</td><td>1</td><td>0.25</td></tr>
<tr><td>腰围</td><td>72</td><td>74</td><td>4</td><td>1</td></tr>
<tr><td>臀围</td><td>93.5</td><td>95.4</td><td>3.6</td><td>0.9</td></tr>
</table>

2. 男冲锋衣原型制图

案例：号型 175/96A，结构如图 6-6 所示。

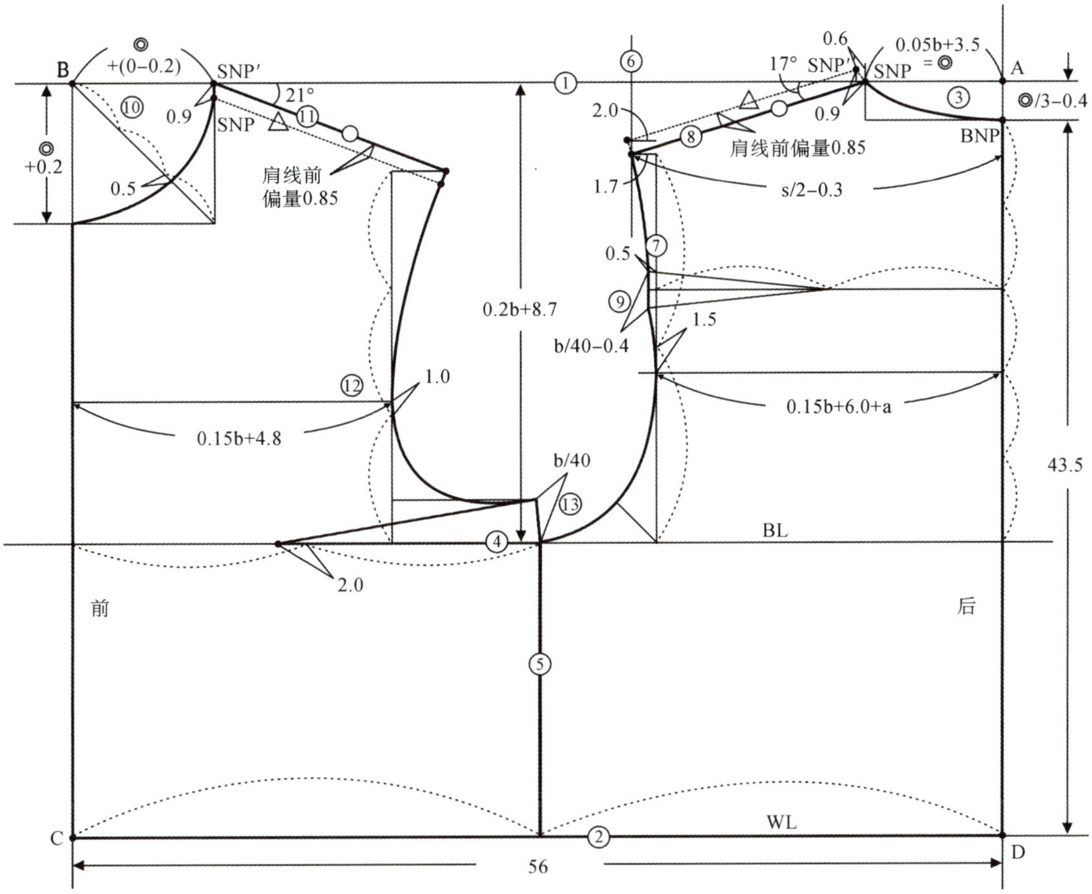

图 6-6 男冲锋衣原型制图（号型：175/96A）

后衣身：

① 画上平线①，长度 = b/2 + 8 cm = 56 cm（b 为净胸围）。

② 画下平线 WL 线②，下平线平行于上平线，距离 = 背长 43.5 cm + 后领深 2.4 cm = 45.9 cm；并完成制图矩形框架 ABCD

③ 如图画后领宽 = 0.05b + 3.5 cm = 8.3 cm，后领深 = 后领宽 /3−0.4 cm = 2.4 cm；或采用松领围计算，后领宽 = 0.2N−0.5 cm = 8.3 cm，本号型原型领围 N = n + 5.2 = 44 cm，（n 为人台领围 40.8 cm）。

④ 画袖窿深线，从上平线向下 0.2b + 8.7 cm = 27.9 cm 画水平线。直向为袖窿深，横向为胸围线 BL。

⑤ 将腰围 WL 线、胸围 BL 线二等分，分为前身、后身。

⑥ 画肩宽线 = s/2−0.3 cm = 22.7 cm（s 为净肩宽）。

⑦ 画背宽线 = 0.15b + 6 cm + 活动调节量 a（调节量 0～1 cm，此取 0.6 cm）= 21 cm。

⑧ 于上平线后 SNP 点画 17°后肩斜线，并延长与肩宽线交点；此肩斜线称为上平后肩斜线（后小肩线）。

⑨ 在袖窿处取 b/40−0.4 cm = 2 cm 为肩胛省，并画顺袖窿线。关于后冲肩量：冲锋衣的后冲肩量随背宽调节量 a 的不同取值会有所变化，一般在 1.3～2.3 cm。

前衣身：

⑩ 如图画前领宽 = 后领宽 +（0～0.2）cm = 8.5 cm，前领深 = 后领宽 + 0.2 cm = 8.5 cm。

⑪ 于上平线前 SNP 点画 21° 前肩斜线，长度 = 后身小肩线。

⑫ 画胸宽线 = 0.15b + 4.8 cm = 19.2 cm。

⑬ 胸省 = b/40 = 2.4 cm，画顺袖窿线。

3. 女冲锋衣原型制图

案例：号型 165/88A，结构如图 6-7 所示。

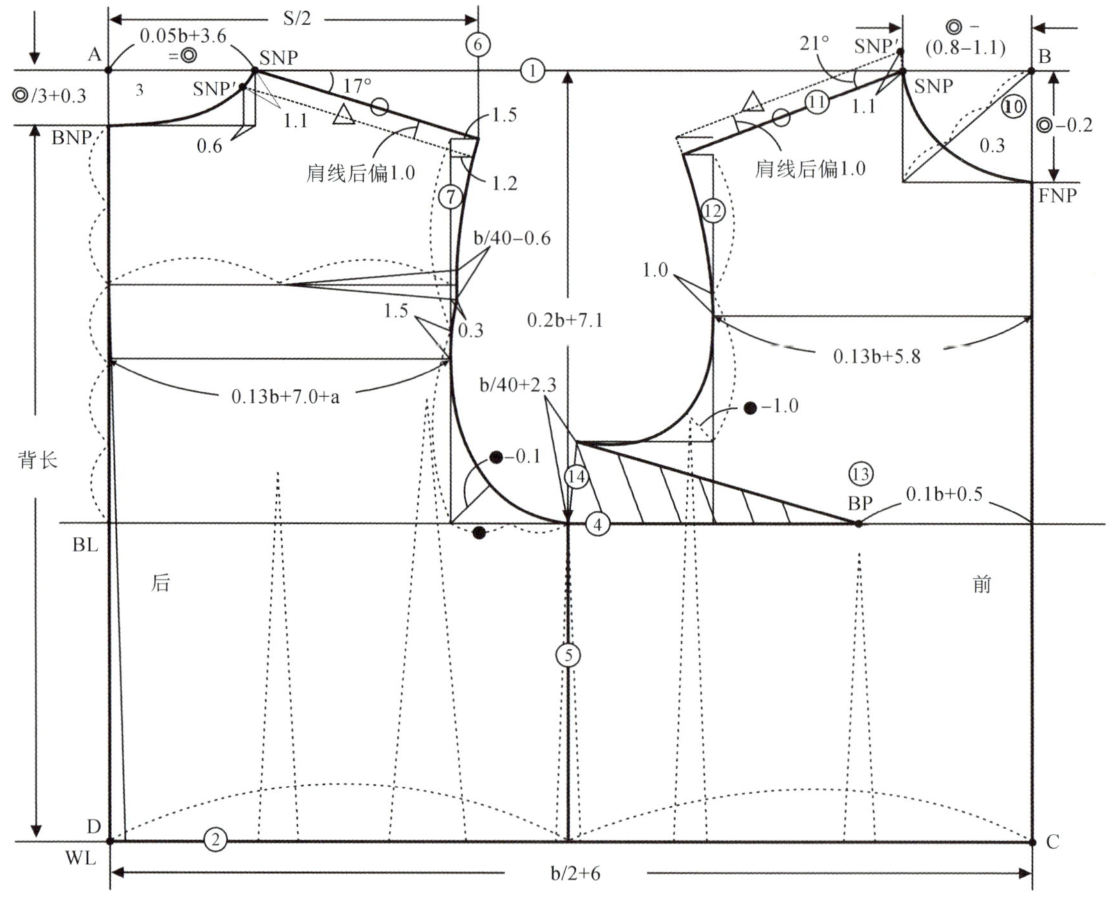

图 6-7　女冲锋衣原型制图（号型：165/88A）

后衣身：

① 画上平线①，长度 = b/2 + 6 cm = 50 cm。

② 画下平线 WL 线②，下平线平行于上平线，距离 = 背长 39 cm + 后领深 3.0 cm = 42 cm；并完成制图矩形框架 ABCD。

③ 如图画后领宽 = 0.05b + 3.6 cm = 8 cm，后领深 = 后领宽 /3 + 0.3 cm = 3 cm；或采用松领围计算，后领宽 = 0.2N + 0.4 cm = 8 cm，本号型原型领围 N = n + 3.6 = 38 cm，（n 为人台领围 35.6 cm）。

④ 画袖窿深线，从上平线向下 0.2b + 7.1 cm = 24.7 cm 画水平线，直向为袖窿深，横向为胸围线 BL。

⑤ 将 WL 线、胸围线二等分，分为前身、后身。

⑥ 画肩宽线 = s/2 = 20.2 cm。

⑦ 画背宽线 = 0.13b + 7.0 cm + 活动调节量 a（调节量 0～0.6 cm，此取 0.3 cm）= 18.7 cm。

⑧ 于上平线后 SNP 点画 17° 后肩斜线，并延长与肩宽线交点；此肩斜线称为上平后肩斜线（后小肩线）。

⑨ 在袖窿处取 b/40 − 0.6 cm = 1.6 cm 为肩胛省，并画顺袖窿线。

关于后冲肩量：冲锋衣的后冲肩量随背宽调节量 a 的不同取值会有所变化，一般在 1.0～1.6 cm，综合肩斜线的后冲肩量一般在 1.2～1.8 cm。

前衣身：

⑩ 画平行于上平线的前横领宽 = 后领宽 −（0.8～1.1）cm = 6.9 cm；前直领深 = 后横领宽 − 2.0 = 6.0 cm。

⑪ 于上平线前 SNP 点画 21° 前肩斜线，长度 = 后身小肩线。

⑫ 画胸宽线 = 0.13b + 5.8 cm = 17.2 cm。

⑬ BP 点距距前中线 0.1b + 0.5 cm = 9.3 cm。

⑭ 胸省 = b/40 + 2.3 cm = 4.5 cm；画顺袖窿线。

4. 上衣不同 SNP 原型的使用

通常国外品牌冲锋衣的成衣生产，其尺寸测量均以成品平铺台面进行的，即将前、后衣身的长度摆平（综合）后的侧颈点为最高点，非传统认知的人体（人台）的侧颈点。领宽、领深、肩斜线、袖窿深等尺寸均是以上平线的 SNP 为起始点或参照点操作的。其原因是上平线的 SNP 为最高点更易于理解及操作。本书的基样同时考虑了上平线的综合颈侧点及人体实际侧颈点的两种情况。结构设计人员可以根据需要套取不同侧颈点的基样，以适用于不同的打样条件。

男装：将上平式颈侧点基型的小肩线向前身偏移 0.85 cm，即将前肩的部分剪切拼接在后肩（如原型上的虚线部分）即为传统的基型，如图 6-8（b）所示。

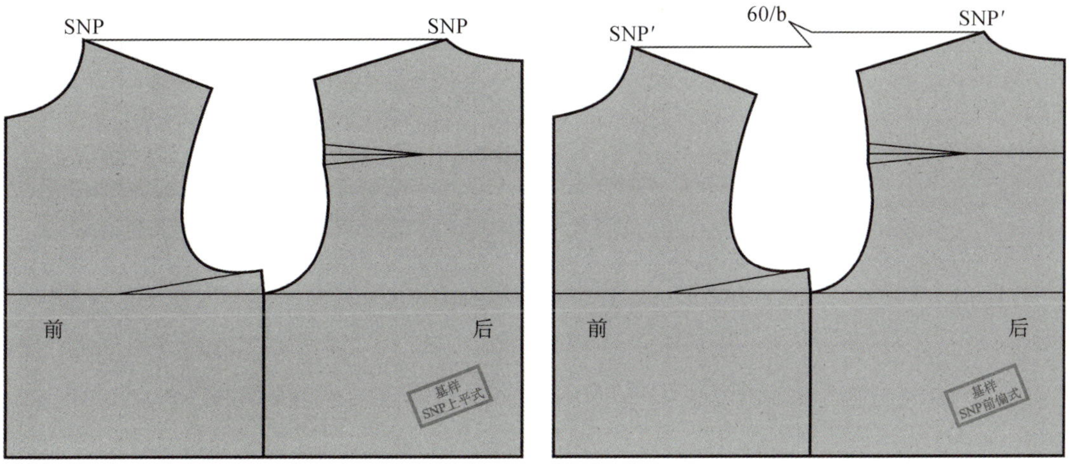

男：175/96A(SNP上平式)
(a)

男：175/96A(SNP前偏式)
(b)

图 6-8　男上平与前偏式原型

女装：将上平式颈侧点基型的小肩线向后身偏移 1.0 cm，即将后肩的部分剪切拼接在前肩（如原型上的虚线部分）即为传统的基型，如图 6-9（b）所示。

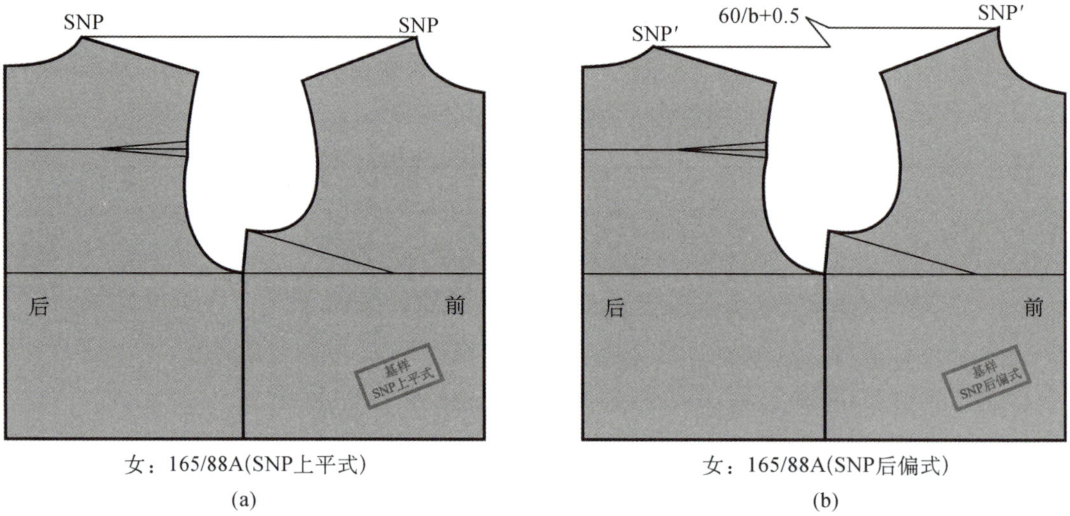

图 6-9　女上平与后偏式原型

本书在第七章的结构制图中均采用 SNP 上平式的原型，但在结构图中会根据不同的款式需求标示出偏移量，操作者在套取样片时只需对偏移量进行剪切及拼接即可。

5. 冲锋衣袖子参考基型

冲锋衣袖子参考基型如图 6-10 所示。

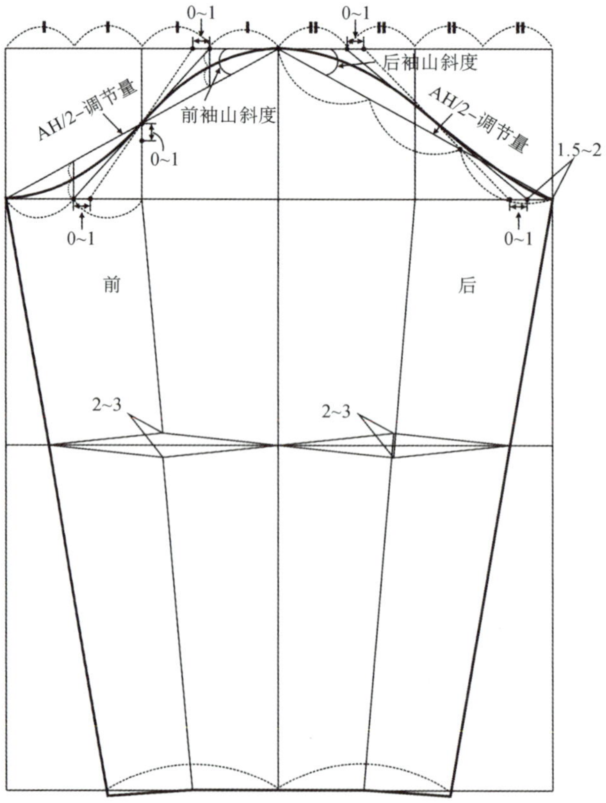

图 6-10　户外袖基型

6. 男冲锋裤原型制图

案例：号型 175/82A，控制数值及成品尺寸见表 6-20，结构见图 6-11。

表 6-20 男裤 175/82A 控制数值及原型尺寸

单位：cm

部位	身高	腰围高	胫骨高	会阴高	净腰围 / 松腰围	净臀围 / 松臀围
数值	175	105.5	46.3	79	82/84	96.4/104

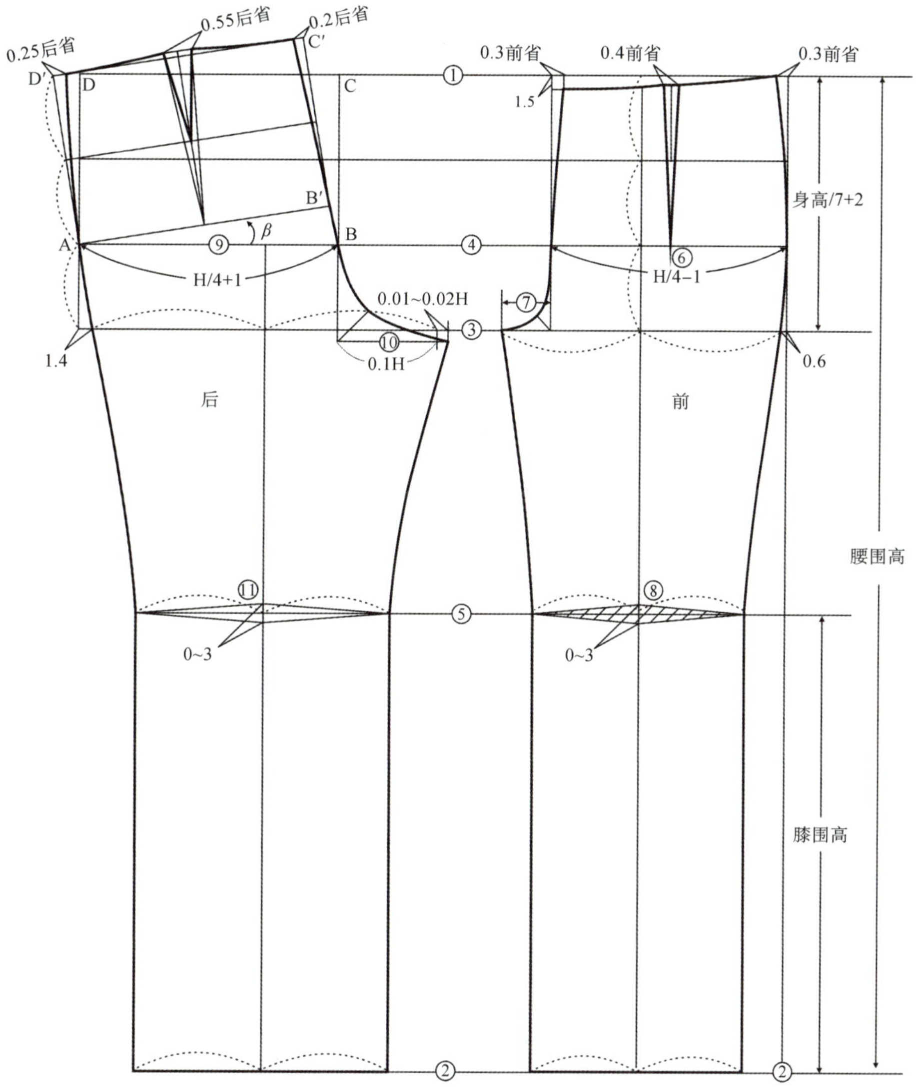

图 6-11 男户外冲锋裤原型（号型：175/82A）

前身：

① 画上平线（腰围线）及侧垂直线。

② 平行上平线向下画下平线（脚口线），平行距离 = 腰围高 105.5 cm。

③ 平行上平线向下画直裆深，平行距离 = 身高/7 +（2～2.5 cm）= 27 cm 或会阴高 −（1～1.5 cm）为横裆线。

④ 直裆深向上 1/3 处为臀围线位置。

⑤ 平行下平线向上画膝围线，平行距离 = 胫骨高 + 2.2 cm = 48.5 cm。

⑥ 前臀围宽 = H/4－1 cm = 25 cm。

⑦ 前窿门 = 0.05H = 5.2 cm。

⑧ 前膝围 = H/5 + 1.7 cm = 22.5 cm。

后身：

⑨ 后臀围宽 = H/4 + 1 cm = 27 cm。

⑩ 后窿门 = 0.1H +（0.01～0.02）H = 10.4 cm + 1.56 cm = 11.96 cm。

⑪ 后膝围 = 前膝围 + 4 cm = 26.5 cm。

β = 9°～18°，旋转 β 角度可得到不同的后裆长度，不同的运动项目中人体后臀的拉伸长度区别较大，一般徒步 9°～12°、登山 12°～15°、滑雪骑行类 15°～18°。

7. 女冲锋裤原型制图

案例：号型 165/72A，控制数值及成品尺寸见表 6-21，结构见图 6-12。

表 6-21　女 165/72A 控制数值及原型尺寸　　单位：cm

部位	身高	腰围高	胫骨高	会阴高	净腰围 / 松腰围	净臀围 / 松臀围
数值	165	101	43.1	76.9	72/74	93.5/99

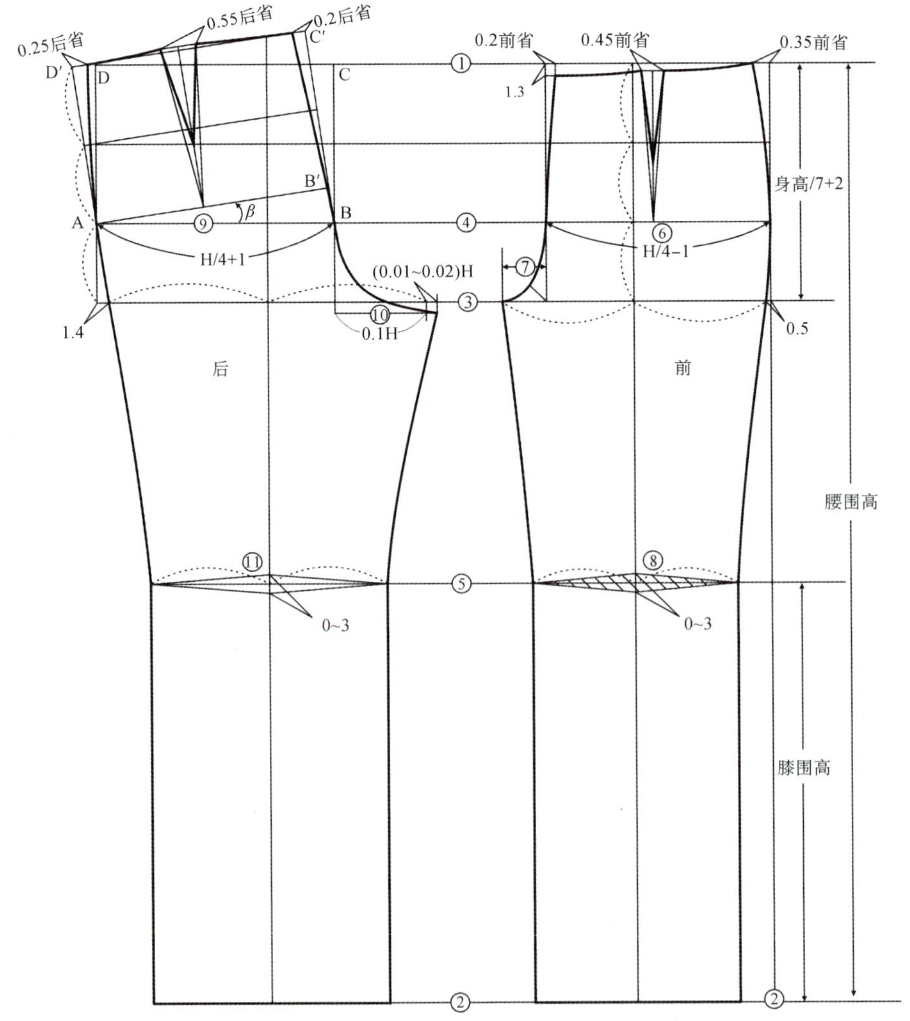

图 6-12　女户外冲锋裤原型（号型：165/72A）

前身：

① 画上平线（腰围线）及侧垂直线。

② 平行上平线向下画下平线（脚口线），平行距离 = 腰围高 101 cm。

③ 平行上平线向下画直裆深，平行距离 = 身高 /7 +（2～2.5）cm = 25.6 cm 或会阴高 −（1.5～2.0）cm 为横裆线。

④ 直裆深向上 1/3 处为臀围线位置。

⑤ 平行下平线向上画膝围线，平行距离 = 胫骨高 + 2 cm = 45.1 cm。

⑥ 前臀围宽 = H/4 − 1 cm = 24 cm。

⑦ 前窿门 = 0.05H − 0.3 cm = 4.7 cm。

⑧ 前膝围 = H/5 + 1.7 cm = 21.7 cm。

后身：

⑨ 后臀围宽 = H/4 + 1 cm = 26 cm。

⑩ 后窿门 = 0.1H +（0.01～0.02）H = 9.9 + 1.5 = 11.4 cm。

⑪ 后膝围 = 前膝围 + 4 cm = 25.7 cm。

四、冲锋衣肩袖一体结构制版方法

传统的服装制版是将前片、后片、袖片逐个分开来进行的。所谓的肩袖一体结构制版，顾名思义就是将服装的前后身及袖身集合成一个整体来考虑及制版的一种方法。它是一种简洁易懂、版型受控的制版方法，特别适合冲锋衣这一类无肩缝、肩袖连体、分割复杂、版型转化非常规的款式的制图。大身制图步骤见图 6−13，袖子制图步骤见图 6−14。

① 画垂线为小肩线，长度约 1/2 肩宽，直线上端点 O 点为肩颈点 SNP。

② 于 SNP 的左右两边按综合肩斜度引出两条下斜线，斜线长度略大于衣长。

见图 6−13（a）。

③ 按后横领宽尺寸在后幅的一侧画平行于斜线的后中线。

④ 按前横领宽尺寸在前幅的一侧画平行于斜线的前中线。

⑤ 连接 O、A 两点成直线，并平行于 OA 线，按后领深尺寸画直线 OA′，A′点为后领围中点 BNP。

⑥ 连接 O、B 两点成直线，并平行于 OB 线，按前领深尺寸画直线 OB′，B′点为前领围中点 FNP。

⑦ 根据款式画出前后领围弧线。

见图 6−13（b）。

⑧ 以 O 点（SNP）为起点分别于前后中线向下画袖窿深线。

⑨ 以 A′ 点（BNP）为起点于后中线向下定出腰围线、脚围线位置。

⑩ 同步前腰围线、脚围线位置。

见图 6−13（c）。

⑪ 定出前后胸围宽、腰围宽、脚围。

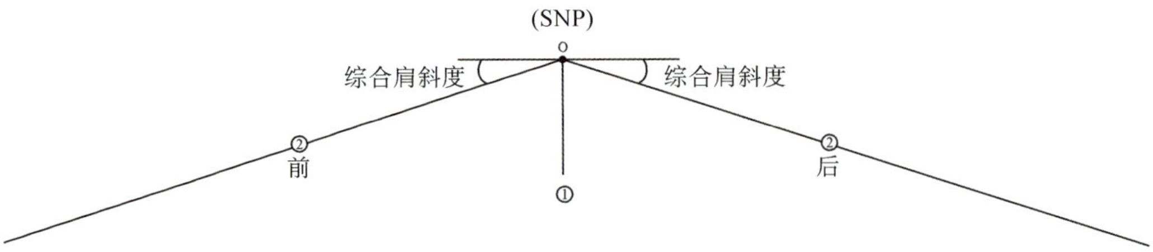

(a)

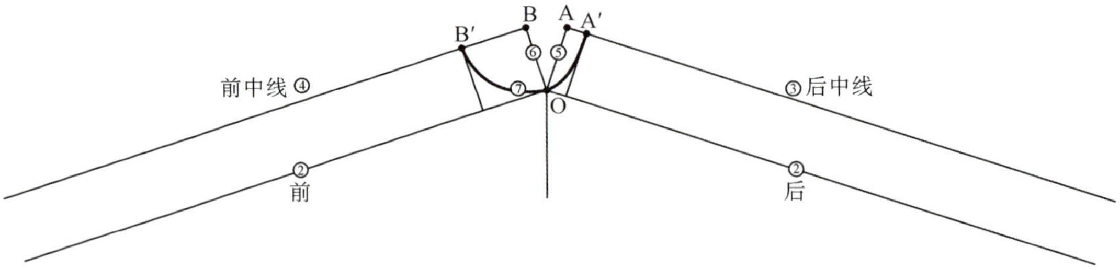

(b)

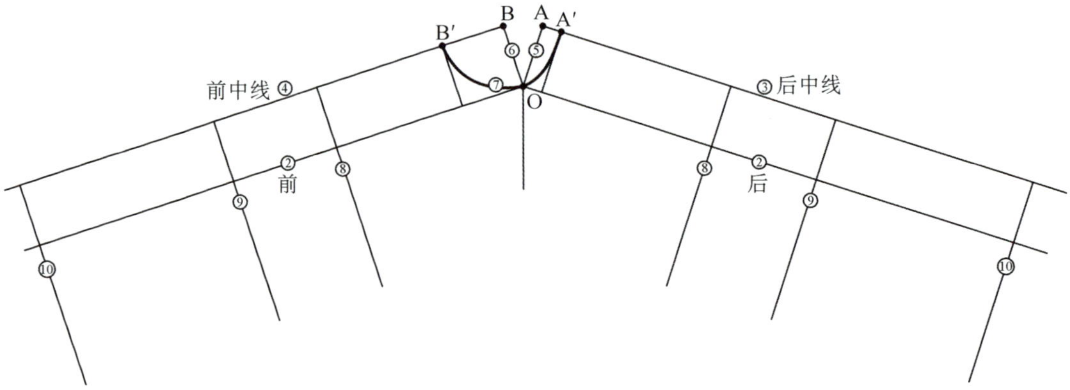

(c)

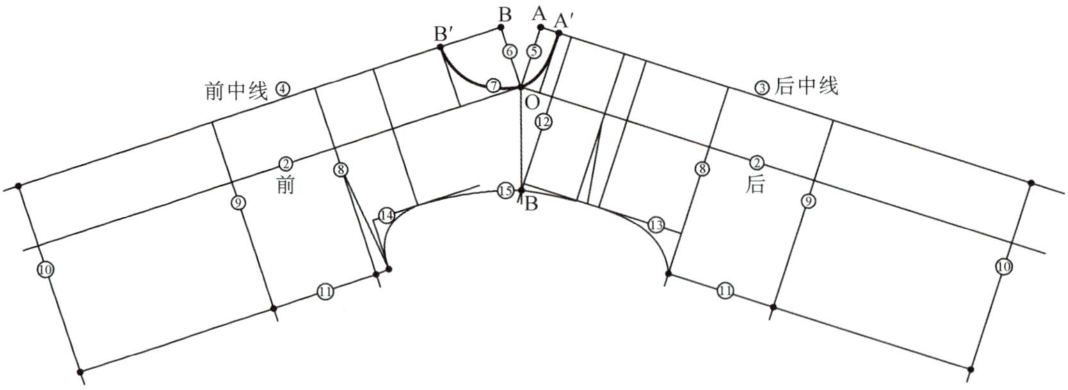

(d)

图 6-13　肩袖一体式制图大身部分

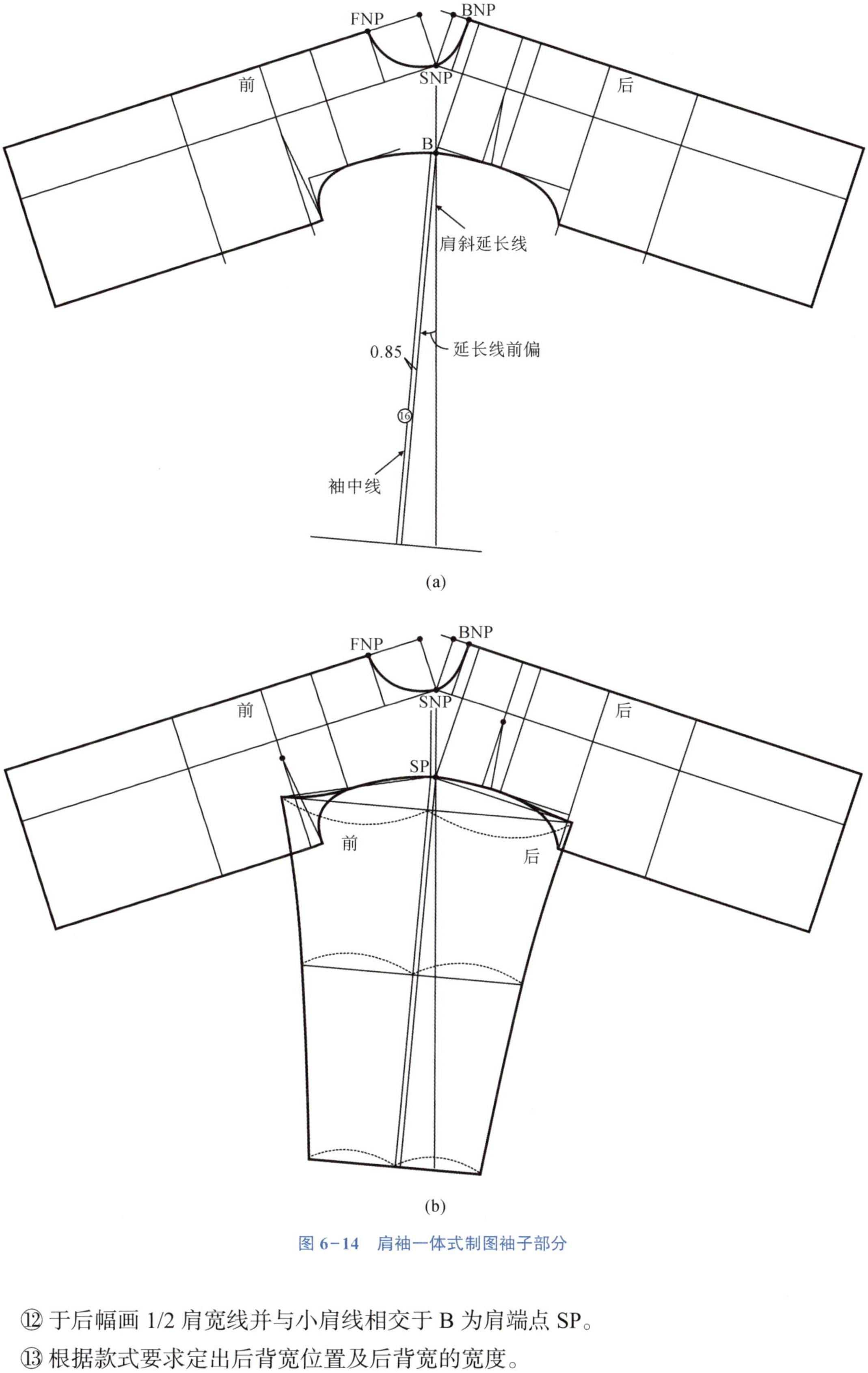

图 6-14　肩袖一体式制图袖子部分

⑫ 于后幅画 1/2 肩宽线并与小肩线相交于 B 为肩端点 SP。

⑬ 根据款式要求定出后背宽位置及后背宽的宽度。

⑭ 根据款式要求定出前胸宽位置及前胸宽的宽度。

⑮ 画顺袖窿、侧缝、脚围等相关弧线。

见图 6-13（d）。

⑯ 按袖长尺寸由小肩线向外延长并向前身方向旋转一个偏前量（4°～6°），并距此延长线向前身（男款）8.5～10 mm 画平行线为袖中心线。

根据款式风格定出袖山高、袖肥、袖口，连接各点并调整袖窿及袖山弧线。

见图 6-14（a）、图 6-14（b）。

五、冲锋衣关键部位的结构设计

人体户外运动是肢体、躯干的运动，主要部位有肩背运动、头颈运动、胸腹运动、肘腕运动、手掌运动、髋部运动、膝踝运动、脚掌运动，等等。冲锋衣的关键部位的结构主要指的是与这些运动部位相联系的结构，如胸背肩结构、袖窿袖山结构、领帽结构等几大部位结构。

肩背部的运动是户外运动中最主要的运动之一，但它的运动又并非独立的运动。肩背部的运动与胸部运动、上肢运动是相互联动的。特别是上肢的运动，上肢是以肩关节为轴心的运动，它带动肩部的运动，是肩背部运动最主要的一个运动源点，比如我们抱胸时会引起背部产生横向的扩张；我们上举手臂时，会因不同的上举角度而引起背部的纵向及横向的面积（长度）的不同变化。

手臂活动主要有手臂的前伸上下举、侧伸上下举及手臂的水平屈伸，活动的范围一般在 0°～210° 之间，如图 6-15 所示。户外各类级别的登山以及攀岩等运动的手臂上举程度决定了冲锋衣的肩斜度、抬手量的设计；手臂的水平前屈程度则决定了冲锋衣背宽量的设计等。

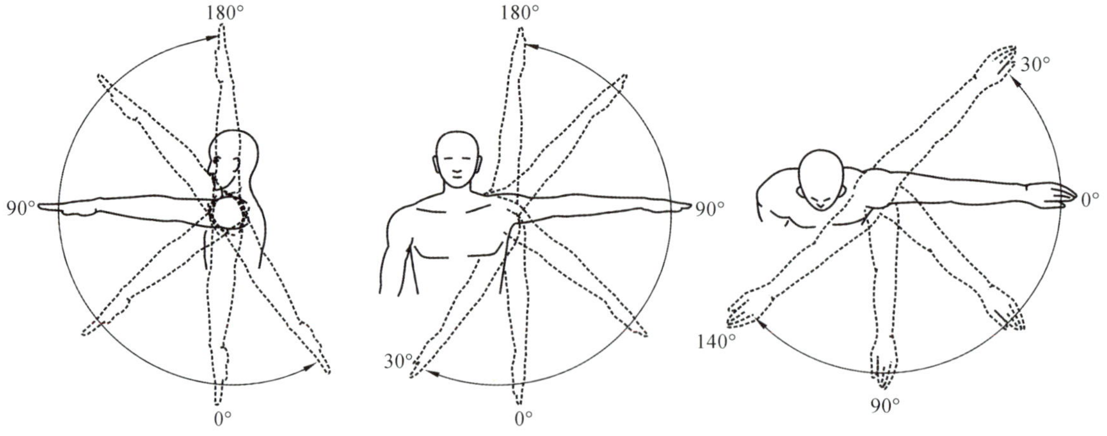

图 6-15　肩关节活动范围

不同的户外活动，以及同类户外活动的不同幅度（强度）的肢体变化都是不相同的。结构设计人员可通过对标准人体（中间体）在不同的户外活动中的关键部位进行静态及动态的观察与测量。在测量时可以将测量的部位按横向及纵向划分出所要观察及了解的区域，并详细记录这些横向区域及纵向区域的变化规律。图 6-16 为 175/96A 中年男子手臂上举 135° 的实测示意，从而可了解上举 135° 时肩部、胸背部、腋下等各部位的变化情况，为相关冲锋衣的结构提供前期数据。

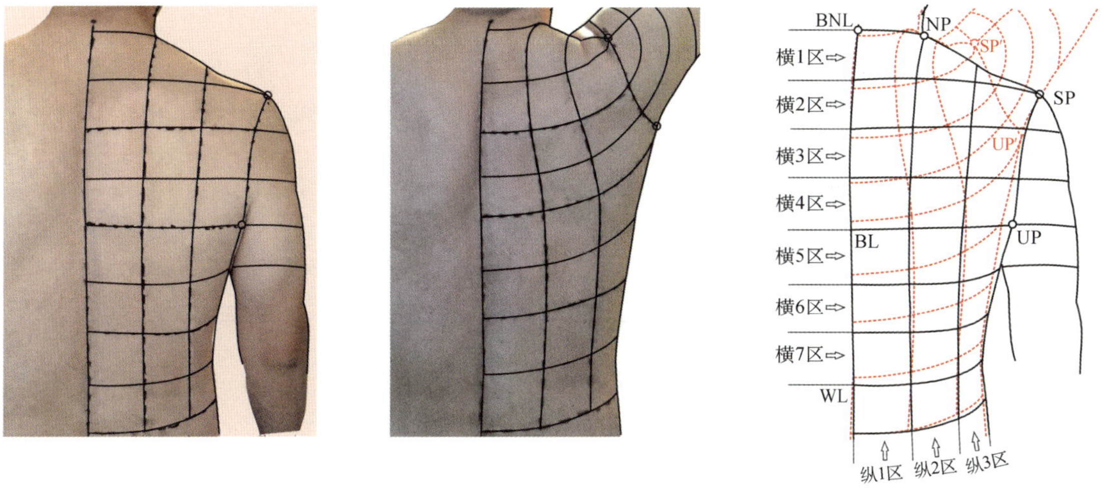

图 6-16　手臂上举的背部变化

1. 冲锋衣的胸背差设计

胸宽与背宽尺寸除了要有合适的松量以保证活动所需的空间外，还要注意它们之间的差值设置。胸背差的大小是影响袖子成型后前倾度的关键因素，胸背差越大，袖子的前倾量越大。如图 6-17 所示。

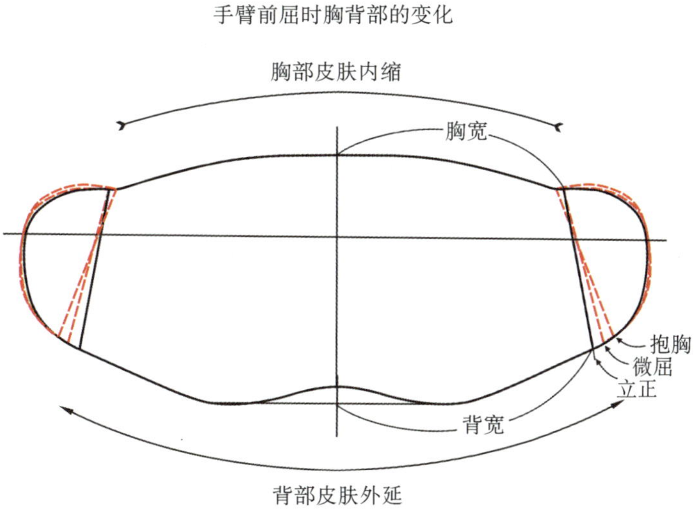

图 6-17　胸背差

从图 6-17 可以看出，手臂前屈时，背部在延伸的同时胸宽是在收窄的。但在实际操作中，对于轻度前屈类的冲锋衣一般不会做收窄处理，即轻型前屈运动类的冲锋衣的胸宽是保持在未前屈时的胸宽大小的。但对于重度前屈类的冲锋衣会有收窄胸宽的处理，如某些骑行或特殊劳作的压胶服。有的时候，我们既要保持袖臂的前屈又不想太过于收窄胸宽，以让我们的冲锋衣在非前屈时同样有一定的活动空间，通常我们会将前胸门襟线向中线前移一定的尺寸，这个量一般以 5 mm 为好，如果是带保暖层的厚装（棉装）可达到 10 mm。不同类型冲锋衣的胸背差见表 6-22。

表 6-22　不同类型冲锋衣的胸背差　　单位：cm

类型	胸背差	运动（活动）类型
正常生活类	2.0～2.5	生活中起防风防雨作用的各类夹克（生活类冲锋衣）、商务型冲锋衣、时尚类冲锋衣等
轻度前屈类	2.5～3.5	休闲类冲锋衣、轻量运动类冲锋衣、软壳类冲锋衣、弹力面料下的滑雪类冲锋衣等
重度前屈类	3.5～5.0 及＞5.0	登山冲锋衣、攀岩冲锋衣、滑雪服、骑行冲锋衣、特种劳作类防风防雨型工装等

2. 冲锋衣的肩斜度设计

不同类型冲锋衣的综合肩斜度见表 6-23。

表 6-23　不同类型冲锋衣的综合肩斜度

手臂状态	综合肩度	运动（活动）类型
手臂侧举或前举 45°	19°～20°	生活类的冲锋衣、弹力面料下的各种合体型专业类冲锋衣、滑雪服
手臂侧举或前举 45°～90°	18°～19°	休闲类冲锋衣、轻量运动类冲锋衣、软壳类冲锋衣、旅游类登山服、旅游类滑雪服、运动俱乐部工作冲锋衣、通勤冲锋衣、山地车骑行雨衣等
手臂侧举或前举 90°～135°	17°～18°	软壳类冲锋衣、登山冲锋衣、滑雪服、公路车骑行冲锋衣、交警工作冲锋衣、各类中型户外运动及工作类夹克、冲锋衣等
手臂前举 135°～180°	16°～17°	束安全带登山冲锋衣、攀岩冲锋衣、高山滑雪服、山地自行车骑行冲锋衣、特种劳作类防风防雨型工装，各类重型户外运动夹克、冲锋衣等
手臂前举大于 180°	13°～16°	攀岩冲锋衣、登山冲锋衣、滑雪服、钓鱼压胶服、特种劳作类防风防雨型工装等

在肩斜的设计中，手臂侧举在 90°以下时，肩斜度一般在 17°～20°，此时的肩斜度的抬高量可以在原型的基本上前后同时调高，见图 6-18 方法一；当手臂侧举 90°以上及前举 135°～180°范围时，肩斜度则会在 13°～17°。根据大多数户外活动的手臂上举至 135°以上时的活动规律，肩斜度的调高会将部分值插入到后背袖窿线上，即将肩部抬高的预留空间放在后背袖窿处，如图 6-18 所示。

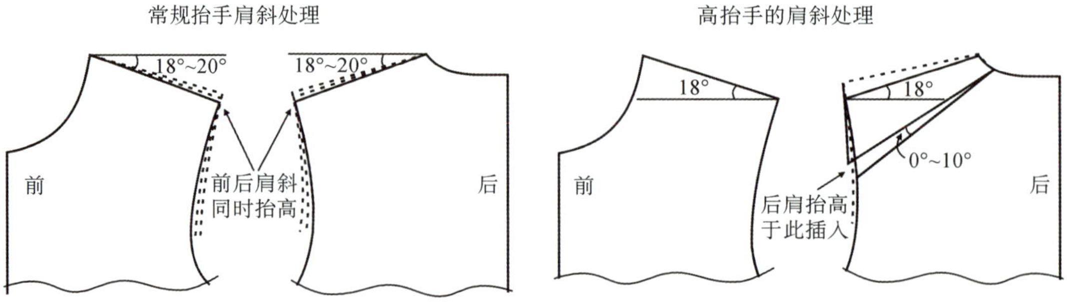

图 6-18　肩斜上抬

3. 冲锋衣的袖窿袖山结构

1）袖山高

冲锋衣的袖山高有四种风格，其袖山斜线与上平线夹角，称为袖山斜度，如图 6-19 所示。

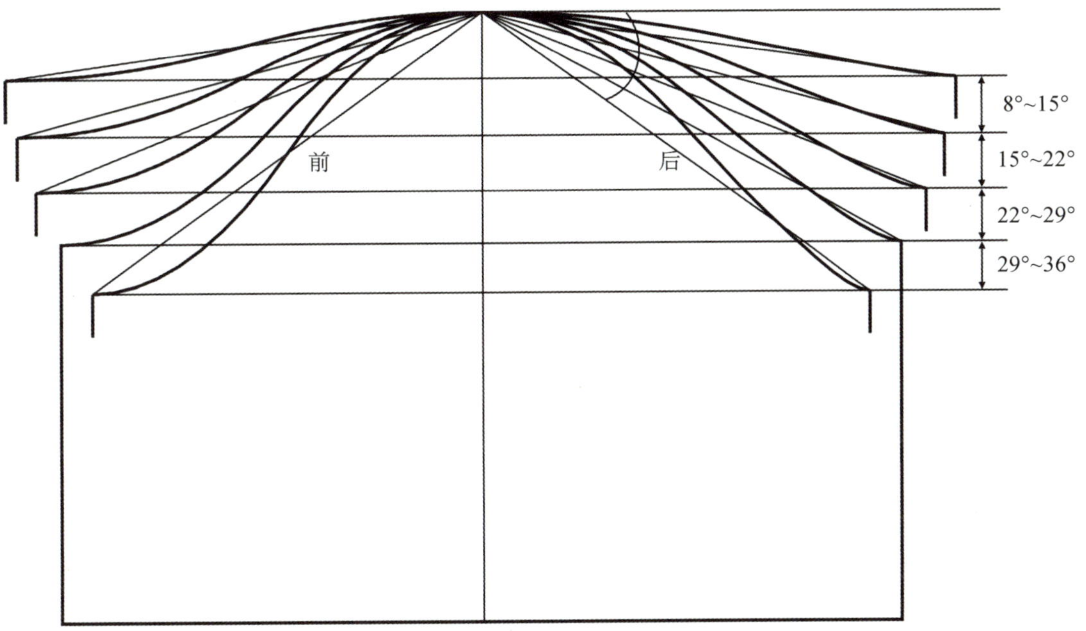

图 6-19 袖山高

合体型：29°～36°；较合体型：22°～29°。

较宽松型：15°～22°；宽松型：8°～15°。

很多时候我们会看到一些冲锋衣的袖山斜度为 0°，似乎没有袖山高。其实，我们可以将其视作袖窿线的造型移位。

2）袖窿深

在冲锋衣的袖窿袖山结构中，袖窿深是很重要的一个控制点，袖窿太深会造成抬手困难，袖窿太浅则抵住臂根处，会带来极不舒服的体验感。冲锋衣的袖窿深一般分合体型、较合体型，较宽松型，宽松型四种。如图 6-20 所示。男装可参考以下计算，女装一般比男装减 0.3～0.5 cm。

合体型：0.2B + 3 cm + 2.0～2.5 cm，b 为净胸围，B 为松胸围。B = b + 16 cm（放松量）。

较合体型：0.2B + 3 cm + 2.5～3.0 cm，b 为净胸围，B 为松胸围。B = b + 20 cm（放松量）。

较宽松型：0.2B + 3 cm + 3.0～3.5 cm，b 为净胸围，B 为松胸围。B = b + 24 cm（放松量）。

宽松型：0.2B + 3 cm + 3.5～4.0 cm，b 为净胸围，B 为松胸围。B = b + 28 cm（放松量）。

4. 冲锋衣的连袖结构

在冲锋衣的设计中，连身袖结构采用比较多。连身袖指的是由大身延伸出来的袖子，主要特点是将传统的圆装袖的袖窿拼缝线的上部分进行了转移（取消）。连身袖有两类，一是有肩缝或有袖中缝的连身袖，它有一定的适体性。我们常见的生活休闲类的防风大衣，其插肩袖就是典型的有袖中缝的连身袖的一种。第二种是无肩缝、无袖中缝的连身袖。由于整个肩袖部位没有拼缝，其有更好的防水性，虽然它比不上第一种的合体性，

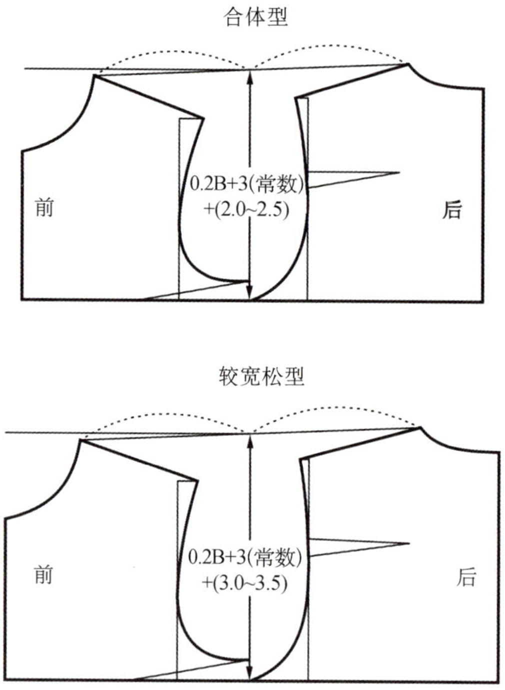

图 6 20 袖窿深

但作为户外运动类服装，它有更好的抬手量。同时，没有拼缝的肩袖能给设计师带来更好的设计性。

冲锋衣连身袖结构有两个主要的关键点，如图 6-21 所示。一是袖中线的前偏角度 α，它是相对于肩斜引伸线而言的，一般在 2°～4°。二是前后袖中线的下落角度 β，一般在 0°～26°。当下落角度为 0°时，整个袖中的部分与前后肩部处在一个平面上。

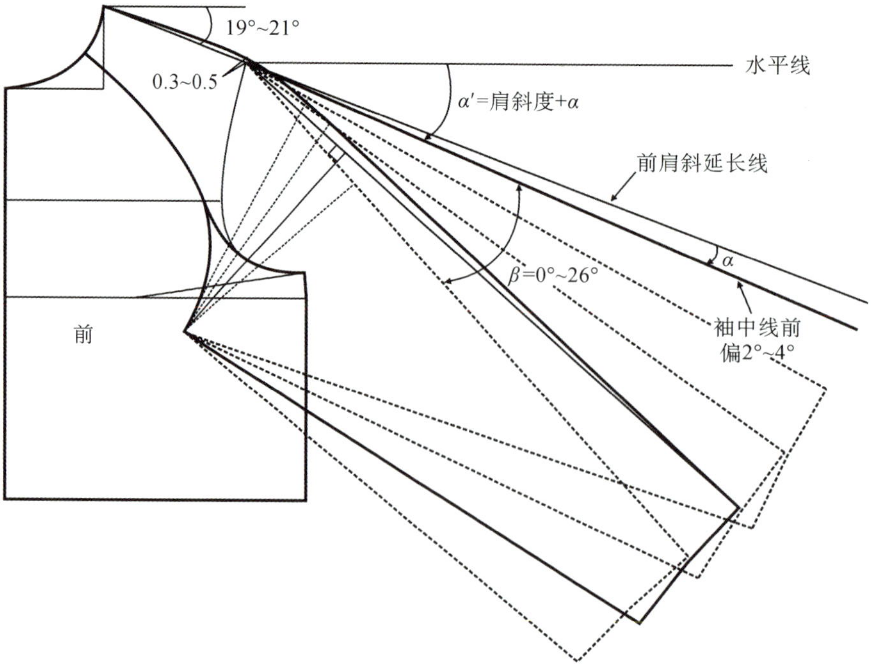

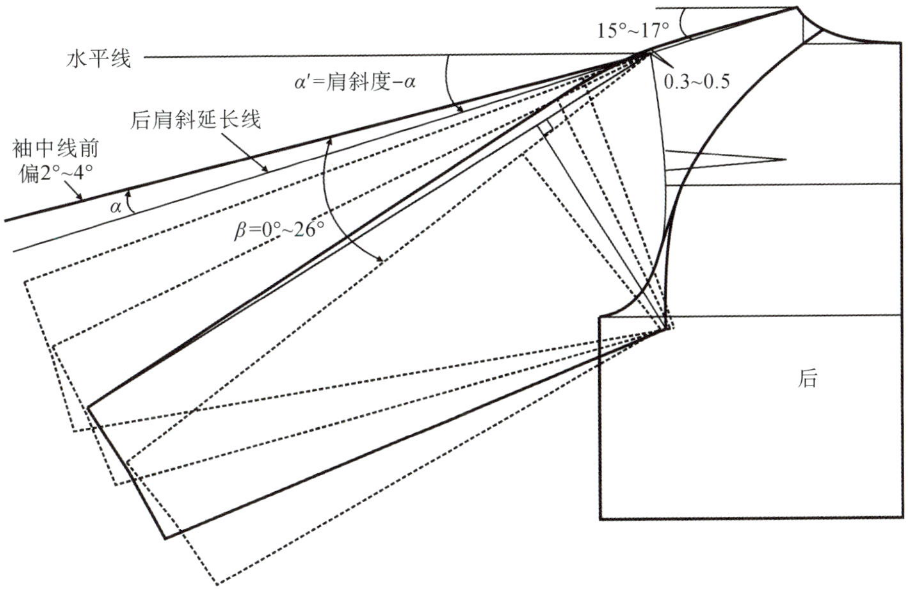

图 6-21　袖前偏角度

袖中线的前偏角度也可以相对于水平线而言，用 α′ 表示，α 与 α′ 相差的数值为肩斜度数。前 α′ = 前肩斜度 + 前 α，后 α′ = 后肩斜度 − 后 α。

前偏度 α 为 2°时，冲锋衣的前 α′ 与后 α′ 的差值为 8°；

前偏度 α 为 3°时，冲锋衣的前 α′ 与后 α′ 的差值为 10°；

前偏度 α 为 4°时，冲锋衣的前 α′ 与后 α′ 的差值为 12°。

下落角度的大小影响着腋窝处的活动松量，这对于冲锋衣这类需要向上抬手的功能产品来说非常重要。松量太小抬手困难，松量太大会造成腋窝处面料堆积，不美观。这个需要根据不同户外运动项目的功能诉求来进行设计。

其实，前后袖中线的下跌量是由分体裁剪的大身袖窿弧线与袖子的袖山弧线拼合产生的，见图 6-22（a）。根据款式的要求，我们可以将前后袖中线保持为拼合状态而将这个下跌量转移回大身的袖窿处或转移在小肩处。如图 6-22（b）、图 6-22（c）。

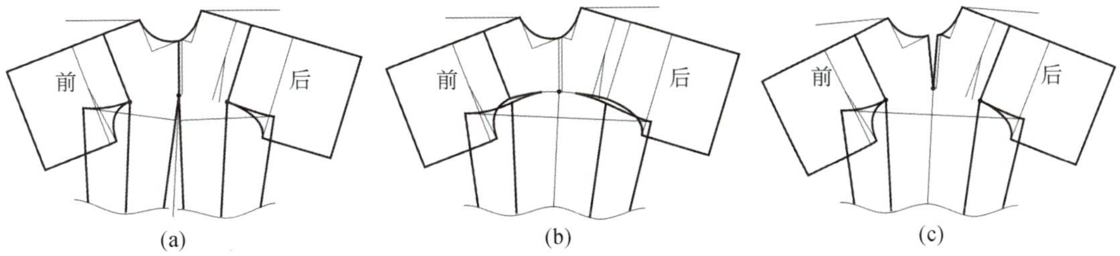

图 6-22　袖下落转移

对于袖中线下落角度较小，特别是下落 0°的连袖结构冲锋衣，可以采用前述的肩袖一体结构制图方法，它可以更有效地对版型做整体控制。设计师在进行款式设计时，尽可能考虑将分割线通过控制点 A、B、C、D 或其附近。见图 6-23。

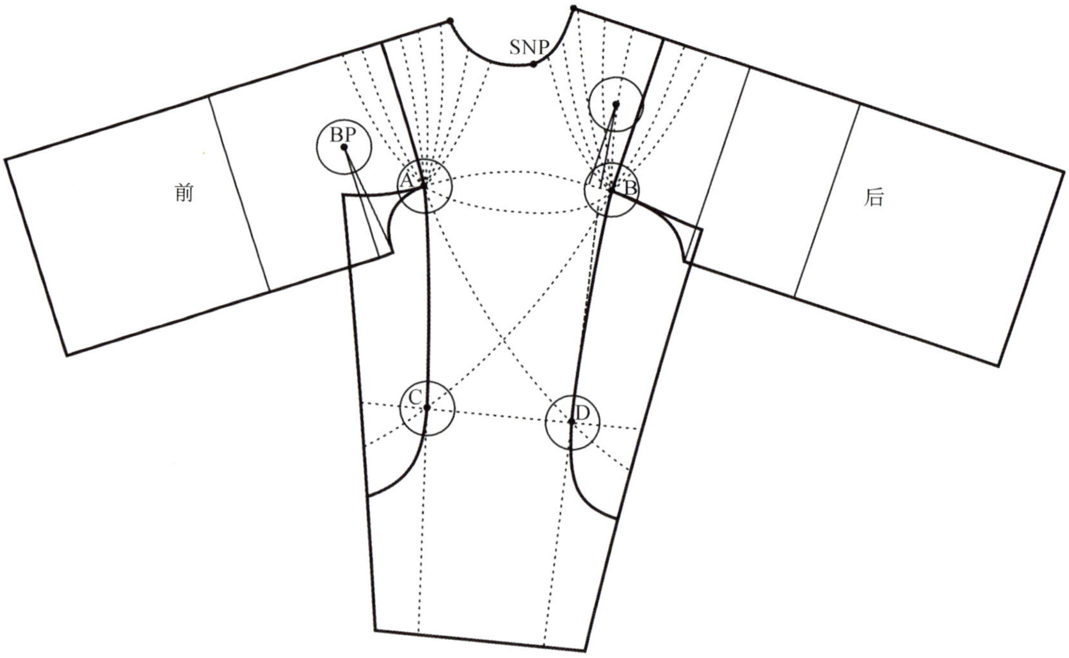

图 6-23　连身袖控制点

5. 冲锋衣的抬手量设计

抬手量，是指在户外活动中，手臂不受牵扯可以上举的一个幅度。这个幅度通常是以肩关节为轴心，以手臂下垂为起始度至手臂上举至180°的范围。它是冲锋衣衣身结构中非常重要的一个设计点。

不同的冲锋衣的手臂抬举量会因不同的运动项目有较大的差异，如骑行运动，其手臂的活动范围多是在肩端点水平线以下的。登山运动，其手臂的活动则是在肩端点水平线的上下区域，特别是在手臂上举攀爬的运动中，其上抬角度接近或达到垂直，其相对应的冲锋衣的袖臂上抬量也是最大的。从手臂上抬可到达的角度来看，冲锋衣也可分为常规抬手型、较高抬手型、高抬手型三种衣身结构。

常规抬手型的衣身结构，是指冲锋衣的袖臂在抬举时可轻松达到60°的版型结构。这个抬举高度适应休闲及生活类等非剧烈非大幅度行动的冲锋衣。

较高抬手型的衣身结构，是指袖臂在抬举在60°～135°的版型结构，即我们着装后手臂抬举在这个范围时身体无被牵扯的感觉。它基本能应对大多数的户外运动。

高抬手型的衣身结构，是指冲锋衣的袖臂在抬举时大于135°的版型结构。有针对性的专业类的冲锋衣通常都采用高抬手型的衣身结构。

影响冲锋衣的抬手量设计的主要因素有以下三种：一是不同户外运动时腋部及背部的皮肤延伸量；二是衣身的加放松量；三是面料的弹性延伸率。

6. 抬手结构的优化处理

在专业户外运动夹克（冲锋衣）的结构设计中，如何解决手臂上抬时受阻的问题？以下介绍的这两种腋下结构不失为有效的解决方法。

1）蝶式结构

蝶式结构是将抬手量放在了袖山底，这样既可保持袖窿深度不变又有了手臂上抬时的活动空间，见图 6-24。蝶式结构通常会将前、后袖底与前、后侧身分别拼合而保留侧缝及袖底缝，如图 6-25 所示。也可以分别拼合侧缝及袖底缝而在袖窿底缝上拼接（无侧缝无袖底缝）。这类结构的抬手可达 135°左右，甚至达到 180°。著名的 The North Face 户外冲锋衣就常采用这类结构。

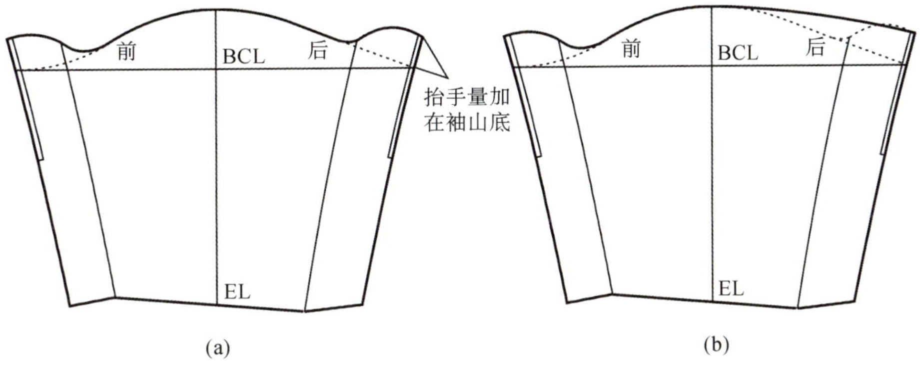

图 6-24　蝶式结构

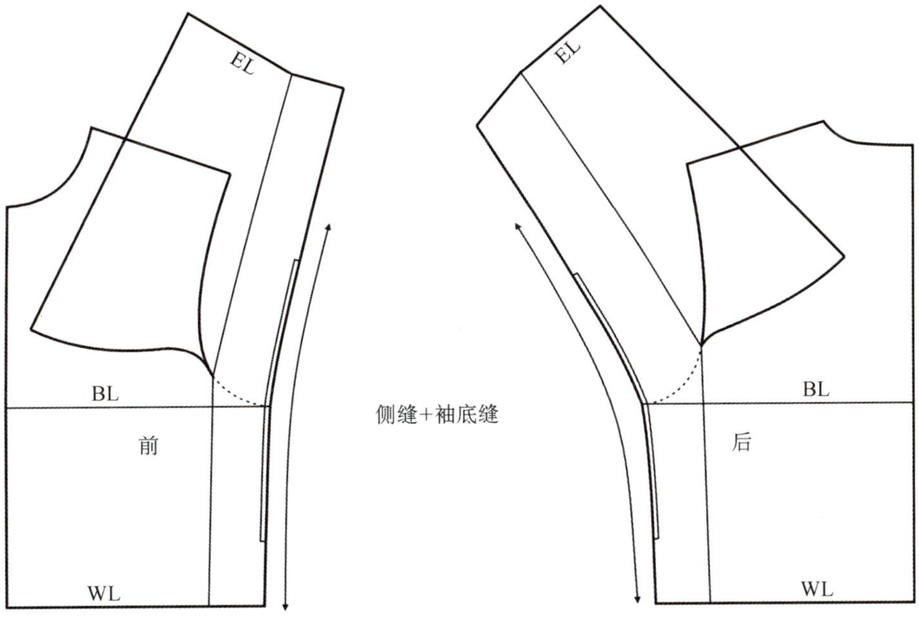

图 6-25　蝶式结构侧身袖底拼接方式

蝶式结构，也可以在后翘上进行后袖山的空位补充，这样有更好的后背的扩张量，适合手臂向前伸展及抱胸的户外运动。

2）铰链结构

铰链结构采用的是将抬手量放在袖窿底，并通过铰链旋转的方法将增加的量向下转移，这样既不会造成增加的部分抵住腋底的问题又可使手臂在上抬时有需要的活动空间。铰链结构的前后侧身及前后袖底是拼接为一整块的，整个腋下部位无侧缝无袖底缝。铰链结构的抬手可以达到 180°，如图 6-26 所示。顶级户外品牌 Arc’teryx 的硬壳冲锋衣采用的就是这类结构。

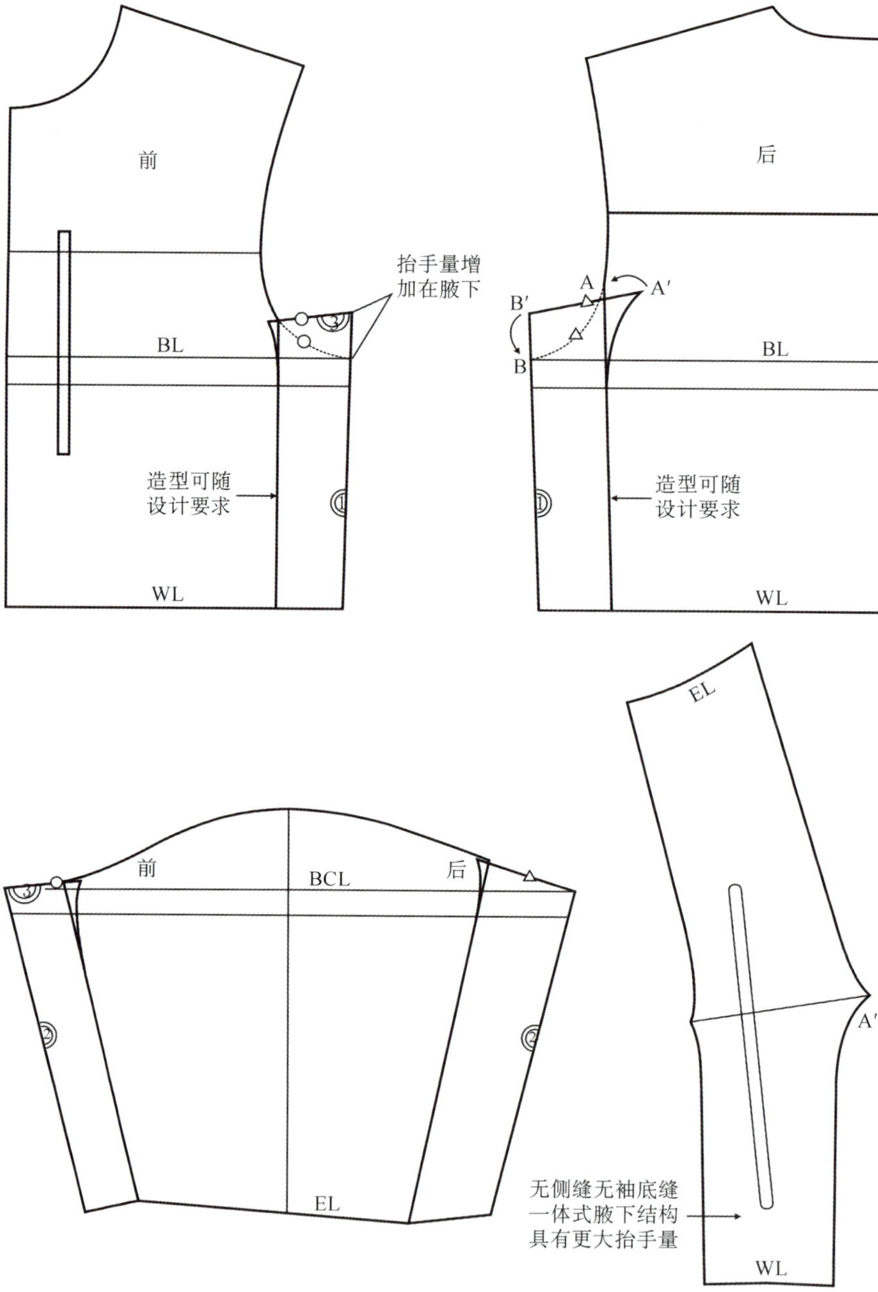

图 6-26　铰链结构

7. 冲锋衣的袖肘 3D 结构

冲锋衣的袖肘 3D 结构是通过在肘尖加量，同时在肘窝减量来实现的。如图 6-27 所示，一般情况下，前减后加是同量的，如肘尖处加 2 cm 则肘窝处减 2 cm。

较小屈曲量：前减后加分别为 1.0～1.8 cm，即前后差量为 2.0～3.6 cm。

中等屈曲量：前减后加分别为 1.8～2.3 cm，即前后差量为 3.6～4.6 cm。

较大屈曲量：前减后加分别为 2.3～3.0 cm，即前后差量为 4.6～6.0 cm。

8. 冲锋裤的膝位 3D 结构

冲锋裤膝位 3D 结构同袖肘的处理一样，是通过在前膝及后膝窝加减一个量来实现的。如图 6-28 所示。

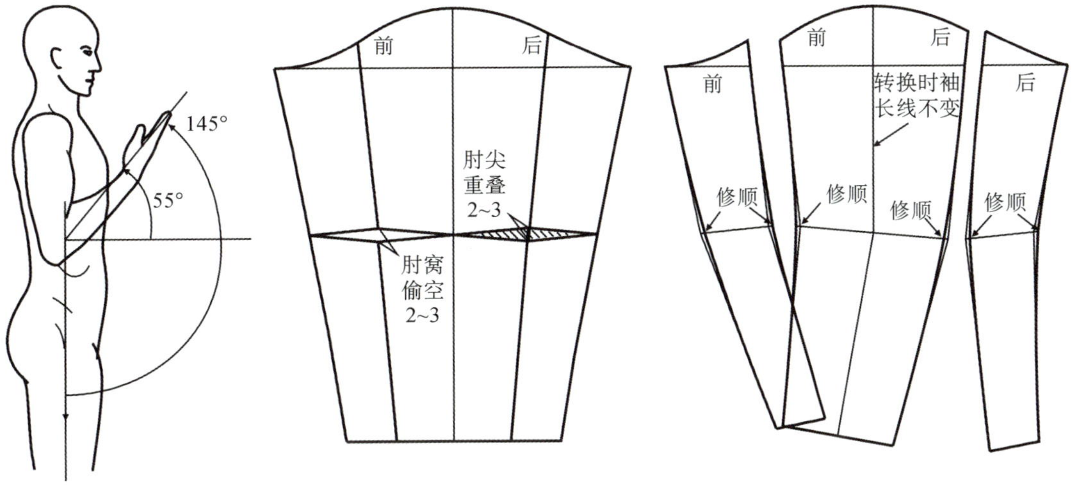

图 6-27　袖肘 3D 结构

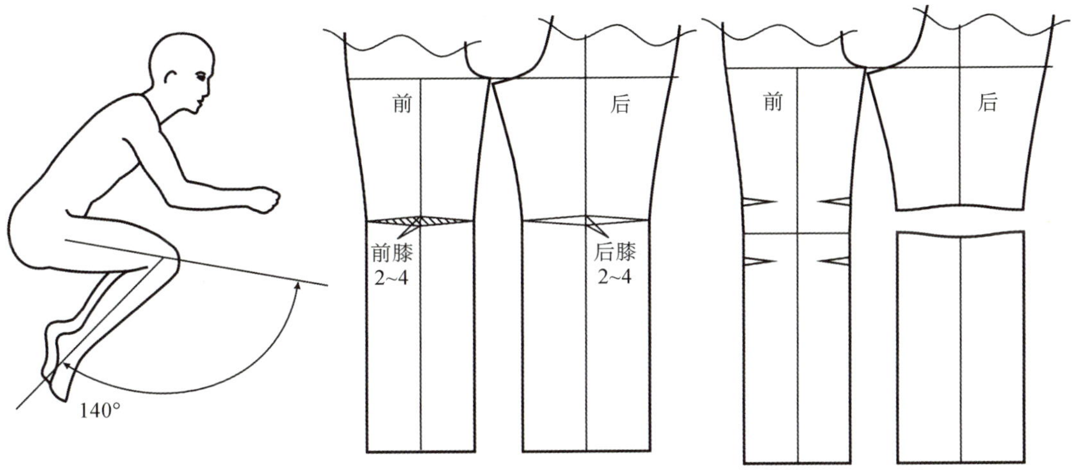

图 6-28　膝位 3D 结构

9. 冲锋衣的领帽结构

冲锋衣的领帽结构一般分为有领无帽式、连帽无领式、有领藏帽式、有领脱卸帽式等几种类型。特别是风帽，对于人们在户外运动中尤为重要，起到的是防风、防雨、防雪的作用。

1）领子结构

冲锋衣的领子主要为单立领结构。单立领有较强的防护、保暖作用。按护领的功能划分有颏下立领、颏上立领两类。颏下立领指的是领子高度在下巴下的领子，它主要是以保护颈部为主；颏上立领是指领子的高度高于颈部，到达下巴至鼻孔间的一类领子（包括连帽款的帽嘴帽脚部分）。它主要保护颈部、下巴、面颊、耳朵等部位。

按领子的外观形状来分有内倾型、外倾型、垂直型三类。

内倾型立领，$\alpha > 90°$，领子侧后部倾向人体颈部，大多数的领子外口小于领窝围。此类领子的领高一般在下巴以下，即颏下立领，整个领子或领子的顶部贴近脖子，领高一般在 4～8 cm。内倾型领子常用于跑步、骑行类冲锋衣，通常不配风帽或配简单的内藏轻型帽，见图 6-29（a）。

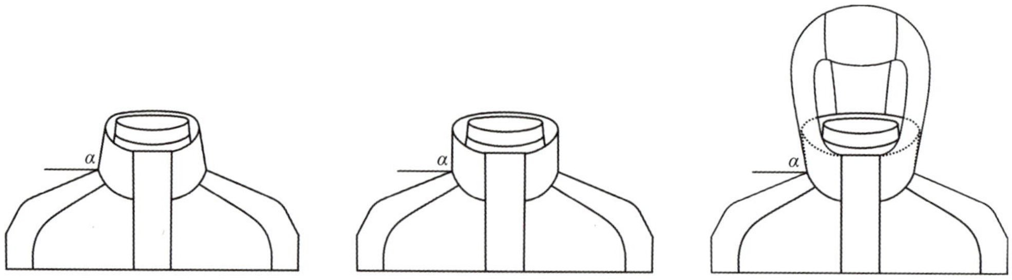

(a) (b) (c)

图 6-29 立领类型

外倾型立领，α < 90°，领子侧后部向外倾斜，与人体颈部分离。外领口（或帽嘴部位的围度）大于领窝围。领高或帽嘴高一般在下巴线上，其领外围需包裹下巴部位，也称为颏上立领。领高（帽嘴高）一般在 8～14 cm。大多数冲锋衣的领子都是采用这种外倾领型，风帽下脚（视同领子）则 100% 为外倾领型。见图 6-29（c）。

垂直型立领，α = 90°，领子侧后部垂直，与人体颈部稍分离。它的运用及功能都介于内倾型立领与外倾型立领之间，见图 6-29（b）。

冲锋衣领窝的开宽与开低对颈部、下巴活动的影响如下：

SNP 点开宽：距离人台需大于 0.6 cm，离开距离越大，领顶与颈脖的活动空间越大；颏下立领的后横领宽一般不大于 21 cm，颏上立领的后横领宽一般不大于 23 cm。

FNP 点开低：距离人台需大于 0.6 cm，离开距离越大，领顶与颈脖的活动空间越大。

领子上翘：领围及领高一定时，向上翘的角度越大，领顶与颈脖的活动空间越小。

领子下翘：领围及领高一定时，向下翘的角度越大，领顶与颈脖的活动空间越大。

领子高度：SNP 或 FNP 点一定时，高度越大，上翘领子的领顶与颈脖的活动空间越小，下翘领子的领顶与颈脖的活动空间越大。

图 6-30、图 6-31 所示案例分别为颏下立领在同一领围下，不同的 SNP 开宽及 FNP 开低的领型配合及实际纸型效果。

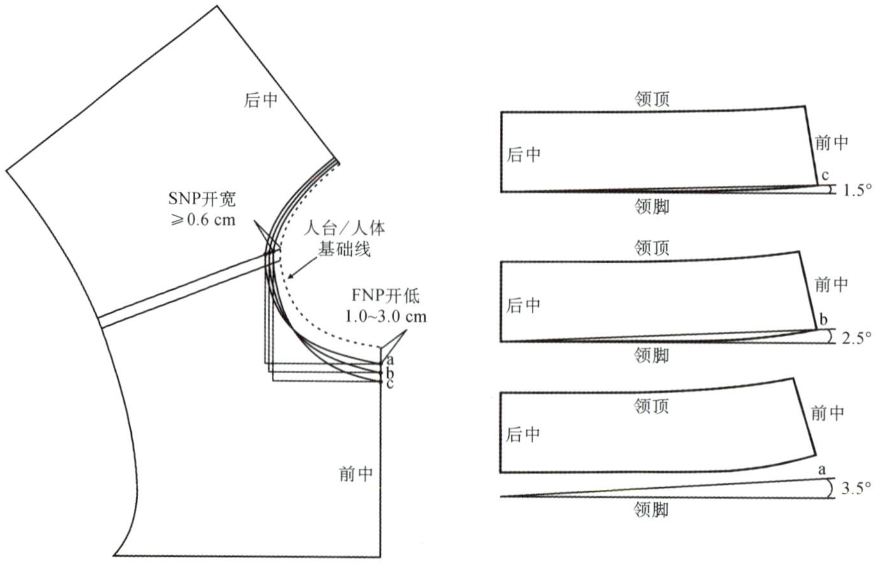

图 6-30 颔下立领

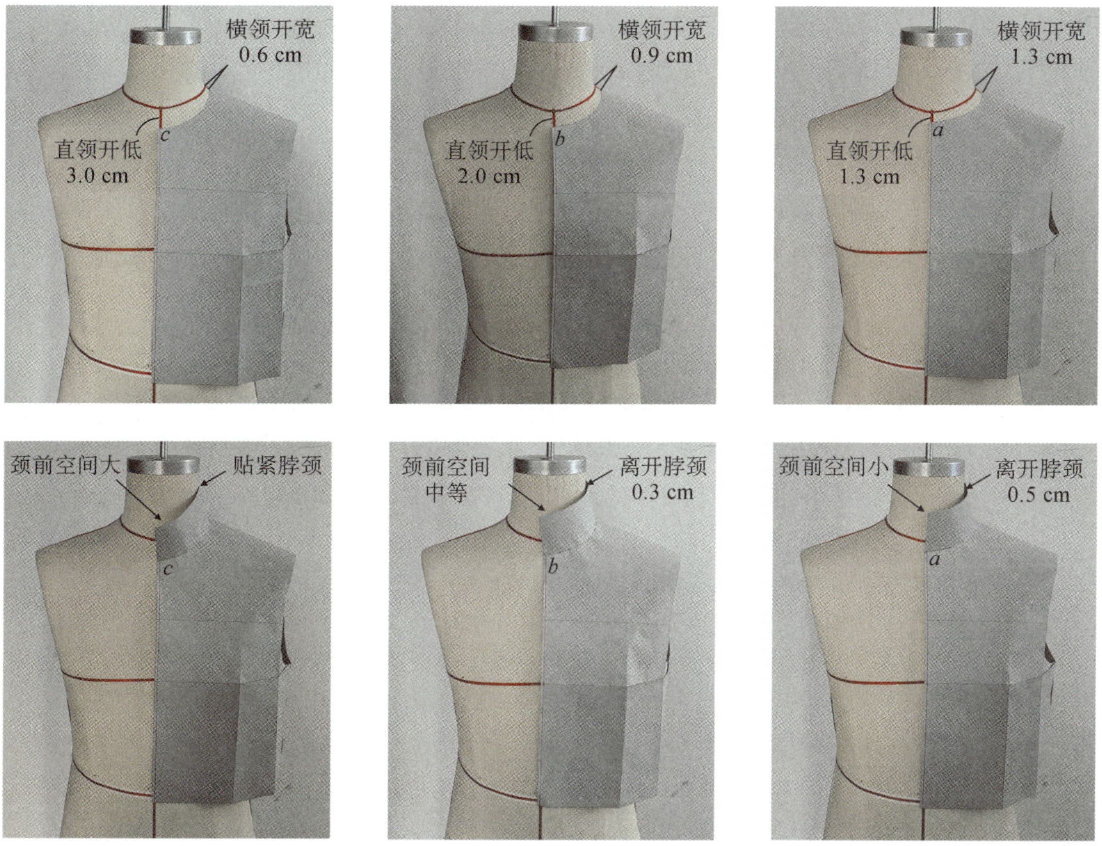

图 6-31　颏下立领纸型效果

颏上立领需包裹下巴部位，采用的是有一定下翘角度的扇形结构，成品外观为外倾型。下巴包裹的松紧度及颈前部的活动空间与 FNP 的开深有一定的关系，如图 6-32 所示。

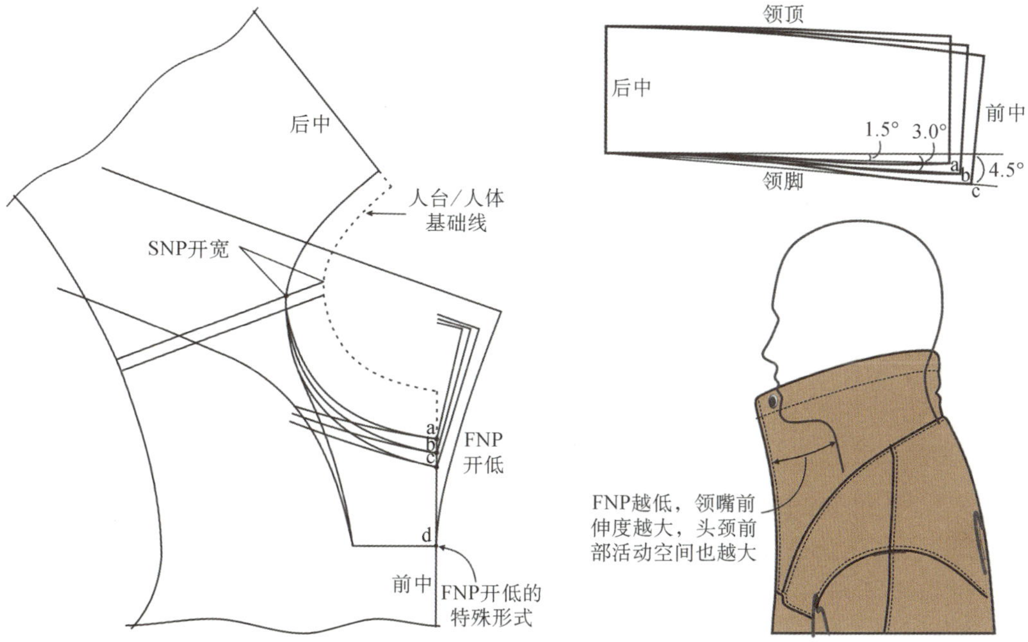

图 6-32　颏上立领

2）风帽结构

冲锋衣的风帽主要为三片结构，但也会有两片结构的帽型。专业类的风帽必有抽绳结构，抽绳结构包括纵向抽绳与横向抽绳两种，纵向抽绳与横向抽绳既可单独设置，也可一体联动式抽拉设计。

冲锋衣风帽与立领的连接有可脱卸或不可脱卸两种类型。可脱卸的风帽一般采用拉链或四合扣来连接。对于一些较小型的风帽则会内藏于后领的夹层里。

硬壳类（冲顶用）的冲锋衣一般会从轻量化的角度考虑，去除了领子而直接将风帽装在领窝上，我们称之为连身帽。

从使用的运动功能条件来看，风帽有常规的风帽及可兼容头盔的极限型风帽两类。攀岩、登山、滑雪等部分极限类环境下的户外活动会做兼容头盔的设计。兼容头盔的风帽在测量时可戴上专项运动头盔测量，并且需考虑活动所需的量。

无论是常规的冲锋衣还是极限型冲锋衣的风帽，在结构设计上的主要控制点都是对帽舌的前伸量（长短）以及对前脸的包裹度的掌握，以适应不同的运动诉求。如图 6-33 所示。

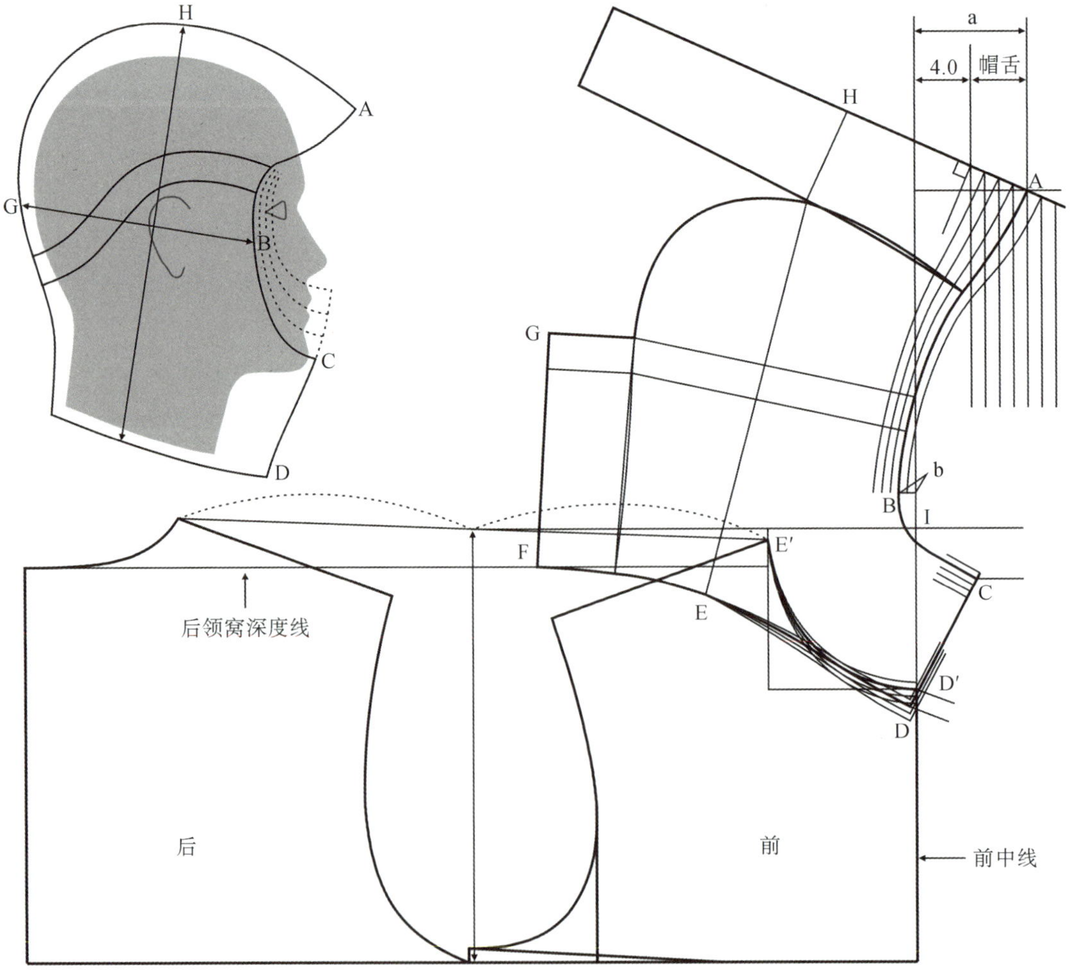

图 6-33 风帽结构

A 点为帽舌前伸量的控制点，离开前中线的距离为 a。

a < 4 cm，视为无帽舌（前凸量），一般为轻型、软薄的风帽，用于轻量的户外活动的冲锋衣；4 cm ≤ a < 8 cm，为常规冲锋衣帽舌量，帽舌有硬衬，可较好地遮挡风雨；8 cm ≤ a < 12 cm 为较长的帽舌，用于有特殊要求或兼容头盔的极限类冲锋衣的风帽设计。

B 点为脸颊外露宽度的控制点，也是常规帽宽最凹处的位置，它离开前中线的距离为 b。

b 常规的冲锋衣的一般以前中线为参照线，b 值可向内收进 1～3 cm 为常规值，用符号 −（负值）表示。或向外放出 1～3 cm 为包裹性更高及兼容头盔的风帽结构所采用，用符号 +（正值）表示。

B′点为眼部位置的帽宽控制点，大多数的帽型不作考虑。但对于视角有特别要求的冲锋衣，会考虑此点离前中线的距离，B′点也可理解为 B 点的上移。

C 点为帽嘴高度控制点，可根据功能需求进行设计。前领深 ID′（上平线的侧颈点向下度），帽嘴高度 CD，D 点是跟随 D′走的。

以下为标准男式 175/96A 号型的帽嘴高度的参数：

CD = ID′ −（0～2）cm 时，成品的帽嘴高度一般在下巴底至唇沟的部位。这是常用的一个风帽帽嘴的高度，其可有效遮挡风雪。

CD = ID′ +（1～3）cm 时，此时帽嘴高度位于颏唇沟到嘴唇中间，其可更好的防风雪作用，也是兼容头盔的风帽采用的一个帽嘴高度。

CD = ID′ +（4～6）cm 时，成品的帽嘴高度一般在嘴唇中间至鼻孔底的区间位置。这是一个较高位的帽嘴高度，具有更为严密的防风、防雨、防寒的作用。

D′点为前领窝深度控制点（直领深），同领嘴原理一样，帽嘴装点的高低会影响帽嘴离开下颏的距离，从而可调节颈前的活动空间。

第七章

冲锋衣整体技术设计

冲锋衣整体技术设计指的是在冲锋衣设计中关于技术部分的设计，包括场景应用、工艺设计、功能设计、材料选用、尺寸设计、版型结构设计等。本章节举例所涉及的技术分析是前几章内容的综合运用，供相关技术研发人员参考。

第一节 登山冲锋衣整体技术设计

登山冲锋衣，是运动者在寒冷的山地环境下进行登山运动的外层着装（防护层）。广义来说，竞技探险类的登山、群众活动类的登山，甚至旅游观光类的登山都同属登山的范畴。根据登山运动的不同环境（海拔、气候）、活动强度以及运动时间的不一样，登山冲锋衣一般会分为极限型、全天候型、轻量型等不同类型。图 7-1 为极限型登山冲锋衣效果图。

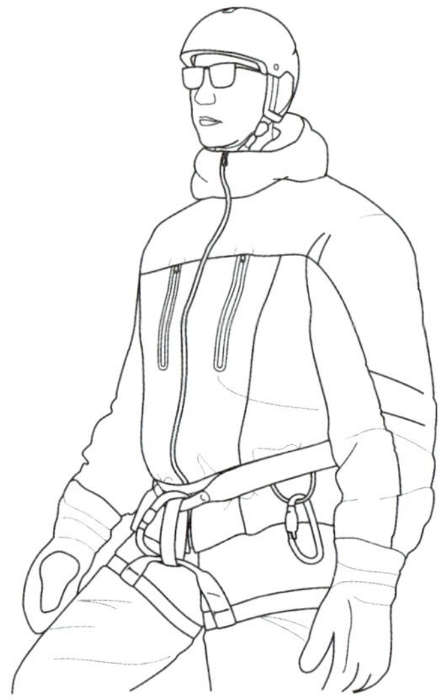

图 7-1　极限型登山冲锋衣效果图

一、男战术式冲锋衣

战术冲锋衣的设计灵感来源于美国的 M65 野战服，由于其外型具有的刚正、军纪风格，深受军迷、户外运动者的喜爱。除在户外野战（WARGAME）竞技运动中运用，也大量出现在休闲活动及城市户外活动中。特别是作为新型的户外制式服装，其具有的防风防雨性能、场景切换自如的特性，得到了户外工作团队的认可。案例为某运动俱乐部的户外制服，兼容了低强度的户外活动及商务性的户外工作场景。款式图见图 7-2。

1. 功能设计

主功能：防水，防风，透湿。适合轻量户外活动，包括低强度的爬山、户外休闲、户外工作、户外商务等场景使用。

- 经典四明袋设计，前下兜与胸贴袋均为半边风琴式立体袋，有足够的储物空间且能快速地取放物品，采用袋盖 + 魔术贴开合袋口。叠加的侧拉链袋用于锁住贵重物品。
- 领子为紧贴下巴的颏下立领，前领嘴魔术搭袢，防风性能突出。固定并藏于后领内的简易式防风帽可备不时之需。
- 前中有挡雨门筒 + 防风底筒，采用 YKK 5# 尼龙双开拉链 + 暗四合扣开合。拉链离脚 20 cm，利于行走。
- 下摆及腰部有抽绳，可束紧调节。
- 后背两侧为风琴式结构，内底加以橡筋，可使手臂做前屈时有足够的延展空间。
- 袖肘 3D + 活褶，袖底无拼缝，袖口采用部分橡筋 + 魔术贴调节大小。

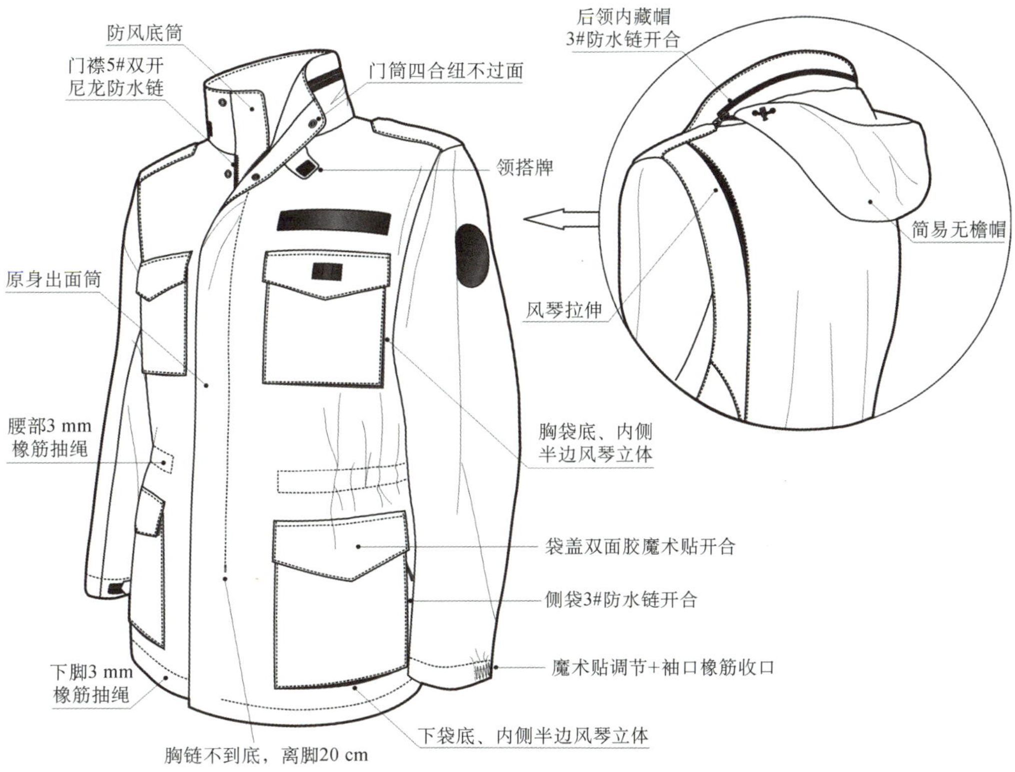

图 7-2 男战术冲锋衣款式图

2. 颜色设计

战术冲锋衣在颜色的设计上需考虑与环境的融入性，一般采用警示度低的色彩或迷彩色。如 A 色组可用于休闲类户外活动，B 色组适用户外的商务活动。见图 7-3。

图 7-3 男战术冲锋衣配色图

3. 主材设计

主面料：2L 仿棉感聚酯纤维 + PU 涂层；150 g/m^2；WP ≥ 10 000 mmH_2O；WVT ≥ 6 000 g/（m^2 · 24 h）；WR 5 级。

里料：网眼布（大身里）、尼丝纺（袖里）、抓绒等。

拉链：前中 5# 尼龙链，采用双开以适应必要的向上拉开；前下暗侧袋 3# 尼龙反装拉链。内袋 3# 反装拉链，领藏帽拉链为 3# 防水尼龙拉链。

4. 工艺设计

使用常规 2L 面料压胶工艺，详情可参考第五章。

5. 版型及规格设计

案例为常规版型，H 廓型；常规抬手，一般不做运动补偿；领为内倾立领。规格号型 175/96A，其他尺码可参照国标男子 5·4 号型系列进行设置。此款制图采用 SNP 上平式基样，用公式法绘制。

- 较宽松版型，中长款，综合肩斜 19°，圆装袖，手臂侧举 110°，内倾领上翘 2.5°。
- 结构平衡：前胸收省 1.2 cm，其余浮松，后浮余量转移到小肩浮松 0.3 cm 后，转移到领圈浮松 0.5 cm，其余浮松；
- 手肘动态补偿：肘窝 − 1.2 cm，肘尖 + 1 cm + 活褶 2.8 cm；
- 胸背宽差 2.6 cm（手臂前屈主要由背部风琴调节）。

尺寸设计（注：b 为净胸围、s 为净肩宽、h 为净臀围、al 为全臂长，后文同）：

- 后中长 BL = 0.4 h + 8 cm + 动态补偿 0；
- 胸围 B = b + 风格 22 cm；
- 肩宽 S = s + 风格 1.5 cm，后冲肩 1.5 cm；
- 肩点袖长 SL = al + 风格 5 cm + 动态补偿 4.5 cm；
- 袖窿深 AHL = 0.2B + 3 cm + 风格 2.3 cm；
- 袖肥 BC = 0.2B + 风格 0.3 cm；
- 袖山高 AT = 0.125B − 1 cm（袖山斜度 30°）；
- 袖山弧线较袖窿弧线的吃势视压胶面料而定，在 0～0.5 cm。

成品尺寸见表 7-1。

表 7-1 男战术冲锋衣尺寸　　单位：cm

部位	成品尺寸	部位	成品尺寸
胸围 B	118	袖肥	23.9
后中长 BL	78	袖肘	20
肩宽 S	47.5	袖口拉开 / 放松	15.5/14
背宽 BBW	44.5	下领围	53.5
胸宽 FBW	41.9	后领高	8.5
肩点袖长	66.5	前领高	7.7
袖窿深 AHL	28.9	帽宽	24.5
袖山高	13.8	帽高	34

6. 制版

大身制版见图 7-4，袖子制版见图 7-5，领子、帽子制版见图 7-6。

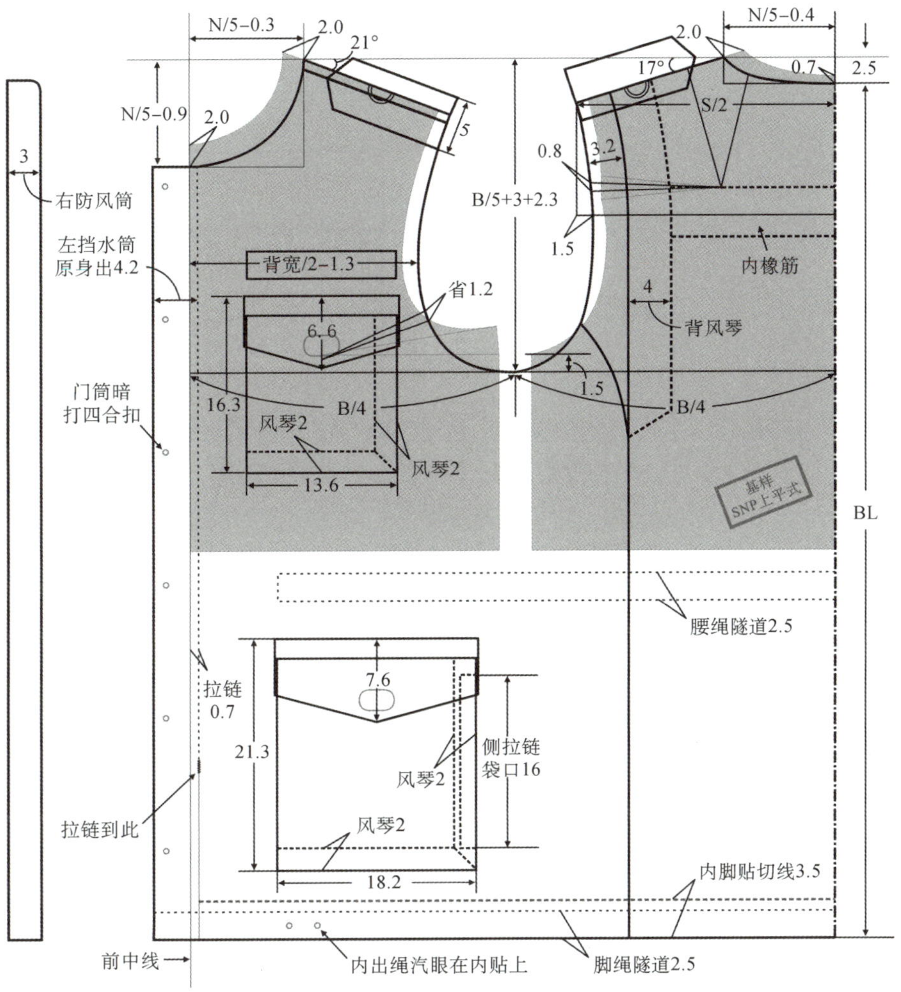

图 7-4　男战术冲锋衣大身制版图

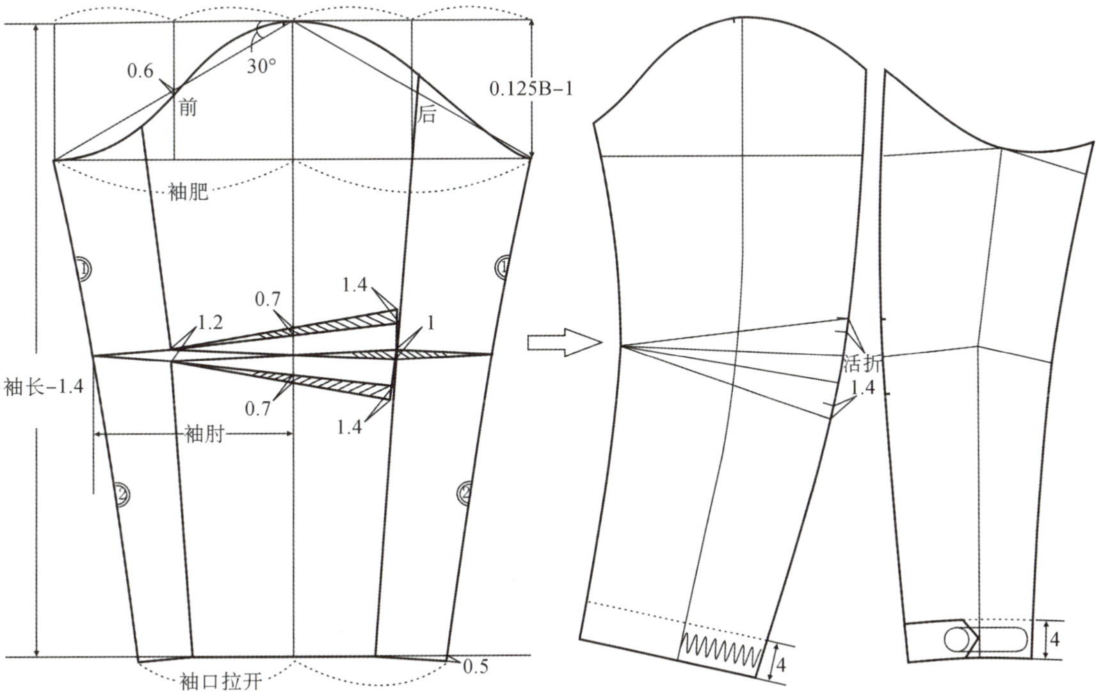

图 7-5　男战术冲锋衣袖制版图

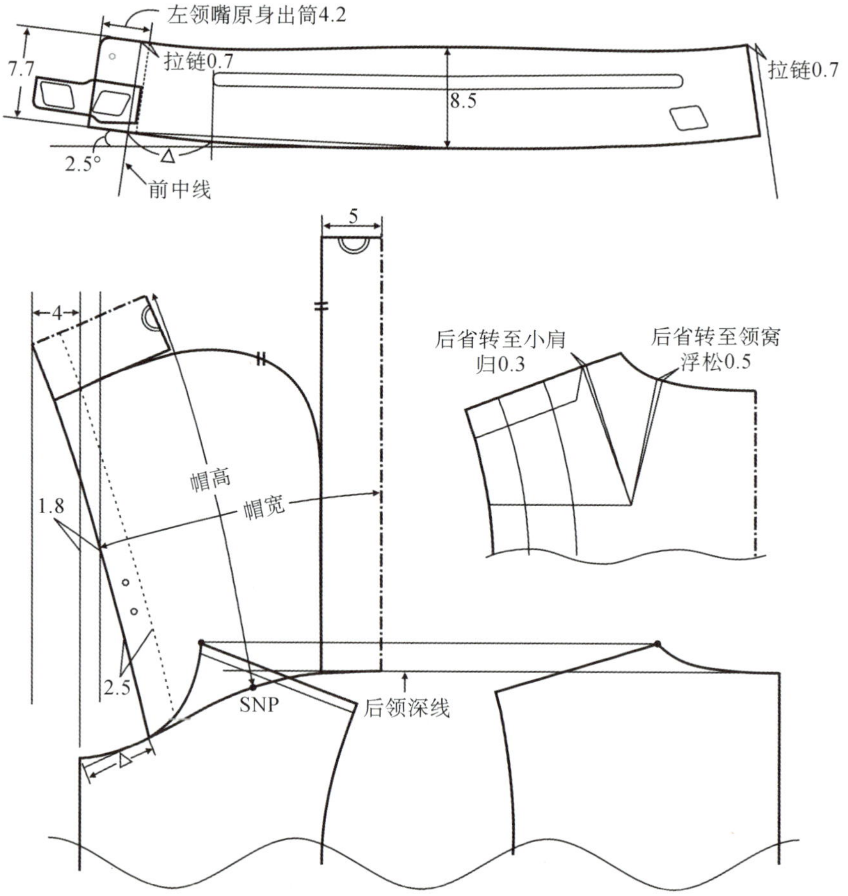

图 7-6　男战术冲锋衣领帽制版图

二、男轻量型冲锋衣

本款冲锋衣适合越野跑及当日来回的攀岩登山、越野山地自行车等户外运动。简洁、轻便是整个设计所要考虑的。款式见图 7-7。

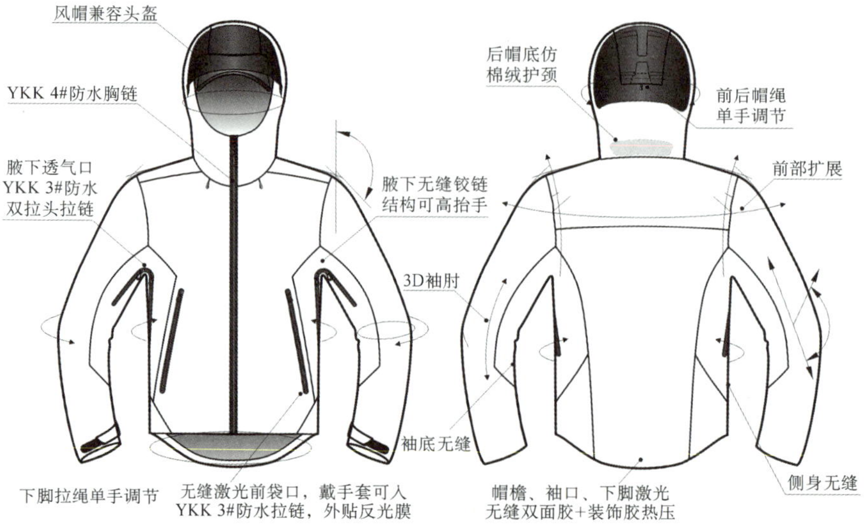

图 7-7　男轻量型冲锋衣款式图

1. 功能设计

主功能：防水，防风，透湿。

- 大前屈量及高抬手设计，前举可达 180°；
- 袖肘 3D 设计，可屈肘 145°；
- 腋下防水拉链透气口，可调节大小；
- 袖口魔术贴调节大小；
- 前下宽大防水插袋，兼容戴手套插入；
- 连身风帽兼容头盔，帽嘴高度至下唇，较大面积的遮防以保护脸颊。

2. 颜色设计

案例做了两个单色组，喜庆橘色为较强警示度，适合于野外进行的户外活动。云杉绿色为低警示度，适合郊外与城市间的穿梭户外活动，也适合在通勤、商务、休闲等场景中使用。见图 7-8。

图 7-8　男轻量型冲锋衣配色图

3. 主材设计

主面料：3L 100% 尼龙 + PTFE + 100% 涤纶经编尼龙；115～125 g/m^2；WP ≥ 10 000 mmH$_2$O；WVT ≥ 6 000 g/（m^2·24 h）（STME96BW）；WR 5 级。

里料：3L 中层布（袋布）、抓毛绒（后领、护颈）。

拉链：前中双开 YKK4# 防水尼龙链，前袋、腋下 YKK3# 防水尼龙链。

胶带：8 mm，12～13 mm。

4. 工艺设计

- 袋口及腋下透气口防水工艺：激光无缝双面胶热压黏合（无胶带减重设计）；
- 前中链防水工艺：暗缝 + 双面胶热压 + 胶带；
- 帽檐、袖口、下脚采用激光无缝双面胶热压黏合及装饰胶护缘热压；
- 帽舌：热压双面胶 + 有纺衬 + 塑形管；
- 袖牌：双面胶黏合；

• 拼缝刀切缝口 1.5 mm，表面无辑明线。

5. 版型及规格设计

案例版型要点：前大身较合体，基础肩斜；运动时的肩部提升空间放在后袖窿上部；袖子采用铰链式结构，以增加手臂的上抬量；前后侧为一体结构，无拼缝；风帽为立体两片帽型，帽嘴、帽檐做前伸处理，可兼容头盔。案例规格为号型 175/96A 适用，其他尺码可参照国标男子 5・4 号型系列进行设置。

• T 廓型，较宽松版型，胸围加放 22 cm，后长过臀，综合基础肩斜 18°；
• 肩背部插入 4°～8°抬高后肩斜，满足高抬手设计要求；
• 结构平衡调整：前胸收省 0.6 cm，其余浮松，后背收省 1.0 cm，其余浮松；
• 前屈动态补偿：前 −2.0 cm，后 + 3.5 cm，臂前屈动态补偿，肘窝 −3 cm，肘尖 + 3 cm，后袖山抬高 1 cm（背宽点），增加手臂前屈延伸量；
• 抬手量：采用铰链式结构，袖窿底 5～6 cm，袖山底 1～2 cm；
• SNP 点为较贴体设计，帽嘴做前移，风帽兼容头盔；
• 腋下一体结构（无侧缝、无袖底缝）。

尺寸设计：

• 后中长 BL = 身高 0.4 h + 2.5 cm + 动态补偿 3.5 cm；
• 胸围 B = b + 风格 22 cm，摆围 H = B − 6 cm；
• 肩宽 S = s + 风格 5 cm；
• 后冲肩 1.9 cm，胸背宽差 2.6 cm；
• 后中袖长 SL = s/2 + 净臂长 + 风格 8 cm + 动态补偿 6 cm；
• 袖窿深 AHL = 0.2B + 3 cm + 风格（铰链）3.6 cm；
• 基础袖肥 BC = 0.2B + 风格 1.8 cm；
• 袖山 AT = 0.075B − 0.3 cm（袖山斜度约 18.5°）；

具体成品尺寸见表 7-2。

表 7-2　男轻量型冲锋衣尺寸

单位：cm

部位	成品尺寸	部位	成品尺寸
胸围 B	118	袖山高 AT	8.5
胸腰差 B-W	9	基础袖肥 BC	25.4
摆围 H	112	袖肘	20
后中长 BL	76	袖口	15.2
肩宽 S	51	领围 N	58
后冲肩	1.9	帽嘴高	12.5
胸背差	2.6	帽宽	28.5
后中袖长 SL	94	帽高	40.5
袖窿深 AHL	30.2	帽中长	58.5

6. 制版

大身及袖制图见图 7-9，风帽制图见图 7-10，分割转化后的样片效果见图 7-11。

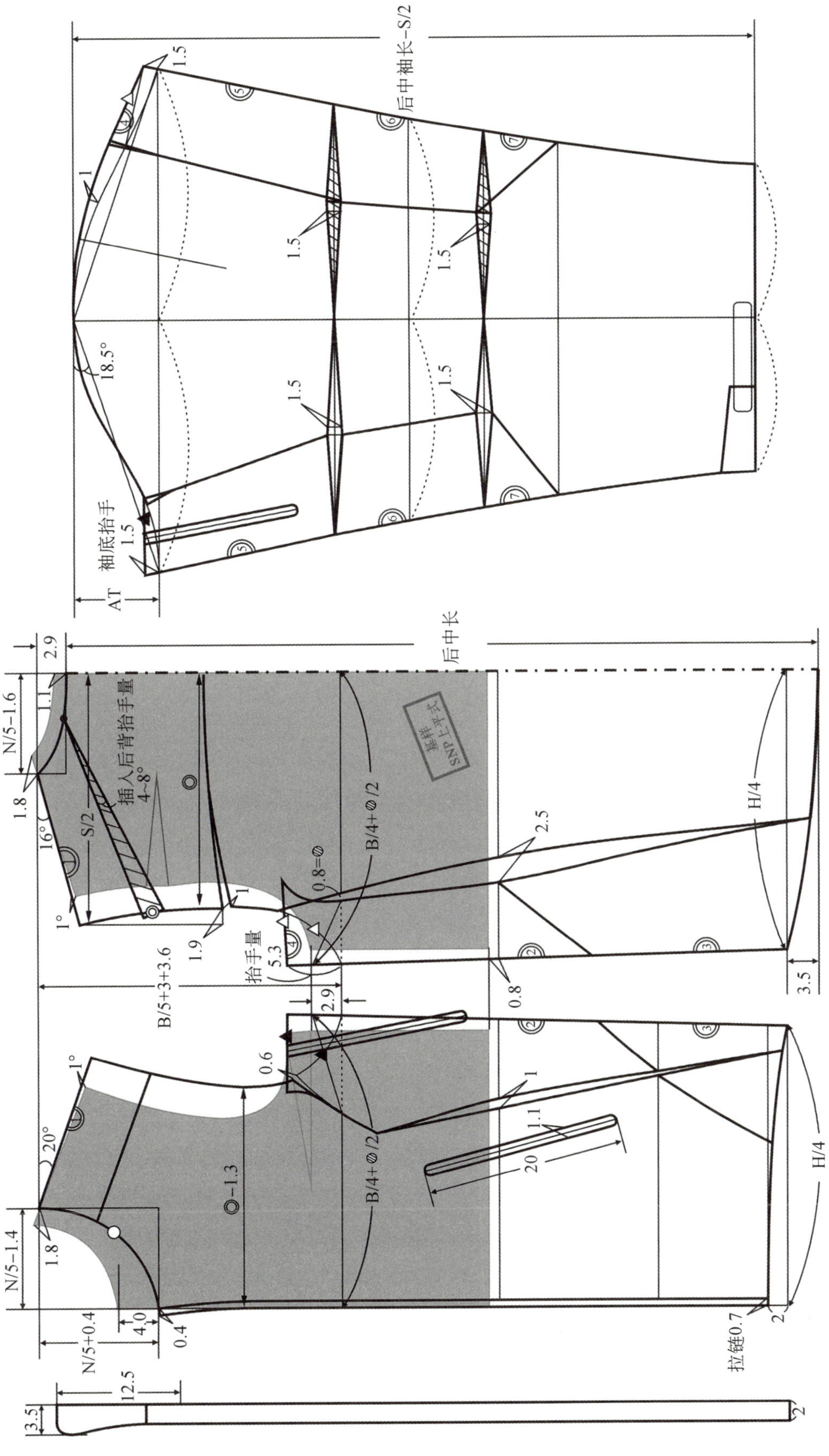

图 7-9　男轻量型冲锋衣身袖制版图

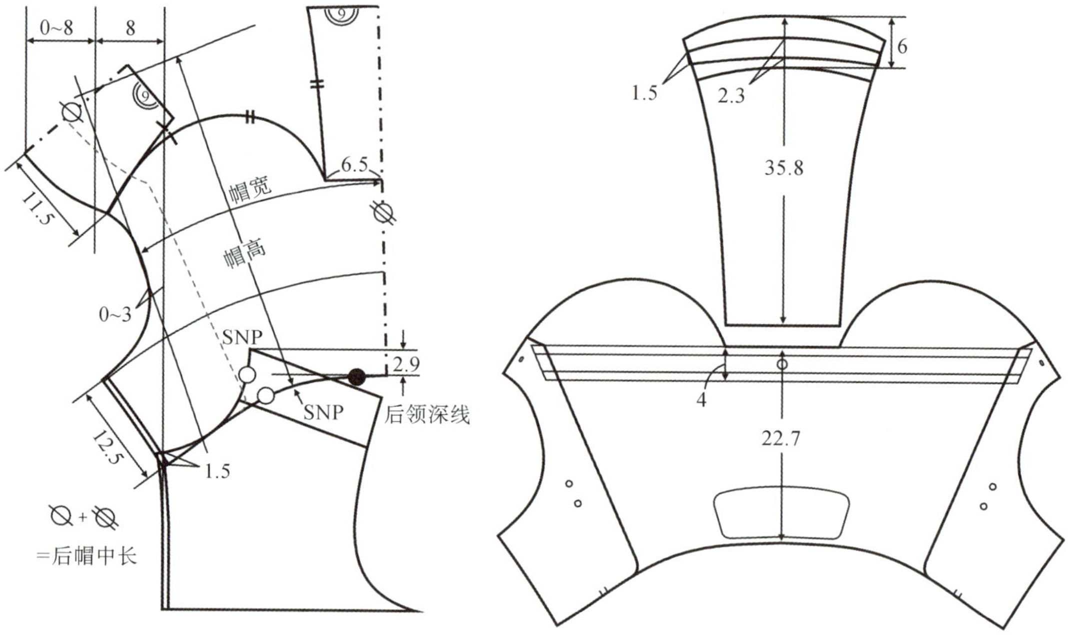

图 7-10　男轻量型冲锋衣帽制版图

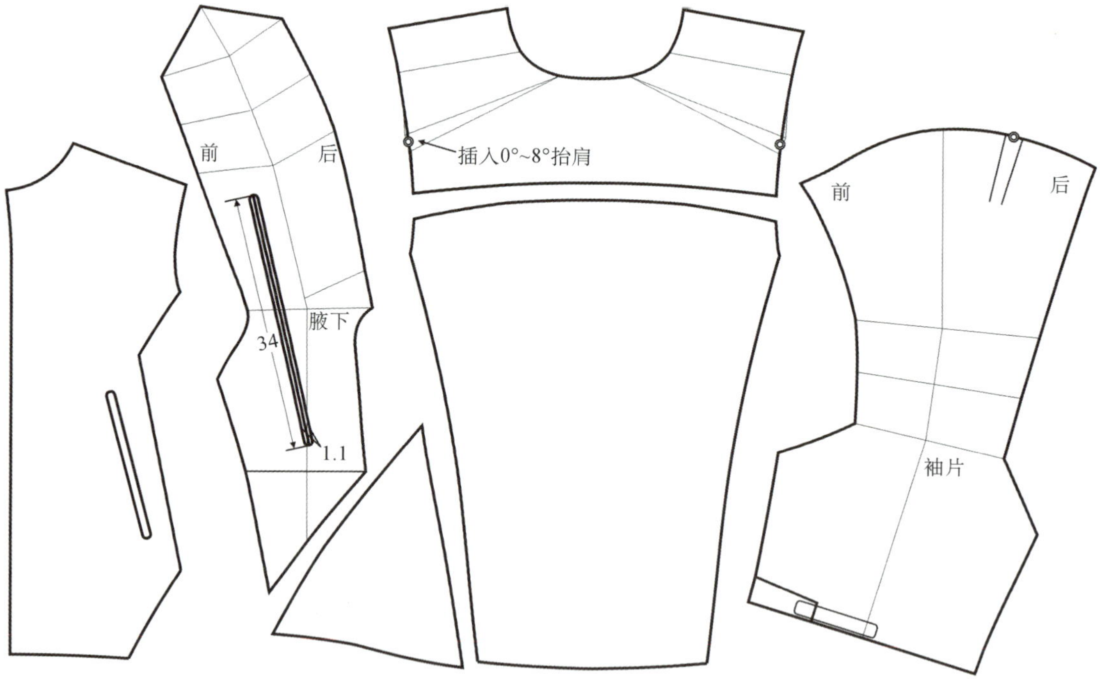

图 7-11　男轻量型冲锋衣样片转化效果

三、男极限型冲锋衣

男极限型冲锋衣，即 Pro 型冲锋衣，意为级别较高一级的，专为职业登山者所用的一类冲锋衣，是攀登高山、雪山的必选装备。其为三层压胶面料制作，无里布，简洁轻便、坚固耐磨，兼容头盔及安全带的穿戴，是硬壳冲锋衣的典型代表。防水为暴雨级别，透湿不低于 7 000 g/（m^2 · 24 h），静水压要求达到 15 000 mmH_2O 以上。结合分层着装法，可以应对雪线之上，气温 −20℃的酷寒环境。大品牌多选用 Gore-Tex Pro 面料，其功能指数更高。

Pro 型冲锋衣可根据不同的运动领域或劳作场景而设计。本案例是一款为极限型攀登 + 长途越野骑行而设计的 Pro 型冲锋衣，具有手臂较大前伸量及最高抬手量。关于风帽，采用连帽设计或者领 + 帽设计都是极限型冲锋衣常有的选择，这个可以根据实际的运动需求确定。如果考虑登山兼容越野骑行则建议采用领 + 帽设计，风帽用滑轨旋转拉链连接，骑行时可做到帽随头转，不会出现左右被遮挡视线的情况。图 7-12 为款式图。

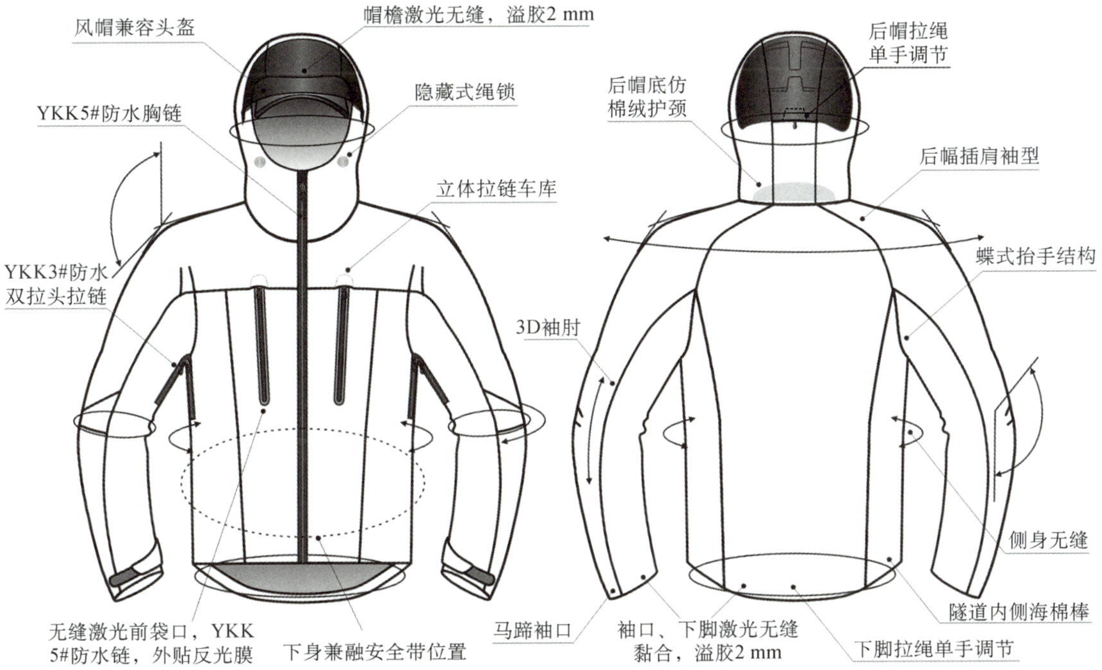

图 7-12 男连帽 Pro 型冲锋衣款式图

1. 功能设计

主功能：高防水，高防风，中透湿，耐磨，保暖。

- 兼容安全带的穿戴及登山包的背负设计，包括前袋位置设定及在肩部采用耐磨面料；
- 大身侧及前后袖底采用机械弹面料以降低手臂运动时的牵阻力；
- 前中插袋防水兼容戴手套插入；
- 连身风帽兼容头盔，帽嘴高度至鼻下，能较全面地保护整个脸颊及头部；如款式为领 + 帽设计时，采用滑轨拉链连接，可做到帽随头转；
- 前帽拉绳在帽檐内操作，绳锁为隐藏式，帽檐无孔眼设计可令风帽有最大的防水效果，前帽拉绳、后帽拉绳、下脚拉绳均为单手调节系统，下脚两侧有阻滑海绵棒；
- 腋下防水拉链透气口，两拉头尾对尾（X 型）设计，可分隔成两孔及调节大小；
- 高抬手及手臂前伸设计，可上举 180° 及水平 90° 前伸最大化；
- 抱胸及 3D 袖肘设计，前屈抱胸 180°，屈肘 145°；
- 马蹄袖口设计，具护手背功能，袖口调节采用魔术贴；
- 防风筒上节及帽后颈部抓毛布，具护颏、护颈功能。

2. 颜色设计

案例设计了三个撞色组，具有不同的警示度，见图 7-13。

图 7-13　男极限型冲锋衣颜色设计

3. 主材设计

主面料 1：Gore 3L Pro 100% 尼龙 + PTFE + 100% 梭织底尼龙，180～220 g/m²。

主面料 2：Gore 3L Pro　加厚耐磨。

里料：3L 中层布（袋布）、抓毛绒（后领、护颈）、网眼布（透气口）。

拉链：前中双开 YKK 5# 防水尼龙链，前袋 YKK5# 防水尼龙链，腋下 YKK3# 防水尼龙链，内袋 YKK 3# 非防水反装链。如款式为领 + 帽设计时，连接链可采用滑轨拉链，链与轨的长度差为 8～10 cm。

胶带：13 mm，20 mm，25 mm。

双面胶：Gore 4 mil，6 mil。

4. 工艺设计

- 袋口无缝激光防水工艺，袋口四周热压护缘轨道，袋链马带底压 20 mm 3L 防水胶带；
- 前中链防水工艺：暗缝 + 双面胶热压 + 25 mm 防水胶带；
- 幅舌防水塑形工艺：热压双面胶 + 网衬；
- 前帽檐、后帽隧道、袖口、下脚采用激光无缝双面胶热压 + 溢胶 2 mm；
- 后帽盖、袖袢双面胶工艺；
- 袖口魔术贴激光压胶嵌入式工艺。

5. 版型及规格设计

版型设计主要点：较大胸背差，令后背活动量足够，手臂前屈自如；肩斜采用较小角度，同时袖窿整体跟随上抬，并采取蝶式袖型结构，令手臂向上攀举自如，可达 180°；连体袖设计，肩缝及袖窿上部无拼缝。前上部袖窿与育克直连，后上部袖窿为插肩式连接；袖中线下落角度采取在前上部袖窿处收省而获得；大身无侧缝，袖底采用圆装上袖方式处理。

案例规格为号型 175/96A 适用，其他尺码可参照国标男子 5·4 号型系列进行设置。

- T 廓型，较宽松版型，胸围加放 22～26 cm，后长过臀；
- 肩部无拼缝，为连体袖设计，前袖窿采用平袖连体，后袖窿采用插肩袖连体；
- 静态结构平衡：前胸收省 1.1 cm，其余浮松，后肩胛转省 0.6 cm（约 2°）其余浮松；
- 前屈动态增减：前后脚差 3 cm，肘窝 −2 cm，肘尖 + 2 cm，胸背宽差 4 cm，款式 B 在后袖窿插入 6°（后袖窿加长约 1.5～1.8 cm）；
- 平均肩斜，款式 A = 基础肩斜 19° −（肩胛转省 2°）/2 = 18°；

款式 B = 基础肩斜 19° −（后背窿袖插入 6° + 肩胛转省 2°）/2 = 15°；

- 袖山与抬手量：袖山采用蝶式袖型，腋下抬手量 4.5 cm 放在袖山底。

尺寸设计：

- 后中长 BL = 身高 0.4 h + 2 cm + 动态补偿 3 cm；
- 胸围 B = b + 风格 26 cm，摆围 H = B − 4 cm；
- 肩宽 S = 净肩宽 s + 1.5 cm；
- 背宽 = 肩宽 − 3.4 cm；基础胸宽 = 背宽 − 4 cm；
- 后中袖长 SL = s/2 + 净臂长 + 风格 8 cm + 动态补偿 7 cm；
- 袖窿深 AHL = 0.2B + 3 cm + 风格 2.5 cm；
- 袖肥 BC = 0.2B + 3.8 cm；
- 袖山 AT = 0.05B + 1.5 cm（袖山斜度约 14°）。

成品尺寸见表 7-3。

表 7-3　男极限型冲锋衣尺寸　　单位：cm

部位	成品尺寸	部位	成品尺寸
胸围 B	122	袖山高	7.6
腰围 W	118	袖肥 BC	28.2
摆围 H	118	袖肘	21
后中长 BL	75	袖口	14.5
肩宽 S	47.5	领围	59
背宽	44.1	帽嘴高	15.2
胸宽	40.1	帽宽	28
后中袖长 SL	95	帽高	42
袖窿深 AHL	29.9	帽中长	61.5

6. 制版

此款制图采用肩袖一体结构的制版方式，具体步骤可参考第六章相关介绍。案例做了 A、B 两个版型的变化，可供不同功能诉求产品参考与选择。

① 画垂线为小肩线；

② 于 SNP 左右两边引出两条肩斜 19°的斜线；

③ 按后横领宽尺寸画平行于斜线的后中线；

④ 按前横领宽尺寸画平行于斜线的前中线；

⑤ 以 SNP 为起点分别于前后中线向下画袖窿深线；

⑥ 后中长。

大身及袖制图见图 7-14，肩袖一体转化见图 7-15、图 7-16，风帽制图见图 7-17，分割转化后的部分样片效果见图 7-18。

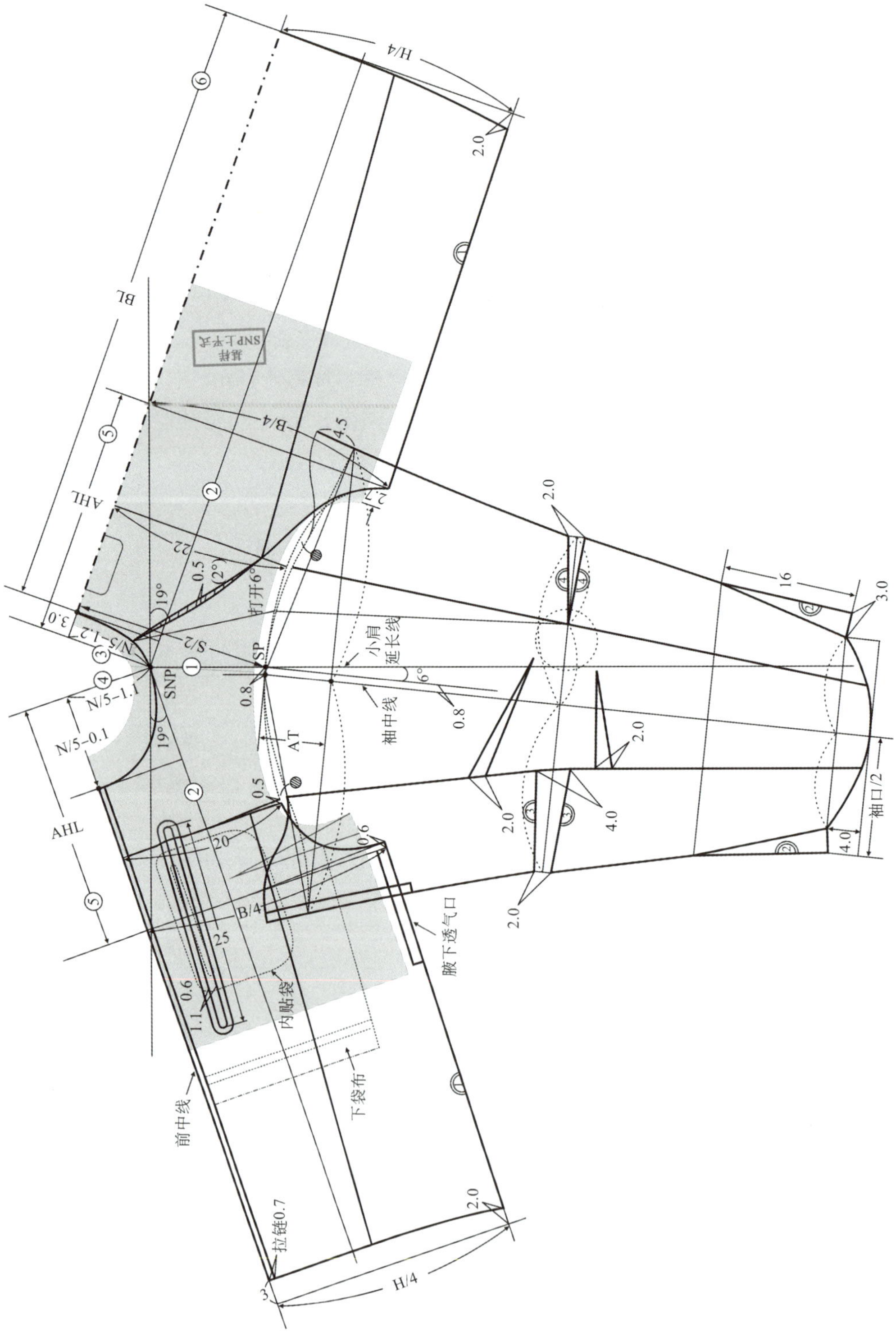

图 7-14　男极限型冲锋衣身袖制版图

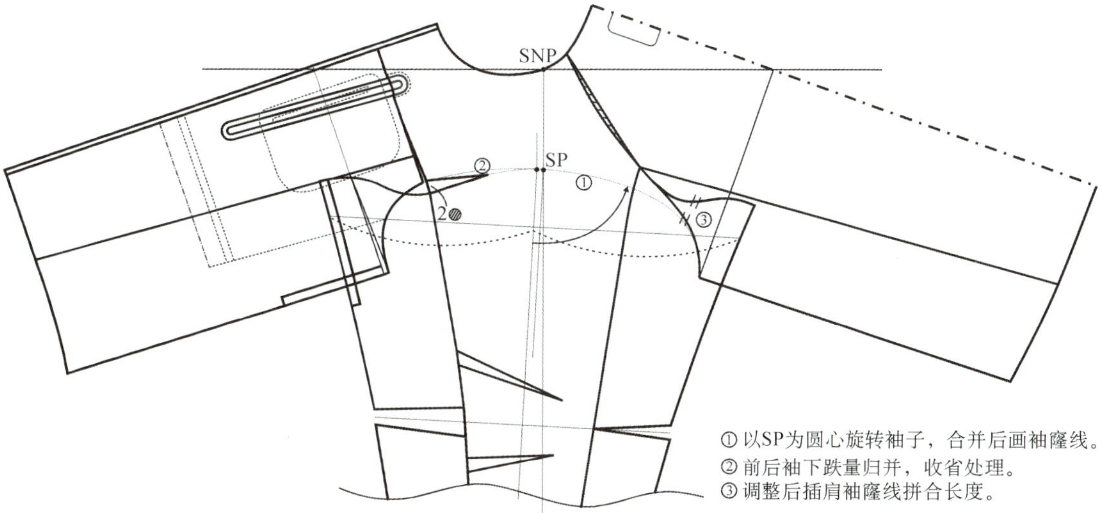

图 7-15　男极限型冲锋衣肩袖一体转化 A

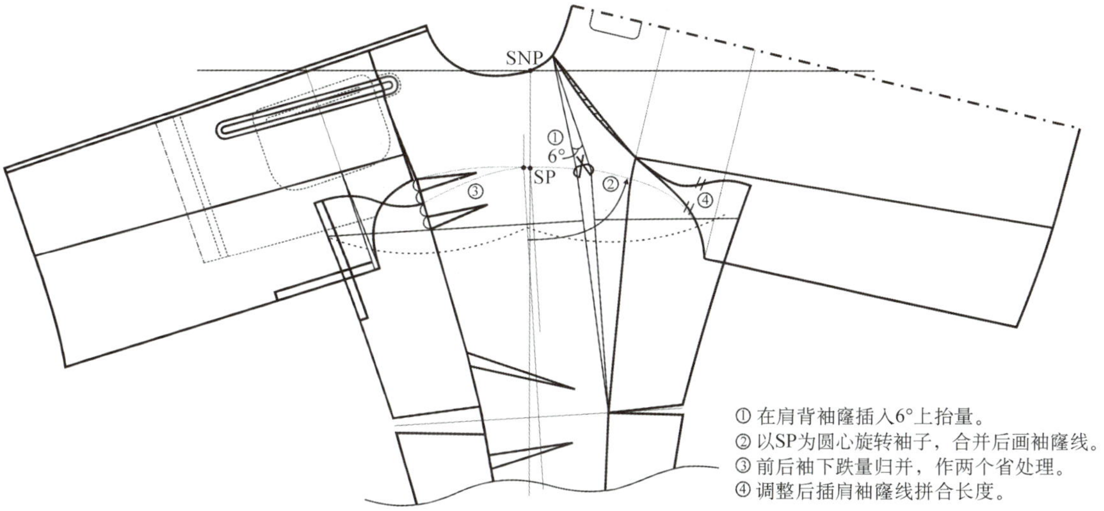

图 7-16　男极限型冲锋衣肩袖一体转化 B

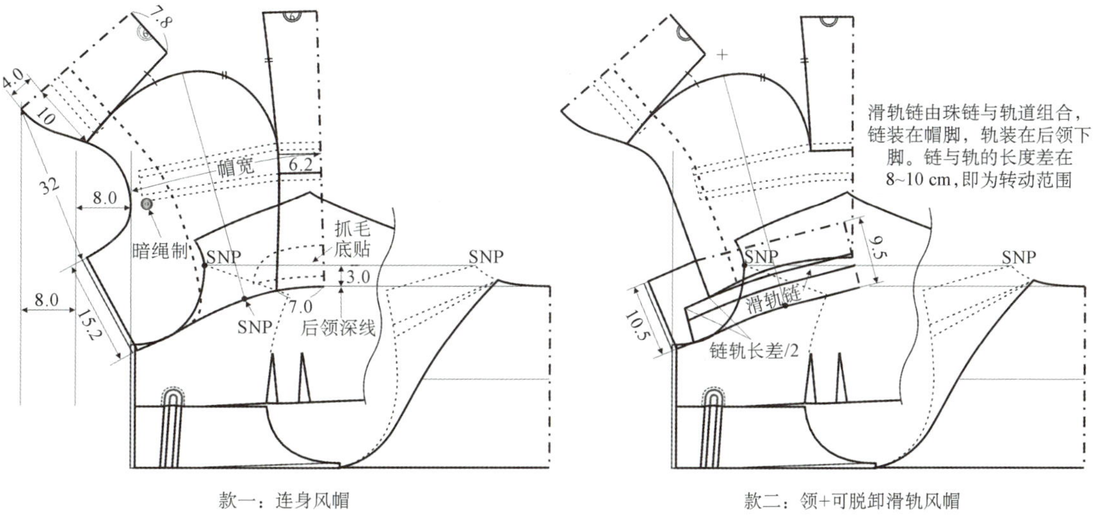

图 7-17　男极限型冲锋衣帽制版图

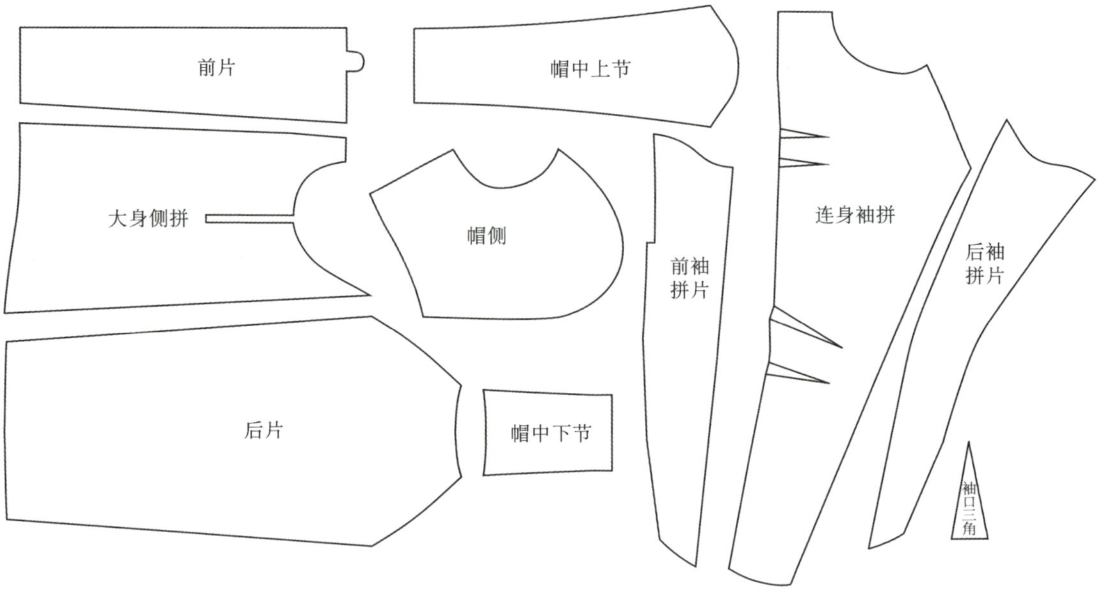

图 7-18　男极限型冲锋衣样片转化效果

四、女极限冲锋衣

此案例是一款轻量型冲锋衣，且具有高抬手、高前伸量及交叉抱胸的运动功能。外观设计上结合了日常生活装的工艺元素，如胸链及袋链的唇式做法。除登山运动外，也适用于骑行场景。见图 7-19。

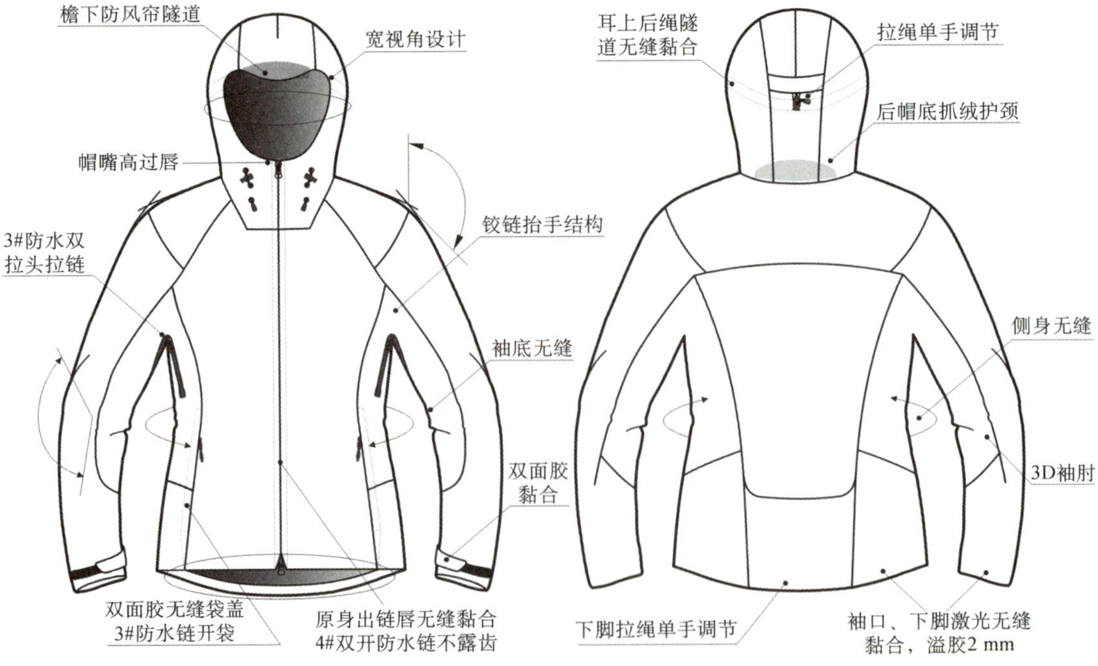

图 7-19　女极限型冲锋衣款式图

1. 功能设计

主功能：高防水，高防风，中透湿。

- 风帽为紧贴型风帽，不兼容头盔，帽嘴高度至鼻下，可全面保护整个脸颊及头部；
- 帽檐下挡风帘 + 绳隧道一体设计，其严密性可增强风帽的遮挡风雨功能；
- 腋下防水拉链透气口，两拉头尾对尾（X 型）设计，可分隔成两孔及调节大小，拉头也可做头对头（O 型）设计，底层加透气网起牵扯作用；
- 高抬手及手臂前伸设计：前举 180°，前伸水平 90°；
- 抱胸及 3D 袖肘设计：前屈抱胸 180°，屈肘 145°；
- 马蹄袖口设计，具护手背功能，袖口调节采用魔术贴；
- 防风筒上截及帽后颈部有抓毛布，具护颏、护颈功能；
- 前中防水链不外露设计，门襟顶脚斜角设计，方便拉链开合。

2. 颜色设计

本款为单色设计，采用轻快的颜色考虑了户外及生活场景的转换运用，见图 7-20。也可采用较强警示色放在野外场景中使用。

图 7-20 女极限型冲锋衣颜色设计

3. 主材设计

主面料：轻量 3L 100% 尼龙 + PTFE + 100% 梭织底尼龙，100～125 g/m^2；WP ≥ 15 000 mmH_2O；WVT ≥ 7 000 g/（m^2 · 24 h）（STME96BW）；WR 5 级。

里料：抓毛绒等。

拉链：前中双开 YKK 4# 防水尼龙链，腋下 YKK3# 防水尼龙链，前袋、内袋 YKK 3# 非防水反装链。

4. 工艺设计

- 后帽隧道激光无缝双面胶热压；
- 腋下透气口防水工艺：露牙、激光、无缝、双面胶热压；
- 前中链防水工艺：原身出链盖，无缝 + 双面胶热压；

- 前袋防水工艺：袋盖、双面胶热压；
- 内袋激光无缝双面胶热压；
- 帽舌防水塑形工艺：帽檐无缝，热压双面胶 + 有纺衬 + 塑形管；
- 开口防水工艺：袖口、帽口、下脚口采用无缝双面胶热 + 溢胶 2 mm。

5. 版型及规格设计

案例规格为号型 165/88A 适用，其他尺码可参照国标女子 5・4 号型系列进行设置。

此款制图采用 SNP 上平式基样，也可直接采取公式法绘制。后帽拉绳为耳上设计；帽眼角处内陷设计，保持有足够的视角。

- X 廓型，较宽松版型，胸围加放 16 cm；
- 结构平衡：前胸省浮松，后肩胛省 0.6 cm，其余浮松；
- 前屈动态增减：前后差 5 cm，肘窝 −2 cm，肘尖 2 cm；
- 肩部无拼缝，平均肩斜为 18°；
- 腋下连体袖设计，采用铰链结构袖型，抬手量 11 cm，放袖窿底及袖山底。

尺寸设计：

- 后中长 BL = 0.4 × 身高 − 1 cm + 动态补偿 3 cm；
- 胸围 B = b + 风格 16 cm，腰围 W = B − 8 cm，摆围 = B + 2.5 cm；
- 肩宽 S = 净肩宽 s + 1.6 cm；
- 背宽 = 肩宽 − 3 cm（后冲肩 1.5 cm）；
- 胸宽 = 背宽 − 3 cm；
- 后中袖长 SL = 后中净肩袖长 + 风格及动态补偿 14 cm；
- 袖窿深 AHL = 0.2B + 3 cm + 风格 2.8 cm；
- 袖肥 BC = 0.2B + 风格 2.8 cm；
- 袖山 = 0.1B − 1 cm（袖山斜度 22°）。

成品尺寸见表 7−4。

表 7−4　女极限型冲锋衣尺寸　　单位：cm

部位	成品尺寸	部位	成品尺寸
胸围 B	104	袖山高	9.4
腰围 W	96	袖肥 BC	23.6
摆围 H	106.5	袖肘	18.8
后中长 BL	68	袖口	13.5
前后脚差	5	领围	54
肩宽 S	42	帽嘴高	10.5
背宽	39	帽高	34
胸宽	36	帽宽	24.5
后中袖长 SL	86.2	帽中长	51.0
袖窿深 AHL	26.6	腋下透气口长	30

6. 制版

大身及袖制版见图 7-21，风帽制版见图 7-22，大身分割转化后的部分样片见图 7-23。

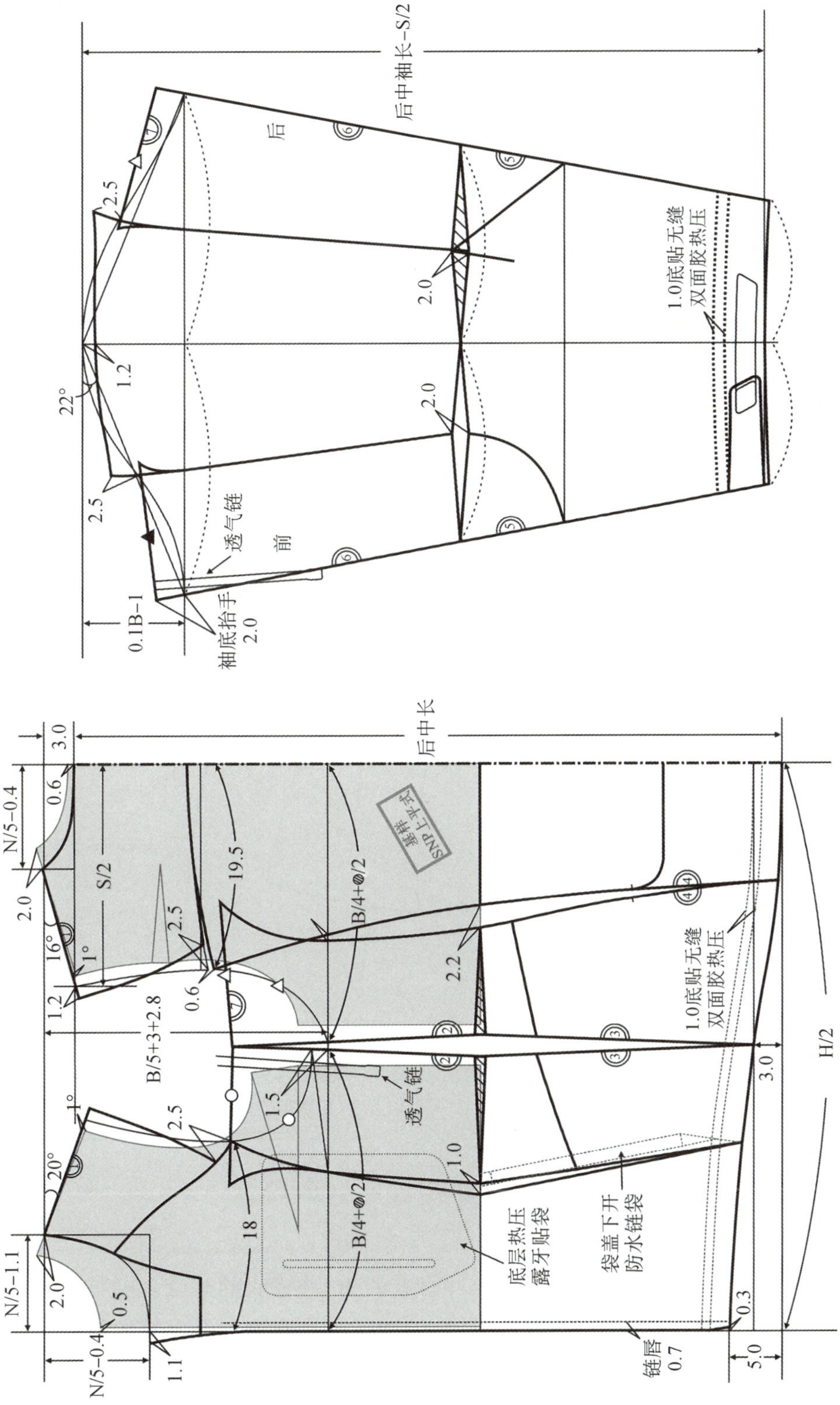

图 7-21　女极限型冲锋衣身袖制版图

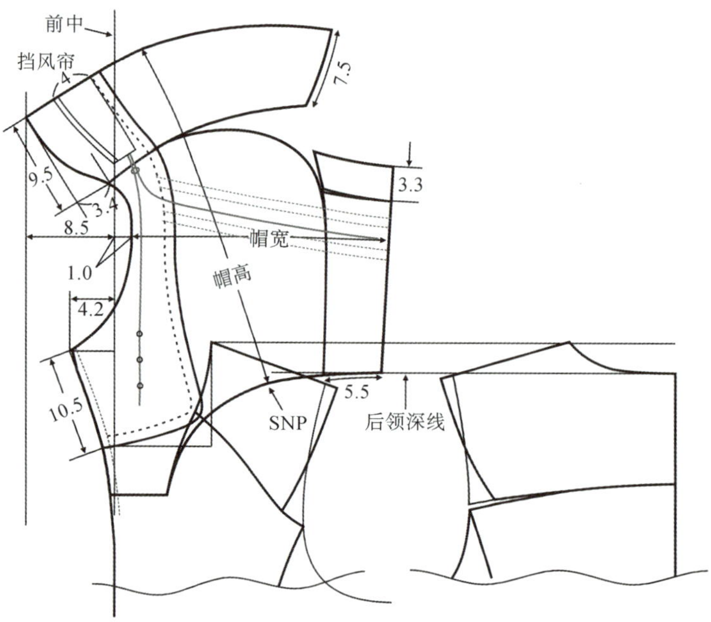

图 7-22　女极限型冲锋衣帽制版图

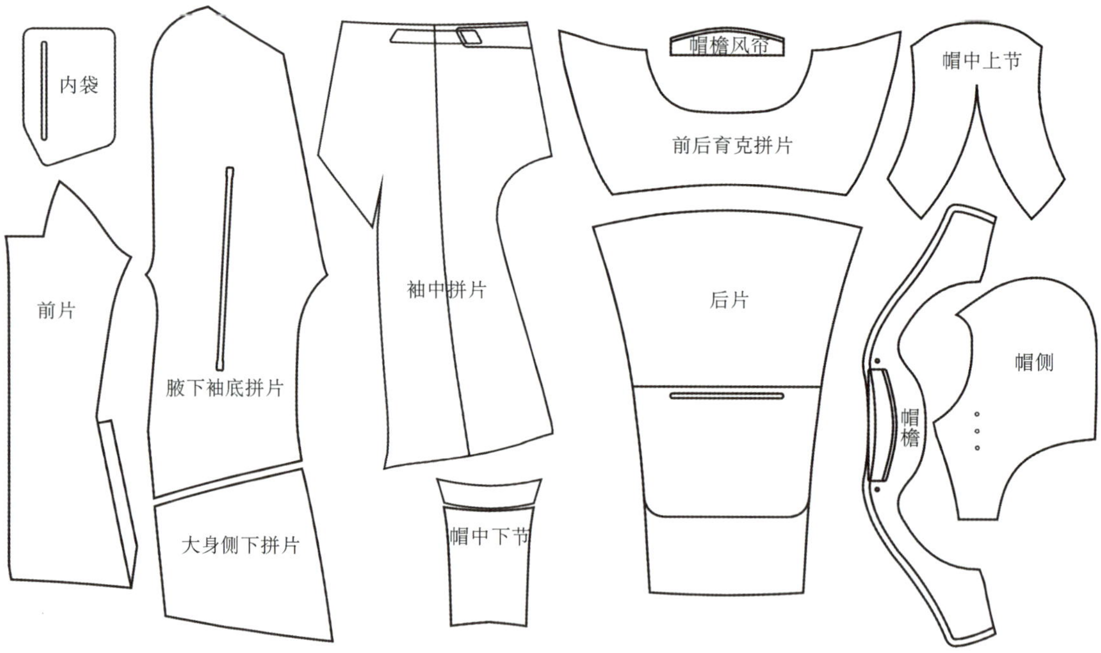

图 7-23　女极限型冲锋衣样片转化效果

五、男三合一冲锋衣

三合一冲锋衣是在 2L 冲锋衣或 3L 冲锋衣的基础上增加了一件可脱卸的保暖层，并与之连接而组成的套装。三合一冲锋衣并非指三件衣物的组合，而是指它有三种不同的组合穿法，以适应不同的运动环境需要，这也是比较典型的分层穿衣法的运用。可脱卸保暖层行业内称之为内胆，有抓绒内胆、保温棉内胆、羽绒内胆三类。外套款式图见图 7-24，内胆见图 7-25。

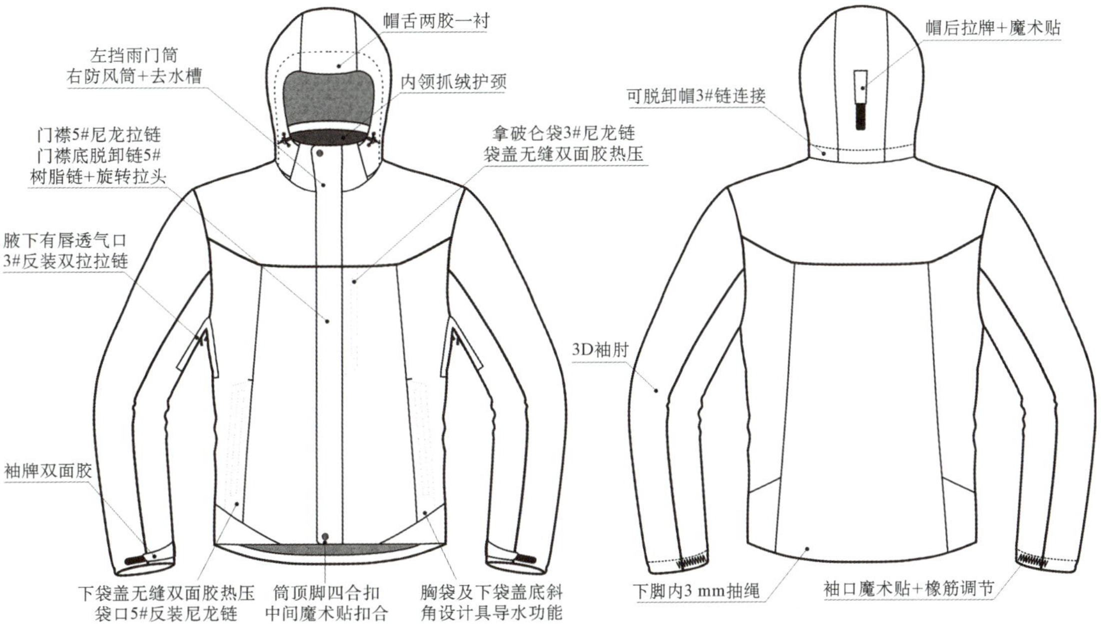

图 7-24　男三合一外套款式图

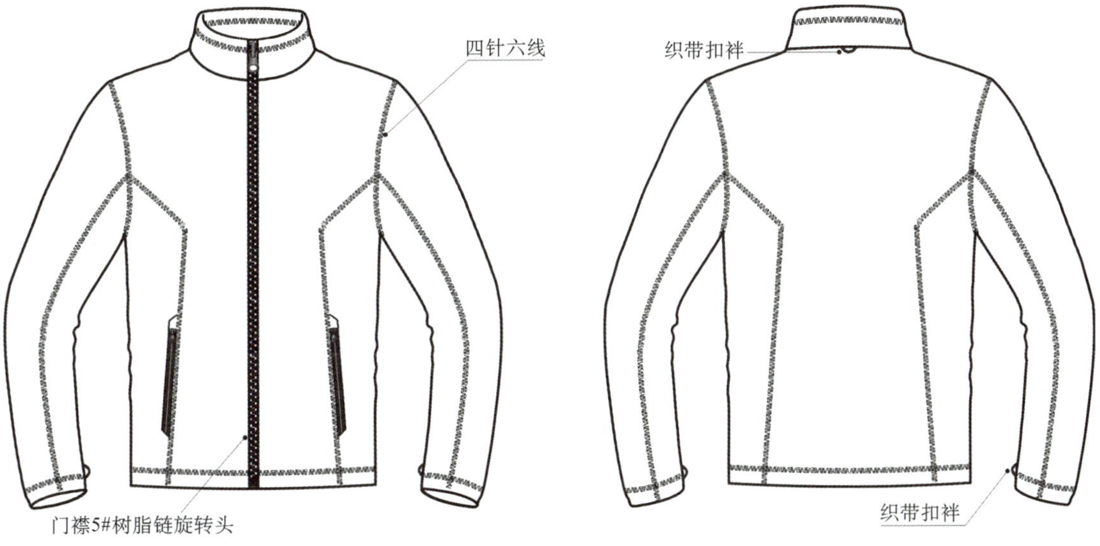

图 7-25　男三合一内胆款式图

1. 功能设计

主功能及场景：防寒保暖，防雨防风，灵活多变。手臂上举在 110° 左右；适合常规的户外活动，特别是多日的徒步、登山、露营、旅行等一些随着运动环境的移动而出现温差变化大的户外活动。采用柔和的撞色或单色则适合上班族在室内、室外进行商务活动的环境转换。

• 前下两个保暖插手袋为袋盖下的开袋，左胸的拿破仑袋同样在袋盖下开挖。袋檐在非防水拉链下具有较好的防雨效果。同时袋檐下端设计为斜角，利于雨水的导流。

• 外套领子为颏上立领，接触颈脖一面有抓毛层。防风帽不兼容头盔，采取可脱卸形式用拉链连接在后领脚，帽嘴插入领嘴盖里，用魔术贴或四合扣固定。帽舌采用双面胶黏合。有前帽口抽绳，后帽抽绳增加与否可根据需求设置或采用帽拉袢。

- 前中有挡雨门筒 + 防风底筒，以增强防水防风效果，门筒顶与脚两颗四合扣暗打明打均可，筒中间采用魔术贴扣合。门襟采用 YKK 高强度尼龙双拉头拉链（非防水）。
- 腋下有可调节透气口，由链盖贴 + 非防水链 + 底网组成。
- 下摆及腰部有抽绳，所有拉绳均可单手调节。
- 袖肘 3D，袖口魔术贴 + 橡筋调节。

2. 颜色设计

本案例有四个不同警示度的色组。外套有撞色，内胆为单色。A、B 组内胆色取自外套主色，C、D 组内胆色取自外套次色，见图 7-26。

图 7-26　男三合一颜色设计

3. 主材设计

面料：外套 2L 100% 尼龙 + PU，层压或涂层，130～150 g/m^2；WP ≥ 5 000 mmH_2O；WVT ≥ 6 000 g/（m^2·24 h）；WR 5 级；内胆 150D/288F 310 g/m^2 双刷双摇。

里料：网眼布、尼丝纺、抓毛绒等。

拉链：外套前中 5# 尼龙链；前中脱卸链 5# 树脂链旋转拉头；外套及内胆插手袋 5# 尼龙反装链；外套胸袋及内袋 3# 反装拉链；外套领藏帽拉链为 3# 反装链；腋下透气开口 3# 反装链。

4. 工艺设计

- 外套下袋口为普通开袋，袋口底封压胶带，袋盖双面胶黏合；
- 帽舌防水工艺：热压双面胶 + 有纺衬；
- 开口防水工艺：袖口、帽口、下脚采用有缝防水拼里，如作为工装，可增加防水条；
- 外套腋下链开口的里布套里采用老鼠尾工艺。

其他具体工艺细节可参考第五章。

5. 版型及规格设计

版型特点：外套前中线在原型基础上前移，内胆前中线在原型基础上内进。案例规格为号型 175/96A 适用，其他尺码可参照国标男子 5·4 号型系列进行设置。

- H 廓型，较宽松版型，胸围加放 28 cm；
- 综合肩斜 18°，袖山斜度 25°，外倾领下翘 4°；
- 结构平衡：前胸省 0.7 cm，其余浮松，后背肩胛省 0.6 cm，其余浮松；
- 动态补偿，肘窝 −2 cm，肘尖 + 2 cm；

外套尺寸设计：

- 后中长 BL = 0.4 h + 3 cm + 动态补偿 3 cm；
- 胸围 B = b + 内衣 4 cm + 风格 24 cm，摆围 H = 胸围 B − 4 cm；
- 肩宽 S = s + 风格 5.5 cm；
- 后中袖长 BCSL = 净肩宽 s/2 + 净臂长 al + 风格 8 cm + 动态补偿 4 cm；
- 袖窿深 AHL = 0.2B + 3 cm + 风格 3 cm；
- 袖肥 BC = 0.2B + 1.7 cm；
- 袖山高 AT = 0.1B（袖山斜度 25°）。

内胆尺寸设计：

- 后中长 BL = 外套后中长 − 6 cm；
- 胸围 B = 外套胸围 B − 10 cm，臀围 H = 胸围 B − 6 cm；
- 肩宽 S = 净肩宽 s + 风格 2 cm；
- 袖窿深 AHL = 0.2B + 3 cm + 风格 3 cm；
- 袖肥 BC = 0.2B + 1.7 cm；
- 袖山高 AT = 0.1B + 1 cm（袖山斜度 26.5°）。

外套成品尺寸见表 7−5，内胆成品尺寸见表 7−6。

表 7−5 男三合一冲锋衣外套尺寸 单位：cm

部位	成品尺寸	部位	成品尺寸
胸围 B	124	袖肘	21
臀围 H	120	袖口拉开	16.5
后中长 BL	76	袖口放松	14
肩宽 S	51.5	下领围	58
背宽	48.5	上领围	59.5
胸宽	45.5	后领高	8.5～10
后中袖长 BCSL	92	前领高	10
袖窿深 AHL	30.8	帽宽	26
袖山高 AT	12.4	帽高	36
袖肥 BC	26.5	帽中长	51

表 7-6　男三合一冲锋衣内胆尺寸

单位：cm

部位	成品尺寸	部位	成品尺寸
胸围 B	114	袖山高 AT	12.4
臀围 H	108	袖肥 BC	24.5
后中长 BL	70	袖肘	19
肩宽 S	48	袖口	12.5
背宽	44.6	下领围	51
胸宽	40.4	上领围	49.5
后中袖长	88.5	后领高	7.5
袖窿深 AHL	28.8	前领高	7

6. 制版

大身及袖制图见图 7-27，风帽制图见图 7-28，大身里制图见图 7-29，内胆制图见图 7-30。

三合一冲锋衣在制版时需注意内胆与外套在廓型上的配合，如果内外件的廓型不匹配，可能会令运动中的着装者产生不适感，从而影响活动。

保持内外件的肩斜度不变，大身侧缝的前后位置一致，领窝相似，袖中线不变，袖前偏量一致，袖子抬手量接近，袖肘前屈度一致。见图 7-31。

内胆的前中位置（前后横领的宽度），由于连接链的位置关系会比外套内进，考虑内胆有单独穿着的需要，一般情况会采取折中处理。但如果三合一的内外套在前中不连接，则内外件的前中位置按常规做即可。

六、男冲锋裤

冲锋裤是与冲锋衣配套的人身装备，是登山、滑雪等户外活动不可或缺的。本案例为一款极限级冲锋裤，由三层压胶面料制成，无里布，简洁轻便、坚固耐磨，防水为暴雨级别。款式见图 7-32。

1. 功能设计

主功能：高防水，高防风，中透湿，耐磨

- 倾斜前门襟 + 防水链设计，具有强防水功能；
- 腰头采用后腰橡筋 + 腰侧宽强力魔术贴来调节腰围大小；也可不用魔术贴，采用腰带过隧道进行调节，见图 7-33；
- 后腰里仿棉绒护腰；
- 左右侧缝采用防水链做全开合，上下双开适应各种运动场景的调节，侧链底筒防风防水；
- 内侧下脚叠加耐磨面料，有超强耐磨性能；
- 膝部 3D 设计，前屈抬腿 135°；
- 裆底插裆设计采用低弹面料，有效减少抬腿活动时的牵扯阻力；

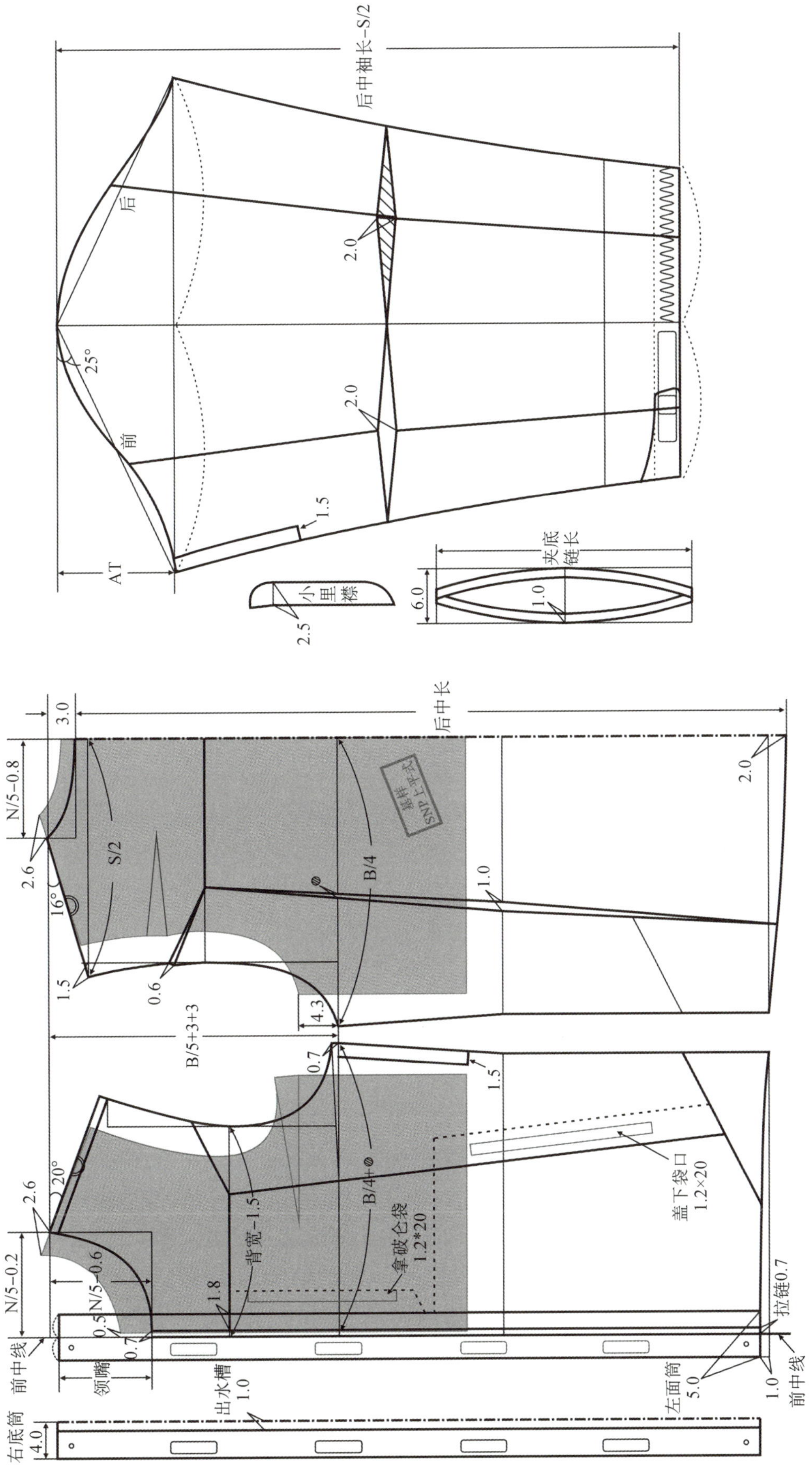

图 7-27 男三合一外套身袖制版图

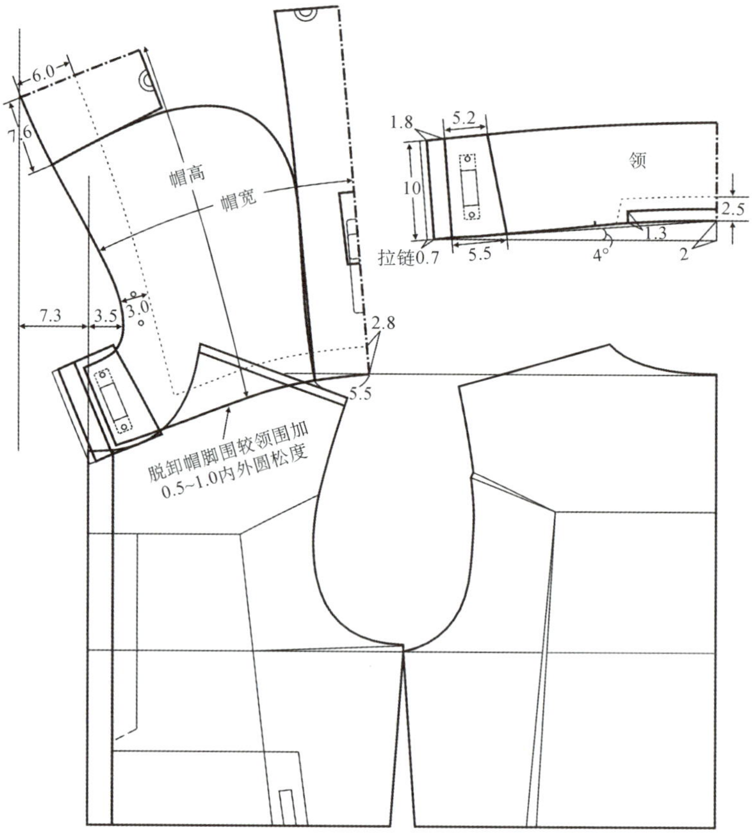

图 7-28 男三合一外套领帽制版图

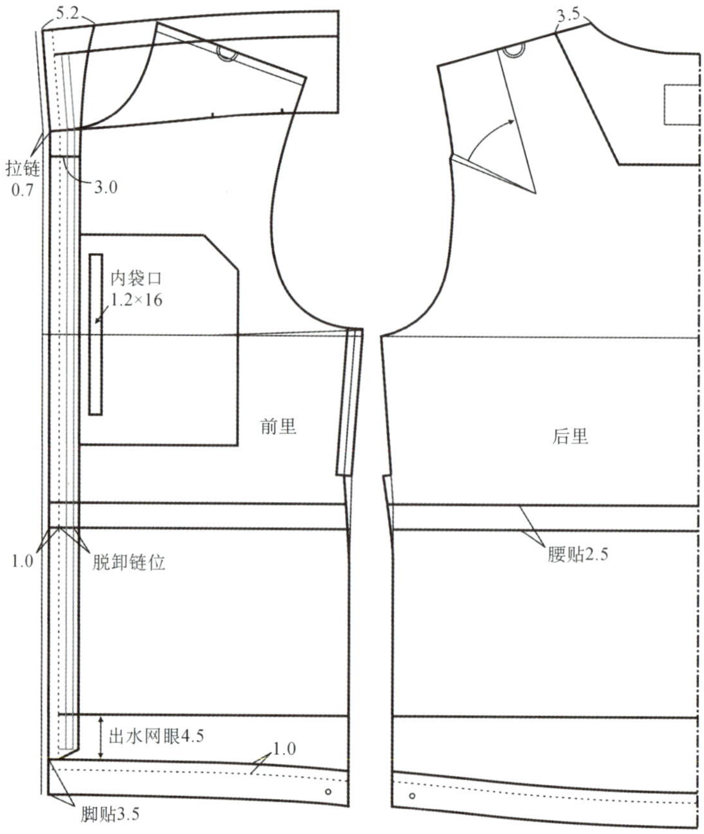

图 7-29 男三合一外套大身里制版图

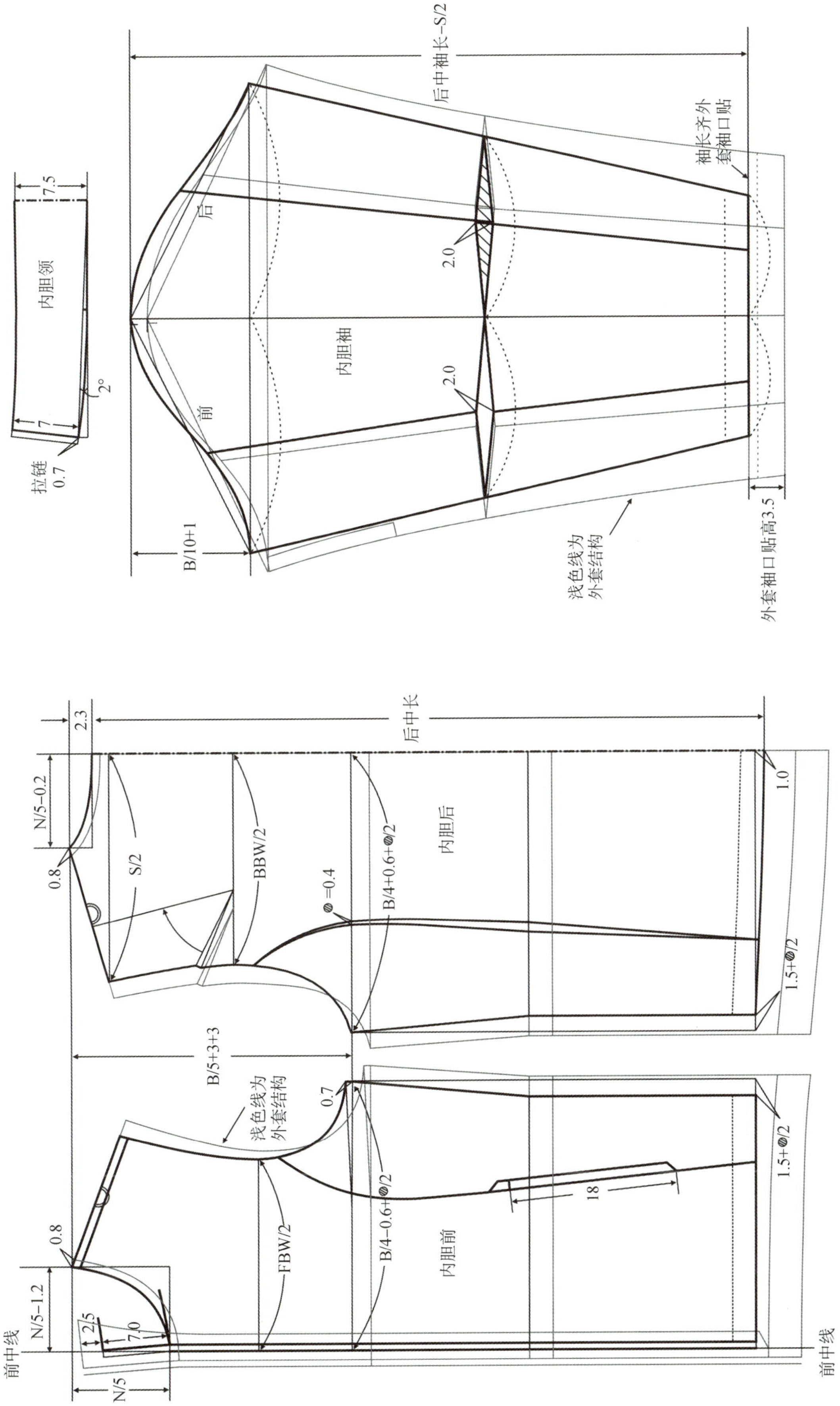

图 7-30 男三合一内胆制版图

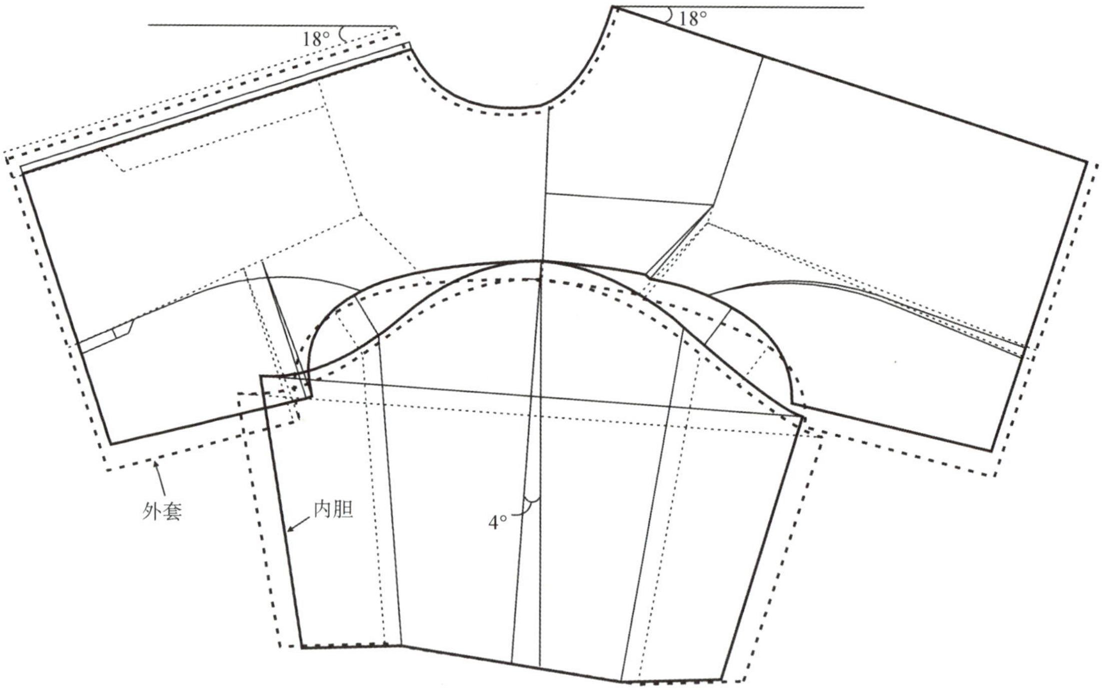

图 7-31　男三合一外套内版型对比图

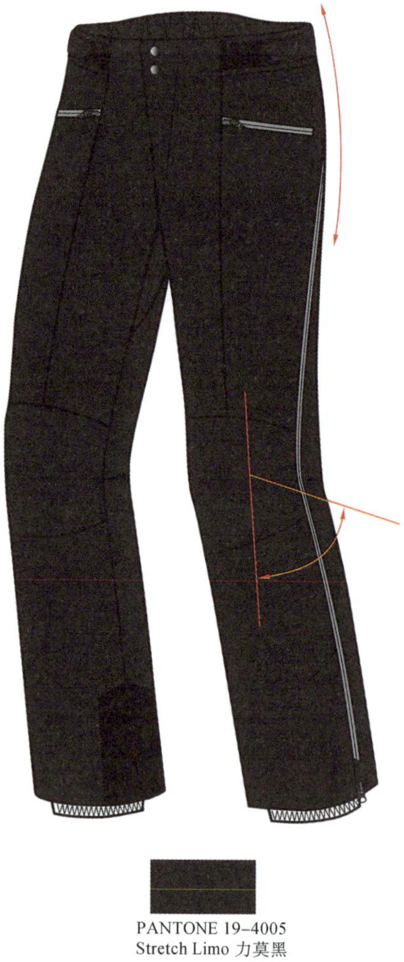

图 7-32　男冲锋裤设计稿

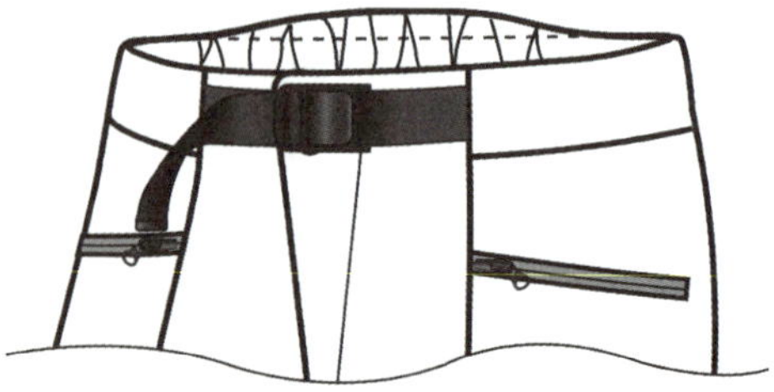

图 7-33　男冲锋裤隧道腰头

• 横向防水型插袋。

功能扩展：增加脱卸雪裙，可作为登山滑雪两用冲锋裤。

2. 主材设计

面料 1：Gore-Tex Pro 3L 100% 尼龙 + PTFE + 100% 梭织底尼龙；WVT ≥ 7 000 g/（m^2·24 h），WP ≥ 15 000 mmH_2O，耐磨次数≥ 20 000。

面料 2：Cordura 耐磨面料。

面料 3：弹力面料。

里料：抓毛绒等。

拉链：侧缝开襟采用双拉头 YKK 5# 防水尼龙链，前袋 YKK3# 防水尼龙链。

3. 工艺设计

常规 3L 面料压胶工艺，可参考第五章。

4. 版型及规格设计

案例规格为号型 175/82A 适用，采用的人体数据见表 7-7。

表 7-7　男冲锋裤人体数据参考　　单位：cm

部位	身高	腰围高	胫骨高	会阴高	净腰围	净臀围
数值	175	105.5	46.3	79	82	96.4

• 臀部较合体型，臀围 H + 14 cm；
• 腰围（缩好）= 净腰围 w + 2 cm；
• 侧缝裤长 = 腰围高 − 1 cm + 品类风格 2.5 cm；
• 内长 = 会阴高 − 1.5 cm + 品类风格 2.5 cm；
• 侧缝直裆 = 侧裤长 − 内长 = 或 0.1 号 + 0.1H − 1.5 cm；
• 下脚直筒型，膝围 = 脚围 25.5 cm；
• 前裆腰点降 1.5 cm，后裆斜 15°，后裆升高 6 cm；
• 前窿门 0.05H，后窿门 0.1H + 0.02H。

成品尺寸见表 7-8。

表 7-8　男冲锋裤成品尺寸　　单位：cm

部位	成品尺寸	部位	成品尺寸
臀围 H	110	内长	80
腰围拉开 / 腰围（缩好）	92/84	膝围	25.5
侧缝裤长	107	脚围	25.5
侧缝直裆	27	前后弧裆总长	72

5. 制版

制版见图 7-34。

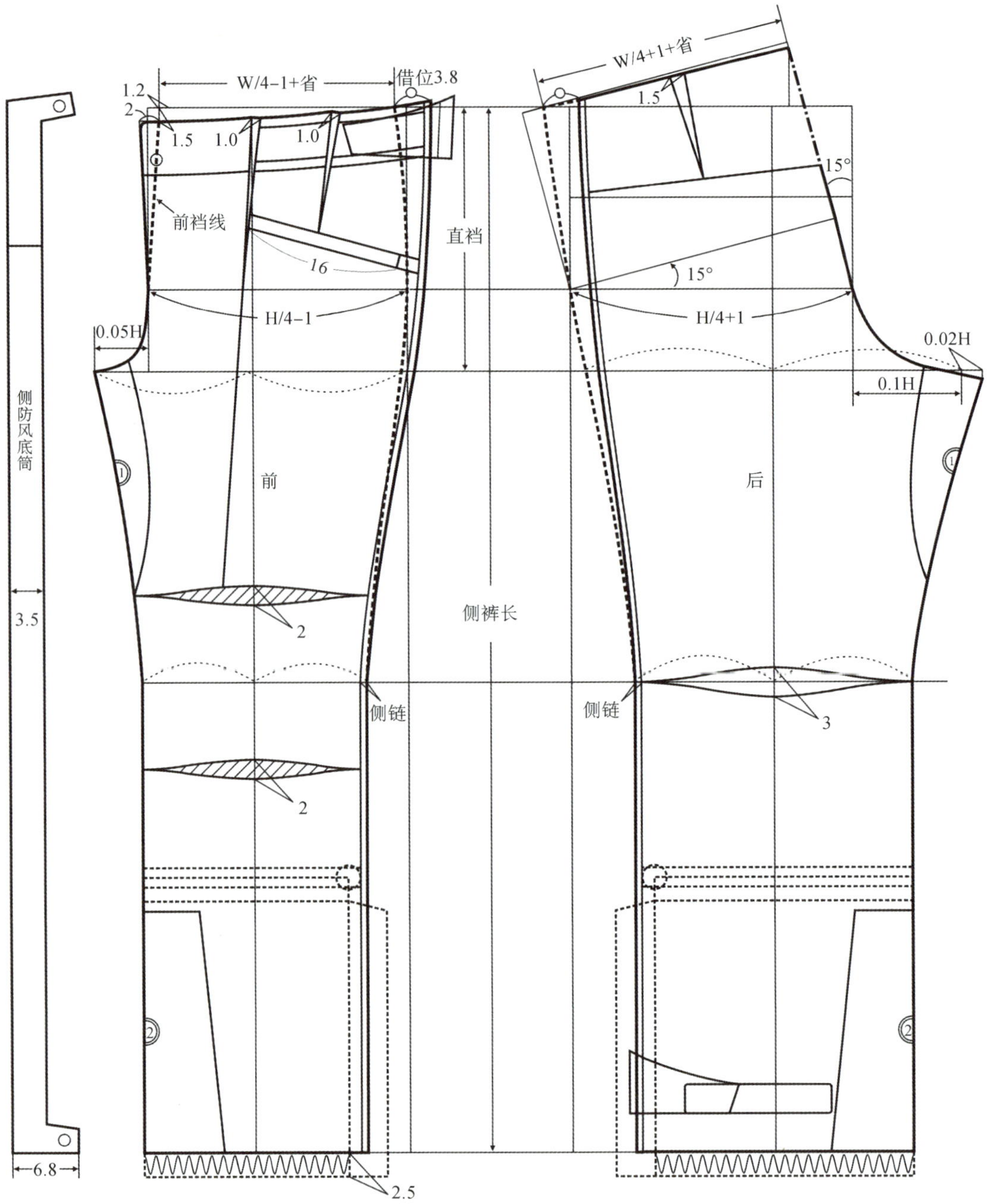

图 7-34 男冲锋裤制版图

第二节

骑行冲锋衣整体技术设计

骑行运动分为自行车骑行与摩托车骑行两种。自行车骑行是依靠人力驱动的运动，摩托车骑行则是由燃油或电动动力装置驱动的运动。故骑行冲锋衣相应的也分为自行车骑行冲锋衣及摩托车骑行服，两者在材料、功能、版型等方面的区别非常大。业内一般称之为骑行冲锋衣的多是指自行车骑行冲锋衣，而采用牛皮、鹿皮材料制作的，又或是采用高密度尼龙等耐磨、压胶面料制作的具有防水、防风、透气、防撞、防摩擦等特性的骑行专用服则称为摩托服或机车服，见图 7-35。

版型结构上，骑行冲锋衣具有户外冲锋衣的结构特点，而摩托服则为常规的合体结构。比如，机车服在手臂的上抬功能上较骑行冲锋衣低很多。另，骑行冲锋衣有带风帽或不带风帽的设计，但摩托服则不带风帽，领子采用较低的内倾立领的设计。

图 7-35 男摩托车骑行服效果图

一、男骑行冲锋衣

骑行冲锋衣是指在寒冷环境下使用的，具有防风、防水、透湿功能的骑行外套（夹克）。由于自行车骑行是一项需要人力连续驱动的疾速运动项目，运动中的汗液排放量非常大，其服装对防护功能的诉求侧重于防风、透湿、防水、弹性、保暖。但在非寒冷环境下使用的骑行冲锋衣则不会加入保暖功能的设计。

本案例骑行冲锋衣为八天川藏极限骑行挑战赛设计，版型符合运动者前倾的骑行姿态；袖长达到手臂最长前伸度；修身的剪裁可以减少风阻；前下身的无袋设计消除了运动者在运动时物体给腹部带来的压迫；后下袋的设计则考虑了存放小工具及途中补给的功用。

本案例骑行冲锋衣有风帽且兼容了自行车头盔的佩戴。款式见图 7-36。

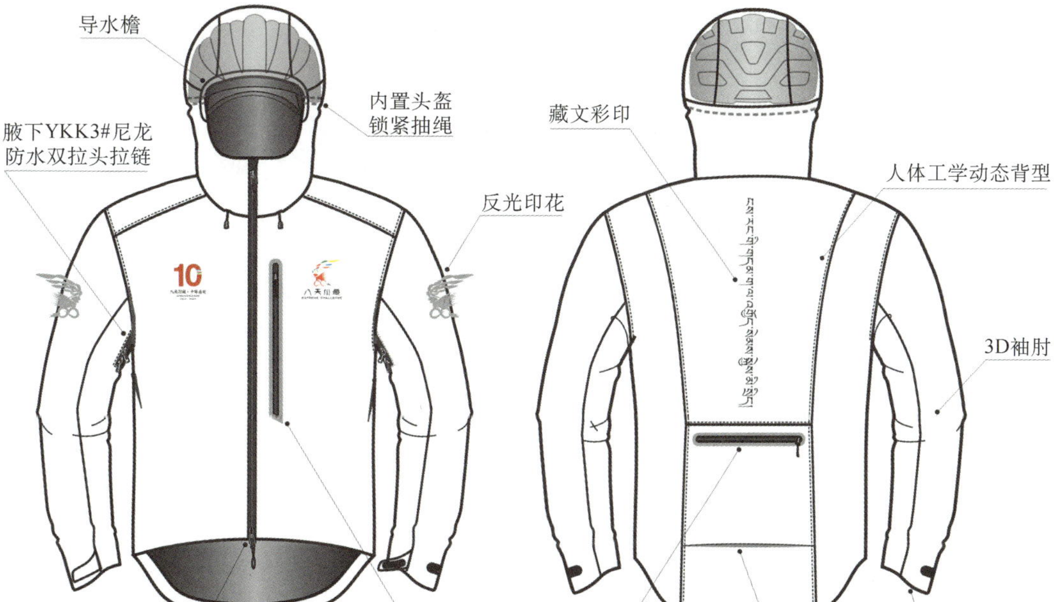

图 7-36 男骑行冲锋衣款式图

1. 功能设计

主功能：高透湿，高防风，轻量，中防水。

- 左前胸及后袋为无缝激光袋，大开口可快速地取放物品，袋口轨道采用反光装饰胶增加安全性；
- 前中为 YKK 防水拉链，底有防风去水筒，门襟链为双开尾设计，骑行者俯身骑行时可上拉至腹部来打开下摆，防止骑行服在腹部的卷起堆积，影响骑行功效；
- 袖口为马蹄袖口，可有效保护手背，袖口拉牌 + 魔术贴调节开合大小；
- 高抬手及宽背部设计：手臂前伸时背部有足够的延展空间，前举 135°，前伸水平 90°，3D 袖肘设计：前屈抱胸 180°，屈肘 145°；
- 连身风帽兼容头盔设计，帽嘴高度至鼻下，可全面保护整个脸颊及头部，帽檐有导水槽，内绳锁紧头盔设计，做到帽随头转；
- 腋下防水拉链透气口，尾对尾两拉头（X 型）设计，可分隔成两孔及调节大小；
- 防风筒上截及帽后颈部有抓毛布，具护颏、护颈功能。

2. 颜色设计

案例根据不同的警示级别做了三组颜色设计，分别适用于越野骑行、综合骑行、通勤骑行三类骑行活动。见图 7-37。

图 7-37 男骑行冲锋衣配色图

3. 主材设计

主面料 1：Gore-Tex Active 3L 100% 尼龙 + PTFE + 100% 梭织底尼龙。

拉链：前中双开尾 YKK 5# 尼龙防水链，前袋、腋下 YKK 3# 尼龙防水链，内袋 YKK 3# 非防水尼龙反装链。

4. 工艺设计

- 左前胸及后袋为无缝激光袋：环形轨道反光贴膜；
- 帽舌防水工艺：热压双面胶 + 有纺衬；

- 开口防水工艺：袖口、帽口、下脚采用双面胶黏合，溢胶 2 mm；
- 袖臂两侧标志采用反光印，增加安全性。

5. 版型及规格设计

案例的版型特点：背部插入了一个前屈的活动量；前胸中线在原型的基础上做内进处理；前后腰节长在腰部分别做减加处理；袖子为蝶式结构，在浅袖山的基础上加入袖底前伸量。案例规格号型为 175/96A，其他尺码可参照国标男子 5・4 号型系列进行设置。

- H 廓型，较合体版型，胸围加放 22 cm，后长过臀；
- 综合基础肩斜 16°；
- 结构平衡：胸省量下放 0.5 cm，余下浮松，后肩胛量浮松；
- 动态补偿：前中线内移 0.5 cm（减小前横领），背宽 /2 扩展 1.2 cm，肘窝 −2.5 cm，肘尖 + 2.5 cm。

尺寸设计：

- 后中长 BL = 0.4 h + 1 cm + 动态补偿 7 cm；
- 胸围 B = b + 风格 22 cm；
- 摆围 = 基础胸围 − 6 cm；
- 肩宽 S = s + 4.2 cm；背宽 = 肩宽 − 2.6 cm，胸宽 = 背宽 − 5.2 cm；
- 后中袖长 BSL = 净肩宽 s/2 + 净臂长 al + 风格 8 cm + 功能 6 cm；
- 袖窿深 AHL = 0.2B + 3 cm + 风格 2.6 cm；
- 袖肥 BC = 0.2B + 2.6 cm；
- 袖山 AT = 0.05B + 1.3 cm（袖山斜度 15°～16°）。

成品尺寸表见表 7-9。

表 7-9　男骑行冲锋衣成品尺寸　　单位：cm

部位	成品尺寸	部位	成品尺寸
胸围 B	118	袖肘 /2	19
摆围	112	袖口 /2	14
后中长 BL	78	领围 N	56.5
肩宽 S	50.2	帽嘴高	11.5
背宽	47.6	帽宽	29
胸宽	42.4	帽高	40.5
后中袖长	94	帽中长	60.5
袖窿深 AHL	29.2	头盔顶宽	36
袖山高	7.2	头盔高	20.5
袖肥	26.2	头盔底围 /2	39.5

6. 制版

大身及袖制版见图 7-38，风帽制版见图 7-39。

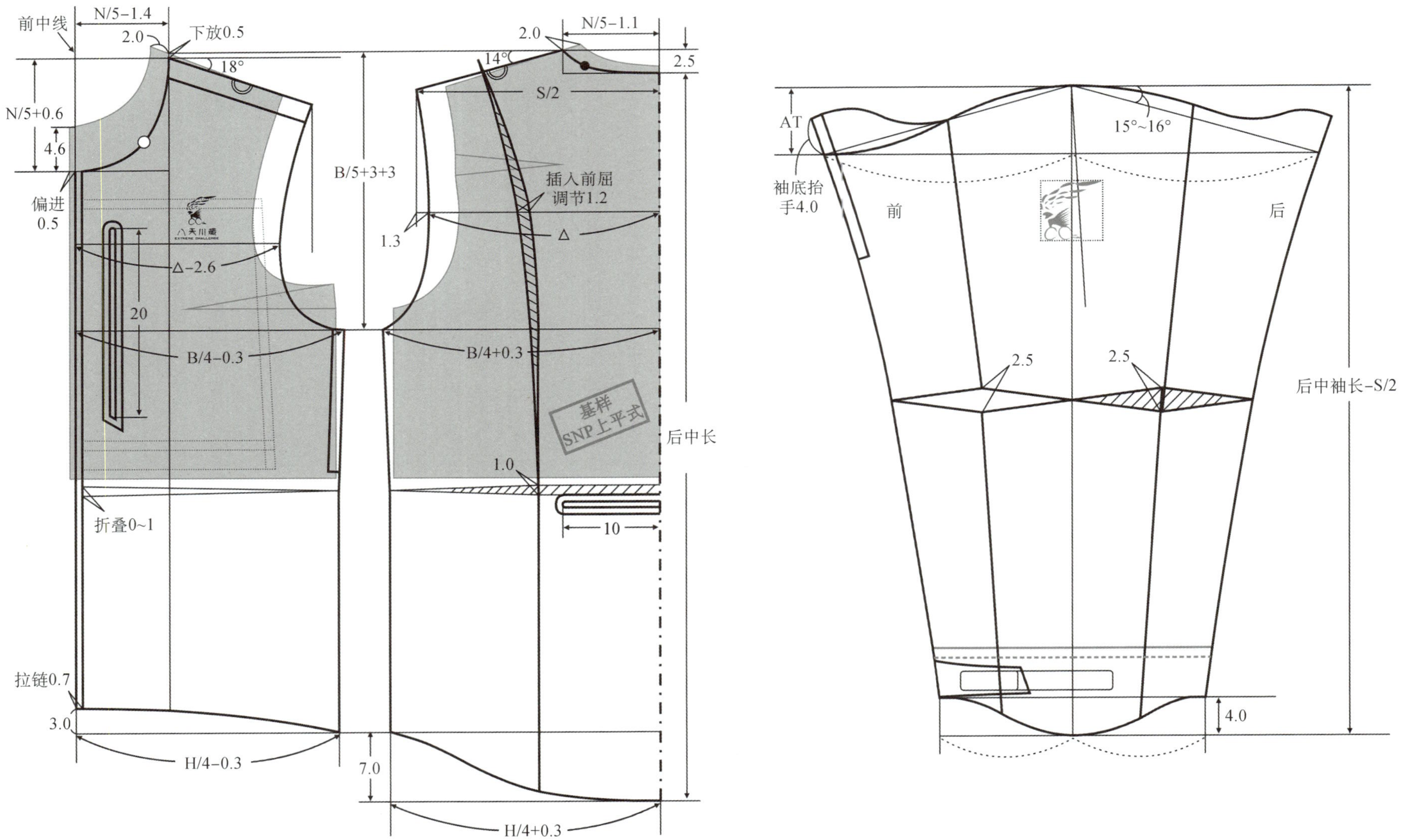

图 7-38 男骑行冲锋衣身袖制版图

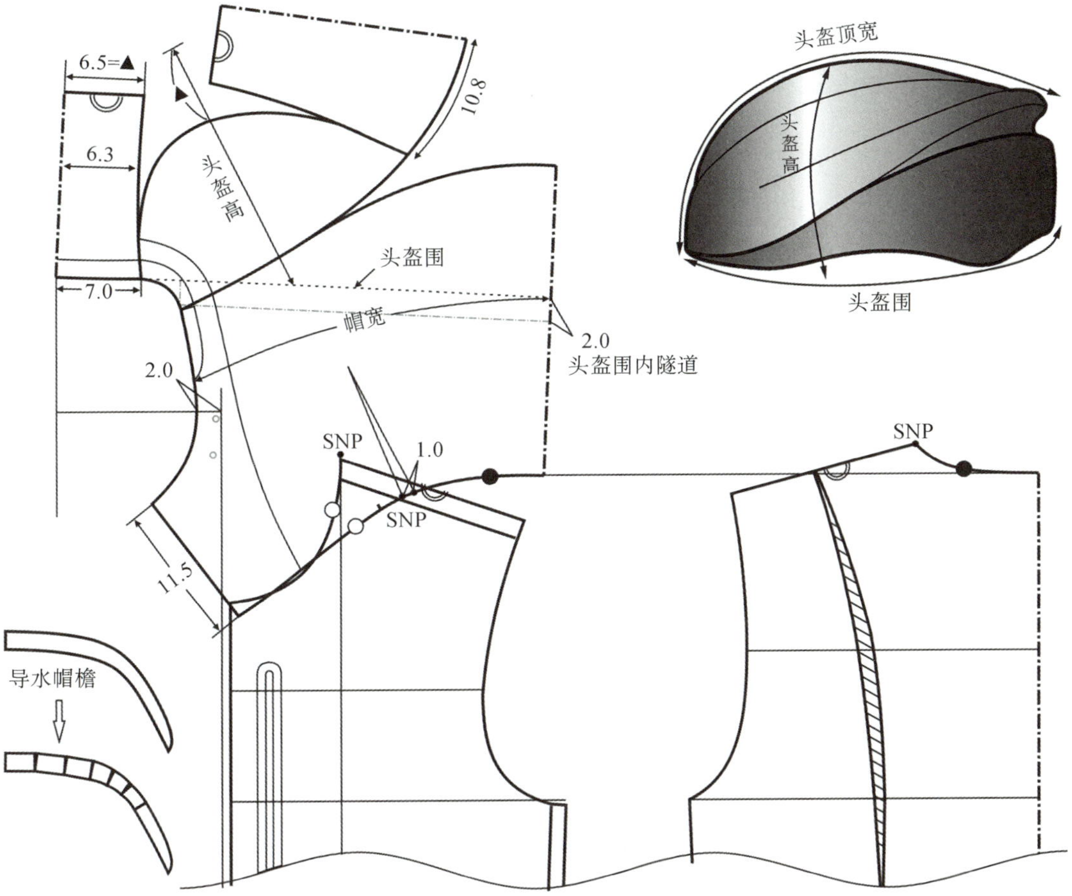

图 7-39 男骑行冲锋衣风帽制版图

二、男摩托服

摩托服，也叫摩托骑行服、机车服，是指专为摩托车骑手设计的服装，具有防风、防水、保暖及防护的功能。因为摩托车骑行是一项高速的机动车运动，且对操控技术有较高要求，故摩托车骑行比自行车骑行更具危险性。安全性决定了防护功能是这类服装的设计重点。

案例服装是采用高密度耐磨压胶材料制作的，具有防水、防风、透气等冲锋衣特性的一款轻量版机车服（春夏）。同时，该款内置（也可外置）了护背、护肘、护膝等专业护具，可有效减轻摔车时的冲击力。款式见图 7-40。

1. 功能设计

主功能：防护（防撞防摔）、防风，防水、保暖、透气。

- 内置了 PU 护背、护肘、护肩护具，可有效减轻摔倒时的冲击力；
- 肩部及袖肘采用耐磨面料并绗 60 g/m^2 针棉，以加强防护功效；
- 上臂、袖口、下摆有锁紧调节功能；
- 内倾立领置入防护海绵，以加强护领功能；
- 3D 摩托骑行袖肘设计并采用可伸缩绗缝工艺，有较好的屈伸功能；

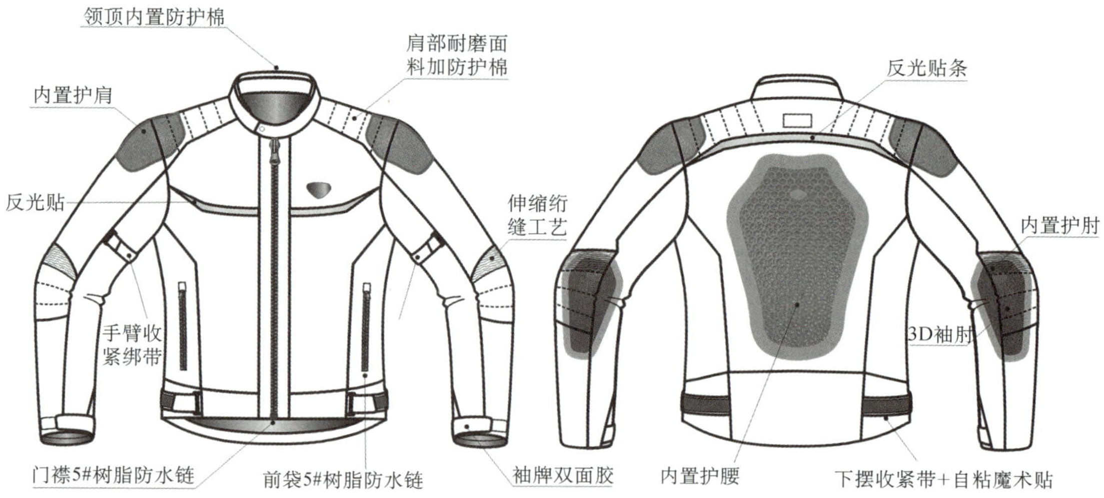

图 7-40　男摩托服款式图

- 前下袋露牙 + 车库；
- 前后育克嵌入反光带，增加夜间骑行的安全性。

2. 颜色设计

案例设计了三组色组，每个色组由主色与撞色组成。三组色中 C 色组的警示级别为最高，色彩为黄绿荧光色，在 HSV 色彩空间中的色调为 61 度，饱和度为 89%，明度为 84%，可见的警示色区域占服装表面总面积的 46.5%，有一定的警示作用。配色见图 7-41。

图 7-41　男摩托服配色图

3. 主材料设计

面料 1：600D 尼龙牛津布涂层；WP ≥ 10 000 mmH$_2$O；WVT ≥ 6 000 g/（m^2・24 h）（STME96BW）；WR 5 级。

面料 2：Cordura 耐磨面料。

里料：网眼、三明治网眼。

拉链：前中 YKK 5# 树脂防水链，前袋 YKK 5# 树脂防水链，内袋 YKK 3# 非防水尼龙反装链。

护具：PU 护肘、PU 护肩、PU 护背。

4. 工艺设计

常规 2L 面料压胶工艺，细节可参考第五章。

5. 版型及规格设计

因摩托骑行主要是骑行者操纵驾驶，其肢体的运动较小，本案例的版型采用的是合体的版型结构，以最大程度地减少风阻；手臂不再像自行车骑行服那样具有高抬手量、高前伸量；低内倾立领以及较低的前领深；袖子为常规装袖结构。

案例规格号型为 175/96A，其他尺码可参照国标男子 5·4 号型系列进行设置。

- T 廓型，合体版型，胸围加放 16 cm，短装，后长不过臀；
- 综合肩斜 16°（案例为内置肩部护具，如外置护具时综合肩斜为 19°）；
- 结构平衡：撇胸省 0.6 cm，收省 1 cm，余下浮松，后肩胛收省 1.3 cm，余下浮松；
- 动态补偿：肘窝 −2 cm，肘尖 + 3.5 cm。

尺寸设计：

- 后中长 BL = 0.4 h，前后尾差 3 cm；
- 胸围 B = b + 风格 16 cm；
- 摆围 = 胸围 −4 cm；
- 肩宽 S = s + 2 cm，背宽 = 肩宽 −2 cm；胸宽 = 背宽 −4 cm；
- 后中袖长 BSL = 净肩宽 s/2 + 净臂长 al + 风格 6 cm + 功能 6 cm；
- 袖窿深 AHL = 0.2B + 3 cm + 风格 3 cm；
- 袖肥 BC = 0.2B；
- 袖山 AT = 0.1B + 0.8 cm + 内置护具提高量 0.8 cm。

成品尺寸见表 7−10。

表 7−10　男摩托服成品尺寸　　单位：cm

部位	成品尺寸	部位	成品尺寸
胸围 B	112	袖窿深 AHL	28.4
摆围	108	袖山高	13
后中长	70	袖肥 BC	22.4
肩宽 S	48	袖肘	18.5
背宽	45.5	袖口	12.8
胸宽	42	领围 N	52
后中袖长（含肩垫）	92	后领高	5

6. 制版

制版见图 7−42，部分转换后的样片见图 7−43。

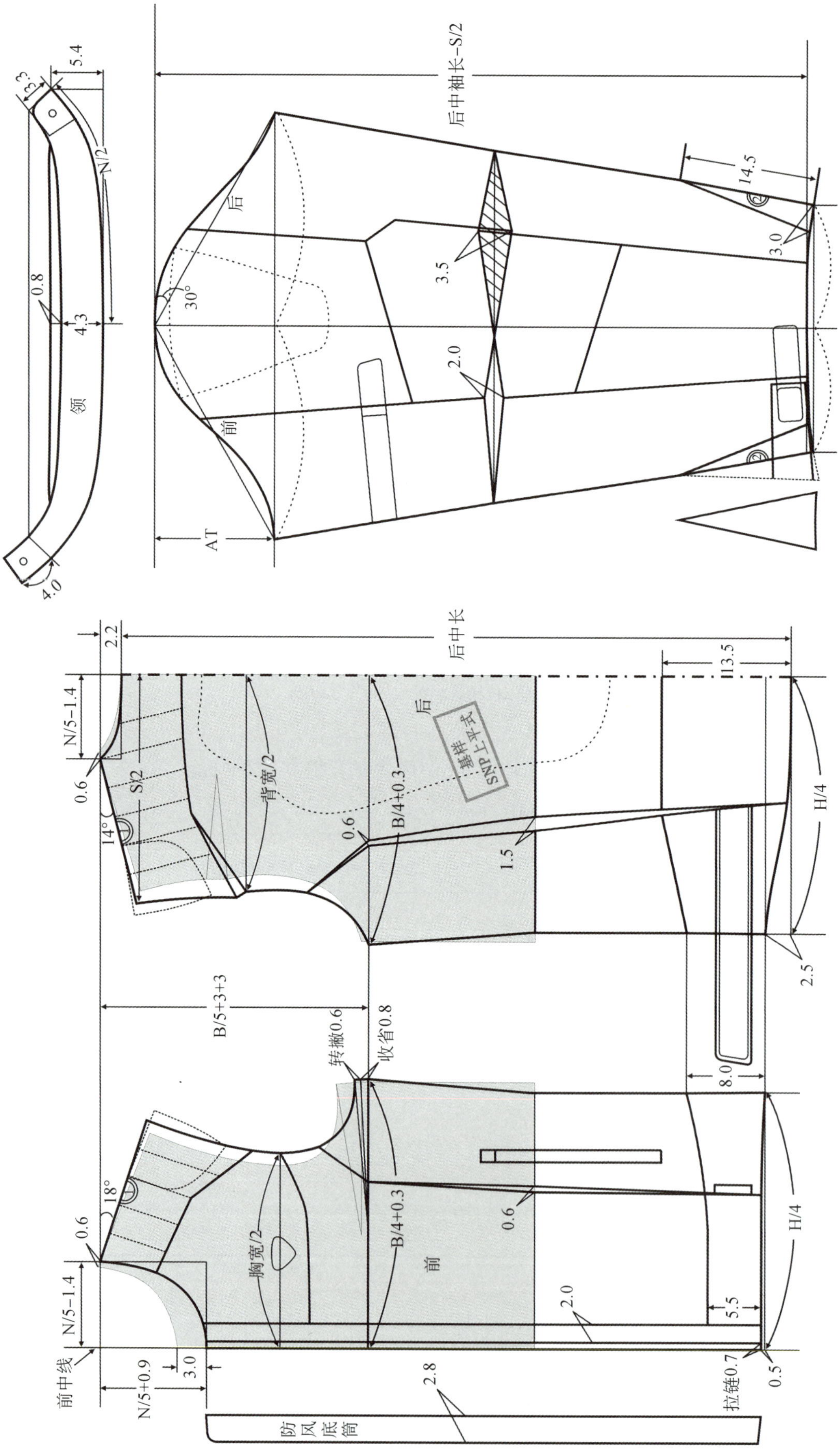

图 7-42 男摩托服制版图

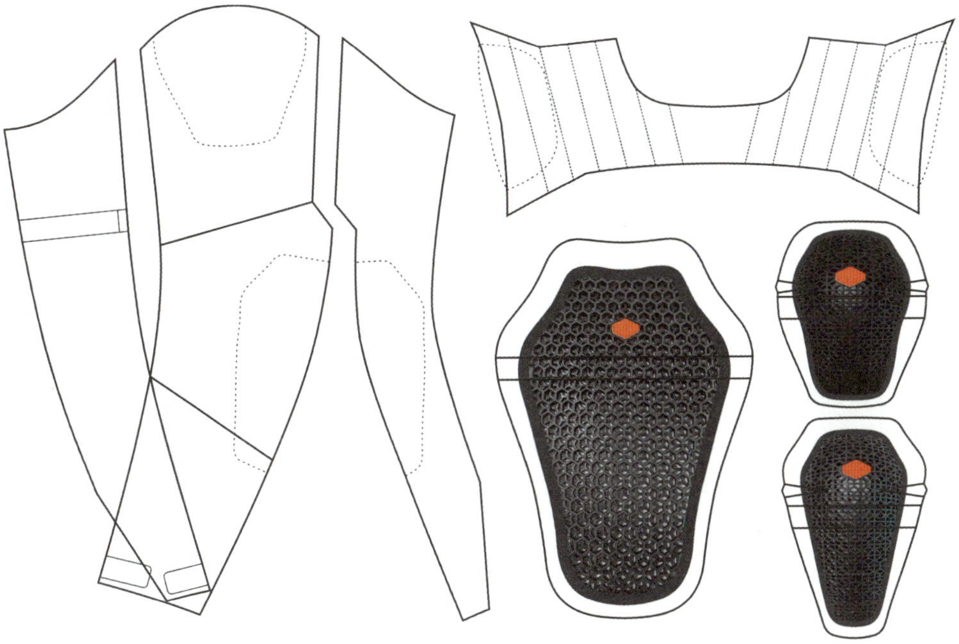

图 7-43 男摩托服部分样片转换效果

第三节

滑雪服整体技术设计

一、滑雪服的基本分类及功能区别

滑雪运动项目分类众多，有高山滑雪、北欧滑雪、自由式滑雪、单板滑雪、滑雪登山等，但滑雪服一般分为单板滑雪服和双板滑雪服两大类。这两者之间在版型、面料、功能的设计上都会有所不同。双板滑雪运动及着装如图 7-44 所示。

1. 外形上的区别

传统双板滑雪服款型一般会做贴合滑雪者身体的设计，属于较合体版型。所以双板滑雪服看起来更能修饰身体线条，更加优美。有分体式及连体式的设计，连体式最大的好处就是雪不会进到衣服里。但是由于连体式在穿着使用上不方便，使用者不多。

图 7-44 双板滑雪运动着装

单板滑雪运动动作幅度较大，不仅屈膝滑行，还会有较多的下蹲姿势，运动时也较易摔跤，一般在衣服内还会穿戴护肘、护臂、护膝等护具。无论是上装还是裤子，其外形通常都较肥大，属于偏宽松或宽松的款型。由于单板文化继承自街头的滑板文化，滑雪者张扬、追求自由、勇于挑战。所以其样式、颜色、图案都非常丰富。从这点上看，宽松的版型上更方便印刷个性化的图案，更适合酷炫的表现，自然也更能满足年轻人的审美喜好。

2. 功能上的区别

防水、透湿、防风、保暖是双板滑雪服及单板滑雪服共同的基础功能。但在保暖性能上双板滑雪服较单板滑雪服会更加强调。双板滑雪服通常会采用全件挂里充棉或其他保暖材料，类似登山保暖型冲锋衣的设计。单板滑雪服多为单层设计，或者只在滑雪服的前面增加保暖层，在它的后背会设计单层的透气区。当然，单板滑雪服也会有全件保暖的设计，又或者如三合一登山服一样配置可拆卸保暖内胆（如挂式轻薄羽绒内胆）。

而对于运动时肢体延展功能的诉求，双板滑雪服更多的是利用面料的高弹性及在关键部位做 3D 设计来解决。而单板滑雪服更多的则是利用服装的松度（空间）来满足肢体活动的需要，也包括对在关键部位做 3D 的设计。

3. 滑雪服上的功能分布

滑雪服除了面料自带的防风透湿主体功能外，使用方面的功能也众多，从图 7-45 的内里结构图（未包括帽里）我们可以知道双板滑雪服的使用功能是如何分布的。

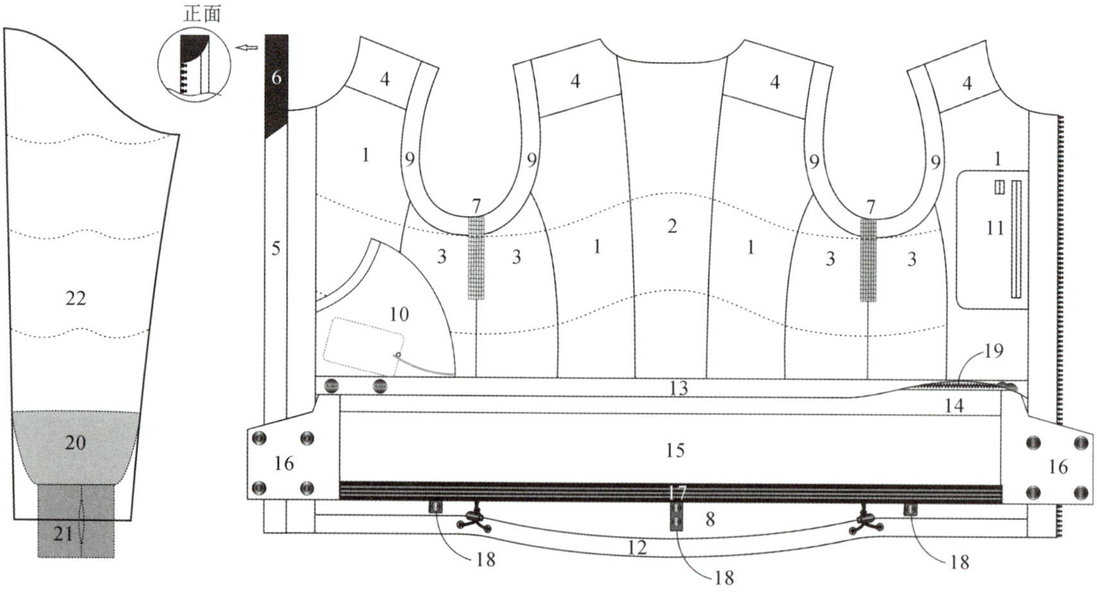

图 7-45　滑雪服内里功能分布

1# 为主保暖部位，相对其他部位会采用较厚的保暖棉填充，绗棉里布采用尼丝纺。

2# 为加强保暖部位，绗棉里布可采用抓绒（短毛绒）。也可在后幅的 1# 与 2# 或包括前幅 1# 部位全部采用热反射面料。

3# 为次保暖部位，如果有分割的话，保暖棉也可稍减填充量，同时绗棉里布可采用有一定弹性的针织面料、抓毛织物，更利于腋下的活动。

4# 为舒适垫布及填充物加强，减缓肩部背包压力。

5#、6# 组成的里襟，起拉链托垫作用，下截 5# 部位通常为主面布，正面或有反折

1 cm 的挡水结构设计。上截 6# 部位为抓毛绒布，令里襟抵触下巴时是舒适的，同时反折的三角链头盖，可避免坚硬链头抵触下巴。

7# 为腋下透气开口部位，一般采用网眼布制作。

8# 为里下部，采用涂胶的尼丝纺，可防止雨雪的渗入。

9# 为里袖窿与袖山的连接部位，采用莱卡面料，以配合外表弹性面料的延展功能，令背部、手臂的活动自如。

10# 为眼镜袋，采用网眼布，袋口为弹力织带收口包边，袋内有挂绳眼镜布。

11# 为通讯（手机）袋，可采用主面布拉链贴袋或拉链开袋，袋布采用尼丝纺。

12# 为下脚贴边即抽绳通道，两侧有绳锁，为单手抽绳设计，采用主面料。

13#～19# 为大身防风（雪）裙系统，13# 为防风裙脱卸链盖，两端的四合扣用于固定搭牌；14# 为防风裙上截可拉伸部分，采用莱卡面料，适应腰背部的运动延展；15# 为防风裙主布，采用涂胶尼丝纺，防雨雪侵入；16# 为防风裙搭牌，采用面布，用四合扣（单双排均可）或魔术贴开合；17# 为防滑橡筋，起收紧下口的作用；18# 为连接袢，起连接滑雪裤的作用；19# 为连接拉链。

20#～21# 为防风袖口，20# 为上截连接拼片，采用涂胶尼丝纺；21# 为内克夫，并开有拇指孔，采用莱卡面料，起收口防风作用。

22# 为袖里填充保暖棉，保暖质量可以是大身的 80%，采用尼丝纺则更易穿脱。

二、男双板滑雪服

案例双板滑雪服采用层压四面弹或机械弹面料。保暖材料采用充棉或羽绒。适应范围较广，包括专业级的野外技术性滑雪、竞速类滑雪。简化部分功能后也可用于室内外标准滑雪场的旅游、娱乐性的滑雪项目。适应气温 -15～5℃，款式见图 7-46。

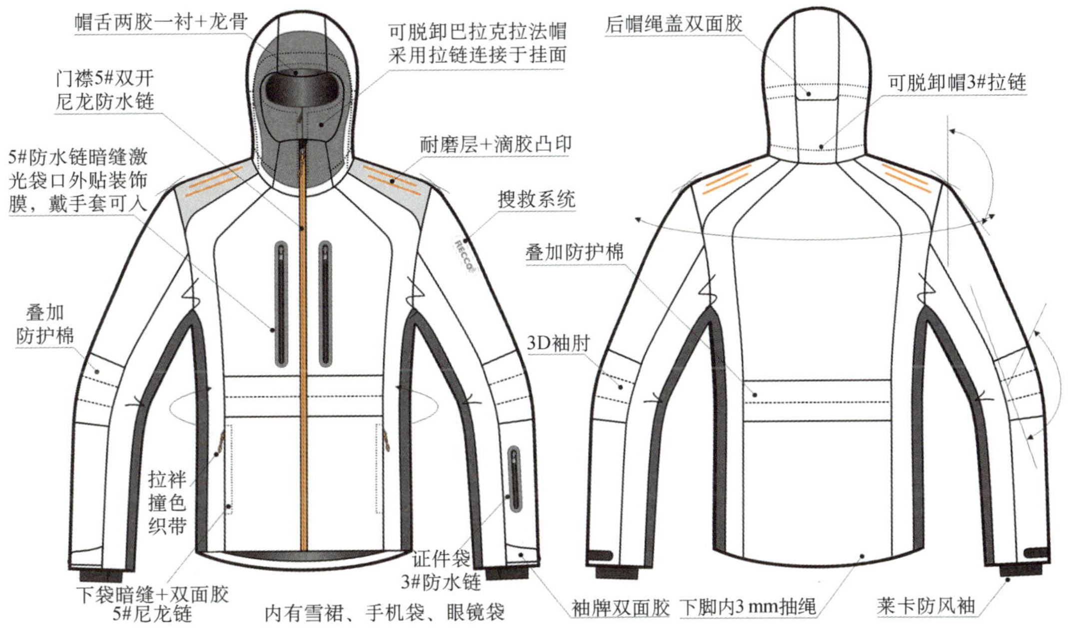

图 7-46 男双板滑雪服款式图

1. 功能设计

主功能：保暖，防水，透湿，延展。

• RECCO 雪崩搜救系统；

• 防雪裙采用涂胶尼丝纺 + 莱卡，可有效防止风雪侵入；

• 套指莱卡防风袖口，具护掌及防风雪功能；

• 可脱卸外防风帽，抵挡风雪侵入，不兼容头盔；

• 可脱卸巴拉克拉法帽，采用弹力抓绒针织面料，可贴合整个头部，以防止雪花或寒风直接接触面部皮肤；

• 防风筒上节及内领采用抓绒布，具护颏、护颈功能；

• 宽大前胸防水链袋，暗缝，四周压装饰膜，可戴手套插入；

• 下袋有链盖拉链袋，单层抓毛布具暖手功能；

• 袖袋可置入名片，运动卡，内里有手机袋、雪镜袋；

• 防风底筒 + 反折车库；

• 肩部采用加厚耐磨面料；

• 前帽拉绳为帽檐内调节，后帽绳锁外露调节，衫脚拉绳进入下袋内由袋内绳锁调节。

2. 颜色设计

列举常用的几组不同警示度的颜色，如图 7-47。

3. 主材设计

主面料：2L 四面弹，94% 涤纶 6% 氨纶；150～170 g/m^2，PU 高透膜；WP ≥ 20 000 mmH$_2$O；WVT ≥ 20 000 g/（m^2・24 h）（JIS L 1099-B1）；WR 5 级。

保温棉：Primaloft Sport 大身 80 g，袖子 60 g，帽子 40 g。

里料：尼丝纺涂层、弹力网眼、3D 网眼、弹力针织、抓毛绒等。

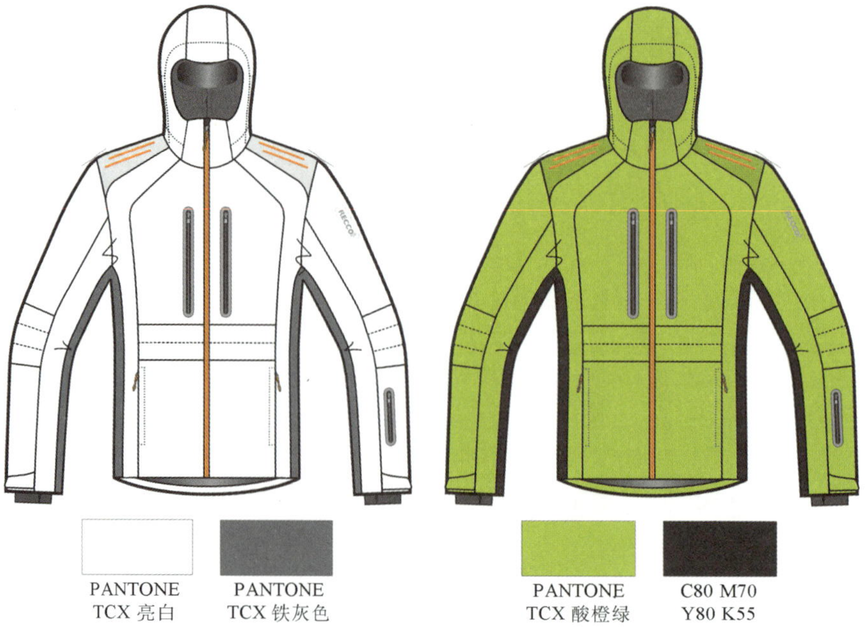

图 7-47 男双板滑雪服配色图

拉链：前中 5# 防水尼龙链，袖袋 3# 防水尼龙链，前袋 5# 尼龙链，内袋、外帽脱卸链、巴拉克拉法帽脱卸链均为 3# 反装尼龙链。

胶条：Bemis ST-104 4mil 100% PU 2L。

双面胶：3405-6 mil 双面胶纸，100% PU。

4. 工艺设计

常规 2L 面料压胶工艺，具体细节可参照第五章。

5. 版型及尺寸设计

版型特点：在较合体版型的基础上增加活动量于窿门，呈现为腋下较宽松 + 腰下较合体这样一种松紧相结合的 T 廓型。抬手功能采用的是蝶式结构 + 铰链结构相结合的袖型，手臂上举可达 180°；腋下侧身与袖底无缝连接（如果用于旅游、娱乐滑雪则可以简化掉腋下高抬手量的设计）。

案例为号型 175/96A，其他尺码可参照国标男子 5·4 号型系列进行设置。此款制图采用 SNP 上平式基样，也可直接采取公式法绘制。

- 结构平衡：前收 0.7 cm，后收 1.0 cm，其余浮松；
- 动态补偿：前后长差 2 cm，肘窝 −2.5 cm，肘尖 + 2.5 cm；
- 袖抬手：袖窿 2 cm，袖山底 4.5 cm。

尺寸设计：

- 后中长 BL =（0.4 h + 3.5 cm）+ 动态补偿 2.0 cm；
- 胸围 B = b + 内衣 4 cm + 22 cm + 特定功能 4 cm，摆围 H = 胸围 B − 10 cm；
- 后领宽 = 净领围 /5 − 1.0 cm，后领深 = 后领宽 /3 − 1.0 cm；
- 前领宽 = N/5 − 0.3，前领深 = N/5 + 0.2 cm；
- 肩宽 S = 净肩宽 s + 风格 4 cm，后冲肩 1.0 cm，综合肩斜 18°；

- 后中袖长 SL = 净肩宽 s/2 + 净臂长 al + 风格 8 cm + 功能 6 cm；
- 袖窿深 AHL = 0.2B + 3 cm + 风格 2.5 cm；
- 基础袖肥 BC = 0.2B + 0.3 cm；
- 袖山高 AT = 0.125B−（1.0～1.5）cm（袖山斜度约 29°～30°）；
- 巴拉克拉法帽的前帽嘴高，以鼻下 14 cm，鼻上 16 cm 为设计数据，可根据需要调整。

成品尺寸见表 7-11。另外，因充棉款较厚，尺寸易损失，本表给出了做缩参考，具体请以实际情况为准。

表 7-11　男双板滑雪服成品尺寸

单位：cm

部位	成品尺寸	做缩	部位	成品尺寸	做缩
胸围 B	126	4	后领深	2.6	0.3
摆围	116	4	前领宽	11.5	−0.3
后中长	75.5	1.7	前领深	12	0.6
肩宽 S	50	0.7	前领高	10	0.3
背宽	48	0.7	帽宽	25.5	0.8
胸宽	45	0.7	帽高	35.7	0.8
后中袖长	94	1.8	后帽中长	51	0.8
袖窿深 AHL	30.7	0.7	防风袖口	10.5	0.3
袖山高	14.5	0.5	防风裙放松	92	0
袖肥 BC	25.5	0.7	内胆帽领围	53	0.8
袖肘	20.5	0.7	内胆帽高	32.2	0.8
袖口	15	0.5	内胆帽宽	22.5	0.8
领围 N	59	1.0	内胆后帽中长	44.5	0.8
后领宽	10.8	−0.3	内胆帽嘴（鼻下）	14	0.3

6. 制版

大身及领帽制版见图 7-48，大身里及内胆帽制版见图 7-49，袖面里制版见图 7-50，腋下与袖底拼接效果见图 7-51。

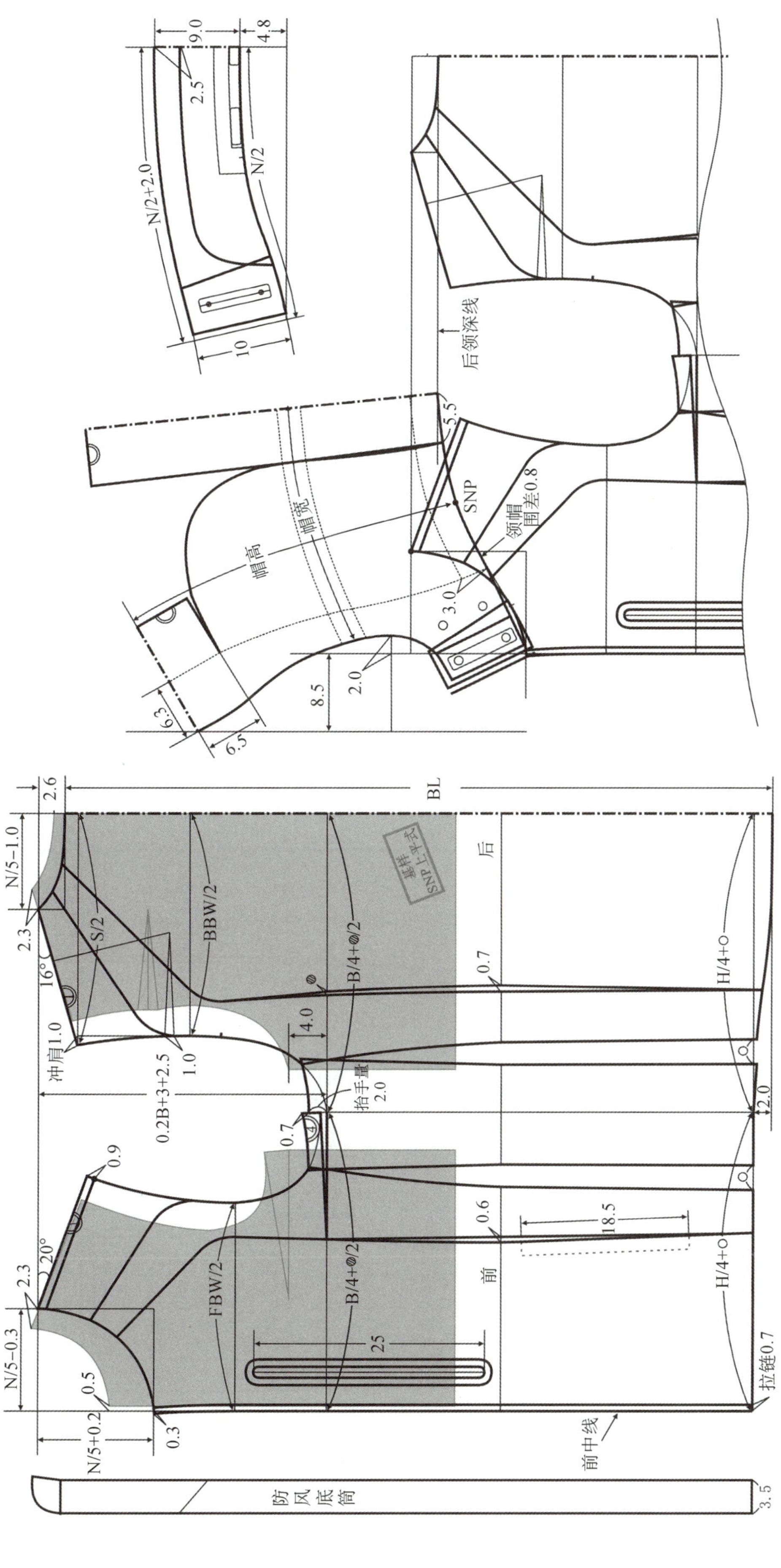

图 7-48 男双板滑雪服大身领帽制版图

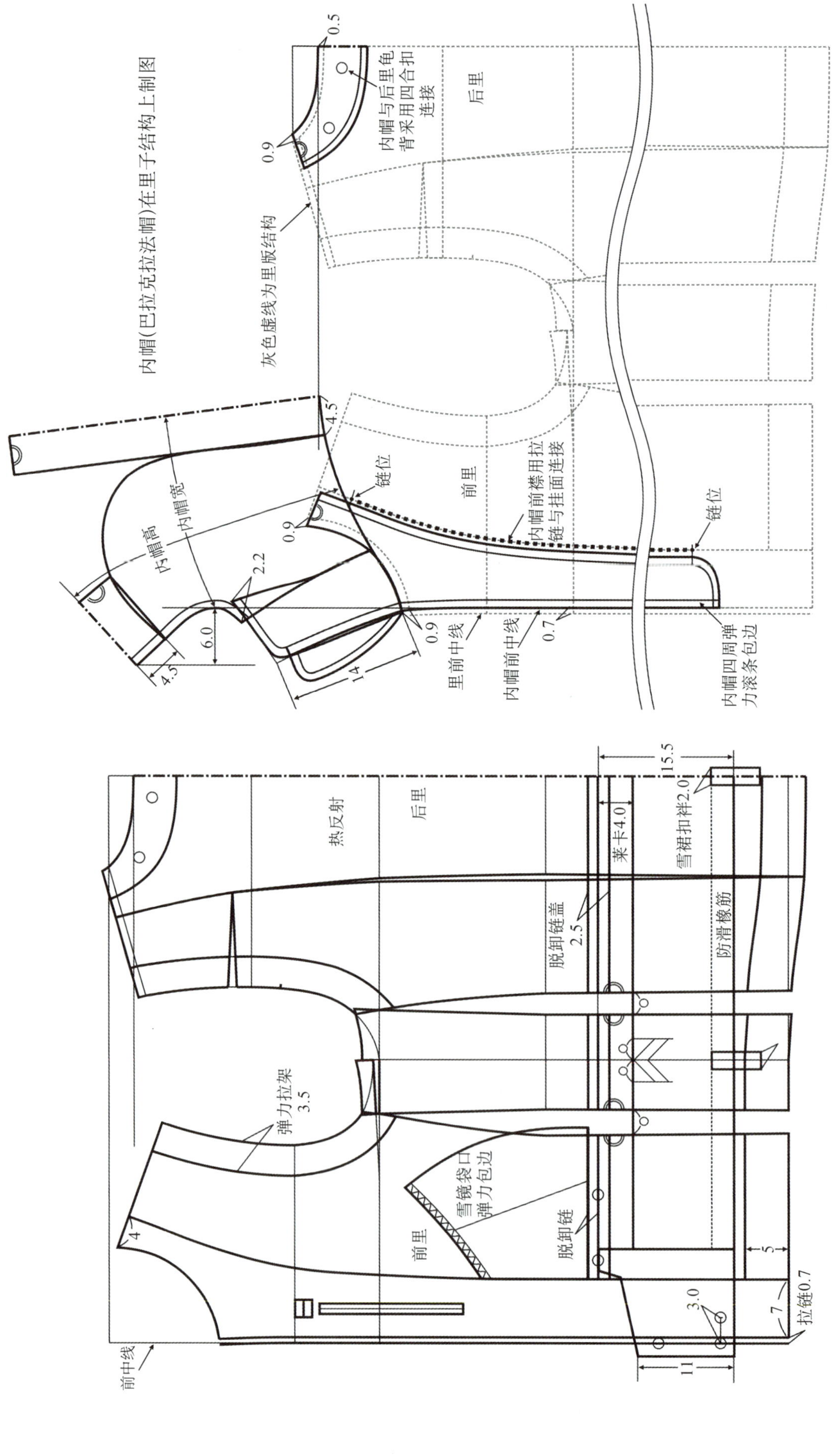

图 7-49 男双板滑雪服里大身内胆帽制版图

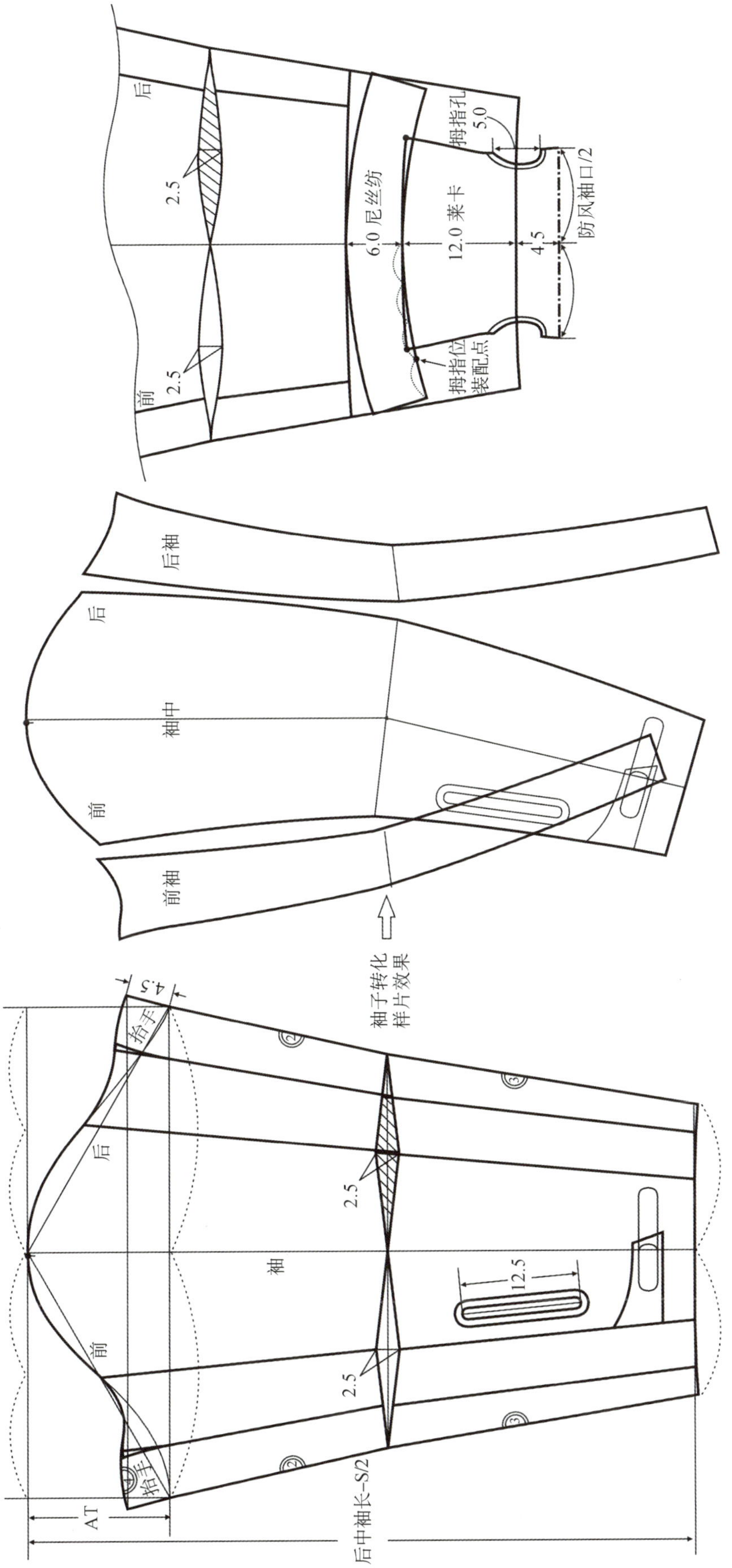

图 7-50　男双板滑雪服袖面里制版图

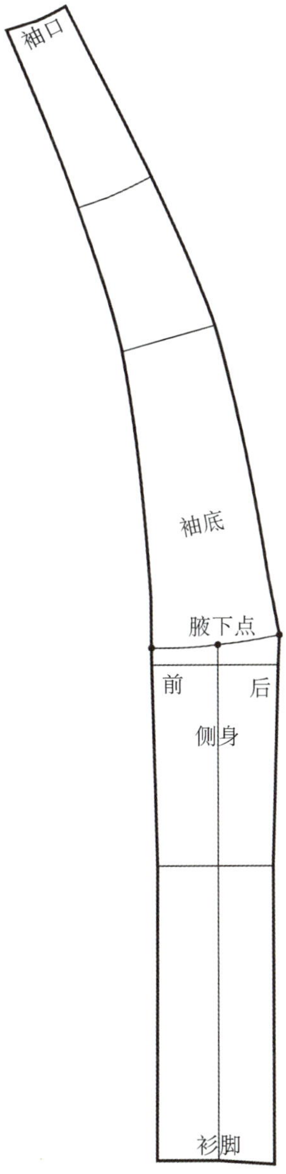

图 7-51　男双板滑雪服腋下袖底拼接效果图

三、男单板滑雪服

本案例单板滑雪服采用 2L 面料加保暖里子或 3L 面料均可操作。2L 面料有里的风帽为可脱卸风帽，3L 面料的风帽为无领连身式风帽。2L 或 3L 都可采用脱卸式防雪裙及莱卡防风袖。3L 面料因为是单层无里，保暖方面可与内胆搭配组成套装。本案例不仅适用于单板滑雪运动，也同样适用于双板滑雪及街头滑板等运动场景。

3L 面料滑雪服的搭配方式一般会在前门襟采取非固定式和固定式两种。非固定式指内外套的门襟不连接，只在后领窝及袖口用织带加四合扣做三点挂扣式连接。此时的内胆前中为正门襟。固定式指内外套的门襟采用可脱卸拉链进行连接，同时也在后领窝及袖口采用织带加四合扣做三点式连接。就本案例而言，如果采用固定式连接方式，内胆门襟需跟外件做偏门襟，拉链用旋转头拉链。如果采用非固定式连接方式，内胆门襟可做正门襟，版型上也不要求跟随外套廓型，此时的内胆可以更加多元化的选择，松身、紧身、弹性均可，不同保暖材质的中层（羽绒、摇粒绒、保温棉）均可挂扣。故本案例的内胆不作表述。款式见图 7-52。

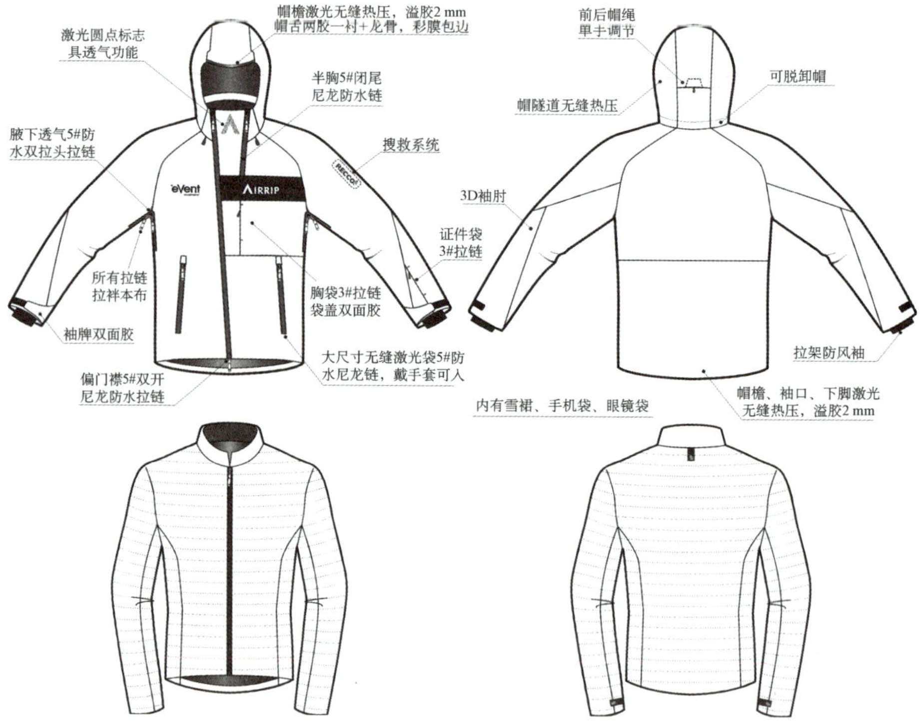

图 7-52　男单板滑雪服款式图

1. 功能设计

主功能：保暖，防水，透湿，防护。

- RECCO 雪崩搜救系统；
- 莱卡防风袖口及可脱卸带莱卡防雪裙可有效防止风雪侵入；
- 无缝激光防水链袋 + 车库，宽大尺寸可戴手套插入；
- 袖袋可置入名片、运动卡，可脱卸风帽，帽拉绳前后可调节；

- 前中偏门襟＋半胸门襟，可局部解开方便透气；
- 前领中高度至鼻，可较大面积地保护脸颊，同时，激光的镂空圆点标志可保持呼吸顺畅；
- 内里有手机袋、雪镜袋。

2. 颜色设计

A、B 色组为低警示度，C、D 色组为高警示度，分别适用于潮流生活、户外运动等不同场景，见图 7-53。前两组低警示度色组如放在野外滑雪环境使用时，一般可套穿一件高警示颜色（如红色、黄色）的单层马甲或其他服装、护具等。

图 7-53　男单板滑雪服配色图

3. 主材设计（以 3L 面料款为例）

主面料：直透 3L 100% 尼龙＋PTFE 法兰绒底；180～220 g/m^2；WP ≥ 10 000 mmH_2O；WVT ≥ 20 000 g/（m^2·24 h）(JIS L 1099)；WR5 级。

里料：L 中层布（袋布）、抓毛绒（后领、护颏）、网眼布（透气口）涤丝纺涂层、弹力针织。

拉链：前中双开 5# 防水尼龙链，前袋、腋下 3# 防水尼龙链，内袋 3# 非防水反装链。

胶带：3L 法兰绒底 22 mm、25 mm。

4. 工艺设计

- 袋口无缝激光防水工艺，袋链马带底压 20 mm 防水胶带；
- 前中链防水工艺：暗缝＋双面胶热压＋25 mm 防水胶带；
- 幅舌防水塑形工艺：两胶＋网衬，外包彩膜；
- 前帽檐、后帽隧道、袖口、下脚采用激光无缝双面胶热压，溢胶 2 mm；
- 后帽盖、袖袢双面胶工艺；

- 防风袖及雪裙无缝热压。

5. 版型及规格设计

常规宽松版型，插肩式连袖。肢体移动产生的牵扯主要由宽松量化解。版型设计要点：偏门襟，前帽嘴外延伸，袖中线无下落量。抬手采用蝶式袖型。

案例规格为号型 175/96A 适用，其他尺码可参照国标男子 5·4 号型系列进行设置。

- H 廓型，宽松版型，后长过臀；
- 插肩式连体袖设计，袖中线无下落；
- 基础肩斜 18°（前肩斜 19°，后肩 19°－2°转肩胛省＝17°）；
- 静态结构平衡：转撇胸 0.7 cm，其余浮松，肩胛转省 0.6 cm 其余浮松；
- 前后脚差 3.5 cm，肘窝－1.8 cm，肘尖 2.6 cm。

尺寸设计：

- 后中长 BL＝身高 0.4 h＋风格及动态补偿 10 cm；
- 胸围 B＝b＋风格 30 cm，摆围 H＝B－4 cm；
- 肩宽 S＝净肩宽 s＋5.4 cm；
- 背宽＝肩宽－2.4 cm，胸宽＝背宽－3 cm；
- 后中袖长 SL＝净肩宽 s/2＋净臂长 al＋风格 8 cm＋动态补偿 7 cm；
- 袖窿深 AHL＝0.2B＋3 cm＋风格 2.6 cm；
- 袖肥 BC＝0.2B＋2.3 cm，袖山 AT＝0.075B－0.3 cm（袖山斜度约 18.5°）。

成品尺寸见表 7-12。

表 7-12　男单板滑雪服成品尺寸　　单位：cm

部位	成品尺寸	部位	成品尺寸
胸围 B	126	袖山高 AT	9.2
腰围 W	122	袖肥 BC	27.5
摆围 H	122	袖肘	21
后中长 BL	80	袖口（含三角衩）	16.5
肩宽 S	51.4	防风袖口	9.5
背宽	49	领围	60.5
胸宽	46	帽宽	27
后中袖长 SL	95	帽高	37
袖窿深 AHL	31	帽中长	52

6. 制版

此款制图采用肩袖一体结构的制版方式，具体步骤可参考第六章相关介绍。

① 画垂线为小肩线；

② 于 SNP 左右两边引出两条肩斜 19°斜线；

③ 按后横领宽尺寸画平行于斜线的后中线；

④ 按前横领宽尺寸画平行于斜线的前中线；

⑤ 以 SNP 为起点分别于前后中线向下画袖窿深线；

⑥ 后中长。

大身及袖制图见图 7-54，风帽制图见图 7-55，分割转化后的部分样片效果见图 7-56。

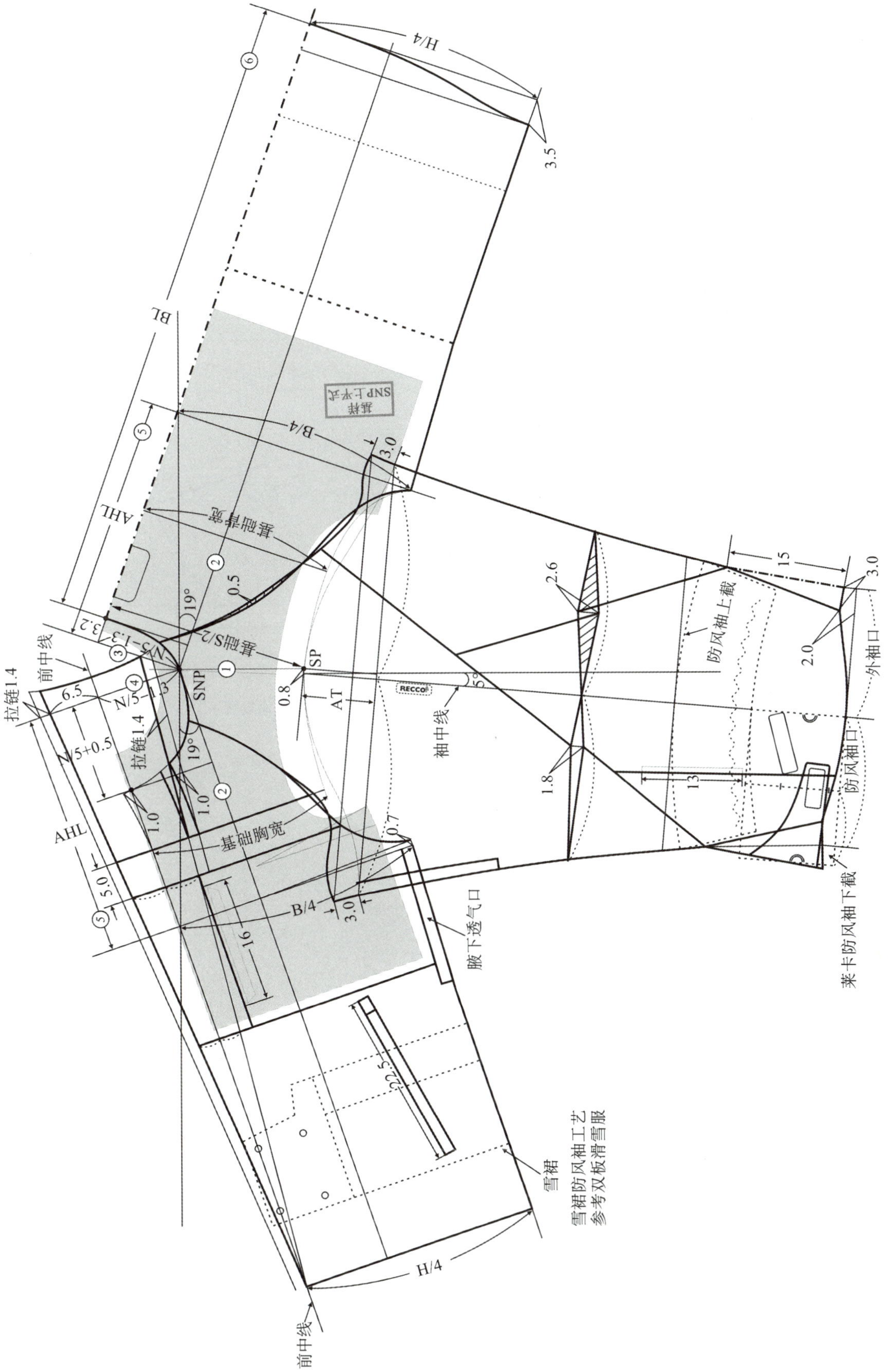

图 7-54　男单板滑雪服大身袖制版

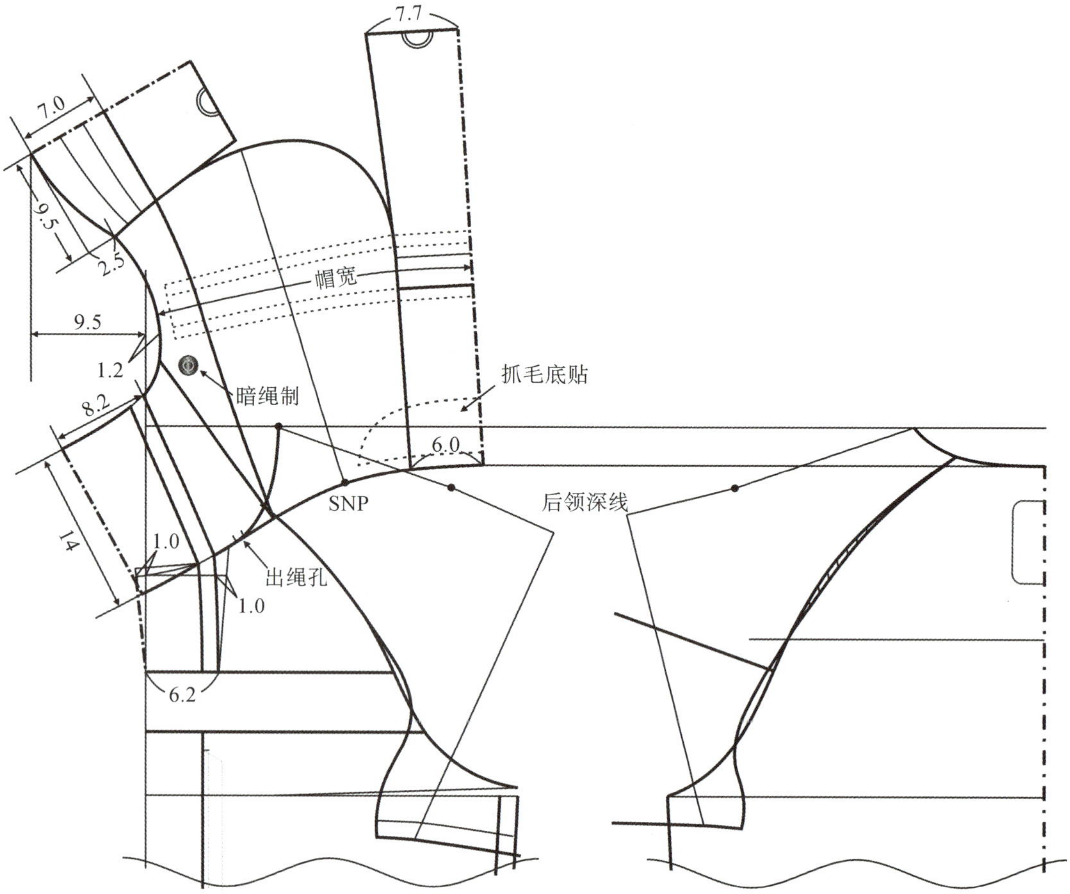

图 7-55　男单板滑雪服风帽制版

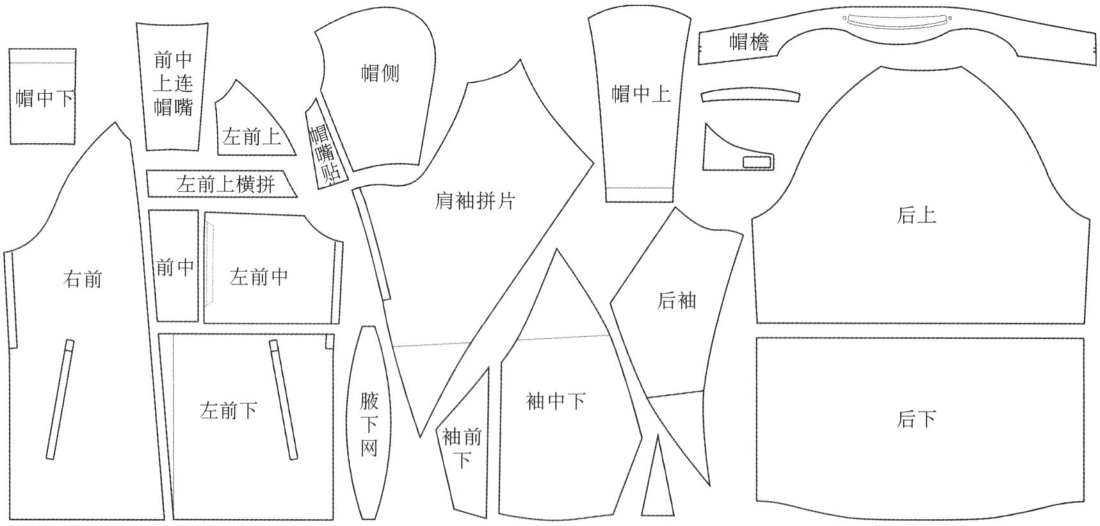

图 7-56　男单板滑雪服样片呈现

四、女装滑雪服（通用型）

此案例为一款多功能的综合型滑雪服，宽松版型下有合理的腰型呈现且肢体活动区域大，手臂的上抬量大于双板雪服。不仅适用于单、双板滑雪运动，也适合冬季登山 +

滑雪相结合的综合性运动，包括野外滑雪及标准滑雪场地滑雪，适应气温 -20℃～5℃。款式见图 7-57。

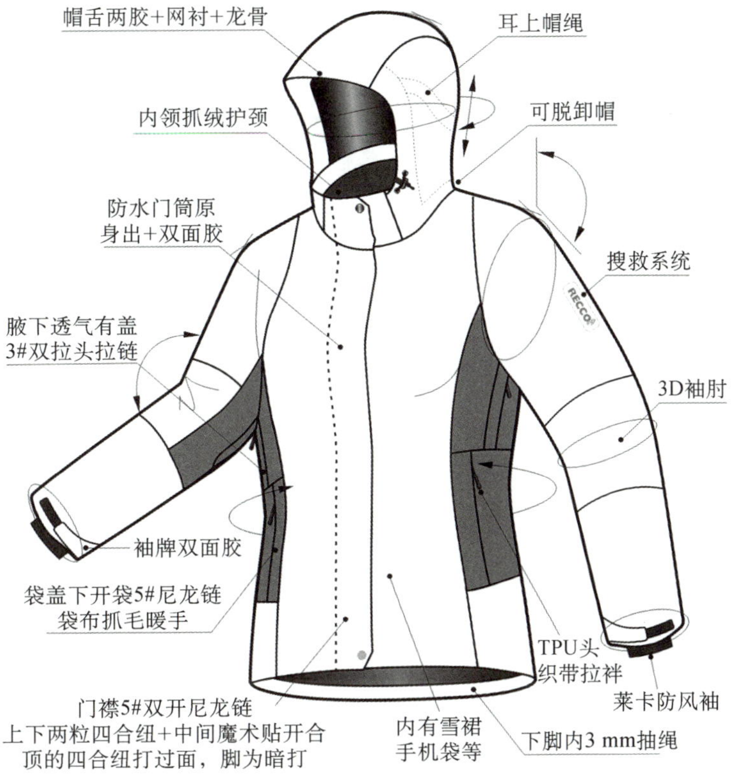

图 7-57　女通用型滑雪服款式图

1. 功能设计

主功能：保暖，防水，透湿，防风。

- RECCO 雪崩搜救系统；
- 防水门筒 + 防风底筒；
- 护手背袖口（马蹄形袖口）；
- 腋下可调节透气口；
- 莱卡防风袖及雪裙可防止风雪侵入；
- 袋盖下半露出防水链袋，采用抓毛面料有暖手功能；
- 内里手机袋、雪镜袋；
- 可脱卸风帽、后帽绳隧道为耳上隧道。

2. 颜色设计

案例按警示级别做了三种颜色设计，见图 7-58。

3. 材料设计

主面料：100% 尼龙 DWR 2L PU 70D × 70D/169 × 113。

保温棉：100% 仿丝棉　主保温部位（大身）采用 140 g，其他部位（袖子、帽子、领子）采用 100 g。

里料：大身采用防跑棉塔夫绸 DWR 50D × 50D/176 × 132，袖里采用塔夫绸 WR 40D ×

图 7-58 女通用型滑雪服配色图

40D/180×110，防风裙采用 210T+涂层，里领及里襟顶采用抓绒，里袋采用网眼布等。

拉链：前中开口因设计有挡水面筒，拉链可采用非防水 YKK 5# 尼龙反装链。下袋为半外露设计需采用防水 YKK3# 尼龙链。腋下透气口、拿破仑袋、内袋等采用 YKK 3# 非防水反装链。

双面胶：6mil 帽檐采用两层胶+有纺衬。

胶带：4mil 100% PU 2L 防水胶带。

4. 工艺设计

- 标志：胸前、袖口采用刺绣工艺+压胶防水；里领采用压花工艺；
- 防水门筒：原身出门筒，双面胶防水工艺，里防风底筒；
- 袋盖及防水下袋口采用防水链+双面胶防水工艺；
- 帽舌防水立体塑形工艺：热压双面胶+有纺衬+塑形管；
- 后帽盖双面胶工艺。

5. 版型设计

案例规格为号型 165/88A 适用，其他尺码可参照国标女子 5·4 号型系列进行设置。

此款制图采用 SNP 上平式基样，也可直接采取公式法绘制。

- 松身版型：胸围加放 24 cm，后长至臀围线，手臂可上举 135°，综合肩斜 15°，静态平衡：前胸量 3 cm 收省，1.2 cm 浮松处理，后全部浮松处理；
- 动态调整：前后长差 1.5 cm，肘窝 −2.5 cm，肘尖 +2.5 cm。

尺寸设计：

- 后中长 BL = 0.4 h + 1.5 cm；
- 胸围 B = b + 内衣厚度 4 cm + 风格 20 cm，腰围 W = B−(12～13 cm)，摆围 = 胸围
- 肩宽 S = s + 3 cm；
- 后中袖长 SL = 净肩袖长 + 风格及动态补偿 15 cm；
- 袖窿深 AHL = 0.2B + 3 cm + 风格 2 cm；
- 袖肥 BC = 0.2B + 风格 2.2 cm，袖山 = 0.75B（袖山斜度约 18°）。

成品尺寸见表 7-13。

表 7-13 女滑雪服（通用）成品尺寸

单位：cm

部位	成品尺寸	部位	成品尺寸
胸围 B	112	袖肥 /2	24.6
腰围 W	100	袖肘 /2	18.6
摆围	112	袖口 /2	13.8
后中长	67.5	领围 N	52.5
肩宽 S	43.4	前领高	9.5
背宽	40.3	帽宽	24.2
胸宽	37.7	帽高	35.5
后中袖长	87.2	帽中长	51
袖窿深 AHL	27.4	防风裙拉开	112
袖山高	8.4	防风裙放松	92

6. 结构制图

此款制图采用肩袖一体结构的制版方式，具体步骤可参考第六章相关介绍。

① 画垂线为小肩线；

② 于 SNP 左右两边引出两条肩斜 15°斜线；

③ 按后横领宽尺寸画平行于斜线的后中线；

④ 按前横领宽尺寸画平行于斜线的前中线；

⑤ 以 SNP 为起点分别于前后中线向下画袖窿深线；

⑥ 后中长。

大身、袖、领制版见图 7-59，帽及部分样片转化示意见图 7-60，里子及防风袖、雪裙制图见图 7-61。

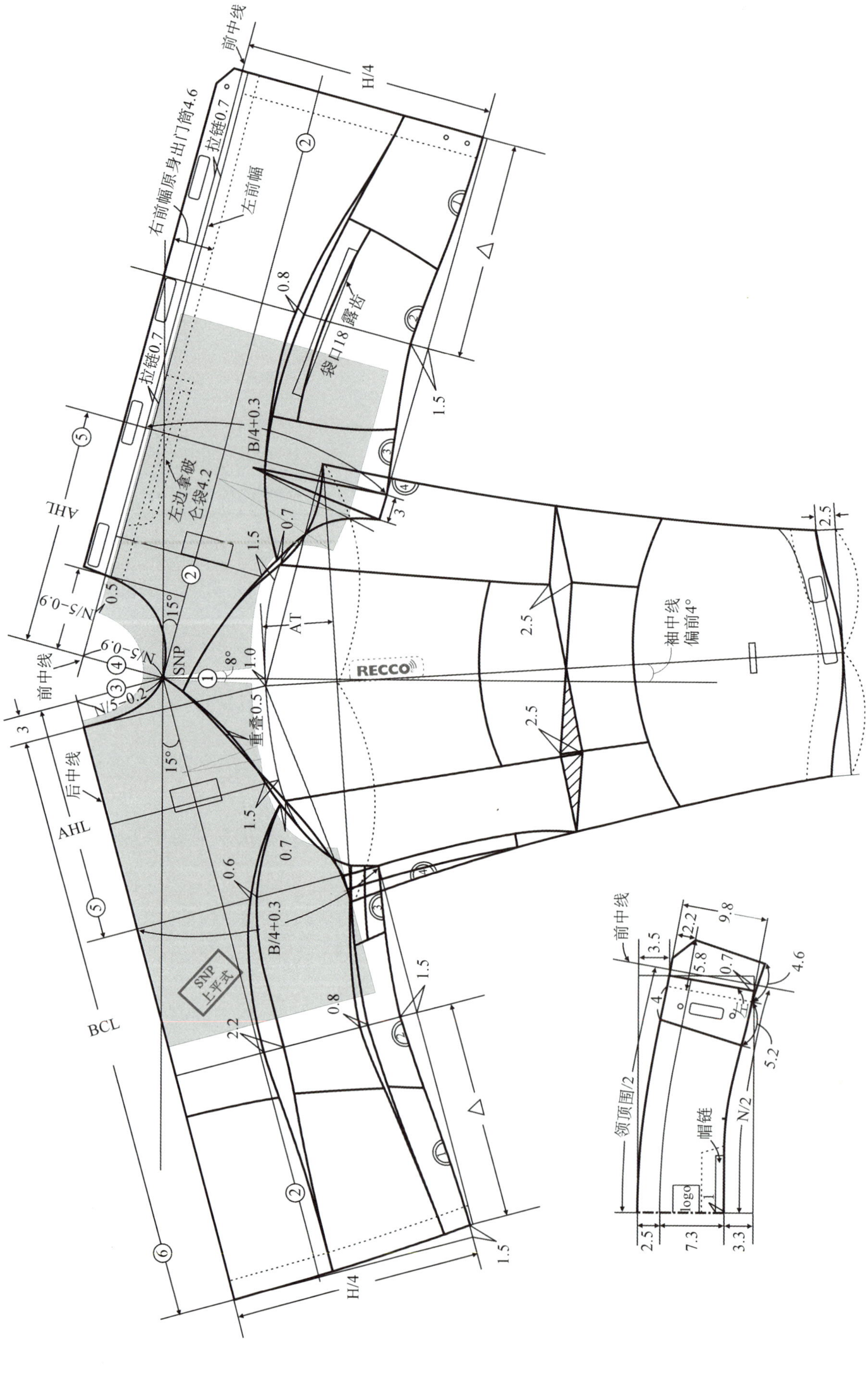

图 7-59 女通用型滑雪服大身袖制版

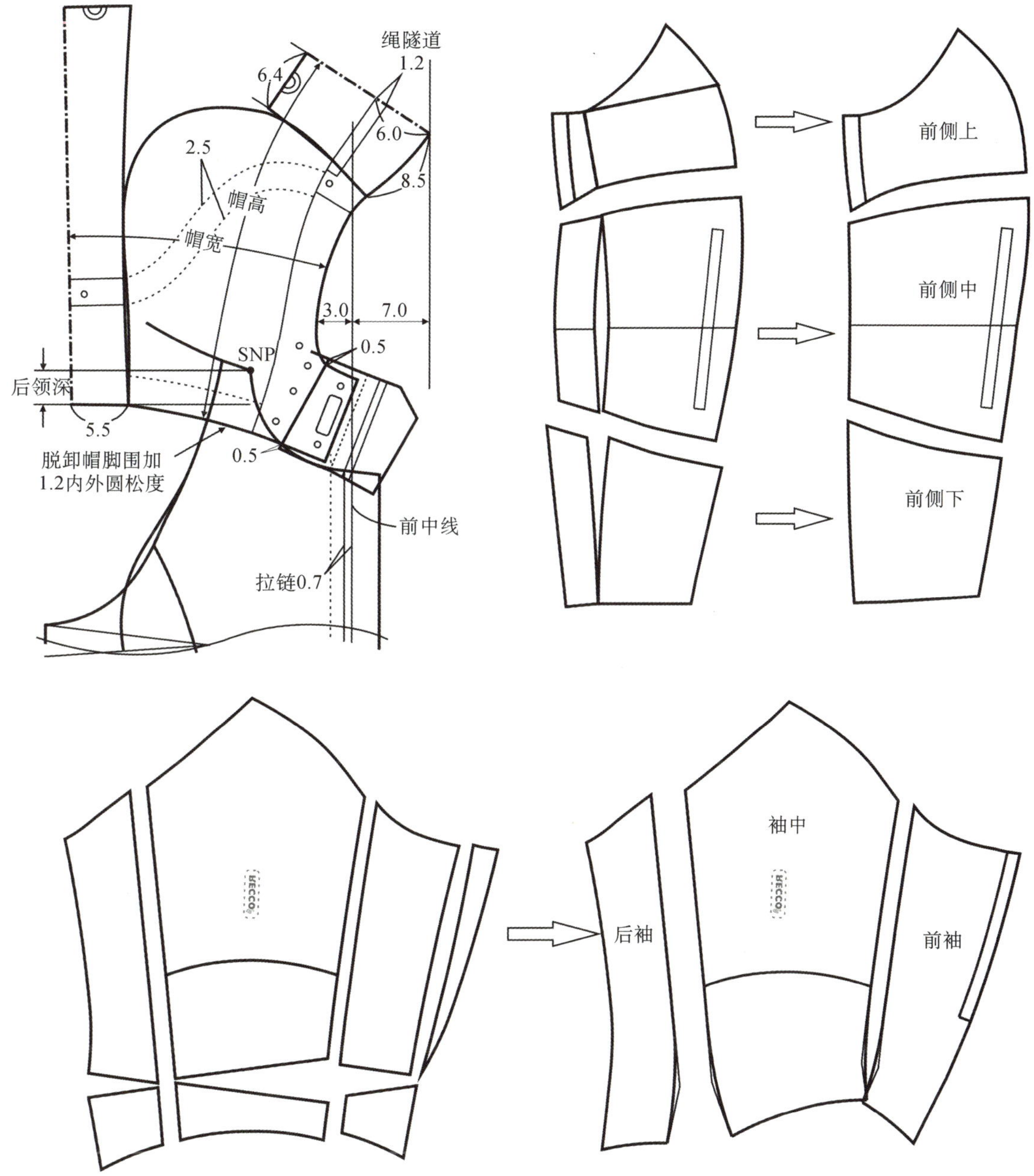

图 7-60 女通用型滑雪服帽制版及部分样片转换

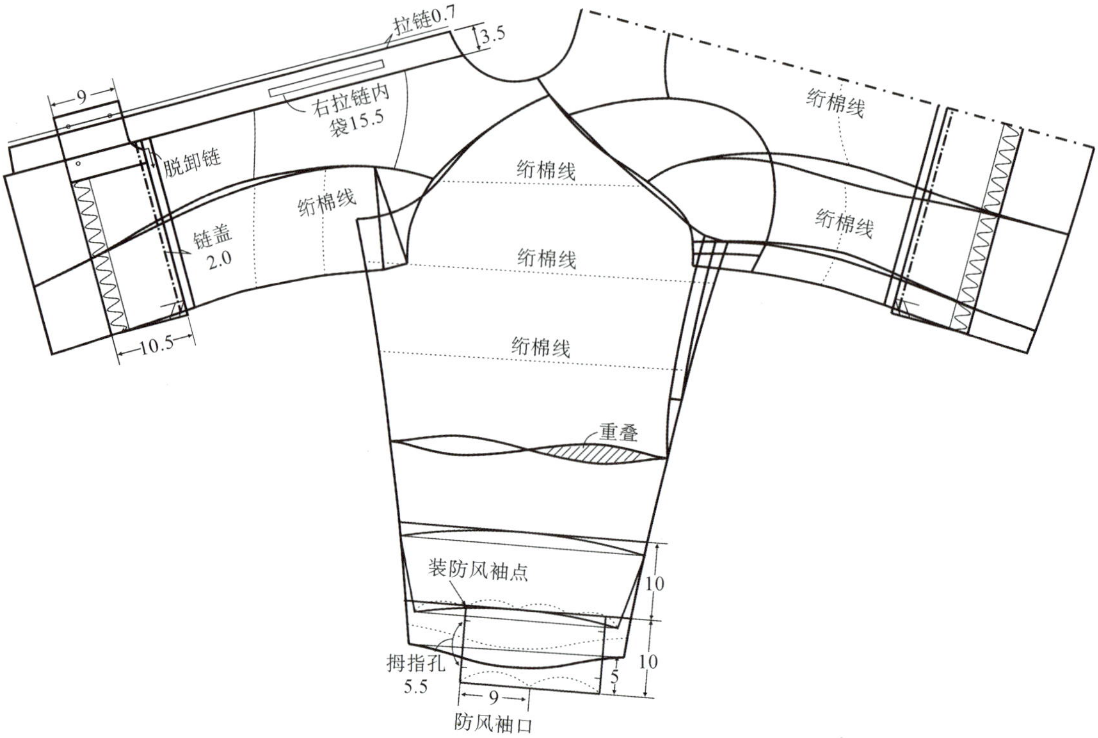

图 7-61　女通用型滑雪服内里制版

参考文献

[1] 董范. 户外运动学［M］. 武汉：中国地质大学出版社，2009.

[2] 高亦文，高磊. 户外服饰设计与产品开发［M］. 上海：东华大学出版社，2015.

[3] 梁立立，于洪涛，张忠岩. 户外运动服饰的功能性研究与设计开发［M］. 北京：中国纺织出版社，2017.

[4] 王革辉. 服装材料学［M］. 北京：中国纺织出版社，2010.

[5] 张建春，黄机质，郝新敏. 织物防水透湿原理与层压织物生产技术［M］. 北京：中国纺织出版社，2003.

[6] 张文斌. 服装结构设计［M］. 北京：中国纺织出版社，2006.

[7] 张文斌，方方. 服装人体工效学［M］. 上海：东华大学出版社，2015.

[8] 张渭源. 服装舒适性与功能（第2版）［M］. 北京：中国纺织出版社，2011.

[9] 陈丽华. 不同种类防水透湿织物的性能及发展［J］. 纺织学报，2012，33（7）：1-8.

[10] 陈丽华. 防水透湿织物服用性能的影响因素分析［J］. 棉纺织技术，2014，42（10）：1-5.

[11] 陈进来. 防水透湿织物的发展现状［J］. 棉纺织技术，2010，38（1）：1-4.

[12] 邓燕. 物透湿测试方法比较［J］. 印染，2004（23）：1-4.

[13] 李俊，管文静，韦鸿发. 功能防护服装的性能评价及其应用与发展［J］. 中国个体防护装备，2005（6）：1-5.

[14] 李朝晖，王春梅. 防水透湿薄膜的性能［J］. 纺织导报，2005（3）：1-4.

[15] 王新荣，王平基，孙伟. 中国人体体表面积计算图［J］. 白求恩军医学院学报，2011，9（1）：1-5.

[16] 徐旭凡. 基布对非亲水性聚氨酯涂层织物透湿防水性能贡献的研究［J］. 上海纺织科技，2005，33（6）：1-4.

[17] 占辉，徐军. 服装压力舒适性研究及应用［J］. 北京纺织，2004，25（5）：1-5.

[18] 张文斌，张渭源. 中国服装原型［J］. 东华大学学报，2002，28（3）：1-6.

[19] 赵仲卿. 聚酯聚醚嵌段共聚物［J］. 化工新型材料，1988（7）：1-4.

[20] 汪胜.TPU 防水透湿膜的研究进展［D］. 上海：上海大学，2016.

[21] 姚波. 基于静、动形态分析的男冲锋衣结构设计技术研究［D］. 上海：东华大学，2012.

[22] 怡然. 换个角度谈抓绒——简单的谈谈抓绒的织造［EB/OL］. 户外资料网，2010-04-23. http://www.8264.com.